DEIN COACH ZUM ERFOLG!

Dein ActiveBook auf My**STARK**:

Du kannst auf alle digitalen Inhalte zu diesem Band online zugreifen. Registriere dich dazu unter **www.stark-verlag.de/mystark** mit deinem **persönlichen Zugangscode:**

C0910T-000560

Die Inhalte dieser Auflage stehen bis Schuljahresende zur Verfügung.

My**STARK**

Das Active**Book** *bietet dir:*

- Viele zusätzliche interaktive Übungsaufgaben zu allen prüfungsrelevanten Kompetenzbereichen
- Sofortiges Feedback und Auswertung der Ergebnisse
- Interaktive Lösungen: in kleinen Schritten zum Ergebnis
- Vorgerechnete Beispiele als weitere Hilfe

DEIN COACH ZUM ERFOLG!

So kannst du interaktiv lernen:

Interaktive Aufgaben

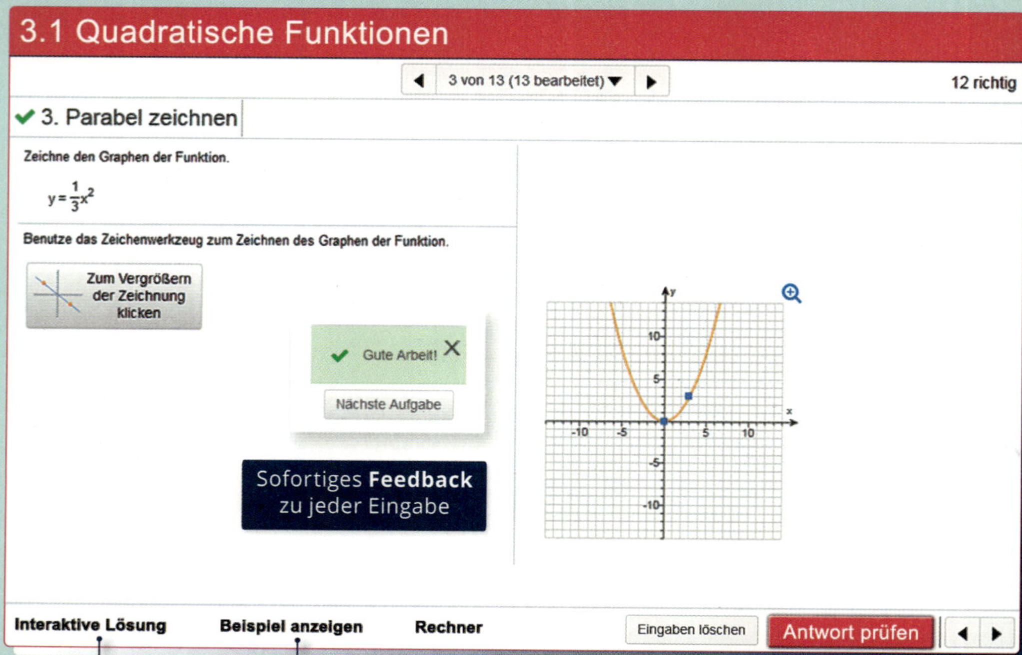

Sofortiges **Feedback** zu jeder Eingabe

Interaktive Lösung mit kleinschrittiger Anleitung zu jeder Aufgabe

Vorgerechnetes **Beispiel** zu jeder Aufgabe

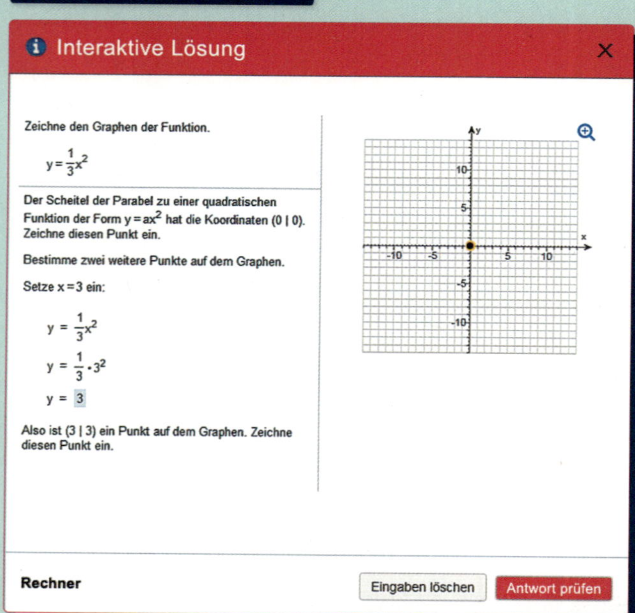

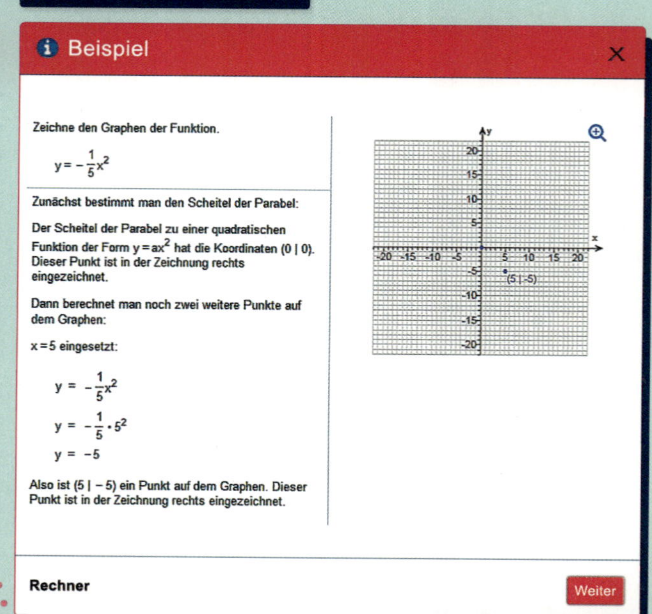

Systemvoraussetzungen:
- Mindestens 1024×768 Pixel Bildschirmauflösung
- Chrome, Firefox oder ähnlicher Webbrowser
- Internetzugang

2023

Training

Abschlussprüfung

Realschule Bayern

Mathematik I

STARK

Bildnachweis

S. 1: © Joe Gough / Dreamstime.com
S. 38: © Vincent Giordano / Dreamstime.com
S. 66: © Otto Durst - Fotolia.com
S. 79: © Prinzlinse - Fotolia.com
S. 86: Erde: © NASA /NSSDC
Schnur: © Sergej Razvodovskij - Fotolia.com
S. 89: © Zts /Dreamstime.com
S. 111: © Mihut84 / FreeImages.com
S. 112: © matimix / shutterstock
S. 114: © chettster / FreeImages.com
S. 120: © SKatzenberger / shutterstock
S. 157: © Urheber: Digital Globe; http://de.wikipedia.org/w/index.php?title=Datei:
Fukushima_I_by_Digital_Globe_B.jpg&filetimestamp=20110421190310
Diese Datei ist unter der Creative Commons-Lizenz Namensnennung-Weitergabe
unter gleichen Bedingungen 3.0 Unported lizenziert.
S. 160: © DeVIce - Fotolia.com
S. 176: © Ioana Grecu / Dreamstime.com
S. 231: © Nruboc / Dreamstime.com
S. 238: © Design56 / Dreamstime.com
S. 239: © Florea Marius Catalin - Fotolia.com

12. neu bearbeitete und ergänzte Auflage
www.stark-verlag.de

Inhalt

Komplexe Aufgaben

Aufgaben im Stil der Prüfung

Original-Abschlussprüfung

Sobald die Original-Prüfungsaufgaben 2022 freigegeben sind, können sie als PDF auf der Plattform MyStark heruntergeladen werden (Zugangscode vgl. Farbseiten vorne im Buch).

ActiveBook Interaktives Training

Mit dem **Interaktiven Training** kannst du online mit vielen zusätzlichen interaktiven Aufgaben zu allen prüfungsrelevanten Kompetenzbereichen trainieren.

Die **interaktiven Aufgaben** sind im Buch mit diesem Button gekennzeichnet.

Ausführliche Infos inkl. Zugangscode findest du auf den **Farbseiten** vorne in diesem Buch.

Autoren: Markus Hochholzer, Markus Schmidl

Vorwort

Liebe Schülerin, lieber Schüler,

mit diesem Buch kannst du dich langfristig und nachhaltig auf die Abschlussprüfung in Mathematik vorbereiten. Das Buch ist so konzipiert, dass es sich zudem bereits ab Beginn der 9. Klasse zur Vorbereitung auf Schulaufgaben eignet.

Mit dem Buch erhältst du:

- **Grundwissen 5.–8. Klasse**
  Hier findest du wichtige Themen aus den früheren Schuljahren zur Wiederholung.
- **Grundwissen 9. Klasse und Grundwissen 10. Klasse**
  In diesen Kapiteln wird der prüfungsrelevante Stoff der 9. und der 10. Jahrgangsstufe anhand von Beispielen erläutert. Zu jedem Themenbereich findest du zudem vielfältige Aufgaben. Diese eignen sich sowohl zur Vorbereitung auf Schulaufgaben in der 9. bzw. 10. Klasse als auch zur Vorbereitung auf die Abschlussprüfung.
  Die Aufgaben mit einem durchgestrichenen Taschenrechnersymbol eignen sich auch zur Bearbeitung ohne Taschenrechner.

- **Komplexe Aufgaben**
  Dieses Kapitel enthält Aufgaben, die nach den Themenbereichen der Abschlussprüfung geordnet sind. Sie greifen auch auf das Grundwissen der vorhergehenden Jahrgangsstufen zurück, das für die Abschlussprüfung relevant ist.
- **Aufgaben im Stil der neuen Prüfung ab 2023**
  Dieses Kapitel enthält Aufgaben, die wie in der Abschlussprüfung zusammengestellt und bepunktet sind. So kannst du prüfen, ob du fit bist für die Abschlussprüfung in Mathematik. Der Umfang und Schwierigkeitsgrad der Aufgaben entspricht jeweils den einzelnen Prüfungsteilen der Abschlussprüfung.
- **Original-Abschlussprüfung 2022**
  Obwohl sich die Abschlussprüfung 2023 von denen der Vorjahre unterscheidet, eignet sich die Abschlussprüfung 2022 dennoch dazu, unter Prüfungsbedingungen zu üben. Versuche, die Abschlussprüfung zusammenhängend in der Prüfungszeit von 150 min zu lösen.

Zu allen Aufgaben der einzelnen Kapitel gibt es **ausführliche Lösungen** mit hilfreichen **Hinweisen und Tipps**. Diese findest du in einem separaten **Lösungsbuch (Bestell-Nr. C0910TL)**, damit die Versuchung sofort nachzuschlagen nicht zu groß ist. Zuerst solltest du versuchen, selbst die Lösung zu finden, und dann mit dem Lösungsbuch vergleichen. Aus den gemachten Fehlern wirst du am meisten lernen!
Wenn du den Inhalt dieses Buches beherrscht, bist du bestens auf die Prüfung vorbereitet.

Viel Erfolg in der Prüfung!

Markus Hochholzer   Markus Schmidl

Hinweise zur Prüfung

Die Abschlussprüfungsaufgaben im Fach Mathematik werden vom Bayerischen Staatsministerium für Unterricht und Kultus zentral für alle bayerischen Realschulen gestellt.

Die Abschlussprüfung dauert insgesamt **150 Minuten** und besteht aus **zwei Teilen**.

In **Teil A**, der ab 2023 **ohne Taschenrechner** zu bearbeiten ist, sind mehrere kurze Aufgaben aus den Themenbereichen *Funktionen*, *ebene Geometrie* und *Raumgeometrie* sowie *Daten und Zufall* zu lösen. Eine zugelassene Formelsammlung darf hierbei verwendet werden. Nach **30 Minuten** ist dieser Teil abzugeben. Die erreichbaren Punkte aus Teil A betragen in etwa 20 % der Gesamtpunkte.

Der **Teil B** ist in den restlichen **120 Minuten** zu bearbeiten. Es dürfen ein (grafikfähiger) Taschenrechner und eine zugelassene Formelsammlung verwendet werden. Der Teil B besteht jeweils aus zwei kurzen und zwei langen Aufgaben. Die beiden langen Aufgaben können sich auf die Themenbereiche *Funktionen*, *ebene Geometrie* und *Raumgeometrie* beziehen. In den beiden kurzen Aufgaben kann auch der Bereich *Daten und Zufall* geprüft werden. Die erreichbaren Punkte aus Teil B betragen in etwa 80 % der Gesamtpunkte.

Der Notenschlüssel, nach dem die Prüfung bewertet wird, wird nach der Prüfung vom Bayerischen Staatsministerium für Unterricht und Kultus bekannt gegeben und kann leicht variieren. Zur Orientierung ist hier der Notenschlüssel von 2022 abgedruckt:

54 – 44 Punkte	**Note 1**
43 – 35 Punkte	**Note 2**
34 – 26 Punkte	**Note 3**
25 – 17 Punkte	**Note 4**
16 – 8 Punkte	**Note 5**
7 – 0 Punkte	**Note 6**

Eine umfangreiche **Sammlung der Prüfungsaufgaben 2017 bis 2022** enthält das Buch „Original-Prüfungen Realschule 2023 – Mathematik I – Bayern" (Bestell-Nr. C0910TK). Es ist insbesondere für die **Vorbereitungsphase unmittelbar vor der Abschlussprüfung** gedacht und hilft dir dabei, noch mehr Sicherheit im Umgang mit Prüfungsaufgaben zu gewinnen.

Sollten nach Erscheinen dieses Bandes noch wichtige Änderungen in der Abschlussprüfung 2023 vom Bayerischen Staatsministerium für Unterricht und Kultus bekannt gegeben werden, findest du aktuelle Informationen dazu unter www.stark-verlag.de/mystark (Zugangscode vgl. Farbseiten vorne in diesem Buch).

Training Grundwissen

1 Grundwissen 5.–8. Klasse

1.1 Extremwertbestimmung bei quadratischen Termen

Ein Term heißt **quadratischer Term**, wenn die **höchste vorkommende Potenz** der Variablen den **Wert 2** hat.

Beispiele

$5a^2$ y^2-5 $4x^2+12xy+9y^2$ $(x+3)(x-2)$

Merke

Alle quadratischen Terme besitzen einen **Extremwert**, also entweder einen **maximalen Termwert T_{max}** oder einen **minimalen Termwert T_{min}**.

Beispiele

1. $T(x)=x^2 \quad x \in \mathbb{R}$

   $T_{min}=0$ für $x=0$

   Der minimale (kleinste) Wert, den der Term x^2 annehmen kann, ist 0, da das Quadrat einer Zahl aus $\mathbb{R}$ stets größer oder gleich 0 ist. Diesen kleinsten Wert 0 nimmt der Term für die Belegung $x=0$ an.

2. $T(x)=-x^2+17 \quad x \in \mathbb{R}$

   $T_{max}=17$ für $x=0$

   Der Term x^2 liefert Werte größer oder gleich 0.
   Der Term $-x^2$ liefert also Werte kleiner oder gleich 0.
   Der Term $-x^2+17$ liefert demnach Werte kleiner oder gleich 17, da zu jedem Termwert des Terms $-x^2$ jeweils 17 addiert wird.
   Seinen größten Wert 17 nimmt der Term für die Belegung $x=0$ an.

Merke

Extremwerte von Termen der Form: $T(x)=a(x-m)^2+n$
Wenn $a>0$ ist, besitzen Terme der Form $a(x-m)^2+n$ ein **Minimum** n für $x=m$.
Man schreibt: $T_{min}=n$ für $x=m$
Wenn $a<0$ ist, besitzen Terme der Form $a(x-m)^2+n$ ein **Maximum** n für $x=m$.
Man schreibt: $T_{max}=n$ für $x=m$

Beispiel

$T(x)=\frac{2}{3}(x+1)^2-4 \quad x \in \mathbb{R}$

$T_{min}=-4$ für $x=-1$

Der quadratische Teilterm $\frac{2}{3}(x+1)^2$ nimmt für alle Belegungen Werte größer oder gleich 0 an. Der kleinste Wert 0 des Teilterms wird für $x=-1$ angenommen, da dann die Klammer den Wert 0 annimmt. Der Gesamtterm nimmt also seinen minimalen Wert $T_{min}=0-4=-4$ für $x=-1$ an. (Hier: $a=\frac{2}{3}$; $m=-1$; $n=-4$)

Grafische Veranschaulichung:

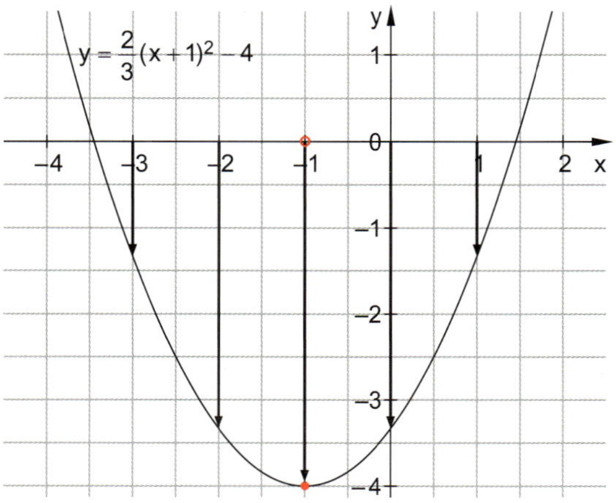

Der Term T(x) hat das Minimum $T_{min}=-4$ für $x=-1$.

Merke

Extremwerte von Termen der Form: $T(x) = ax^2 + bx + c$
Um den **Extremwert** bestimmen zu können, muss man Terme der Form $T(x) = ax^2 + bx + c$ in die Form $T(x) = a(x-m)^2 + n$ umformen.
Als Termumformungen sind die **binomischen Formeln** und das **quadratische Ergänzen** anzuwenden.

Beispiele

1. $T(x) = x^2 - 8x + 2 \quad x \in \mathbb{R}$

$T(x) = x^2 - 2 \cdot x \cdot \mathbf{4} + 2$ — Anwendung der 2. binomischen Formel: $a^2 - 2a\mathbf{b} + \mathbf{b^2}$

$T(x) = (x^2 - 2 \cdot x \cdot \mathbf{4} + \underbrace{\mathbf{4^2}) - 4^2}_{=0} + 2$ — Der Term $x^2 - 2 \cdot x \cdot 4$ wird durch Addition des Terms 4^2 so quadratisch ergänzt, dass die 2. binomische Formel anwendbar ist. Damit der Termwert nicht verändert wird, muss anschließend 4^2 wieder subtrahiert werden.

$T(x) = (x - \mathbf{4})^2 - 16 + 2$ — 2. binomische Formel: $a^2 - 2a\mathbf{b} + \mathbf{b^2} = (a - \mathbf{b})^2$

$T(x) = (x-4)^2 - 14$ — $a = 1;\ m = 4;\ n = -14$

$T_{min} = -14 \quad \text{für} \quad x = 4$

2. $T(x) = -1{,}5x^2 + 9x - 10{,}5 \quad x \in \mathbb{R}$ — Der Faktor $-1{,}5$ wird ausgeklammert, indem jeder Summand durch den auszuklammernden Faktor $-1{,}5$ dividiert wird:
- $-1{,}5x^2 : (-1{,}5) = x^2$
- $9x : (-1{,}5) = -6x$
- $-10{,}5 : (-1{,}5) = 7$

$T(x) = -1{,}5[x^2 - 6x + 7]$ — Den Term in der Klammer quadratisch ergänzen

$T(x) = -1{,}5[(x^2 - 2 \cdot x \cdot \mathbf{3} + \mathbf{3^2}) - 3^2 + 7]$

$T(x) = -1{,}5[(x-3)^2 - 2]$

$T(x) = -1{,}5(x-3)^2 + 3$ — $a = -1{,}5;\ m = 3;\ n = 3$

$T_{max} = 3 \quad \text{für} \quad x = 3$

Grafische Veranschaulichung:

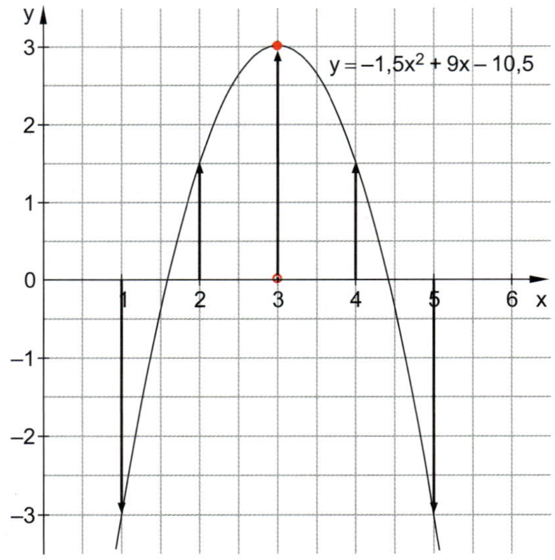

Der Term T(x) hat das Maximum $T_{max} = 3$ für $x = 3$.

Aufgaben

1 Bestimme den Extremwert und gib die zugehörige Belegung der Variablen an.

a) $T(x) = -4x^2 + 12x - 16 \quad x \in \mathbb{R}$

b) $T(a) = \frac{1}{2}a^2 - 12a + 16 \quad a \in \mathbb{R}$

c) $A(x) = (-0{,}5x^2 + 4x + 8)\,\text{cm}^2 \quad x \in \mathbb{R}$

d) $T(x) = 3x \cdot (x+1) - 2x^2 \quad x \in \mathbb{R}$

2 a) Ein Rechteck mit dem Umfang 28 cm hat die Seitenlänge x cm.
Stelle den Flächeninhalt der möglichen Rechtecke in Abhängigkeit von der Seitenlänge x dar.

b) Berechne die Seitenlängen des Rechtecks mit dem größten Flächeninhalt.

3 Aus einem Quader mit 12 cm und 5 cm langen Grundkanten und der Höhe 4 cm entstehen neue Quader, indem man die 12 cm lange Grundkante um x cm mit $0 < x < 12$ verkürzt und gleichzeitig die Höhe um x cm verlängert.

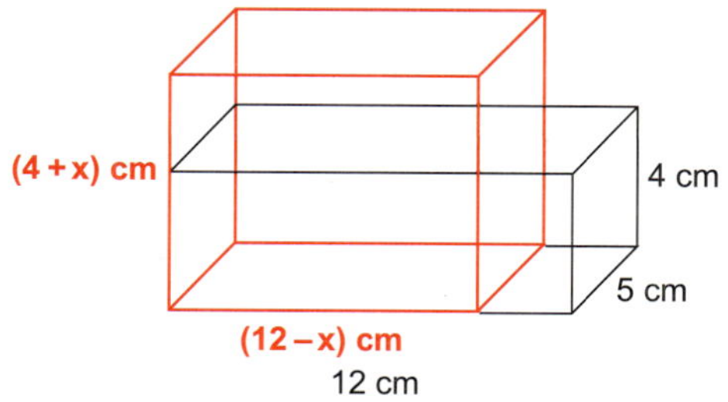

a) Stelle das Volumen V(x) der Quader in Abhängigkeit von x dar.

b) Untersuche, ob der Quader mit dem größten Volumen auch die größte Oberfläche besitzt.

4 Gib einen quadratischen Term T(x) mit den folgenden Eigenschaften an:

a)
- Der Term hat ein Maximum.
- Der maximale Termwert ist 10.
- Der Extremwert wird für 2 angenommen.

b)
- Der Term hat ein Minimum.
- Der minimale Termwert ist 2,6.
- Der Extremwert wird für 1,4 angenommen.

c)
- Der Term hat ein Maximum.
- Der maximale Termwert ist –3,5.
- Der Extremwert wird für –1 angenommen.

d)
- Der Term hat ein Minimum.
- Der minimale Termwert ist 0.
- Der Extremwert wird für –4 angenommen.

5 Welche der Aussagen trifft für die Terme zu?

a) $T(x) = -(x-2)^2 + 15$

- ☐ $T_{max} = 15$ für $x = 2$
- ☐ $T_{max} = 15$ für $x = -2$
- ☐ $T_{min} = 2$ für $x = 15$
- ☐ $T_{max} = -15$ für $x = 2$
- ☐ $T_{min} = 15$ für $x = 2$
- ☐ $T_{min} = -2$ für $x = 15$

b) $T(x) = (x+12)^2 - 24$

- ☐ $T_{max} = 24$ für $x = 12$
- ☐ $T_{max} = 24$ für $x = -12$
- ☐ $T_{min} = 12$ für $x = 24$
- ☐ $T_{max} = -24$ für $x = -12$
- ☐ $T_{min} = -24$ für $x = -12$
- ☐ $T_{min} = -12$ für $x = 24$

Interaktive Aufgaben

1. Extremwert bestimmen
2. Extremwert bestimmen
3. Flächeninhalt maximieren

1.2 Lineare Funktionen

Ursprungsgeraden: $y = m \cdot x$

Merke

Funktionen mit Gleichungen der Form $y = m \cdot x$ $(m \in \mathbb{R})$ sind ein Sonderfall linearer Funktionen. Ihre Graphen sind Geraden mit der **Steigung m**, die durch den **Ursprung O(0 | 0)** verlaufen, weshalb sie **Ursprungsgeraden** genannt werden.
Das Vorzeichen des Steigungsfaktors m bestimmt den Verlauf der Geraden:

- $m < 0$ fallende Gerade
- $m = 0$ x-Achse
- $m > 0$ steigende Gerade

Unabhängig vom Vorzeichen gilt:
Je kleiner der Betrag von m, **desto flacher** verläuft die Gerade,
je größer der Betrag von m, **desto steiler** verläuft sie.

Beispiele

1.

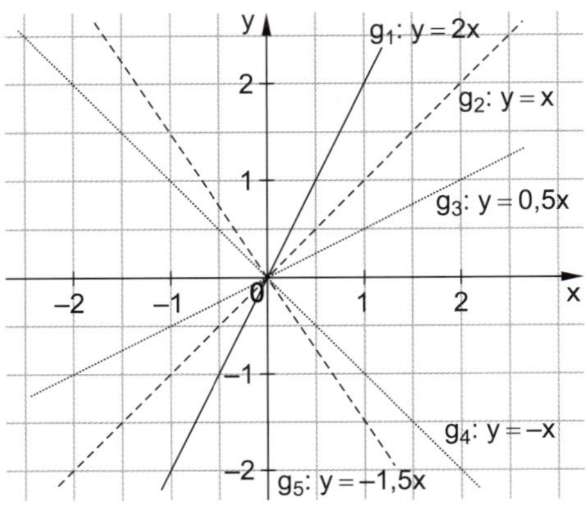

Funktionen mit der Funktionsgleichung $y = mx$:

g_1: $y = 2x$ → $m_1 = 2$ (steigende Gerade)
g_2: $y = x$ → $m_2 = 1$ (steigende Gerade)
g_3: $y = 0{,}5x$ → $m_3 = 0{,}5$ (steigende Gerade)

g_4: $y = -x$ → $m_4 = -1$ (fallende Gerade)
g_5: $y = -1{,}5x$ → $m_5 = -1{,}5$ (fallende Gerade)

2. Prüfe rechnerisch, ob die Punkte A(–2 | 3) und B(1,5 | –3) auf der Geraden g_5: $y = -1{,}5x$ liegen.

Lösung:

$A(-2 \mid 3) \overset{?}{\in} g_5\colon y = -1{,}5x$

Einsetzen der x- und y-Koordinaten des Punktes A in die Geradengleichung

$\Leftrightarrow 3 = -1{,}5 \cdot (-2)$
$\Leftrightarrow 3 = 3$ (w)

Wahr, also liegt A auf der Geraden g_5.

$\Rightarrow A \in g_5$

$B(1{,}5 \mid -3) \overset{?}{\in} g_5\colon y = -1{,}5x$

Einsetzen der x- und y-Koordinaten des Punktes B in die Geradengleichung

$\Leftrightarrow -3 = -1{,}5 \cdot 1{,}5$
$\Leftrightarrow -3 = -2{,}25$ (f)

Falsch, also liegt B nicht auf der Geraden g_5.

$\Rightarrow B \notin g_5$

Aufgabe 6

Prüfe rechnerisch, ob die Punkte E(3,2 | 4,8) und F(5 | –7,5) auf der Geraden g: $y = 1{,}5x$ liegen.

Interaktive Aufgaben

1. Gerade zuordnen
2. Funktion zuordnen

Zeichnen von Ursprungsgeraden

Merke

Alle Zahlenpaare $(x\,|\,y)$ mit Ausnahme von $O(0\,|\,0)$, die die Gleichung $y = m \cdot x$ erfüllen, sind quotientengleich, denn es gilt immer: $\frac{y}{x} = m$.

Zu jedem Steigungsfaktor $m = \frac{y}{x}$ $(m \in \mathbb{R})$ gibt es einen **Steigungspfeil** $\vec{m} = \begin{pmatrix} v_x \\ v_y \end{pmatrix}$:

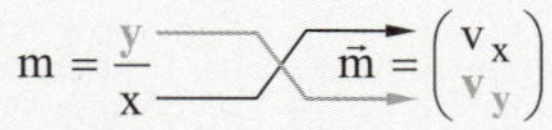

Die **x-Koordinate** des Steigungspfeils gibt an, wie viele Längeneinheiten man nach **rechts** $(v_x > 0)$ bzw. nach **links** $(v_x < 0)$ zeichnen muss.
Die **y-Koordinate** des Steigungspfeils gibt an, wie viele Längeneinheiten man nach **oben** $(v_y > 0)$ bzw. nach **unten** $(v_y < 0)$ zeichnen muss.

Beispiel

Zeichne die Gerade g mit $y = \frac{1}{2}x$ mithilfe des Steigungspfeils.

Lösung:

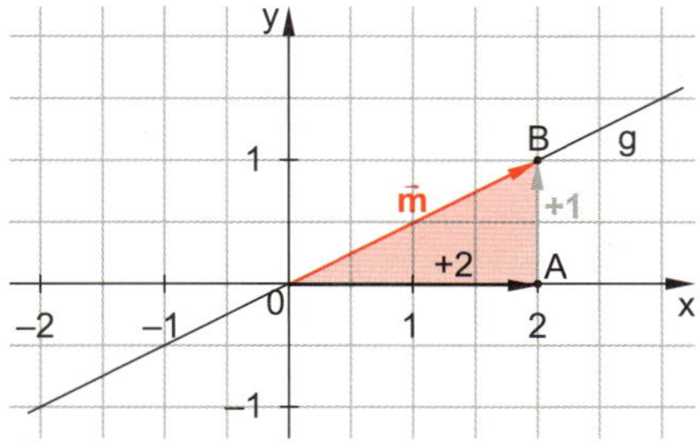

Aufstellen des Steigungspfeils:

Ausgehend vom Ursprung $O(0\,|\,0)$ trage $v_x = 2$ und daran anschließend $v_y = 1$ an.
Es entsteht das Steigungsdreieck OAB.

Aufgaben

7 Zeichne die durch folgende Gleichungen gegebenen Geraden in ein Koordinatensystem.

a) g: $y = 3x$ b) h: $y = \frac{2}{3}x$ c) i: $2x + 5y = 0$

8 Gib die Gleichung der Ursprungsgeraden g an.

a)

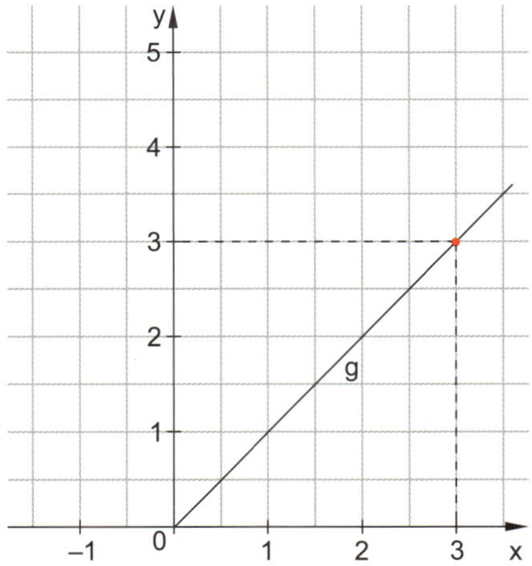

b)

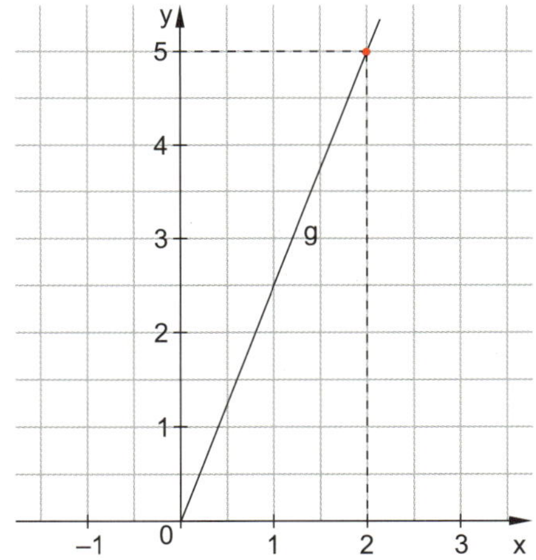

c)

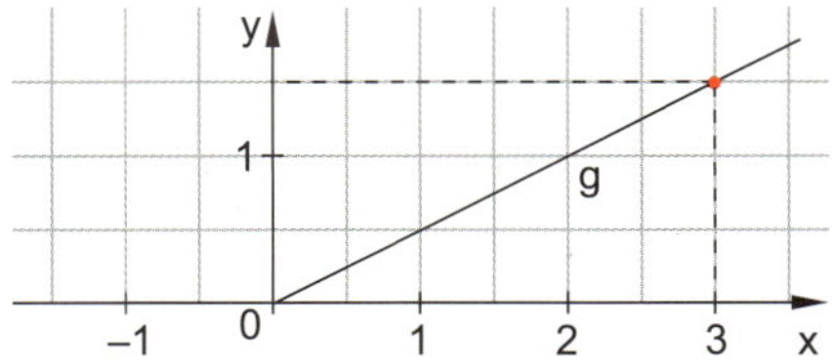

d)

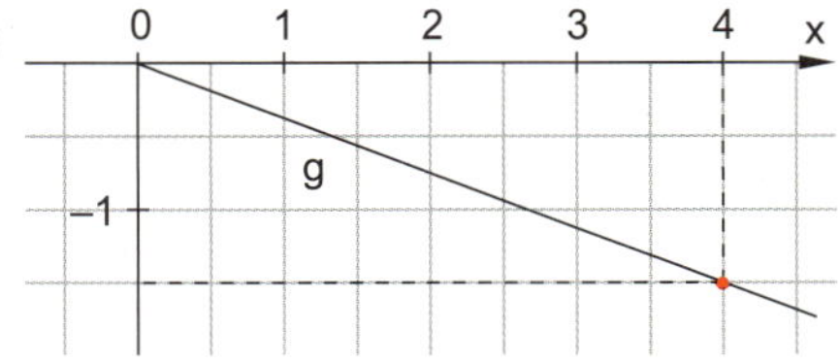

Geraden in beliebiger Lage – Die Normalform: $y = mx + t$

Merke

Funktionen mit Gleichungen der Form $y = mx + t$ ($m \in \mathbb{R}$) heißen **lineare Funktionen**.

- Ihre Graphen sind Geraden mit der **Steigung m** und dem **y-Achsenabschnitt t**.
- Die Gleichung $y = mx + t$ heißt **Normalform** der Geradengleichung.
- Durch Verschieben der Ursprungsgeraden g: $y = mx$ mit dem Vektor $\vec{v} = \begin{pmatrix} 0 \\ t \end{pmatrix}$ erhält man die Bildgerade g': $y = mx + t$, die die y-Achse im Punkt $T(0 \mid t)$ schneidet.
- Für $m = 0$ gilt $y = t$. Die zugehörige Gerade verläuft parallel zur x-Achse durch den Punkt $T(0 \mid t)$.

Beispiel

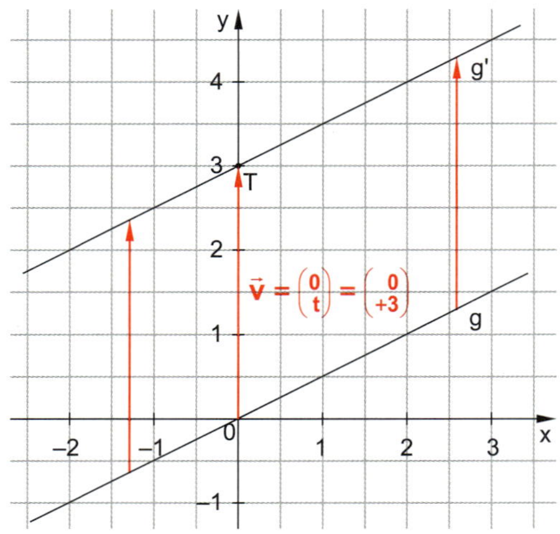

$g\colon y = \frac{1}{2}x \xmapsto{\vec{v} = \binom{0}{+3}} g'\colon y = \frac{1}{2}x + 3$

$\Rightarrow T(0 \mid 3)$

Aufgaben

9 Gib die Gleichung der Bildgeraden von g: $y = \frac{1}{2}x$ an, wenn g mit dem Vektor $\vec{v} = \begin{pmatrix} 0 \\ -2 \end{pmatrix}$ verschoben wird.

10 Überprüfe rechnerisch, ob die Punkte $A(-7 \mid -8)$ bzw. $B\left(1\frac{5}{6} \mid -2\frac{1}{4}\right)$ auf der Geraden g: $3x - 2y - 10 = 0$ liegen.

11 Gegeben ist die Gerade g: $y = -\frac{1}{2}x - 2$.
Bestimme rechnerisch die Nullstelle der Funktion und den Schnittpunkt N mit der x-Achse.

Tipp

Die Belegung x_0, für die eine Funktion f den Funktionswert 0 besitzt, heißt **Nullstelle** der Funktion: $f(x_0) = 0$. Im Koordinatensystem liegt der zugehörige Punkt $N(x_0 \mid 0)$ auf der x-Achse.

12 Bestimme rechnerisch die Gleichung der Geraden h mit Steigung $m = 2$ und $P(3 \mid 5) \in h$.

Interaktive Aufgaben

3. Gerade zuordnen
4. Funktion zuordnen
5. Steigung und Punkt gegeben

Berechnung der Geradengleichung mithilfe zweier Punkte

Merke

Eine Gerade lässt sich durch zwei Punkte eindeutig festlegen. Um die Gleichung einer durch zwei Punkte $A(x_a\,|\,y_a)$ und $B(x_b\,|\,y_b)$ verlaufenden Geraden zu bestimmen, berechnet man zunächst den Steigungspfeil $\overrightarrow{AB}$ und daraus den Steigungsfaktor m. Danach bestimmt man den y-Achsenabschnitt t durch Einsetzen von A oder B.

Beispiele

1. Berechne die Gleichung der Geraden g, die durch $A(5\,|\,3)$ und $B(9\,|\,6)$ verläuft.

Lösung:

Berechnung des Steigungsfaktors m:

$\overrightarrow{AB} = \begin{pmatrix} 9-5 \\ 6-3 \end{pmatrix} = \begin{pmatrix} 4 \\ 3 \end{pmatrix}$ — Berechne die Koordinaten des Steigungspfeils $\overrightarrow{AB}$: „Spitze minus Fuß“

$m_{AB} = \frac{v_y}{v_x} = \frac{3}{4}$ — Gib den Steigungsfaktor an und setze den Wert $m_{AB} = \frac{3}{4}$ in die Gleichung $y = mx + t$ ein.

$m_{AB} = \frac{3}{4}$: $\quad y = \frac{3}{4}x + t$

Berechnung des y-Achsenabschnitts t:

$A(5\,|\,3) \in g$: $3 = \frac{3}{4} \cdot 5 + t$ — Koordinaten von A oder B einsetzen, um t zu berechnen

$\Leftrightarrow \quad \frac{12}{4} = \frac{15}{4} + t \quad \Big| -\frac{15}{4}$ — $3 = \frac{12}{4}$

$\Leftrightarrow \quad t = \frac{12}{4} - \frac{15}{4}$

$\Leftrightarrow \quad t = -\frac{3}{4}$

also: $\quad g\colon y = \frac{3}{4}x - \frac{3}{4}$ — Gleichung von g angeben

2. Berechne die Gleichung der Ursprungsgeraden g durch $Q(3\,|\,5)$:

Lösung:

Berechnung des Steigungsfaktors m:

$\overrightarrow{OB} = \begin{pmatrix} 3-0 \\ 5-0 \end{pmatrix} = \begin{pmatrix} 3 \\ 5 \end{pmatrix}$ — Bei Ursprungsgeraden ist mit dem Ursprung $O(0\,|\,0)$ bereits ein Punkt auf der Geraden gegeben. Der Steigungspfeil ist dann $\overrightarrow{OB}$.

$m_{OB} = \frac{5}{3}$ — Gib den Steigungsfaktor m_{OB} an.

also: $\quad g\colon y = \frac{5}{3}x$ — Geradengleichung angeben. Bei Ursprungsgeraden ist $t = 0$.

Aufgaben

13 (a – c) Gib die Gleichung der Ursprungsgeraden g an, die durch den folgenden Punkt verläuft.

a) $A(5\,|\,8)$ b) $B(2\,|\,4{,}2)$ c) $C\left(-\frac{1}{3}\,\middle|\,-\frac{3}{4}\right)$ d) $D(-1{,}7\,|\,-2{,}89)$

14 Berechne die Gleichung der Geraden i durch die Punkte $S(-2\,|\,1)$ und $T(6\,|\,5)$.

15 Von der Geraden g ist der y-Achsenabschnitt $t = 1$ und der Punkt $P(4\,|\,-5)$ gegeben. Bestimme die Gleichung von g.

Interaktive Aufgabe

6. Zwei Punkte gegeben

Zeichnen von Geraden

Merke

Liegt die Gleichung einer Gerade in Normalform vor, gibt es 3 Möglichkeiten die Gerade zu zeichnen:
- y-Achsenabschnitt und Steigungsdreieck
- Berechnung der Koordinaten zweier Punkte
- y-Achsenabschnitt und Nullstelle

Geraden mit Steigung $m = 0$ (Parallelen zur x-Achse) können auch einfacher, allein mithilfe des y-Achsenabschnitts t, gezeichnet werden.

Beispiele

1. Zeichne die Gerade g: $y = 1{,}5x - 3$.

Lösung:
y-Achsenabschnitt und Steigungsdreieck:

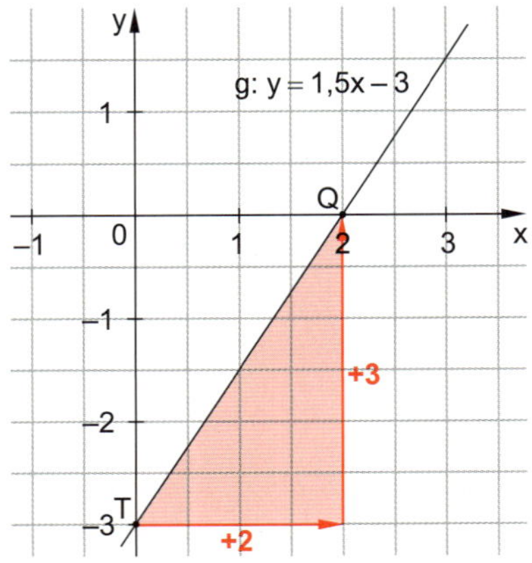

Der y-Achsenabschnitt t ist –3. Die Gerade verläuft also durch den Punkt $T(0\,|\,{-3})$. Die Steigung m ist $1{,}5 = \frac{3}{2}$. Man erhält einen weiteren Punkt Q, wenn man von $T(0\,|\,{-3})$ aus ein Steigungsdreieck zeichnet. Den Koordinaten des Steigungspfeils $\vec{v} = \binom{2}{3}$ entsprechend geht man zunächst 2 Längeneinheiten in Richtung der x-Achse und dann 3 Längeneinheiten in Richtung der y-Achse und erhält so den Punkt $Q(2\,|\,0)$.

2. Zeichne die Gerade h: $y = \frac{1}{4}x + \frac{5}{2}$.

Lösung:
Berechnung der Koordinaten zweier Punkte:

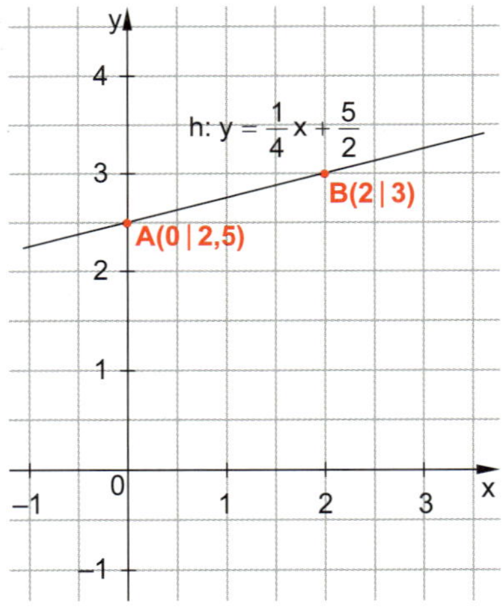

Man berechnet die Koordinaten zweier beliebiger Punkte A und B, die auf h liegen. Dazu wählt man eine beliebige x-Koordinate und berechnet die zugehörige y-Koordinate des Punktes:

$A(\mathbf{0}\,|\,y_A) \in h$: $y_A = \frac{1}{4} \cdot \mathbf{0} + \frac{5}{2}$

$\Leftrightarrow \quad y_A = 2{,}5$

also: $A(0\,|\,2{,}5) \in h$

$B(\mathbf{2}\,|\,y_B) \in h$: $y_B = \frac{1}{4} \cdot \mathbf{2} + \frac{5}{2}$

$\Leftrightarrow \quad y_B = 3$

also: $B(2\,|\,3) \in h$

3. Zeichne die Gerade i: $y = -2x + 4$.

Lösung:

y-Achsenabschnitt und Nullstelle:

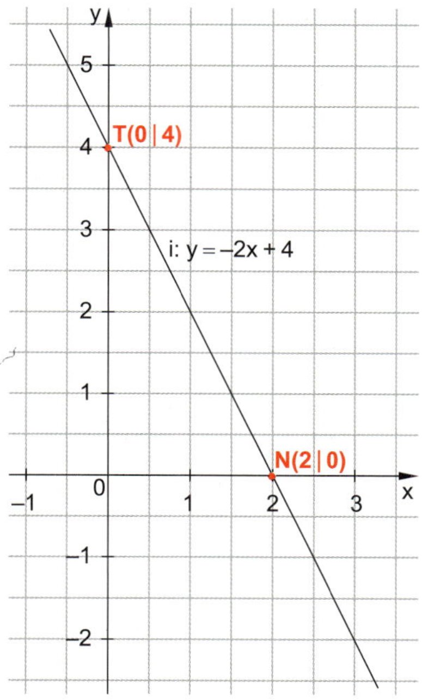

Der y-Achsenabschnitt t ist +4.

Die Gerade verläuft also durch den Punkt T(0 | 4).

Die Koordinaten des Schnittpunkts N mit der x-Achse erhält man für $y = 0$:

$N(x_0 | \mathbf{0}) \in i: \mathbf{0} = -2 \cdot x_0 + 4 \quad | +2x_0$

$\Leftrightarrow \quad 2x_0 = 4$

$\Leftrightarrow \quad x_0 = 2$

also: $N(2|0) \in i$

Die Gerade i verläuft damit durch die Punkte T(0 | 4) und N(2 | 0).

Tipp

Eine Gerade lässt sich durch zwei Punkte eindeutig festlegen. Zum Zeichnen einer **Ursprungsgeraden** benötigt man also außer dem Ursprung O(0 | 0) nur noch die Koordinaten eines weiteren Punktes P(x | y) auf der Ursprungsgeraden.

Beispiel

Zeichne den Graphen der Funktion mit g: $y = \frac{1}{2}x$.

Lösung:

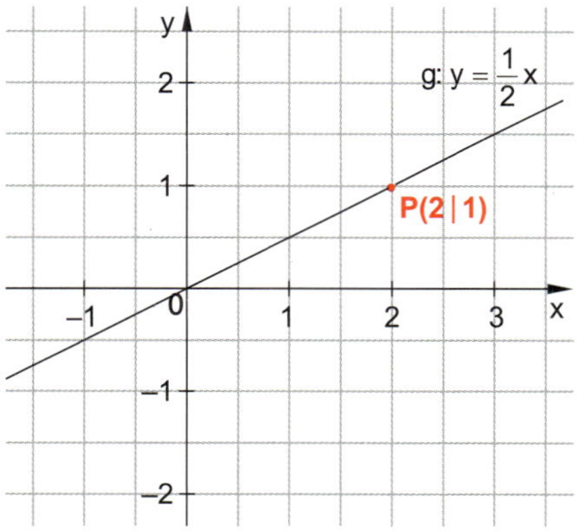

Berechnung der Koordinaten eines zweiten Punktes P der Ursprungsgeraden:
Setze einen beliebigen Wert für x in die Funktionsgleichung von g ein und berechne y:

$P(\mathbf{2} | y_P) \in g: y_P = \frac{1}{2} \cdot \mathbf{2}$

$\Leftrightarrow \quad y_P = 1$

also: $P(2|1) \in g$

Aufgaben

16 Zeichne die Graphen der Lösungsgeraden h, i und g aus den Aufgaben 12, 14 und 15 in ein Koordinatensystem.

17 Zeichne die Gerade g: $y = -\frac{4}{5}x - \frac{5}{4}$ mithilfe zweier Punkte.

Interaktive Aufgaben

7. Gerade zeichnen

8. Gerade zeichnen

Parallele und orthogonale Geraden

Merke

Zwei Geraden g: $y = m_g \cdot x + t_g$ und h: $y = m_h \cdot x + t_h$ sind genau dann **parallel**, wenn sie die gleiche Steigung haben.
In Zeichen: $g \parallel h \;\Leftrightarrow\; m_g = m_h$

Beispiele

1.

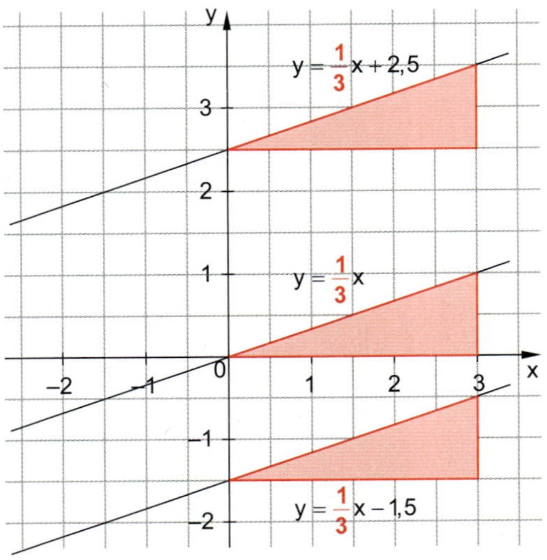

Alle drei Geraden besitzen die gleiche Steigung, sind also parallel.

2. Bestimme rechnerisch die Gleichung der Geraden h, die durch P(2 | 5) verläuft und zu i: $y = -\frac{1}{2}x - 2$ parallel ist.

Lösung:

$h \parallel i \;\Leftrightarrow\; m_h = m_i = -\frac{1}{2}$ — Parallelitätsbedingung

$m = -\frac{1}{2}$: $\quad y = -\frac{1}{2}x + t$ — Steigung m in die Gleichung $y = mx + t$ einsetzen

$P(2 \mid 5) \in h$: $5 = -\frac{1}{2} \cdot 2 + t$ — Koordinaten von P einsetzen und t berechnen

$\Leftrightarrow \quad t = 6$

also: h: $y = -\frac{1}{2}x + 6$ — Gleichung von h angeben

Aufgaben

18 Überprüfe rechnerisch, ob die Geraden AB und CD durch die Punkte A(3 | –4), B(7 | 3) und C(2 | 9), D(–2 | 1) zueinander parallel sind.

19 Bestimme durch Rechnung die Gleichung der zu e: $y = 2x + 2$ parallelen Geraden f durch den Punkt P(2 | 1).

20 Zeige, dass das Viereck PQRS mit P(–4 | –3), Q(2 | –1), R(5 | 4) und S(–1 | 2) ein Parallelogramm ist.

Merke

Zwei Geraden g: $y = m_g \cdot x + t_g$ und h: $y = m_h \cdot x + t_h$ stehen genau dann **senkrecht** aufeinander, wenn das Produkt ihrer beiden Steigungen −1 ergibt.
In Zeichen: $g \perp h \iff m_g \cdot m_h = -1$
Senkrechte Geraden nennt man auch **orthogonal**.

Beispiele

1.

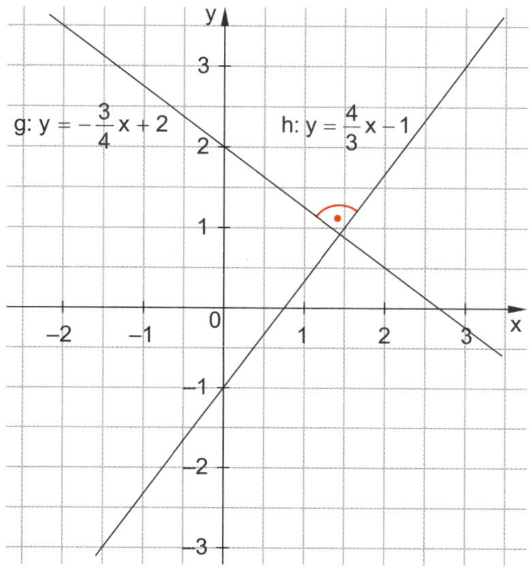

g: $y = -\frac{3}{4}x + 2$ und h: $y = \frac{4}{3}x - 1$

$m_g \cdot m_h = \left(-\frac{3}{4}\right) \cdot \frac{4}{3} = -1$ also: $g \perp h$

2. Bestimme die Gleichung der zu g: $y = 0{,}5x + 4$ orthogonalen Geraden h, die durch den Punkt $P(3\,|\,-1)$ verläuft.

Lösung:

Wegen $m_g = 0{,}5$ gilt: — Berechne m_h mithilfe der Formel $m_g \cdot m_h = -1$.

$0{,}5 \cdot m_h = -1$ — Löse nach m_h auf.

$\iff \quad m_h = -2$

$m_h = -2$: $\quad y = -2x + t$ — Steigung m in die Gleichung $y = mx + t$ einsetzen

$P(3\,|\,-1) \in h$: $-1 = -2 \cdot 3 + t$ — Koordinaten von P einsetzen und t berechnen

$\iff \quad t = 5$

h: $y = -2x + 5$ — Gleichung von h angeben

Aufgaben

21 Bestimme die Gleichung der zu g: $5x + 4y = 12$ orthogonalen Geraden h, die durch den Punkt $P(2\,|\,3)$ verläuft.

22 Entscheide begründet, welche der folgenden Geraden aufeinander senkrecht stehen.

g_1: $y = \frac{3}{4}x + 3$

g_2: $-4x + 3y = 12$

g_3: $-2y - 11 = \frac{3}{2}x$

g_4: $4x - 3y = 5$

g_5: $\frac{2}{3}\left(9 + 4\frac{1}{2}y\right) = -4x$

23 Kreuze an. Welche zwei Geraden aus den nachfolgend genannten sind zueinander …

a) parallel?

- ☐ g_1: $y = \frac{3}{2}x - 4$
- ☐ g_2: $y = 3x + 7$
- ☐ g_3: $y = 0{,}6x - 0{,}5$
- ☐ g_4: $y = -\frac{2}{3}x - 1$
- ☐ g_5: $y = 1{,}5x$
- ☐ g_6: $y = 0{,}66x + 0{,}125$

b) orthogonal?

- ☐ h_1: $y = \frac{1}{3}x - 4$
- ☐ h_2: $y = 3x + 7$
- ☐ h_3: $y = 0{,}3x - 0{,}5$
- ☐ h_4: $y = -\frac{2}{3}x$
- ☐ h_5: $y = -\frac{1}{3}x$
- ☐ h_6: $y = 1x + 0{,}1$

Interaktive Aufgabe

9. Parallele und orthogonale Geraden

1.3 Flächeninhalt ebener Figuren

Dreiecke

Merke

- Als **Höhe h** eines Dreiecks bezeichnet man das **Lot von einem Eckpunkt auf die gegenüberliegende Grundlinie g**.
- Jedes Dreieck hat drei Höhen, wobei die Höhen auch außerhalb des Dreiecks liegen können.
- Die Länge der Höhe h_a entspricht dem **Abstand** des Eckpunktes A von der gegenüberliegenden Grundlinie.

Beispiele

1.

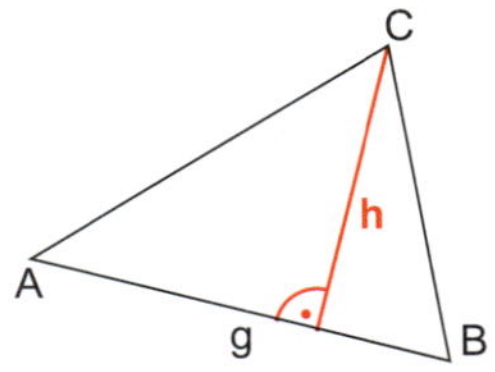

2.

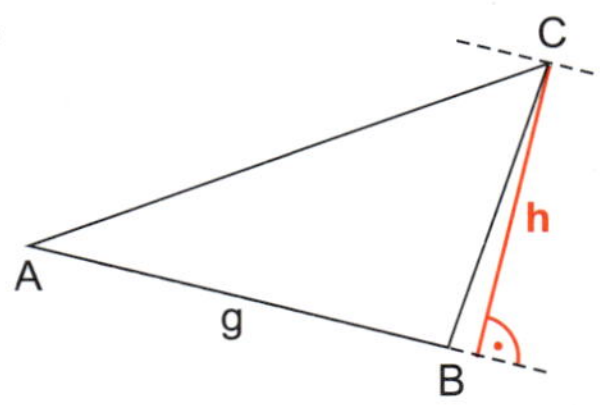

3.

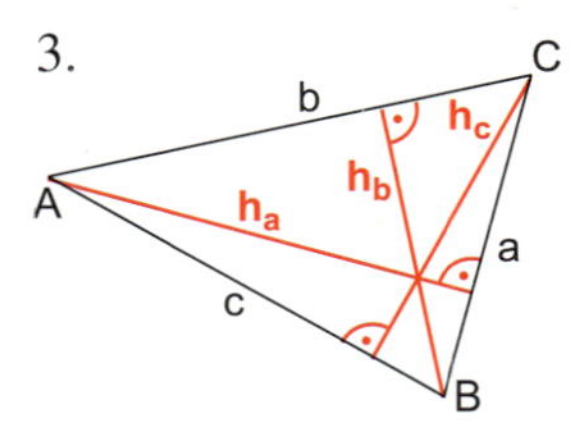

Merke

Für alle Dreiecke ABC mit Grundlinie g und zugehöriger Höhe h gilt die Flächenformel:

$A_{\Delta ABC} = \frac{1}{2} \cdot g \cdot h$ bzw. $A_{\Delta ABC} = \frac{1}{2} \cdot a \cdot h_a$ oder $A_{\Delta ABC} = \frac{1}{2} \cdot b \cdot h_b$ oder $A_{\Delta ABC} = \frac{1}{2} \cdot c \cdot h_c$

Alle Dreiecke ABC_n, bei denen die Punkte C_n auf einer Parallelen zur Seite $\overline{AB}$ liegen, besitzen den gleichen Flächeninhalt.

Beispiele

1. Berechne die Flächeninhalte der nebenstehenden Dreiecke ABC_n, wenn $|\overline{AB}| = 5$ cm und $h_c = 4$ cm.

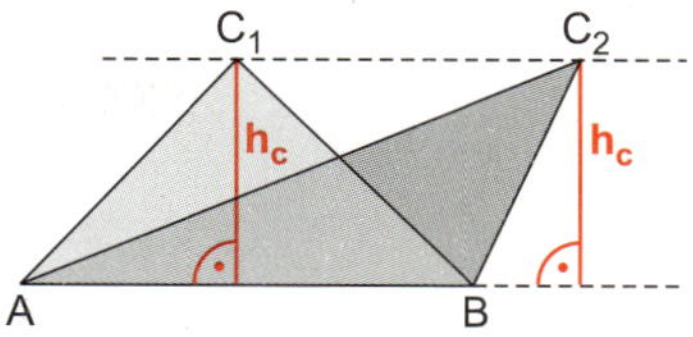

Lösung:

Zu Beispiel 1:

$$A_{\Delta ABC_1} = \frac{1}{2} \cdot g \cdot h = \frac{1}{2} \cdot |\overline{AB}| \cdot h_c = \frac{1}{2} \cdot 5\text{ cm} \cdot 4\text{ cm} = 10\text{ cm}^2$$

Zu Beispiel 2:

$$A_{\Delta ABC_2} = \frac{1}{2} \cdot g \cdot h = \frac{1}{2} \cdot |\overline{AB}| \cdot h_c = \frac{1}{2} \cdot 5\text{ cm} \cdot 4\text{ cm} = 10\text{ cm}^2$$

Die Höhe liegt außerhalb des Dreiecks. Trotzdem gilt $g = |\overline{AB}| = 5$ cm!

Dreiecke mit gleicher Höhe und gleicher Grundlinie besitzen unabhängig von ihrer Form den gleichen Flächeninhalt!

2. Im Dreieck ABC sind folgende Längen bekannt: $a = 4$ cm, $h_a = 5$ cm, $b = 6$ cm. Berechne die Höhe h_b auf die Seite b.

Lösung:

Es gilt: $A_{\Delta ABC} = \frac{1}{2} \cdot a \cdot h_a = \frac{1}{2} \cdot 4\text{ cm} \cdot 5\text{ cm} = 10\text{ cm}^2$

Außerdem gilt auch: $A_{\Delta ABC} = \frac{1}{2} \cdot b \cdot h_b$

Einsetzen des berechneten Flächeninhalts und der Streckenlänge b liefert:

$$10\text{ cm}^2 = \frac{1}{2} \cdot 6\text{ cm} \cdot h_b \quad |:3\text{ cm}$$

$$h_b = 3\frac{1}{3}\text{ cm}$$

Merke

Im **rechtwinkligen** Dreieck fallen zwei Höhen mit den Katheten zusammen.

Beispiele

1. 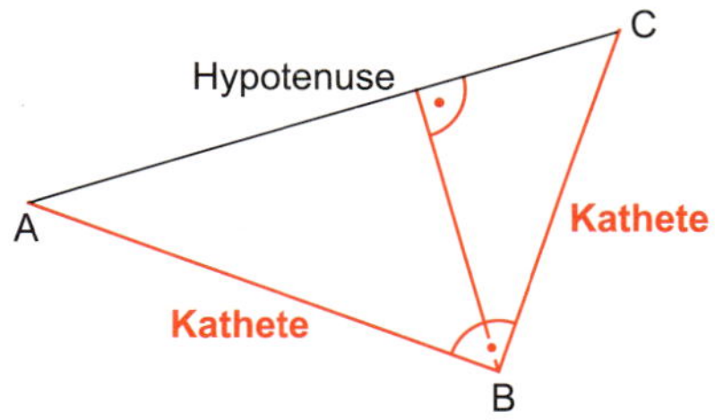

$h_a = |\overline{AB}|$
$h_c = |\overline{BC}|$

2. Berechne den Flächeninhalt des rechtwinkligen Dreiecks ABC mit den Seitenlängen $|\overline{AB}| = 4$ cm, $|\overline{BC}| = 3$ cm und $|\overline{CA}| = 5$ cm.

Lösung:

Im rechtwinkligen Dreieck ist die Hypotenuse die längste Seite. Demnach sind $\overline{AB}$ und $\overline{BC}$ die Katheten und stehen aufeinander senkrecht.

$$A_{\Delta ABC} = \frac{1}{2} \cdot g \cdot h = \frac{1}{2} \cdot |\overline{AB}| \cdot |\overline{BC}| = \frac{1}{2} \cdot 4\text{ cm} \cdot 3\text{ cm} = 6\text{ cm}^2$$

Aufgaben

24 Im Dreieck ABC gilt: $a = 5$ cm und $h_c = 4$ cm. Das Dreieck hat einen Flächeninhalt von 20 cm^2. Berechne c sowie den Abstand des Punktes A von der Geraden BC.

25 Die Hypotenuse c eines rechtwinkligen Dreiecks ABC ist 5 cm lang. Die beiden Katheten a und b sind 3 cm und 4 cm lang. Gib die Längen der drei Höhen an.

26 Zeichne ein Dreieck ABC mit $c = 8$ cm und einem Flächeninhalt von 12 cm^2. Zeichne anschließend die Gerade g ein, auf der alle Punkte C_n liegen, die zusammen mit den Punkten A und B gleichfalls Dreiecke mit 12 cm^2 Flächeninhalt bilden.

Interaktive Aufgabe

1. Dreieck

Vierecke

Merke

Parallelogramm

$A = g \cdot h$ bzw. $A = |\overline{AB}| \cdot h_1$ oder $A = |\overline{BC}| \cdot h_2$

Die Höhe h ist jeweils der Abstand der zur Grundlinie g parallelen Seite.

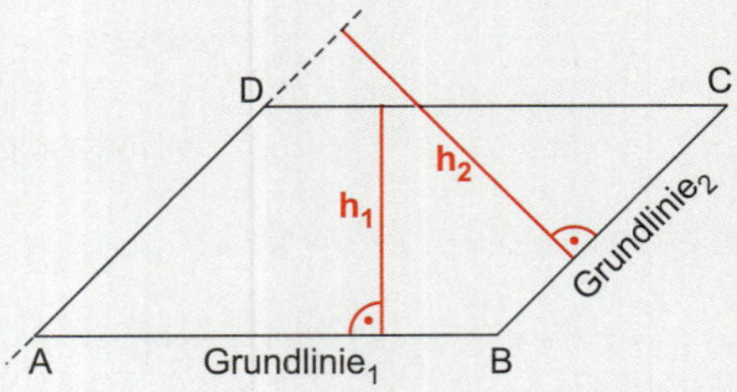

Drachenviereck

$A = \frac{1}{2} \cdot e \cdot f$ bzw. $A = \frac{1}{2} \cdot |\overline{AC}| \cdot |\overline{BD}|$

e und f sind die Längen der beiden Diagonalen.

Ein Drachenviereck, bei dem alle 4 Seiten gleich lang sind, nennt man **Raute**. Die Diagonalen halbieren sich dann gegenseitig, gegenüberliegende Seiten sind dann parallel.

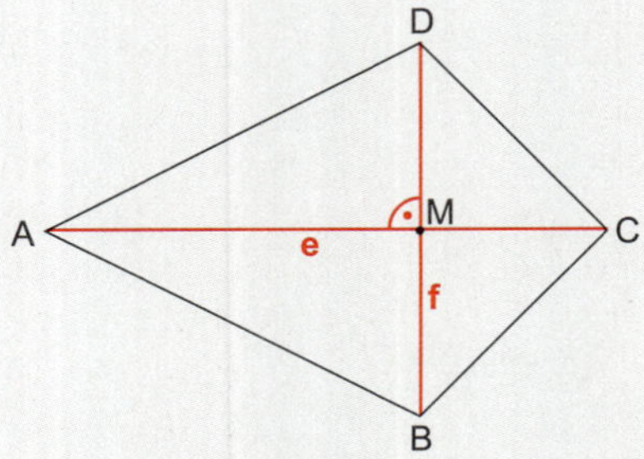

Trapez

$A = \frac{1}{2} \cdot (a + c) \cdot h$ bzw. $A = \frac{1}{2} \cdot \left(|\overline{AB}| + |\overline{CD}|\right) \cdot h$

a und c sind die beiden parallelen Seiten, h ist ihr Abstand.

oder:

$A = m \cdot h$

wobei für die Mittellinie m gilt:

$m = \frac{1}{2} \cdot (a + c)$ bzw. $m = \frac{1}{2} \cdot \left(|\overline{AB}| + |\overline{CD}|\right)$

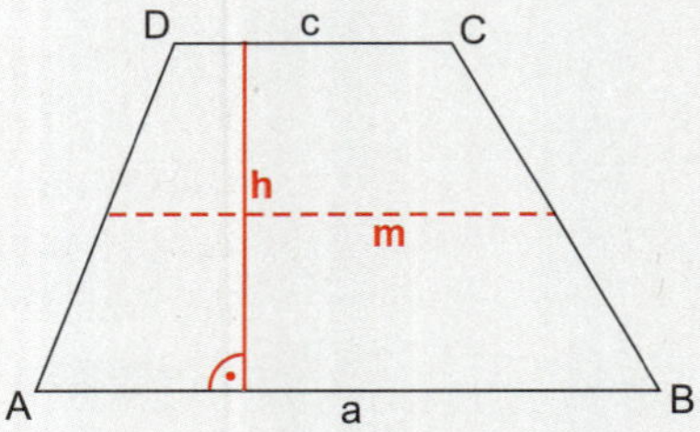

Beispiele

1. Berechne den Flächeninhalt des Parallelogramms ABCD mit $|\overline{AB}| = 4$ cm und $h = 2$ cm, wobei h der Abstand von $\overline{AB}$ zu $\overline{CD}$ ist.

   Lösung:
   $A = g \cdot h$
   $A = |\overline{AB}| \cdot h$
   $A = 4\text{ cm} \cdot 2\text{ cm}$
   $A = 8\text{ cm}^2$

2. Berechne den Flächeninhalt des Drachenvierecks ABCD mit den Diagonalenlängen $|\overline{AC}| = e = 5$ cm und $|\overline{BD}| = f = 3$ cm.

   Lösung:
   $A = \frac{1}{2} \cdot e \cdot f$
   $A = \frac{1}{2} \cdot |\overline{AC}| \cdot |\overline{BD}|$
   $A = \frac{1}{2} \cdot 5\text{ cm} \cdot 3\text{ cm}$
   $A = 7{,}5\text{ cm}^2$

3. Berechne den Flächeninhalt des Trapezes ABCD mit $|\overline{AB}| = a = 5$ cm, $|\overline{CD}| = c = 2$ cm und $h = 3$ cm.

   Lösung:
   $A = \frac{1}{2} \cdot (a + c) \cdot h$
   $A = \frac{1}{2} \cdot (5\text{ cm} + 2\text{ cm}) \cdot 3\text{ cm}$
   $A = 10{,}5\text{ cm}^2$

   Mittellinie m:
   $m = \frac{1}{2} \cdot (5\text{ cm} + 2\text{ cm}) = 3{,}5\text{ cm}$

Aufgaben

27 Die Diagonalen eines Drachenvierecks sind 9 cm und 4 cm lang.

a) Berechne den Flächeninhalt des Drachenvierecks.
b) Ein zweites Drachenviereck hat den gleichen Flächeninhalt und eine Diagonale von 5 cm Länge.
   Bestimme die Länge der zweiten Diagonalen.
c) Ein Quadrat hat den gleichen Flächeninhalt wie das Drachenviereck.
   Bestimme die Länge der Diagonalen des Quadrats.
d) Eine Raute ist ein spezielles Drachenviereck, bei dem alle vier Seiten gleich lang sind.
   Zeichne die Raute, die den gleichen Flächeninhalt besitzt wie das Drachenviereck aus Teilaufgabe a und eine Diagonale von 5 cm Länge hat.

28 Berechne die Fläche des nebenstehenden Parallelogramms und den Abstand der Seiten $\overline{BC}$ und $\overline{DA}$.

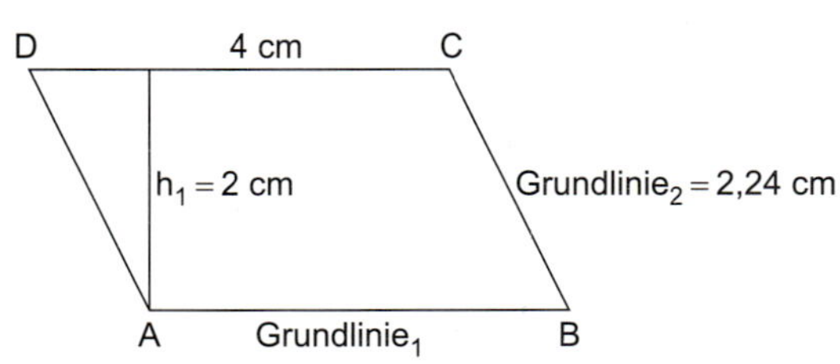

29 Ein Schwimmbecken hat die Form eines Trapezes. Die Mittellinie m trennt den Schwimmer- vom Nichtschwimmerbereich und verläuft parallel zu $\overline{AB}$ und $\overline{CD}$.

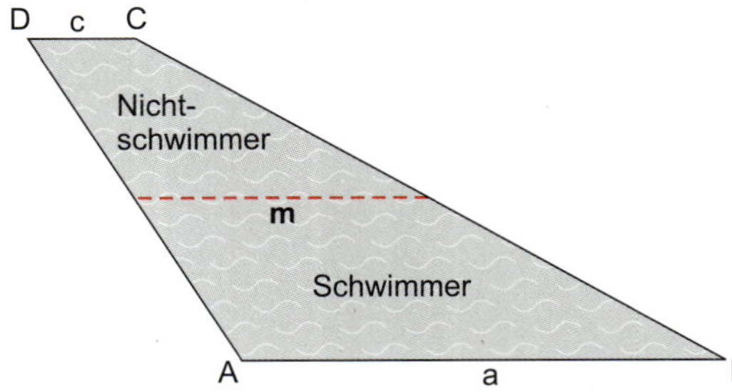

a) Berechne die Flächeninhalte der beiden Bereiche.
Der Abstand der beiden Seiten a und c beträgt 50 m.
Es gilt: a = 40 m, c = 10 m

b) Die Strecke $\overline{BC}$ ist 70 m lang. Der Flächeninhalt des Dreiecks ABC beträgt 70 % des gesamten Beckens.
Bestimme, wie lang die kürzeste Schwimmstrecke vom Punkt A zum Beckenrand $\overline{BC}$ ist.

30 In der Raute ABCD ist die Diagonale $\overline{AC}$ 6 cm lang. Der Flächeninhalt beträgt 24 cm^2. Die Länge der Seiten beträgt 5 cm.
Berechne, wie lang die zweite Diagonale ist und welchen Abstand die jeweils gegenüberliegenden Seiten der Raute haben. Zeichne eine Planfigur.

Interaktive Aufgaben

- 2. Parallelogramm
- 3. Raute
- 4. Trapez

Flächenberechnung mithilfe von Vektoren im Koordinatensystem

Flächenberechnung im Dreieck

Merke

Sind $\vec{v}=\begin{pmatrix} v_x \\ v_y \end{pmatrix}$ und $\vec{w}=\begin{pmatrix} w_x \\ w_y \end{pmatrix}$ zwei Vektoren, die ein Dreieck aufspannen, so erhält man den Flächeninhalt A_Δ des Dreiecks mithilfe einer **Determinante**:

$$A_\Delta = \frac{1}{2} \cdot |\vec{v}\ \vec{w}|\ \text{FE} = \frac{1}{2} \cdot \begin{vmatrix} v_x & w_x \\ v_y & w_y \end{vmatrix}\ \text{FE} = \frac{1}{2} \cdot (v_x \cdot w_y - v_y \cdot w_x)\ \text{FE}$$

Beachte:
Beide Vektoren müssen den gleichen Fußpunkt haben. Die Reihenfolge der Vektorkoordinaten in der Determinante ist dabei so zu wählen, dass der Vektor an erster Stelle steht, den man gegen den Uhrzeigersinn zum zweiten Vektor dreht.

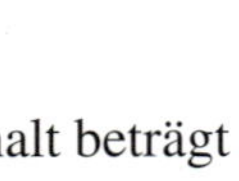

Zuerst $\vec{v}$, dann $\vec{w}$!

Beispiel

Das Dreieck ABC ist durch die beiden Pfeile $\overrightarrow{AB}=\begin{pmatrix} 6 \\ 3 \end{pmatrix}$ und $\overrightarrow{AC}=\begin{pmatrix} 1 \\ 4 \end{pmatrix}$, die den gemeinsamen Fußpunkt A(1 | 1) besitzen, eindeutig festgelegt („aufgespannt“).

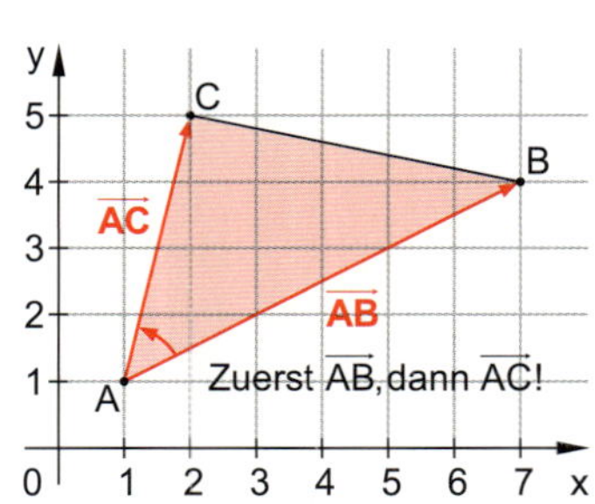

Den Flächeninhalt des Dreiecks ABC berechnet man mithilfe der aus diesen Pfeilen gebildeten Determinante:

$A_{\Delta ABC} = \frac{1}{2} \cdot |\overrightarrow{AB}\ \overrightarrow{AC}|\ FE = \frac{1}{2} \cdot \begin{vmatrix} 6 & 1 \\ 3 & 4 \end{vmatrix} FE$

Die beiden aufspannenden Vektoren werden in der richtigen Reihenfolge nebeneinander geschrieben. Kontrolle: Bei der falschen Reihenfolge würde sich ein negativer Wert für den Flächeninhalt ergeben.

$\begin{vmatrix} 6 & 1 \\ 3 & 4 \end{vmatrix} = 6 \cdot 4 - 3 \cdot 1 = 21$

Merkregel für das Ausmultiplizieren der Determinante: Über-Kreuz-Multiplikation

Berechnung der Dreiecksfläche:

$A_{\Delta ABC} = \frac{1}{2} \cdot \begin{vmatrix} 6 & 1 \\ 3 & 4 \end{vmatrix} FE$

Die Fläche des aufgespannten Dreiecks entspricht dem halben Wert der Determinante.

$A_{\Delta ABC} = \frac{1}{2} \cdot 21\ FE$

$A_{\Delta ABC} = 10{,}5\ FE$

Aufgaben

31 Die Punkte A(1 | 2), B(5 | –1), C(4 | 3) und D(0 | 3,5) legen ein Viereck fest. Berechne den Flächeninhalt des Vierecks ABCD.

32
a) Gegeben ist die Funktion f mit der Gleichung $y = -\frac{3}{x}$ mit $x, y \in \mathbb{R}$. Erstelle eine Wertetabelle für $x \in [-4; 4]$ mit $\Delta x = 1$ und zeichne den Graphen zu f in ein Koordinatensystem.
b) Die Punkte $P_n\left(-x \,\middle|\, \frac{3}{x}\right)$ und $R_n\left(x \,\middle|\, -\frac{3}{x}\right)$ liegen auf dem Graphen zu f. Zusammen mit dem Punkt Q(–2 | –3) bilden sie Dreiecke P_nQR_n. Zeichne das Dreieck P_1QR_1 für x = 3.
c) Berechne den Flächeninhalt der Dreiecke P_nQR_n in Abhängigkeit von x. Berechne sodann den Flächeninhalt des Dreiecks P_1QR_1.

Interaktive Aufgaben

5. Drachenviereck

6. Dreieck

Flächenberechnung im Parallelogramm

Merke

Sind $\vec{v} = \begin{pmatrix} v_x \\ v_y \end{pmatrix}$ und $\vec{w} = \begin{pmatrix} w_x \\ w_y \end{pmatrix}$ zwei Vektoren, die ein Parallelogramm aufspannen, so entspricht der Flächeninhalt des Parallelogramms der **Determinante**:

$A = |\vec{v}\ \vec{w}|\ FE = \begin{vmatrix} v_x & w_x \\ v_y & w_y \end{vmatrix} FE = (v_x \cdot w_y - v_y \cdot w_x)\ FE$

Beachte:
Beide Vektoren müssen den gleichen Fußpunkt haben. Die Reihenfolge der Vektorkoordinaten in der Determinante ist dabei so zu wählen, dass der Vektor an erster Stelle steht, den man gegen den Uhrzeigersinn zum zweiten Vektor dreht.

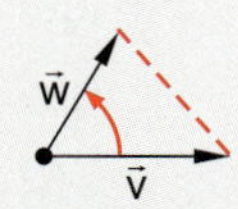

Zuerst $\vec{v}$, dann $\vec{w}$!

Beispiel

Das Parallelogramm ABCD ist durch die zwei Vektorpfeile $\overrightarrow{AB} = \begin{pmatrix}6\\3\end{pmatrix}$ und $\overrightarrow{AD} = \begin{pmatrix}1\\4\end{pmatrix}$, die den gemeinsamen Fußpunkt A(1 | 1) besitzen, eindeutig festgelegt („aufgespannt“).

Das Parallelogramm ist punktsymmetrisch zum Diagonalenschnittpunkt M. Der Flächeninhalt des Parallelogramms ABCD ist damit doppelt so groß wie der des Dreiecks ABD.

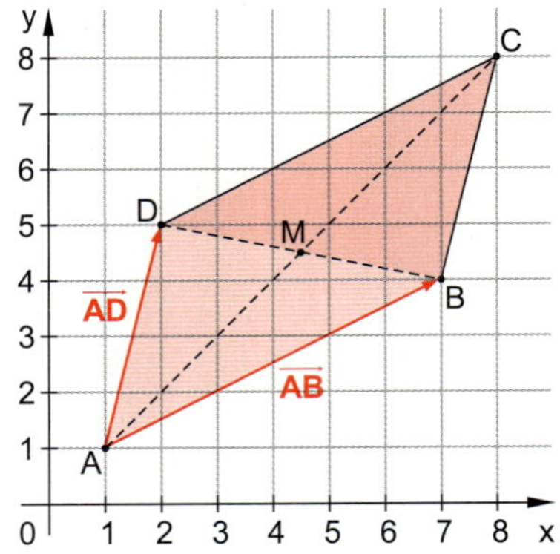

Berechnung der Parallelogrammfläche:

$$A_{ABCD} = 2 \cdot A_{\Delta ABD}$$

$$A_{ABCD} = 2 \cdot \frac{1}{2} \cdot |\overrightarrow{AB}\ \ \overrightarrow{AD}|\ \text{FE}$$

Die ersten beiden Schritte dienen nur der anschaulichen Herleitung der Formel. In der Praxis ist es sinnvoll, den Flächeninhalt sofort mit der Determinante gleichzusetzen.

$$A_{ABCD} = |\overrightarrow{AB}\ \ \overrightarrow{AD}|\ \text{FE}$$

$$A_{ABCD} = \begin{vmatrix}6 & 1\\3 & 4\end{vmatrix}\ \text{FE}$$

$$A_{ABCD} = (6 \cdot 4 - 3 \cdot 1)\ \text{FE}$$

$$A_{ABCD} = 21\ \text{FE}$$

Aufgabe 33

Betrachte das Parallelogramm aus oben stehendem Beispiel. Aufspannende Vektoren wären in der Abbildung ebenso

a) $\overrightarrow{BD}$ und $\overrightarrow{BA}$,

b) $\overrightarrow{BA}$ und $\overrightarrow{BC}$,

c) $\overrightarrow{AC}$ und $\overrightarrow{AB}$.

Berechne den Flächeninhalt des Parallelogramms mithilfe der angegebenen Pfeilpaare. Lies die benötigten Koordinaten der Punkte aus der Zeichnung ab.

Interaktive Aufgabe

7. Parallelogramm

Funktionale Abhängigkeiten – Veränderung von ebenen Figuren

Merke

Befinden sich Punkte P_n auf einer Ortslinie g (z. B. einer Geraden), so sind ihre Koordinaten **durch die Funktionsgleichung** der Ortslinie **festgelegt**: $P_n(x \mid g(x))$

Beispiel

Die Punkte $\mathbf{C_n}$ liegen auf der Geraden g: $\mathbf{y = 2x + 1}$.
Die Koordinaten aller Punkte C_n auf der Geraden g lassen sich angeben: $\mathbf{C_n(x \mid 2x + 1)}$
Der Index n besagt, dass es unendlich viele solcher Punkte gibt.
Mithilfe dieser allgemeinen Koordinaten der Punkte C_n lassen sich Veränderungen von Flächeninhalten, Streckenlängen usw. in Abhängigkeit von der Lage der Punkte C_n berechnen.

Flächenberechnung im Koordinatensystem mit Determinante

Beispiel

Gegeben sind die Punkte A(2 | 1) und B(5 | –1) sowie die Gerade g: $y = 0{,}5x + 2$.
A und B sind Eckpunkte von Dreiecken ABC_n, wobei die Punkte C_n auf der Geraden g liegen.

a) Zeichne die Gerade g und das Dreieck ABC_1 mit $C_1(3\,|\,?)$ sowie das Dreieck ABC_2 für $C_2(6\,|\,?)$.
b) Berechne den Flächeninhalt des Dreiecks ABC_1.
c) Stelle den Flächeninhalt der Dreiecke ABC_n in Abhängigkeit der x-Koordinate (Abszisse) des Punktes C_n dar.
d) Berechne die Koordinaten des Eckpunktes C_3 des Dreiecks ABC_3 mit Flächeninhalt 8,25 FE.
e) Bestimme, für welche x-Koordinaten Dreiecke ABC_n entstehen.

Lösung:

a) • Zeichnen der Geraden g
• Einzeichnen des Punktes C_1 mit x-Koordinate 3 auf der Geraden g
• Zeichnen des Dreiecks ABC_1
• Gleiches Verfahren für das Dreieck ABC_2

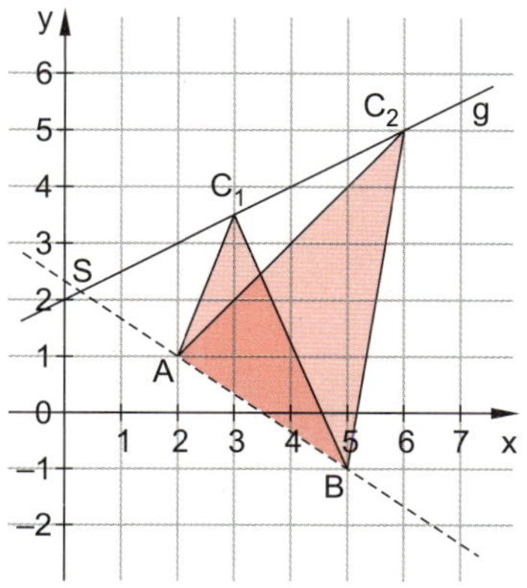

b) Koordinaten von C_1:

$C_1(\mathbf{3}\,|\,?) \in g: y = 0{,}5 \cdot \mathbf{3} + 2$
$\Leftrightarrow \quad y = 3{,}5$

$C_1(3\,|\,3{,}5)$

Aufspannende Vektoren:

$$\overrightarrow{AB} = \begin{pmatrix} 5-2 \\ -1-1 \end{pmatrix} = \begin{pmatrix} 3 \\ -2 \end{pmatrix}$$

$$\overrightarrow{AC_1} = \begin{pmatrix} 3-2 \\ 3{,}5-1 \end{pmatrix} = \begin{pmatrix} 1 \\ 2{,}5 \end{pmatrix}$$

Flächeninhalt mit Determinante:

$$A_{\Delta ABC_1} = \frac{1}{2} \cdot \begin{vmatrix} 3 & 1 \\ -2 & 2{,}5 \end{vmatrix} \text{FE} = 0{,}5 \cdot [3 \cdot 2{,}5 - (-2) \cdot 1] \text{ FE} = 4{,}75 \text{ FE}$$

c) Die Punkte C_n auf der Geraden g besitzen folgende Koordinaten in Abhängigkeit von x:

$g: y = \mathbf{0{,}5x + 2} \quad \Rightarrow \quad C_n(x\,|\,\mathbf{0{,}5x + 2})$

Die y-Koordinate der Punkte C_n ist festgelegt durch die Geradengleichung g: $y = 0{,}5x + 2$.

Aufspannende Vektoren:

Man rechnet wie in Teilaufgabe b.

$$\overrightarrow{AB} = \begin{pmatrix} 3 \\ -2 \end{pmatrix}$$

$$\overrightarrow{AC_n} = \begin{pmatrix} x-2 \\ 0{,}5x + 2 - 1 \end{pmatrix} = \begin{pmatrix} x-2 \\ 0{,}5x + 1 \end{pmatrix}$$

„Spitze minus Fuß“ mit $C_n(x\,|\,0{,}5x + 2)$
Anstelle der speziellen Koordinaten eines Punktes C verwendet man die allgemeinen Koordinaten der Punkte C_n.

Flächeninhalt in Abhängigkeit von x mit Determinante:

$$A_{\Delta ABC_n}(x) = \frac{1}{2} \cdot \begin{vmatrix} 3 & x-2 \\ -2 & 0{,}5x + 1 \end{vmatrix} \text{FE}$$

$$A_{\Delta ABC_n}(x) = \frac{1}{2} \cdot [3 \cdot (0{,}5x + 1) - (-2) \cdot (x - 2)] \text{ FE}$$

Vorzeichen beim Ausmultiplizieren beachten

$A_{\Delta ABC_n}(x) = \frac{1}{2} \cdot [1{,}5x + 3 + 2x - 4]$ FE — Umkehrung der Vorzeichen

$A_{\Delta ABC_n}(x) = \frac{1}{2} \cdot (3{,}5x - 1)$ FE

d) $\left| \begin{array}{l} A(x) = \frac{1}{2} \cdot (3{,}5x - 1) \text{ FE} \\ \wedge \; A(x) = 8{,}25 \text{ FE} \end{array} \right.$

$$\begin{aligned} &\Rightarrow & \tfrac{1}{2} \cdot (3{,}5x - 1) &= 8{,}25 \quad (\text{I} = \text{II}) & &| \cdot 2 \\ &\Leftrightarrow & 3{,}5x - 1 &= 16{,}5 & &| +1 \\ &\Leftrightarrow & 3{,}5x &= 17{,}5 & &| : 3{,}5 \\ &\Leftrightarrow & x &= 5 \end{aligned}$$

Löse nach x auf.

Die x-Koordinate des Punktes C_3 ist 5.

$L = \{5\}$

$C_n(x \mid 0{,}5x + 2)$ — Setze $x = 5$ ein.

$C_3(5 \mid 0{,}5 \cdot 5 + 2)$

$C_3(5 \mid 4{,}5)$

e) Der Punkt C_n darf nur bis zum Schnittpunkt S wandern, denn links von S ändert sich der Umlaufsinn der Dreiecke in AC_nB. Fällt der Punkt C_n auf den Punkt S, so entsteht kein Dreieck, sondern eine Strecke.

Die x-Koordinate des Punktes S lässt sich aus dem Term für den Flächeninhalt $A_{\Delta ABC_n}(x) = \frac{1}{2} \cdot (3{,}5x - 1)$ FE berechnen:

$A_{\Delta ABC_n}(x) = \frac{1}{2} \cdot (3{,}5x - 1)$ FE

$\downarrow$

Setze: $0 = \frac{1}{2} \cdot (3{,}5x - 1)$

Wandert der Punkt C_n in Richtung S, wird der Flächeninhalt der Dreiecke immer kleiner. Für $C_n = S$ ist der Flächeninhalt schließlich gleich 0.

$\Leftrightarrow \; x = \frac{2}{7}$ — Die x-Koordinate des Punktes S ist $\frac{2}{7}$.

$L = \left\{\frac{2}{7}\right\}$

Zulässige x-Werte für Dreiecke ABC_n: $x > \frac{2}{7}$ — Für x-Werte rechts von S entstehen Dreiecke ABC_n.

Aufgaben 34

Die Eckpunkte D_n von Parallelogrammen ABC_nD_n mit $A(1 \mid 1)$ und $B(4 \mid 0)$ liegen auf der Geraden g: $y = x + 3$.

a) Zeichne das Parallelogramm ABC_1D_1 für $D_1(2 \mid ?)$ und das Parallelogramm ABC_2D_2 für $D_2(3 \mid ?)$ und berechne den Flächeninhalt des Parallelogramms ABC_1D_1.

b) Berechne den Flächeninhalt der Parallelogramme in Abhängigkeit von der x-Koordinate der Punkte D_n.

c) Berechne die Koordinaten des Punktes D_3, sodass ein Parallelogramm mit einem Flächeninhalt von 10 FE entsteht.

d) Bestimme, für welche x-Werte Parallelogramme ABC_nD_n existieren.

35 Die Punkte $A(1\,|\,1)$ und $B_n(x\,|\,x+2)$ sind Eckpunkte von Dreiecken AB_nC_n, wobei $\overrightarrow{B_nC_n} = \binom{-2}{-1}$.

a) Zeichne die Dreiecke AB_1C_1 für $x=3$ und AB_2C_2 für $x=5$ ein.
b) Berechne den Flächeninhalt der Dreiecke AB_nC_n in Abhängigkeit von der Abszisse x der Punkte B_n.
c) Bestimme, für welchen x-Wert man ein Dreieck mit 4 FE Flächeninhalt erhält.
d) **Schwer:** Bestimme, für welche x-Werte Dreiecke AB_nC_n existieren. Löse zeichnerisch und rechnerisch.

36 Die Punkte $A(3\,|\,4)$, $C(1\,|\,0)$ und $B_n(x\,|\,-x+1)$ legen Drachenvierecke AB_nCD_n mit Symmetrieachse AC fest.

a) Zeichne das Drachenviereck AB_1CD_1 für $x=-1$ und das Drachenviereck AB_2CD_2 für $x=-2$ ein.
b) Berechne den Flächeninhalt des Drachenvierecks AB_1CD_1.
c) Berechne den Flächeninhalt in Abhängigkeit von x.
d) Berechne die Koordinaten von B_3 für das Drachenviereck AB_3CD_3 mit einem Flächeninhalt von 10 FE.

Interaktive Aufgabe

8. Variable Dreiecke

Flächenberechnung im Koordinatensystem ohne Determinante

Merke

Besitzen zwei Punkte A und B **dieselbe Abszisse x**, so lässt sich die Länge der Strecke $\overline{AB}$ als Differenz der y-Koordinaten der beiden Punkte berechnen:
$|\overline{AB}| = (y_A - y_B)$ LE
(wobei $y_A > y_B$ gelten muss, also A über B liegen muss, da man sonst eine negative Streckenlänge erhalten würde)

Beispiel

Die Dreiecke $A_nB_nC_n$ sind folgendermaßen festgelegt:
Die Punkte A_n liegen auf der Geraden g: $y=0{,}25x+4$, die Punkte B_n auf der Geraden k: $y=-0{,}5x+1$.
Die Punkte A_n und B_n besitzen die gleiche Abszisse x (wobei $x>-4$) und $\overrightarrow{B_nC_n} = \binom{3}{1}$.

a) Zeichne die Geraden g und k und die Dreiecke $A_1B_1C_1$ für $x=0$ und $A_2B_2C_2$ für $x=3{,}5$.
b) Berechne den Flächeninhalt der Dreiecke $A_nB_nC_n$ in Abhängigkeit von der Abszisse x der Punkte A_n mithilfe der Formel $A = \frac{1}{2} \cdot g \cdot h$.

Lösung:

a) Zeichnung:
- Zeichnen von g und k.
- Einzeichnen von A_1 und B_1 für die x-Koordinate 0 (Abszisse) auf die jeweilige Gerade.
- Zeichnen von C_1 wie durch den Vektor vorgegeben: „von B_1 aus 3 nach rechts, 1 nach oben".
- Gleiches Verfahren für $A_2B_2C_2$.

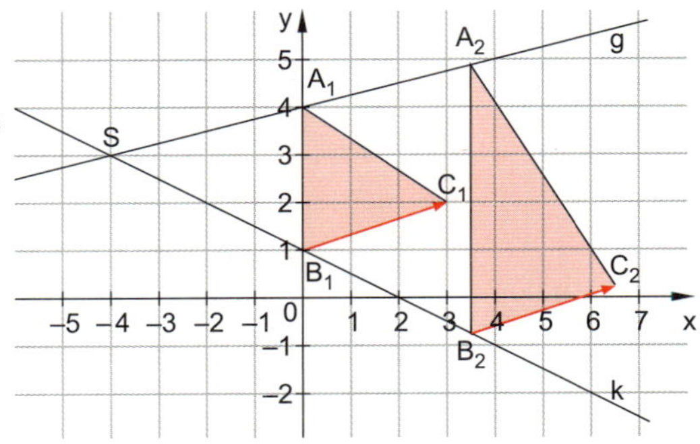

Besitzen 2 Punkte die gleiche Abszisse, dann liegen sie im Koordinatensystem auf der gleichen Parallelen zur y-Achse („senkrecht übereinander").

b) Berechnung der Länge der Grundlinie $\overline{B_nA_n}$:

$|\overline{A_nB_n}| = (y_{A_n} - y_{B_n})$ LE

$y_{A_n} = 0{,}25x + 4$ $\quad y_{B_n} = -0{,}5x + 1$

A_n und B_n liegen auf den Geraden mit diesen Gleichungen.

$|\overline{A_nB_n}| = [0{,}25x + 4 - (-0{,}5x + 1)]$ LE

$|\overline{A_nB_n}| = [0{,}75x + 3]$ LE

Bestimmung der Länge der Höhe h_c zur Grundlinie $\overline{A_nB_n}$:

h_c lässt sich aus dem Vektor $\overrightarrow{B_nC_n} = \binom{3}{1}$ entnehmen:

$h_c = 3$ LE

Von B_n immer 3 LE in x-Richtung, senkrecht zu $\overline{A_nB_n}$

Der Abstand des Punktes C_n von der Strecke $\overline{A_nB_n}$ beträgt immer 3 LE, da $\overline{A_nB_n}$ parallel zur y-Achse ist. Es gilt:

$$A_{\Delta A_nB_nC_n}(x) = \frac{1}{2}\cdot g\cdot h = \frac{1}{2}\cdot|\overline{A_nB_n}|\cdot h_c = \left[\frac{1}{2}\cdot(0{,}75x+3)\cdot 3\right]\text{FE} = [1{,}125x + 4{,}5]\text{ FE}$$

Aufgaben

37 Zusatzaufgaben zum vorhergehenden Beispiel:

a) Berechne den Flächeninhalt der Dreiecke $A_nB_nC_n$ mithilfe einer Determinante.

b) Berechne die Koordinaten der Eckpunkte des Dreiecks $A_3B_3C_3$ mit einem Flächeninhalt von 9 FE.

c) **Schwer:** Berechne den Flächeninhalt des Dreiecks $A_0B_0C_0$, das rechtwinklig in A_0 ist.

38 Die Punkte $D_n(x\,|\,0{,}75x+2)$ auf der Geraden g: $y = 0{,}75x + 2$ legen Quadrate $A_nB_nC_nD_n$ fest. Die Punkte A_n besitzen dieselbe Abszisse x wie die Punkte D_n und liegen auf der x-Achse.

a) Zeichne die Gerade g und die Quadrate $A_1B_1C_1D_1$ bzw. $A_2B_2C_2D_2$ für $x_1 = 0$ bzw. $x_2 = 4$ in ein Koordinatensystem. Platzbedarf: $-3 \le x \le 10$; $0 \le y \le 6$

b) Berechne den Umfang und den Flächeninhalt der Quadrate $A_nB_nC_nD_n$ in Abhängigkeit von der Abszisse x der Punkte D_n.

c) Berechne die Koordinaten von D_3, sodass das zugehörige Quadrat $A_3B_3C_3D_3$ eine Seitenlänge von 6,5 LE besitzt.

d) Der Schnittpunkt D_4 der Geraden h: $y = -0{,}5x + 6{,}5$ mit der Geraden g legt ein Quadrat $A_4B_4C_4D_4$ fest.
Berechne die x-Koordinate von D_4 und gib den Umfang dieses Quadrates an.

39 Die Punkte $A_n(x\,|\,x+2)$ liegen auf der Geraden g: $y=x+2$ und besitzen die gleiche Abszisse x wie die Punkte C_n auf der Geraden k: $y=0{,}5x$. Die Punkte A_n und C_n gehören zu Rauten $A_nB_nC_nD_n$, wobei stets gilt: $|\overline{B_nD_n}|=3$ LE

a) Zeichne die beiden Geraden und die beiden Rauten $A_1B_1C_1D_1$ für $x=0$ und $A_2B_2C_2D_2$ für $x=4$ ein.

b) Berechne den Flächeninhalt der Rauten in Abhängigkeit von der Abszisse x der Punkte A_n.

c) Bestimme, für welchen x-Wert eine Raute mit 6 FE Flächeninhalt entsteht.

d) Bestimme, für welchen x-Wert ein Quadrat entsteht.

Tipp

Welche Eigenschaft hat ein Quadrat zusätzlich im Vergleich zu einer Raute?
Wie kannst du das rechnerisch nutzen?

Interaktive Aufgabe

9. Variable Parallelogramme

Extremwertaufgaben – Verlängern und Verkürzen

Bei der Untersuchung von funktionalen Abhängigkeiten spielen Extremwertbetrachtungen eine wichtige Rolle. Die in Abhängigkeit von x berechnete Größe wird auf einen größten Termwert T_{max} oder auf einen kleinsten Termwert T_{min} untersucht. Meist geht es um Extremwerte quadratischer Terme, die man mithilfe der quadratischen Ergänzung bestimmt.

Beispiel

Im gleichschenkligen Dreieck ABC ist die Basis $\overline{AB}$ 5 cm lang, die Höhe h_c 2 cm. Es entstehen neue gleichschenklige Dreiecke $A_nB_nC_n$, wenn man die Basis auf beiden Seiten um je 0,5x cm verkürzt und gleichzeitig die Höhe von C aus um x cm verlängert.

a) Zeichne das Dreieck ABC und das veränderte Dreieck $A_1B_1C_1$, das für $x=2$ entsteht (in eine Zeichnung!).

b) Berechne den Flächeninhalt in Abhängigkeit von x.

c) Berechne den x-Wert, für den das Dreieck mit der größten Fläche entsteht.

Lösung:

a)

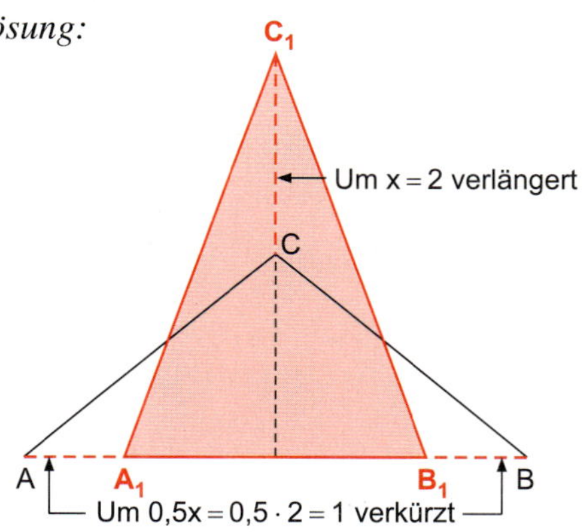

b) Verlängerte Höhe: $h(x)=(2+x)$ cm

Verkürzte Basis: $|\overline{A_nB_n}|(x)=(5-2\cdot 0{,}5x)\text{ cm}=(5-x)\text{ cm}$

$$A_{\Delta A_nB_nC_n}(x)=\frac{1}{2}\cdot|\overline{A_nB_n}|(x)\cdot h(x)$$

$$A_{\Delta A_nB_nC_n}(x)=\frac{1}{2}\cdot(5-x)\cdot(2+x)\text{ cm}^2$$

Es empfiehlt sich immer, die Maßeinheiten am Ende der Zeile zusammenzufassen, um nur noch die Maßzahlen im Blick behalten zu müssen.

$$A_{\Delta A_nB_nC_n}(x)=\frac{1}{2}\cdot(10+3x-x^2)\text{ cm}^2$$

$$A_{\Delta A_nB_nC_n}(x)=(-0{,}5x^2+1{,}5x+5)\text{ cm}^2$$

c) Extremwertbestimmung durch „quadratisches Ergänzen“:

$A_{\Delta A_nB_nC_n}(x) = (-0{,}5x^2 + 1{,}5x + 5)\ \text{cm}^2$	Klammere den Faktor vor x^2 aus.
$A_{\Delta A_nB_nC_n}(x) = -0{,}5[x^2 - 3x - 10]\ \text{cm}^2$	Ergänze quadratisch.
$A_{\Delta A_nB_nC_n}(x) = -0{,}5[x^2 - 3x + 1{,}5^2 - 1{,}5^2 - 10]\ \text{cm}^2$	Wende die 2. binomische Formel an.
$A_{\Delta A_nB_nC_n}(x) = -0{,}5[(x - 1{,}5)^2 - 2{,}25 - 10]\ \text{cm}^2$	Fehlerquelle $-1{,}5^2 = -2{,}25$ beachten
$A_{\Delta A_nB_nC_n}(x) = -0{,}5[(x - 1{,}5)^2 - 12{,}25]\ \text{cm}^2$	Löse die eckige Klammer auf.
$A_{\Delta A_nB_nC_n}(x) = [-0{,}5(x - 1{,}5)^2 + 6{,}125]\ \text{cm}^2$	Lies den Extremwert ab.

$A_{max} = 6{,}125\ \text{cm}^2$ für $x = 1{,}5$

Das Dreieck mit dem größten Flächeninhalt entsteht für $x = 1{,}5$.
Die Basis ist dann $(5 - 2 \cdot 0{,}5 \cdot 1{,}5)\ \text{cm} = 3{,}5\ \text{cm}$ lang.
Die Höhe h_c hat eine Länge von $(2 + 1{,}5)\ \text{cm} = 3{,}5\ \text{cm}$.

Probe: $A = \frac{1}{2} \cdot 3{,}5\ \text{cm} \cdot 3{,}5\ \text{cm} = 6{,}125\ \text{cm}^2$

Aufgaben

40 (a – d)

Die Diagonalen $\overline{AC}$ und $\overline{BD}$ des Quadrats ABCD sind jeweils 5 cm lang. Es entstehen Drachenvierecke $A_nBC_nD_n$, indem man die Diagonale $\overline{AC}$ von A und C aus jeweils um 0,25x cm verkürzt. Die Punkte D_n erhält man, wenn man die Diagonale $\overline{BD}$ über D hinaus um 2x cm verlängert.

a) Zeichne das Quadrat ABCD und das Viereck $A_1BC_1D_1$ für $x = 2$ ein.
b) Gib an, welche x-Werte sinnvoll sind.
c) Berechne den Flächeninhalt des Vierecks $A_1BC_1D_1$.
d) Stelle den Flächeninhalt der Drachenvierecke in Abhängigkeit von x dar.
Ergebnis: $A(x) = (-0{,}5x^2 + 3{,}75x + 12{,}5)\ \text{cm}^2$
e) Ermittle die Belegung von x für das Drachenviereck mit dem größten Flächeninhalt.

41

Die Kathete $\overline{AB}$ des rechtwinkligen Dreiecks ABC ist 5 cm lang. Die Kathete $\overline{AC}$ hat eine Länge von 8 cm. Es entstehen Dreiecke AB_nC_n, indem die Kathete $\overline{AB}$ über B hinaus um x cm verlängert wird. Gleichzeitig wird die Kathete $\overline{AC}$ von C aus um 0,5x cm verkürzt.

a) Zeichne das Dreieck ABC und das veränderte Dreieck AB_1C_1 für $x = 3$.
b) Berechne den Flächeninhalt der Dreiecke AB_nC_n in Abhängigkeit von x.
c) Berechne den x-Wert, für den das Dreieck mit dem größten Flächeninhalt entsteht.
d) Berechne den Flächeninhalt des gleichschenklig-rechtwinkligen Dreiecks AB_2C_2.

Extremwertprobleme ergeben sich auch dann, wenn in eine gegebene Figur andere Figuren **einbeschrieben** werden. Einbeschrieben bedeutet dabei: Die Eckpunkte der einbeschriebenen Figur liegen alle auf den Seiten der umgebenden Figur.

42

Das Rechteck ABCD mit $|\overline{AB}| = 8\ \text{cm}$ und $|\overline{BC}| = 6\ \text{cm}$ ist gegeben. Es werden Parallelogramme $E_nF_nG_nH_n$ einbeschrieben. Die Punkte E_n liegen dabei auf $\overline{AB}$ in x cm Entfernung von A. F_n liegt auf $\overline{BC}$ in x cm Entfernung von B, G_n auf $\overline{CD}$ in x cm Entfernung von C, und schließlich H_n auf $\overline{DA}$ in x cm Entfernung von D.

a) Zeichne das Rechteck und das einbeschriebene Parallelogramm für $x = 2$.
b) Berechne den Flächeninhalt der Parallelogramme in Abhängigkeit von x.

Tipp Verwende die umschriebene Figur und die Restflächen!

c) Berechne den x-Wert für das Parallelogramm mit dem kleinsten Flächeninhalt.

Interaktive Aufgabe 10. Variable Trapeze

2 Grundwissen 9. Klasse

2.1 Lineare Gleichungssysteme

Ein lineares Gleichungssystem erhält man durch Verknüpfung von zwei linearen Gleichungen mit den Unbekannten $x \in G_1$ (Grundmenge von x) und $y \in G_2$ (Grundmenge von y) durch **„und zugleich“**. Die Lösungsmenge L eines linearen Gleichungssystems beinhaltet alle Paare $(x \mid y)$ mit $x \in G_1$, $y \in G_2$, die **beide** Gleichungen **zugleich** erfüllen.

Grafisches Lösungsverfahren

Merke

- Zeichne die beiden Geraden, die den Gleichungen des linearen Gleichungssystems entsprechen.
- Bestimme anhand der Zeichnung die Koordinaten des Schnittpunkts. Falls ein Schnittpunkt existiert, bilden dessen Koordinaten die Lösung.
- Mache die Probe durch Einsetzen.

Beispiel

Gesucht sind alle Paare $(x \mid y)$ mit $x, y \in \mathbb{R}$, die folgende beide Gleichungen erfüllen.

$$\begin{array}{|ll} & y = 2x - 1 \\ \wedge & y = 0{,}5x + 2 \end{array}$$

Lösung:

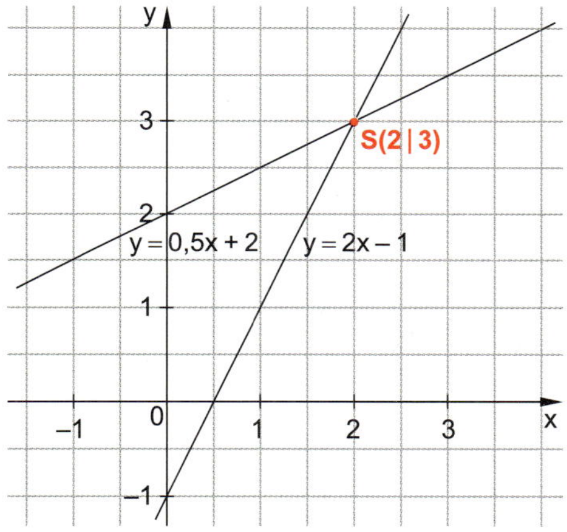

Die Lösungsmenge jeder linearen Gleichung lässt sich als Gerade veranschaulichen. Die beiden gegebenen Gleichungen sind bereits in der Normalform $y = mx + t$ angegeben. Die zugehörigen Graphen lassen sich leicht einzeichnen.
Der Punkt $S(2 \mid 3)$ ist der einzige Punkt, der auf beiden Geraden zugleich liegt. Somit ist das Paar $(2 \mid 3)$ auch das einzige Paar, das beide Gleichungen erfüllt.

Schnittpunkt $S(2 \mid 3)$, also $x = 2$ und $y = 3$.

Probe:

$$\begin{array}{|lll} & 3 = 2 \cdot 2 - 1 & \text{(wahr)} \\ \wedge & 3 = 0{,}5 \cdot 2 + 2 & \text{(wahr)} \end{array}$$

Einsetzen der x- und der y-Koordinate von S in beide Gleichungen

Grundmengenbetrachtung:
$2 \in \mathbb{R}$, $3 \in \mathbb{R}$

Lösungsmenge: $L = \{(2 \mid 3)\}$

Obiges Gleichungssystem hat genau **eine** Lösung. Allgemein sind 3 Fälle möglich.

Merke

Ein lineares Gleichungssystem besitzt entweder **keine** Lösung, **eine** Lösung oder **unendlich viele** Lösungen.

Beispiele

1. Keine Lösung
(parallele, aber nicht identische Geraden)

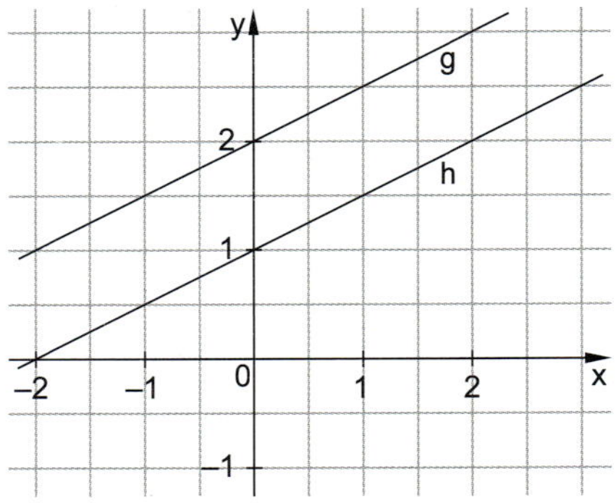

Nicht identische, parallele Geraden haben keine Punkte gemeinsam. Demnach gibt es auch kein Paar $(x \mid y)$, das die beiden zugehörigen Gleichungen zugleich erfüllt.

$L = \emptyset$

$m_g = m_h \wedge t_g \neq t_h \Rightarrow$ **parallele Geraden ohne Schnittpunkt**

2. Genau eine Lösung
(sich schneidende Geraden)

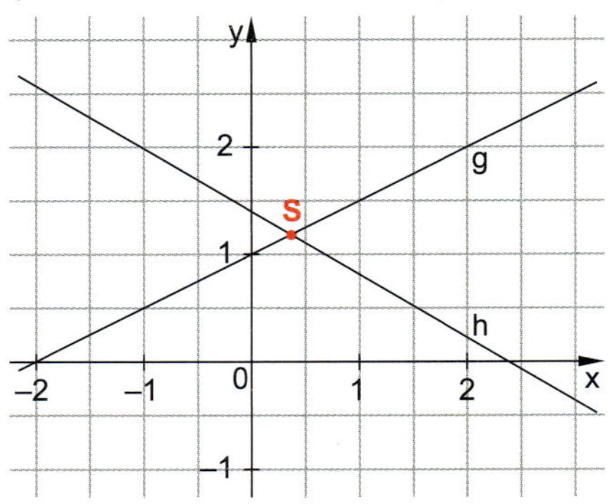

Geraden, die nicht parallel sind (unterschiedliche Steigung), schneiden sich in genau einem Punkt S. Es gibt deshalb genau eine Lösung.

$L = \{S\}$

$m_g \neq m_h \Rightarrow$ **sich schneidende Geraden mit genau einem Schnittpunkt**

3. Unendlich viele Lösungen
(identische Geraden)

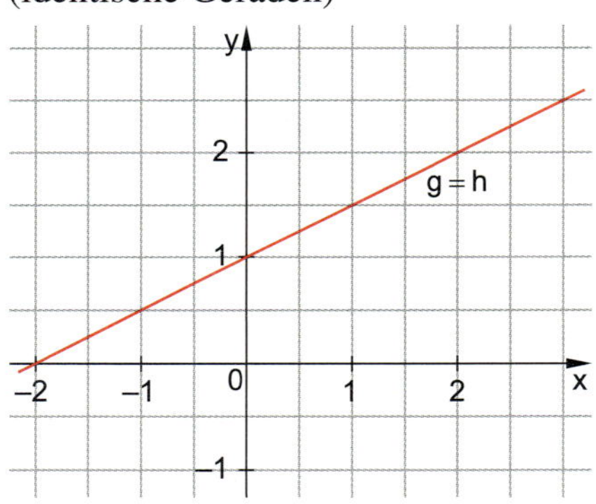

Identische Geraden schneiden sich in unendlich vielen Punkten. Es gibt deshalb unendlich viele Lösungen. Alle Paare, die zur Lösungsmenge gehören, werden durch die Geradengleichung beschrieben:
$L = \{(x \mid y) \mid y = mx + t\}$

$m_g = m_h \wedge t_g = t_h \Rightarrow$ **identische Geraden mit unendlich vielen Schnittpunkten**

Aufgabe 43

Löse folgende Gleichungssysteme grafisch $(x, y \in \mathbb{R})$.

a) $\begin{vmatrix} y = x - 2 \\ \wedge \; y = -2x + 1 \end{vmatrix}$

b) $\begin{vmatrix} 2y + x = 4 \\ \wedge \; 2y = x \end{vmatrix}$

Nach y auflösen! (Normalform)

Interaktive Aufgabe

1. Gleichungssystem grafisch lösen

Rechnerische Lösungsverfahren

Es gibt folgende Verfahren zur rechnerischen Lösung linearer Gleichungssysteme:
Gleichsetzungsverfahren, Einsetzungsverfahren, Additionsverfahren
Ziel der Verfahren ist es, durch Umformung eine Gleichung zu erhalten, die nur noch eine Unbekannte enthält.

Merke

Gleichsetzungsverfahren
- Löse beide Gleichungen nach der Variablen y auf.
- Setze die beiden Rechtsterme gleich.
- Löse nach x auf.
- Setze x in eine der beiden Gleichungen ein und bestimme y.

(Das Verfahren funktioniert analog, wenn man die Rollen von x und y vertauscht.)
Tipp: Günstiges Verfahren, wenn beide Gleichungen bereits nach der gleichen Variablen aufgelöst sind.

Beispiel

Bestimme die Lösungsmenge des Gleichungssystems $(x, y \in \mathbb{R})$.

$$\left|\begin{array}{rl} y+1 &= 2x \\ \wedge \quad y &= 0{,}5x+2 \end{array}\right.$$

Lösung:

$$\left|\begin{array}{rl} y+1 &= 2x \quad \big| -1 \\ \wedge \quad y &= 0{,}5x+2 \end{array}\right.$$

Löse Gleichung I nach y auf.

$$\Leftrightarrow \left|\begin{array}{l} y = \mathbf{2x-1} \\ \wedge \; y = \mathbf{0{,}5x+2} \end{array}\right.$$

Setze die beiden Rechtsterme gleich.

$$\Leftrightarrow \left|\begin{array}{rl} \mathbf{2x-1} &= \mathbf{0{,}5x+2} \quad (\mathrm{I}=\mathrm{II}) \quad \big| -0{,}5x+1 \\ \wedge \quad y &= 0{,}5x+2 \end{array}\right.$$

Gleichung I enthält jetzt nur noch die Variable x, nach der nun aufgelöst wird.

$$\Leftrightarrow \left|\begin{array}{rl} 1{,}5x &= 3 \quad \big| :1{,}5 \\ \wedge \quad y &= 0{,}5x+2 \end{array}\right.$$

$$\Leftrightarrow \left|\begin{array}{l} x = 2 \\ \wedge \; y = 0{,}5\mathbf{x}+2 \end{array}\right.$$

Berechne y durch Einsetzen von $x = 2$ in Gleichung II.

$$\Leftrightarrow \left|\begin{array}{l} x = 2 \\ \wedge \; y = 0{,}5 \cdot \mathbf{2}+2 \end{array}\right.$$

$$\Leftrightarrow \left|\begin{array}{l} x = 2 \\ \wedge \; y = 3 \end{array}\right.$$

$L = \{(2\,|\,3)\}$

Angabe der Lösungsmenge

Aufgabe 44

a – c

Löse folgende Gleichungssysteme mit dem Gleichsetzungsverfahren $(x, y \in \mathbb{R})$.

a) $\left|\begin{array}{l} y = x-2 \\ \wedge \; y = -2x+1 \end{array}\right.$

b) $\left|\begin{array}{l} x = 3-y \\ \wedge \; x = 4+2y \end{array}\right.$

c) $\left|\begin{array}{l} 4x = 3y-7 \\ \wedge \; 4x = 3y-2 \end{array}\right.$

d) $\left|\begin{array}{rl} 0{,}4x-5{,}2y &= 1{,}4 \\ \wedge \quad 2{,}1x &= 2{,}52+3{,}15y \end{array}\right.$

Interaktive Aufgabe

2. Gleichsetzungsverfahren

Merke

Einsetzungsverfahren

- Löse eine der beiden Gleichungen nach der Variablen y auf.
- Setze den Rechtsterm der aufgelösten Gleichung anstelle der Variablen y in die andere Gleichung ein.
- Löse diese Gleichung nach der verbliebenen Variablen x auf.
- Setze x in eine der beiden Gleichungen ein und bestimme y.

(Das Verfahren funktioniert analog, wenn man die Rollen von x und y vertauscht.)

Tipp: Günstiges Verfahren, wenn eine der beiden Gleichungen bereits nach einer Variablen aufgelöst ist.

Beispiel

Bestimme die Lösungsmenge des Gleichungssystems $(x, y \in \mathbb{R})$.

$$\left| \begin{array}{l} y - 7 = 3x \\ \wedge\ 2x + 2y = 4 \end{array} \right.$$

Lösung:

$$\left| \begin{array}{l} y - 7 = 3x \quad |+7 \\ \wedge\ 2x + 2y = 4 \end{array} \right.$$

Löse Gleichung I nach y auf.

$$\Leftrightarrow \left| \begin{array}{l} y = \mathbf{3x + 7} \\ \wedge\ 2x + 2\mathbf{y} = 4 \end{array} \right.$$

Setze den Rechtsterm von Gleichung I in Gleichung II ein.

$$\Leftrightarrow \left| \begin{array}{l} y = 3x + 7 \\ \wedge\ 2x + 2(\mathbf{3x + 7}) = 4 \end{array} \right. \quad \text{(I in II)}$$

Gleichung II enthält jetzt nur noch die Variable x, nach der nun aufgelöst wird.

$$\Leftrightarrow \left| \begin{array}{l} y = 3x + 7 \\ \wedge\ 2x + 6x + 14 = 4 \end{array} \right.$$

$$\Leftrightarrow \left| \begin{array}{l} y = 3x + 7 \\ \wedge\ 8x + 14 = 4 \end{array} \right. \quad |-14$$

$$\Leftrightarrow \left| \begin{array}{l} y = 3x + 7 \\ \wedge\ 8x = -10 \end{array} \right. \quad |:8$$

$$\Leftrightarrow \left| \begin{array}{l} y = 3\mathbf{x} + 7 \\ \wedge\ x = -1{,}25 \end{array} \right.$$

Berechne y durch Einsetzen von $x = -1{,}25$ in Gleichung I.

$$\Leftrightarrow \left| \begin{array}{l} y = 3(\mathbf{-1{,}25}) + 7 \\ \wedge\ x = -1{,}25 \end{array} \right.$$

$$\Leftrightarrow \left| \begin{array}{l} y = 3{,}25 \\ \wedge\ x = -1{,}25 \end{array} \right.$$

$L = \{(-1{,}25 \mid 3{,}25)\}$

Angabe der Lösungsmenge

Aufgabe 45 a – b

Löse folgende Gleichungssysteme mit dem Einsetzungsverfahren $(x, y \in \mathbb{R})$.

a) $\left| \begin{array}{l} 6x + 4y = 3 \\ \wedge\ y = 4x - 2 \end{array} \right.$

b) $\left| \begin{array}{l} 4x - 4y = 2 \\ \wedge\ x = 3 - y \end{array} \right.$

c) $\left| \begin{array}{l} 0{,}5y = 0{,}6x + 0{,}3 \\ \wedge\ 0{,}4x - 2{,}2 - y = 0 \end{array} \right.$

d) $\left| \begin{array}{l} 0{,}6y + 2{,}58 = 2{,}7x \\ \wedge\ 3y - 1{,}5x = 3{,}9 \end{array} \right.$

Interaktive Aufgabe

3. Einsetzungsverfahren

Merke

Additionsverfahren

- Multipliziere, falls nötig, beide Gleichungen mit geeigneten Zahlen so, dass vor **einer** Variablen betragsgleiche Koeffizienten (Faktoren) mit **unterschiedlichen Vorzeichen** entstehen.
- Addiere beide Gleichungen (Linksterm mit Linksterm, Rechtsterm mit Rechtsterm).
- Löse nach der verbliebenen Variablen auf.
- Bestimme die fehlende Variable durch Einsetzen der zuvor berechneten.

Tipp: Günstiges Verfahren, wenn keine der beiden Gleichungen nach einer Variablen aufgelöst ist.

Beispiel

Bestimme die Lösungsmenge des Gleichungssystems $(x, y \in \mathbb{R})$.

$$\begin{array}{|l} \quad 3x - 2y = 4 \\ \wedge \ 2x - 5y = 10 \end{array}$$

Lösung:

$$\begin{array}{|l} \quad \mathbf{3x} - 2y = 4 \quad |\cdot 2 \\ \wedge \ \mathbf{2x} - 5y = 10 \quad |\cdot(-3) \end{array}$$

Hier lassen sich vor der Variablen x betragsgleiche Koeffizienten mit unterschiedlichen Vorzeichen erzeugen.

$$\Leftrightarrow \begin{array}{|l} \quad \mathbf{6x} - 4y = 8 \\ \wedge \ \mathbf{-6x} + 15y = -30 \end{array}$$

6 und –6 sind betragsgleich.

Addition der beiden Gleichungen:

$$+ \begin{array}{|l} \quad 6x - 4y = 8 \\ \wedge \ -6x + 15y = -30 \end{array}$$

$6x + (-6x) = 0; \quad -4y + 15y = 11y; \quad 8 + (-30) = -22$

$$\Leftrightarrow \begin{array}{|l} \quad 0 \ + 11y = -22 \quad (I + II) \quad |:11 \\ \wedge \ -6x \ + 15y = -30 \end{array}$$

Das Ergebnis der Addition bildet zusammen mit Gleichung II (oder auch Gleichung I) ein äquivalentes Gleichungssystem.
Die neue Gleichung I enthält nur noch die Variable y, nach der nun aufgelöst wird.

$$\Leftrightarrow \begin{array}{|l} \quad y = -2 \\ \wedge \ -6x + 15\mathbf{y} = -30 \end{array}$$

Berechne x durch Einsetzen von $y = -2$ in Gleichung II.

$$\Leftrightarrow \begin{array}{|l} \quad y = -2 \\ \wedge \ -6x + 15(\mathbf{-2}) = -30 \end{array}$$

$$\Leftrightarrow \begin{array}{|l} \quad y = -2 \\ \wedge \ -6x - 30 = -30 \quad |+30 \end{array}$$

$$\Leftrightarrow \begin{array}{|l} \quad y = -2 \\ \wedge \ -6x = 0 \quad |:(-6) \end{array}$$

$$\Leftrightarrow \begin{array}{|l} \quad y = -2 \\ \wedge \ x = 0 \end{array}$$

$L = \{(0|-2)\}$

Angabe der Lösungsmenge

Aufgabe 46

a – b

Löse folgende Gleichungssysteme mit dem Additionsverfahren $(x, y \in \mathbb{R})$.

a) $\begin{array}{|l} \quad 4x + 6y = -3 \\ \wedge \ 5x - 3y = -2 \end{array}$

b) $\begin{array}{|l} \quad 3x - 0{,}5y + 2 = 4 \\ \wedge \ 4x + 2y + 4 = 0 \end{array}$

c) $\begin{array}{|l} \quad -1{,}3x + 4y = 2 \\ \wedge \ 5{,}2x - 16y = 5 \end{array}$

d) $\begin{array}{|l} \quad -0{,}4x - 0{,}5y = 3 \\ \wedge \ -0{,}1y + 1{,}2x = 9 \end{array}$

Interaktive Aufgabe

4. Additionsverfahren

2.2 Reelle Zahlen

Die Quadratwurzel

Merke

Die **Quadratwurzel** $\sqrt{a}$ einer **positiven Zahl** a ist die **positive Zahl**, die mit sich selbst multipliziert wieder a ergibt.
Es gilt also: $\sqrt{a} \cdot \sqrt{a} = a$ bzw. $\sqrt{a}^2 = a$
Die Zahl unter der Wurzel nennt man **Radikand**.

Beispiele

1. $\sqrt{625} = 25$ 25 ist die positive Zahl, die mit sich selbst multipliziert 625 ergibt: $25 \cdot 25 = 625$
2.

$\sqrt{1} = 1$	$\sqrt{4} = 2$	$\sqrt{9} = 3$	$\sqrt{16} = 4$	$\sqrt{25} = 5$
$\sqrt{36} = 6$	$\sqrt{49} = 7$	$\sqrt{64} = 8$	$\sqrt{81} = 9$	$\sqrt{100} = 10$
$\sqrt{121} = 11$	$\sqrt{144} = 12$	$\sqrt{169} = 13$	$\sqrt{196} = 14$	$\sqrt{225} = 15$
$\sqrt{256} = 16$	$\sqrt{289} = 17$	$\sqrt{324} = 18$	$\sqrt{361} = 19$	$\sqrt{400} = 20$

Irrationale Zahlen

Merke

Es existieren Zahlen, die sich nicht als Bruch darstellen lassen, also keine rationalen Zahlen aus der Zahlenmenge $\mathbb{Q}$ sind. Diese Zahlen lassen sich trotzdem eindeutig auf der Zahlengeraden festlegen. Man nennt diese Zahlen **irrationale Zahlen**.

Beispiel

$\sqrt{2}$ ist die positive Zahl, die mit sich selbst multipliziert 2 ergibt. Als Näherungswert erhält man 1,41421356237… Diese Zahl ist ein unendlicher, nichtperiodischer Dezimalbruch und lässt sich nicht vollständig als Dezimalbruch oder Bruch darstellen. Damit liegt $\sqrt{2}$ nicht in $\mathbb{Q}$. Weitere irrationale Zahlen sind z. B.:

- $\sqrt{5}, \sqrt{6}$
- $1,\underbrace{0}_{1}1\underbrace{00}_{2}1\underbrace{000}_{3}1\underbrace{0000}_{4}1\underbrace{00000}_{5}1\ldots$
- Kreiszahl $\pi = 3{,}141592653589793238\ldots$

Die Menge der reellen Zahlen $\mathbb{R}$

Merke

Die Menge der **reellen Zahlen** $\mathbb{R}$ erhält man, wenn man die Menge der rationalen Zahlen $\mathbb{Q}$ um die irrationalen Zahlen erweitert. Die Menge der reellen Zahlen ist die Menge aller Zahlen auf der Zahlengeraden.

Übersicht über die einzelnen Zahlbereiche:

Reelle Zahlen $\mathbb{R}$

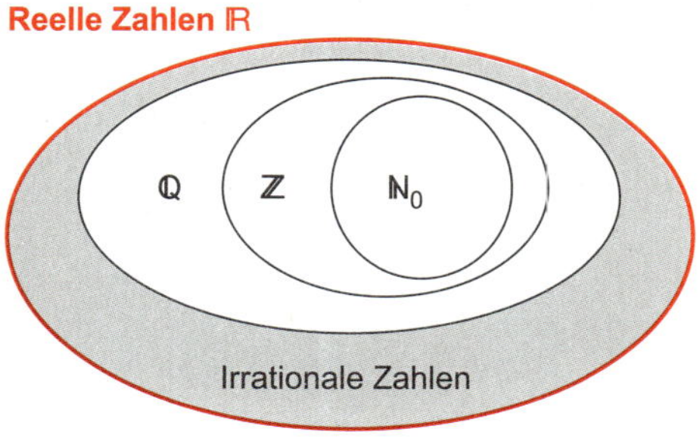

$\mathbb{N}_0$: Natürliche Zahlen einschließlich 0: 0; 1; 2; 3 …

$\mathbb{Z}$: Ganze Zahlen
Erweitert $\mathbb{N}_0$ um negative ganze Zahlen: –1; –2 …

$\mathbb{Q}$: Rationale Zahlen
Erweitert $\mathbb{Z}$ um Brüche: $\frac{2}{3}; -\frac{1}{5}; 1{,}5; -1{,}6 \ldots$

$\mathbb{R}$: Reelle Zahlen
Erweitert $\mathbb{Q}$ um irrationale Zahlen: $\sqrt{2}; -\sqrt{3}; \pi \ldots$

Rechnen mit Wurzeltermen

Lösen von Gleichungen der Form $x^2 = a$

Merke

Die Gleichung $x^2 = a$ hat für $a \in \mathbb{R}^+$ zwei Lösungen $x_1 = -\sqrt{a}$ und $x_2 = +\sqrt{a}$.

Beispiel

$$x^2 = 4 \quad |\sqrt{\ }$$
$$\Leftrightarrow |x| = \sqrt{4}$$
$$\Leftrightarrow x_1 = -\sqrt{4} = -2 \lor x_2 = \sqrt{4} = 2$$

Es gibt zwei Lösungen, denn $(-2) \cdot (-2) = 4$ und $2 \cdot 2 = 4$.

Aufgabe 47

Löse folgende Gleichungen über der Grundmenge $\mathbb{R}$.

a) $x^2 = 8$

b) $2x^2 = 32$

c) $-8x^2 + 4 = -6$

d) $12x^2 = -24$

e) $-\frac{1}{2}x^2 + 15 = 2{,}5$

f) $\frac{3}{4}x^2 - \frac{1}{8} = 1\frac{5}{24}$

Interaktive Aufgaben

1. Gleichung lösen

2. Gleichung lösen

Addition und Subtraktion von Wurzeltermen

Merke

Wurzeln mit gleichen Radikanden werden addiert bzw. subtrahiert, indem man die Koeffizienten addiert bzw. subtrahiert.

$b\sqrt{a} + c\sqrt{a} = (b+c)\sqrt{a}$

$b\sqrt{a} - c\sqrt{a} = (b-c)\sqrt{a}$

Beispiele

1. $3\sqrt{5} + 4\sqrt{5} = (3+4) \cdot \sqrt{5} = 7\sqrt{5}$

Anstelle von $7 \cdot \sqrt{5}$ schreibt man auch nur $7\sqrt{5}$.

2. $6\sqrt{7} + 3\sqrt{7} = 9\sqrt{7}$
3. $11\sqrt{8} - 5\sqrt{8} = 6\sqrt{8}$

Aufgabe 48

Löse folgende Aufgaben wie in den obigen Beispielen.

a) $5\sqrt{x} - 3\sqrt{x}$

b) $6\sqrt{x} + 9\sqrt{x} - 4\sqrt{y} - 2\sqrt{y}$

c) $\sqrt{3} - 2\sqrt{6} + 4\sqrt{3} + 3\sqrt{6}$

d) $-9\sqrt{x} + 4\sqrt{3} - 8\sqrt{x} - 10\sqrt{3}$

Interaktive Aufgabe

3. Wurzelterme zusammenfassen

Multiplikation und Division von Wurzeltermen

Merke

Rechengesetze: Für positive reelle Zahlen $a, b \in \mathbb{R}_0^+$ gilt:

$\sqrt{a} \cdot \sqrt{b} = \sqrt{a \cdot b}$ $\quad \sqrt{a} : \sqrt{b} = \sqrt{a : b}$ $\quad \frac{\sqrt{a}}{\sqrt{b}} = \sqrt{\frac{a}{b}}$ $\quad \sqrt{a^2} = a$ $\quad \sqrt{a}^2 = a$

Beispiele

1. $3\sqrt{2}\cdot 4\sqrt{2} = 3\cdot 4\cdot \sqrt{2}\cdot\sqrt{2}$ — Ordnen der Faktoren
$= 12\cdot\sqrt{2\cdot 2}$
$= 12\cdot\sqrt{2^2}$ — Beachte: $\sqrt{2^2} = 2$
$= 12\cdot 2$
$= 24$

2. $2\sqrt{18x}\cdot 5\sqrt{2x} = 2\cdot 5\cdot\sqrt{18x}\cdot\sqrt{2x}$
$= 10\cdot\sqrt{18x\cdot 2x}$
$= 10\cdot\sqrt{36x^2}$ — $\sqrt{36x^2} = \sqrt{6^2\cdot x^2} = \sqrt{6^2}\cdot\sqrt{x^2} = 6x$
$= 10\cdot 6x$
$= 60x$

3. $(3\sqrt{x})^2 = 3^2\cdot\sqrt{x}^2 = 9\cdot x$ — Ein Produkt wird quadriert, indem man die Faktoren quadriert. Es gilt: $\sqrt{x}^2 = x$

4. $\sqrt{49:4} = \sqrt{49}:\sqrt{4} = 7:2 = 3{,}5$

5. $\dfrac{5\sqrt{45}}{\sqrt{5}} = 5\cdot\sqrt{\dfrac{45}{5}} = 5\cdot\sqrt{9} = 5\cdot 3 = 15$ — Kürzen

6. $\dfrac{4y\sqrt{xy^3}}{\sqrt{16xy}} = 4y\cdot\sqrt{\dfrac{xy^3}{16xy}}$ — Schreibe zuerst unter ein Wurzelzeichen und kürze.
$= 4y\cdot\sqrt{\dfrac{y^2}{16}}$ — Die Wurzel eines Bruches ist die Wurzel aus dem Zähler durch die Wurzel des Nenners.
$= 4y\cdot\dfrac{\sqrt{y^2}}{\sqrt{16}}$
$= 4y\cdot\dfrac{y}{4}$
$= \dfrac{4y^2}{4}$
$= y^2$

Aufgabe 49

Vereinfache wie in den obigen Beispielen (über der Grundmenge $\mathbb{R}_0^+$).

a) $5\sqrt{27}\cdot 3\sqrt{3}$

b) $\sqrt{xy^2}\cdot\sqrt{25x}$

c) $\sqrt{49t^2s^2}\cdot\sqrt{2t^2}$

d) $\dfrac{\sqrt{5y^3}\cdot\sqrt{6xy}}{\sqrt{30xy^2}}$

e) $\dfrac{5x\cdot\sqrt{3x}}{4\sqrt{xy}}:\dfrac{\sqrt{yx}}{\sqrt{xy^2}}$

f) $\dfrac{24\sqrt{27g}}{6\sqrt{3k^2g^3}}\cdot\left(\dfrac{\sqrt{5k}}{\sqrt{4g^4}}\right)^2$

Interaktive Aufgabe

4. Wurzelterme berechnen

Teilweises Radizieren

Merke

Teilweises Radizieren nennt man die Zerlegung des Radikanden in Faktoren, deren Quadratwurzel man angeben kann.

Beispiele

1. $\sqrt{54} = \sqrt{9 \cdot 6} = \sqrt{9} \cdot \sqrt{6} = 3\sqrt{6}$ — Aus 9 lässt sich die Wurzel ziehen.

2. $\sqrt{12x^3y^5} = \sqrt{3 \cdot 4 \cdot x^2 \cdot x \cdot y^4 \cdot y}$ — Anwenden der Potenzgesetze: $x^3 = x^2 \cdot x$ und $y^5 = y^4 \cdot y$

   $= \sqrt{4x^2y^4} \cdot \sqrt{3xy}$ — Ziel: Gerade Exponenten! Etwa: $\sqrt{y^4} = y^2$

   $= 2xy^2 \cdot \sqrt{3xy}$ — $\sqrt{4x^2y^4} = \sqrt{2^2} \cdot \sqrt{x^2} \cdot \sqrt{(y^2)^2} = 2xy^2$

3. Durch teilweises Radizieren lassen sich manchmal auch gleiche Radikanden herstellen, sodass sich dadurch Wurzelterme weiter vereinfachen:

   $\sqrt{45} - \sqrt{5} + \sqrt{80} = \sqrt{9 \cdot 5} - \sqrt{5} + \sqrt{16 \cdot 5}$ — Die Radikanden enthalten alle den Faktor 5.

   $= 3\sqrt{5} - \sqrt{5} + 4\sqrt{5}$

   $= 6\sqrt{5}$

Aufgabe 50

Vereinfache wie in den obigen Beispielen (über der Grundmenge $\mathbb{R}_0^+$).

a) $\sqrt{18}$

b) $\sqrt{45x^3}$

c) $\sqrt{90x^5y^3}$

d) $7\sqrt{18} - 6\sqrt{32} + 5\sqrt{50}$

e) $x\sqrt{6x^3} - \sqrt{24x^5} - 4x^2\sqrt{54x}$

f) $2xy\sqrt{7y} - \sqrt{63x^2y^3} - \sqrt{175x^2y}$

Interaktive Aufgabe

5. Teilweises Radizieren

Rationalmachen des Nenners

Merke

Unter dem **Rationalmachen des Nenners** versteht man die Umformung eines Bruchterms mit dem Ziel, dass im Nenner keine Wurzelterme mehr auftreten.

Beispiele

1. $\dfrac{21}{\sqrt{7}} = \dfrac{21 \cdot \sqrt{7}}{\sqrt{7} \cdot \sqrt{7}} = \dfrac{21\sqrt{7}}{7} = 3\sqrt{7}$

   Erweitern mit dem Nenner
   $\sqrt{7} \cdot \sqrt{7} = 7$ rationale Zahl im Nenner

2. Ist der Nenner eine Summe oder Differenz, hilft die 3. binomische Formel.

   $$\frac{4}{\sqrt{3} - \sqrt{2}} = \frac{4 \cdot (\sqrt{3} + \sqrt{2})}{(\sqrt{3} - \sqrt{2}) \cdot (\sqrt{3} + \sqrt{2})} = \frac{4\sqrt{3} + 4\sqrt{2}}{3 - 2} = 4\sqrt{3} + 4\sqrt{2}$$

   Anwendung der 3. binomischen Formel:
   $(a - b) \cdot (a + b) = a^2 - b^2$
   $(\sqrt{3} - \sqrt{2}) \cdot (\sqrt{3} + \sqrt{2}) = \sqrt{3}^2 - \sqrt{2}^2 = 3 - 2 = 1$

Aufgabe 51

Forme so um, dass der Nenner eine rationale Zahl ist.

a) $\dfrac{5}{\sqrt{8}}$

b) $\dfrac{6}{\sqrt{5} - \sqrt{3}}$

c) $\dfrac{\sqrt{7}}{\sqrt{x} + \sqrt{y}}$

d) $\dfrac{\sqrt{3}}{4 + \sqrt{3}}$

Interaktive Aufgabe

6. Nenner rational machen

2.3 Quadratische Funktionen

Merke

Funktionen mit der Funktionsgleichung f: $y = ax^2 + bx + c$ (a, b, c ∈ ℝ; a ≠ 0) werden wegen ihres quadratischen Teilterms $a \cdot x^2$ als **quadratische Funktionen** bezeichnet.

Die Funktion mit der Gleichung $y = x^2$

Merke

Für die einfachste quadratische Funktion f: $y = x^2$ mit x, y ∈ ℝ gilt a = 1, b = 0 und c = 0.
- Für die Definitionsmenge D gilt: D = ℝ, für die Wertemenge W gilt: $W = \mathbb{R}_0^+$
- Der Graph der Funktion f heißt **Normalparabel**.
- Die Normalparabel hat den **Scheitelpunkt** S(0 | 0).
- Die y-Achse ist **Symmetrieachse** des Graphen mit der Gleichung s: x = 0.

Wertetabelle

x	−4	−3	−2	−1	0	1	2	3	4
$y = x^2$	16	9	4	1	0	1	4	9	16

Graph

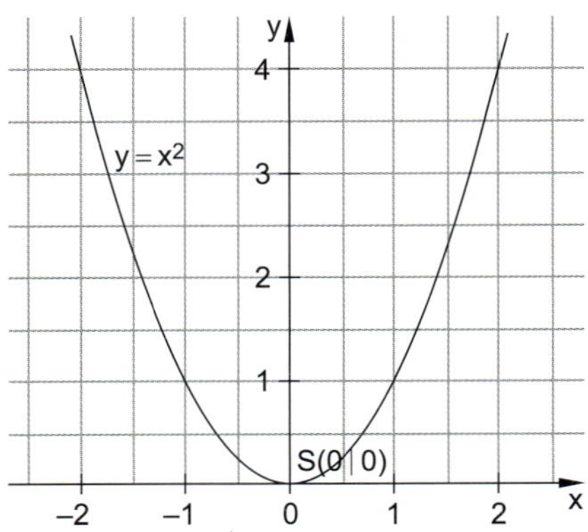

Funktionen mit Gleichungen der Form $y = a \cdot x^2$

Merke

Die Graphen von Funktionen mit Gleichungen der Form $y = ax^2$ (a ∈ ℝ \ {0}) sind Parabeln mit dem Scheitelpunkt S(0 | 0). Der **Formfaktor a** legt die **Öffnung** und die **Form** der Parabel fest.

Öffnung:
- a > 0: Die Parabel ist nach **oben** geöffnet.
- a < 0: Die Parabel ist nach **unten** geöffnet.

Form:
- | a | > 1: Die Parabel ist **gestreckt**, das heißt „steiler" als die Normalparabel.
- | a | = 1: Normalparabel
- | a | < 1: Die Parabel ist **gestaucht**, das heißt „flacher" als die Normalparabel.

Beispiele

a = 1,5 f_1: $y = 1{,}5x^2$
a = 0,25 f_2: $y = 0{,}25x^2$
a = −0,5 f_3: $y = -0{,}5x^2$
a = −2 f_4: $y = -2x^2$

Wertetabelle

x	−3	−2	−1	0	1	2	3
f_1: $y=1{,}5x^2$	13,5	6	1,5	0	1,5	6	13,5
f_2: $y=0{,}25x^2$	2,25	1	0,25	0	0,25	1	2,25
f_3: $y=-0{,}5x^2$	−4,5	−2	−0,5	0	−0,5	−2	−4,5
f_4: $y=-2x^2$	−18	−8	−2	0	−2	−8	−18

Graphen der Funktionen f_1 bis f_4:

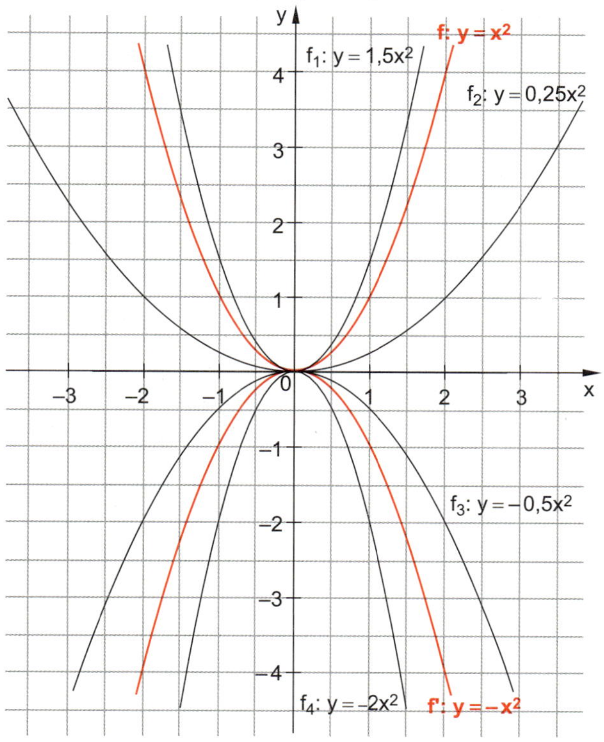

f: nach oben geöffnete Normalparabel
f_1: nach oben geöffnet und gestreckt
f_2: nach oben geöffnet und gestaucht
f': nach unten geöffnete Normalparabel
f_3: nach unten geöffnet und gestaucht
f_4: nach unten geöffnet und gestreckt

Aufgaben

52 Berechne den Wert von $a \in \mathbb{R} \setminus \{0\}$ so, dass der Graph der Funktion f: $y=ax^2$ durch den Punkt P verläuft.

a) $P\left(\frac{1}{2} \middle| 1\right)$ b) $P(-3|6)$

53 Beschreibe gemäß dem Beispiel die Graphen der nachfolgenden Funktionen.
Beispiel: p: $y=-1{,}25x^2$
- Die Parabel ist nach unten geöffnet, da $a<0$.
- Es handelt sich um eine gestreckte Parabel, da $|a|>1$.
- Der Scheitelpunkt hat die Koordinaten $S(0|0)$.
- Die y-Achse ist Symmetrieachse mit der Gleichung s: $x=0$.
- $D=\mathbb{R}$; $W=\mathbb{R}_0^-$

a) p_1: $y=3{,}5x^2$ b) p_2: $y=-0{,}6x^2$

54 Ein aus dem Ruhezustand frei fallender Stein legt nach der Zeit t einen Weg von $s=\frac{1}{2}gt^2$ zurück (dabei soll vom Luftwiderstand abgesehen werden). Die Konstante g wird als Fallbeschleunigung bezeichnet. Ihr Wert hängt vom jeweiligen Himmelskörper ab:

$g_{Erde} \approx 9{,}81\ \frac{m}{s^2}$ $g_{Mond} \approx 1{,}62\ \frac{m}{s^2}$ $g_{Sonne} \approx 274\ \frac{m}{s^2}$

a) Zeichne die Graphen für $t \in [0\ s; 6\ s]$ mit $\Delta x = 1\ s$ für den freien Fall auf der Erde, dem Mond und auf der Sonne.
Rechtswertachse: Zeit t in Sekunden
Hochwertachse: Strecke s in Metern

b) Ermittle jeweils für die genannten Himmelskörper, wie lange ein Stein bräuchte, bis er auf dem Boden landet, wenn er aus einer Höhe von $s=100$ m fällt. (Das Verglühen des Steins auf der Sonne wird vernachlässigt.)

Interaktive Aufgaben

1. Parabel zuordnen
2. Reihenfolge
3. Parabel zeichnen

Die Scheitelform: $y=a\cdot(x-x_S)^2+y_S$

Merke

Wird eine Parabel p mit der Gleichung $y=a\cdot x^2$ durch Parallelverschiebung mit dem Vektor $\vec{v}=\begin{pmatrix} x_S \\ y_S \end{pmatrix}$ auf die Bildparabel p' abgebildet: $p \xrightarrow{\vec{v}=\begin{pmatrix} x_S \\ y_S \end{pmatrix}} p'$, so lässt sich die Gleichung der Bildparabel in der sogenannten **Scheitelform** angeben:

p': $y=a\cdot(x-x_S)^2+y_S$

$S'(x_S\,|\,y_S)$ sind die Koordinaten des Scheitelpunkts S'.

Beispiel

$$p:\ y=-\frac{2}{3}x^2 \xrightarrow{\vec{v}=\begin{pmatrix} -2 \\ 4 \end{pmatrix}} p':\ y=-\frac{2}{3}(x-(-2))^2+4$$

$$y=-\frac{2}{3}(x+2)^2+4$$

also: $S'(-2\,|\,4)$

Graph

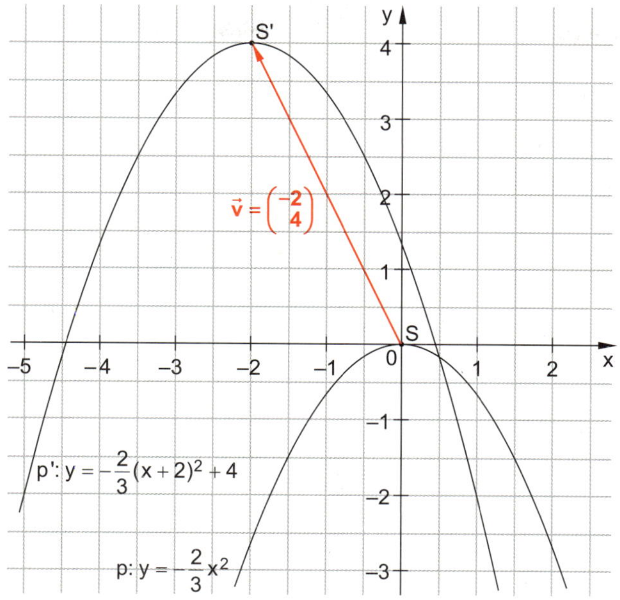

Der Graph der Parabel p' mit der Gleichung
$y = -\frac{2}{3}(x+2)^2 + 4$
hat folgende Eigenschaften:

- Die Parabel ist nach unten geöffnet, da $a < 0$.
- Die Parabel ist gestaucht, da $|a| < 1$.
- Der Scheitelpunkt hat die Koordinaten $S'(-2\,|\,4)$.
- Die Symmetrieachse hat die Gleichung s: $x = -2$.
- $D = \mathbb{R}$; $W = \{y\,|\,y \leq 4\}$

Aufgabe 55

Die Parabel p wird durch Parallelverschiebung mit Vektor $\vec{v}$ auf die Parabel p' abgebildet. Gib die Gleichung der Bildparabel sowie die Eigenschaften des Graphen an und zeichne p und p'.

a) p: $y = -\frac{1}{4}x^2$; $\vec{v} = \begin{pmatrix} -3 \\ 4 \end{pmatrix}$

b) p: $y = 3{,}5x^2$; $\vec{v} = \begin{pmatrix} 2 \\ -5 \end{pmatrix}$

Interaktive Aufgaben

4. Parabel zuordnen
5. Parabel zeichnen
6. Verschiebungsvektor

Von der Scheitelform zur allgemeinen Form

Merke

Die Gleichung $y = a(x - x_s)^2 + y_s$ heißt **Scheitelform** der Parabelgleichung. Durch Umformung (Multiplikation des Binoms und anschließendes Zusammenfassen) erhält man die **allgemeine Form** $y = ax^2 + bx + c$.

Beispiel

p: $y = -\frac{2}{3}(x+2)^2 + 4$ — Scheitelform

$y = -\frac{2}{3}(x^2 + 4x + 4) + 4$ — Binomische Formel

$y = -\frac{2}{3}x^2 - \frac{8}{3}x - \frac{8}{3} + 4$

$y = -\frac{2}{3}x^2 - 2\frac{2}{3}x + 1\frac{1}{3}$ — Allgemeine Form

Aufgabe 56

Bestimme die Wertemenge, gib die Gleichung der Symmetrieachse s an und bringe die Funktionsgleichung auf die allgemeine Form.

a) $y = -\frac{1}{8}(x-2)^2 + 5$

b) $y = \frac{1}{3}\left(x + \frac{1}{2}\right)^2 - \frac{2}{3}$

Interaktive Aufgabe

7. Scheitelform in allgemeine Form

Von der allgemeinen Form zur Scheitelform

Merke

Die Gleichung $y = ax^2 + bx + c$ heißt **allgemeine Form** der Parabelgleichung.
Durch **quadratische Ergänzung** erhält man die **Scheitelform** $y = a(x - x_s)^2 + y_s$.

Beispiel

p: $y = \frac{1}{2}x^2 - 4x + 5$	Allgemeine Form. Klammere $\frac{1}{2}$ aus.
$y = \frac{1}{2}[x^2 - 8x + 10]$	**Quadratisch ergänzen** mit 4^2
$y = \frac{1}{2}[x^2 - 8x + 4^2 - 4^2 + 10]$	Binomische Formel $a^2 - 2ab + b^2 = (a - b)^2$ anwenden
$y = \frac{1}{2}[(x - 4)^2 - 16 + 10]$	Term vereinfachen
$y = \frac{1}{2}[(x - 4)^2 - 6]$	
$y = \frac{1}{2}(x - 4)^2 - 3$	Scheitelform
$S(4 \mid -3)$	Scheitelpunkt S

Aufgabe 57

Berechne die Scheitelform und gib die Koordinaten des Scheitelpunkts S an.

a) p: $y = 5x^2 - 15x + 2{,}5$

b) p: $y = -\frac{1}{4}x^2 - \frac{1}{2}x - 1\frac{3}{4}$

Interaktive Aufgabe

8. Allgemeine Form in Scheitelform

Berechnen von Parabelgleichungen

Merke

Abhängig von den gegebenen Werten ist beim Aufstellen von Parabelgleichungen zwischen dem Weg über die Scheitelform und dem Weg über die allgemeine Form der vorteilhaftere zu wählen. Dabei unterscheidet man 3 Fälle:

- Gegeben: Scheitelpunkt und Formfaktor a → Ansatz über die Scheitelform
- Gegeben: Scheitelpunkt und Punkt auf der Parabel → Ansatz über die Scheitelform
- Gegeben: 2 Punkte auf der Parabel und Wert von Formfaktor a oder b oder c
  → Ansatz über die allgemeine Form

Beispiel

Stelle jeweils die Parabelgleichung auf.

a) Gegeben ist eine Parabel p mit dem Formfaktor $a = -2$ und dem Scheitelpunkt $S(-1 \mid 3)$.
b) Gegeben ist eine Parabel p mit dem Scheitelpunkt $S(3 \mid 4)$, die durch den Punkt $P(4 \mid 5)$ verläuft.
c) Gegeben ist eine Parabel p mit dem Formfaktor $a = -2$, die durch die Punkte $A(2 \mid 1)$ und $B(1 \mid -5)$ verläuft.

Lösung:

a) Ansatz über die Scheitelform:

$a=-2$: $\quad$ p: $y=-2(x-x_s)^2+y_s$ — Setze $a=-2$ und die Koordinaten des Scheitelpunkts

$S(-1\,|\,3)\in$ p: $y=-2(x-(-1))^2+3$ — $S(-1\,|\,3)$ für x_s und y_s ein.

$\Leftrightarrow\quad y=-2(x+1)^2+3$

$\Leftrightarrow\quad y=-2(x^2+2x+1)+3$ — Klammer auflösen

$\Leftrightarrow\quad y=-2x^2-4x-2+3$ — Zusammenfassen

$\Leftrightarrow\quad y=-2x^2-4x+1$ — Allgemeine Form

b) Ansatz über die Scheitelform:

$S(3\,|\,4)\in$ p: $y=a(x-3)^2+4$ — Koordinaten von S für x_s und y_s eingesetzt

$P(4\,|\,5)\in$ p: $5=a(4-3)^2+4$ — Koordinaten von P für x und y eingesetzt

$\Leftrightarrow\quad 5=a+4 \quad |-4$ — Berechne den Wert von a.

$\Leftrightarrow\quad a=1$

somit:

p: $y=1(x-3)^2+4$ — Scheitel S und a in Scheitelform eingesetzt

$\Leftrightarrow\quad y=x^2-6x+9+4$

$\Leftrightarrow\quad y=x^2-6x+13$ — Allgemeine Form

c) Ansatz über die allgemeine Form:

$a=-2$: $\quad$ p: $y=-2x^2+bx+c$ — a in die allgemeine Form eingesetzt

$A(2\,|\,1)\in$ p: $1=-2\cdot 2^2+b\cdot 2+c$ — x- und y-Koordinaten von A eingesetzt

$\Leftrightarrow\quad 1=-2\cdot 4+2b+c$ — Beachte: Potenzrechnung vor Punktrechnung

$\Leftrightarrow\quad 1=-8+2b+c \quad |+8$ — Zusammenfassen

$\Leftrightarrow\quad \mathbf{9=2b+c}$

Außerdem gilt:

$B(1\,|\,-5)\in$ p: $-5=-2\cdot 1^2+b\cdot 1+c$ — x- und y-Koordinaten von B eingesetzt

$\Leftrightarrow\quad -5=-2+b+c \quad |+2$ — Zusammenfassen

$\Leftrightarrow\quad \mathbf{-3=b+c}$

Die **beiden Gleichungen** mit den Variablen b und c ergeben zusammen ein lineares Gleichungssystem, das man schnell mit dem Gleichsetzungsverfahren lösen kann:

$$\left|\begin{array}{l} 9=2b+c \\ \wedge\ -3=b+c \end{array}\right. \quad \begin{array}{l} |-2b \\ |-b \end{array}$$
Löse beide Gleichungen nach c auf.

$$\Leftrightarrow \left|\begin{array}{l} c=9-2b \\ \wedge\ c=-3-b \end{array}\right.$$
I = II: Gleichsetzen

$$\Leftrightarrow \left|\begin{array}{l} 9-2b=-3-b\ \ (\mathrm{I}=\mathrm{II}) \\ \wedge\ c=-3-b \end{array}\right. \quad |+2b+3$$
Bringe die Variable b auf eine Seite.

$$\Leftrightarrow \left|\begin{array}{l} b=12 \\ \wedge\ c=-3-b \end{array}\right.$$
Setze $b=12$ in die zweite Gleichung ein.

$$\Leftrightarrow \left|\begin{array}{l} b=12 \\ \wedge\ c=-15 \end{array}\right.$$

p: $y=-2x^2+12x-15$ — Allgemeine Form mit $a=-2$, $b=12$ und $c=-15$

Aufgaben

58 Ermittle jeweils die allgemeine Form der Parabelgleichung auf Grundlage der gegebenen Werte.

a) Parabel p mit Scheitel $S(-4|6) \in p$; $P(-6|-2) \in p$
b) Parabel p mit $a = 0{,}5$; $P(-1|0) \in p$; $Q(3|0) \in p$
c) Parabel p mit $a = -1$; $b = 6$; $A(5{,}5|1{,}75) \in p$
d) Parabel p mit $b = 0{,}5$; $P(-1|-4) \in p$; $Q(5|-7) \in p$
e) Parabel p mit Scheitel $S(-1|5) \in p$; $A(-7|-4) \in p$
f) Parabel p mit $c = 5$; $P(2|-1) \in p$; $E(-4|5) \in p$

59 Die Parabel p besitzt die Gleichung $y = x^2 - 8x + 20$.

a) Berechne die Koordinaten des Scheitelpunktes S.
b) Prüfe rechnerisch, ob die Punkte $A(-1|5)$ und $B(2|8)$ auf der Parabel liegen.

60 Die Parabel p: $y = ax^2 + bx + c$ verläuft durch die Punkte $P(-3|5)$ und $Q(3|1)$. Der Formfaktor a hat den Wert $-0{,}5$. Berechne die Gleichung der Parabel p. Berechne anschließend die Koordinaten des Scheitelpunktes S.

Interaktive Aufgaben

9. Parabelgleichung berechnen
10. Parabelgleichung berechnen
11. Parabelgleichung berechnen

Extremwerte

Merke

Der Graph einer quadratischen Funktion ist eine Parabel. Im **Scheitelpunkt** der Parabel besitzt eine quadratische Funktion entweder ihren **minimalen** (kleinsten) oder ihren **maximalen** (größten) Funktionswert, d. h. ihren **Extremwert**. Die y_s-Koordinate des Scheitelpunktes $S(x_s|\mathbf{y_s})$ entspricht daher immer dem Extremwert der quadratischen Funktion.

Beispiele

1. Die Punkte P_n auf der Parabel p mit der Gleichung $y = -\frac{1}{2}x^2 + 3x - 3$ haben dieselbe Abszisse x (x-Koordinate) wie die zugehörigen Punkte Q_n auf der Geraden g mit der Gleichung $y = \frac{2}{3}x + \frac{1}{2}$.
   Zeige, dass gilt: $|\overline{Q_nP_n}|(x) = \left(\frac{1}{2}x^2 - 2\frac{1}{3}x + 3\frac{1}{2}\right)$ LE
   Bestimme rechnerisch die Länge der kürzesten Strecke $\overline{Q_0P_0}$ und den zugehörigen Wert für x.

   Lösung:

   $Q_n \in g$: $y = \frac{2}{3}x + \frac{1}{2}$, also haben die Punkte Q_n die allgemeinen Koordinaten:
   $Q_n\left(x \,\middle|\, \frac{2}{3}x + \frac{1}{2}\right)$

   $P_n \in p$: $y = -\frac{1}{2}x^2 + 3x - 3$, also haben die Punkte P_n die allgemeinen Koordinaten:
   $P_n\left(x \,\middle|\, -\frac{1}{2}x^2 + 3x - 3\right)$

   Da Q_n und P_n die gleiche Abszisse x haben, gilt für $|\overline{Q_nP_n}|$ in Abhängigkeit von x:
   $|\overline{Q_nP_n}|(x) = (y_{Q_n} - y_{P_n})$ LE

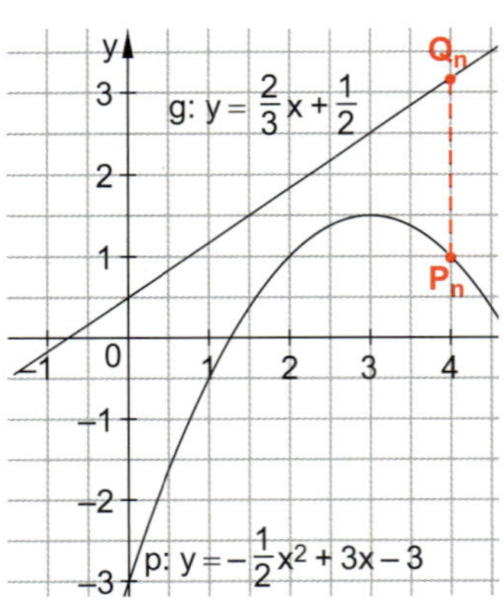

y-Koordinaten einsetzen und Klammern setzen: $(y_{oben} - y_{unten})$

$|\overline{Q_nP_n}|(x) = \left[\frac{2}{3}x + \frac{1}{2} - \left(-\frac{1}{2}x^2 + 3x - 3\right)\right]$ LE

Wichtig: Klammern um y_{P_n} setzen!

$|\overline{Q_nP_n}|(x) = \left[\frac{2}{3}x + \frac{1}{2} + \frac{1}{2}x^2 - 3x + 3\right]$ LE

$|\overline{Q_nP_n}|(x) = \left[\frac{1}{2}x^2 - 2\frac{1}{3}x + 3\frac{1}{2}\right]$ LE

Berechnung von $|\overline{P_0Q_0}|$:

$|\overline{Q_nP_n}|(x) = \left(\frac{1}{2}x^2 - 2\frac{1}{3}x + 3\frac{1}{2}\right)$ LE

Der Faktor $\frac{1}{2}$ wird ausgeklammert, indem man jeden Summanden in der Klammer durch den auszuklammernden Faktor dividiert.

$|\overline{Q_nP_n}|(x) = \frac{1}{2}\left[x^2 - 4\frac{2}{3}x + 7\right]$ LE

Ergänze quadratisch.

$|\overline{Q_nP_n}|(x) = \frac{1}{2}\left[x^2 - 4\frac{2}{3}x + \left(2\frac{1}{3}\right)^2 - \left(2\frac{1}{3}\right)^2 + 7\right]$ LE

$|\overline{Q_nP_n}|(x) = \frac{1}{2}\left[\left(x - 2\frac{1}{3}\right)^2 - \frac{49}{9} + \frac{63}{9}\right]$ LE

$|\overline{Q_nP_n}|(x) = \left[\frac{1}{2}\left(x - 2\frac{1}{3}\right)^2 + \frac{7}{9}\right]$ LE

Damit du wirklich die Scheitelform erhältst, anhand derer du leicht den Extremwert ablesen kannst, musst du noch $\frac{1}{2}$ mit der Klammer multiplizieren. Denke dabei daran, auch den zweiten Summanden $-\frac{49}{9} + \frac{63}{9} = \frac{14}{9}$ mit $\frac{1}{2}$ zu multiplizieren!

also: $|\overline{Q_0P_0}| = \frac{7}{9}$ LE für $x = 2\frac{1}{3}$

2. Die Punkte A(4 | 7) und B(–1 | 2) liegen auf einer nach oben geöffneten Normalparabel. Die Punkte C_n mit Abszisse x wandern auf dem Parabelbogen zwischen B und A und bilden mit diesen Punkten Dreiecke ABC_n.
   a) Berechne die Gleichung der Parabel und die Koordinaten des Scheitels.
   b) Zeichne die Parabel und das Dreieck ABC_1 für x = 0 in ein Koordinatensystem.
   c) Berechne den Flächeninhalt A(x) der Dreiecke ABC_n in Abhängigkeit der Abszisse x der Punkte C_n.
   d) Unter den Dreiecken ABC_n gibt es ein Dreieck ABC_0 mit maximalem Flächeninhalt A_{max}. Berechne A_{max} sowie die zugehörige Belegung von x. Gib ferner die Koordinaten des Punktes C_0 an.

Lösung:

a) Ansatz über die allgemeine Form:

$a = 1$: p: $y = 1x^2 + bx + c$ — Nach oben geöffnete Normalparabel → a = 1

$A(4|7) \in p$: $7 = 4^2 + b \cdot 4 + c$ — x- und y-Koordinaten von A eingesetzt

$\Leftrightarrow\ 7 = 16 + 4b + c \quad | -4b - 16$ — Löse nach c auf.

$\Leftrightarrow\ c = -4b - 9$

$\wedge$

$B(-1|2) \in p$: $2 = (-1)^2 + b \cdot (-1) + c$ — x- und y-Koordinaten von B eingesetzt

$\Leftrightarrow\ 2 = 1 - b + c \quad | -1 + b$ — Löse nach c auf.

$\Leftrightarrow\ c = b + 1$

$\Leftrightarrow \begin{vmatrix} c = -4b - 9 \\ \wedge\ c = b + 1 \end{vmatrix}$ — I = II: Gleichsetzen

$\Leftrightarrow \begin{vmatrix} -4b - 9 = b + 1 \ (I = II) & | -b + 9 \\ \wedge\ c = b + 1 \end{vmatrix}$ — Bringe die Variable b auf eine Seite.

$\Leftrightarrow \begin{vmatrix} -5b = 10 & | : (-5) \\ \wedge\ c = b + 1 \end{vmatrix}$

$\Leftrightarrow \left| \begin{array}{l} b=-2 \\ \wedge \quad c=-2+1=-1 \end{array} \right.$ — Einsetzen von –2 für b in Gleichung II

$p\colon y=x^2-2x-1$ — Allgemeine Form mit a = 1, b = –2 und c = –1

Berechnung der Koordinaten des Scheitels:

$p\colon y=x^2-2x-1$ — Ergänze quadratisch.

$y=x^2-2x+1^2-1^2-1$

$y=(x-1)^2-2$

$S(1\,|\,-2)$

b)

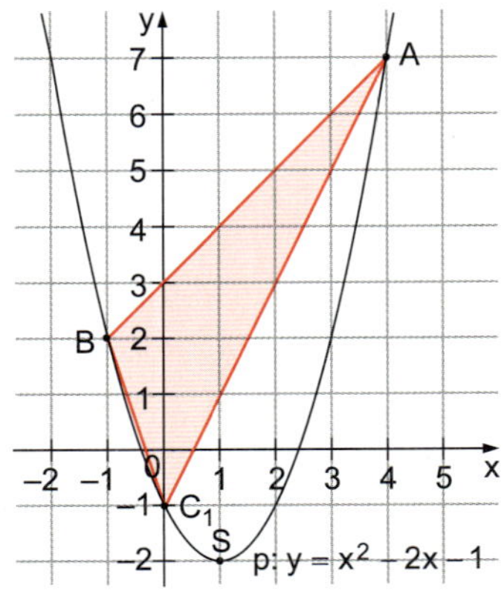

c) Aufspannende Vektoren:

$\overrightarrow{BA}=\begin{pmatrix}4-(-1)\\7-2\end{pmatrix}=\begin{pmatrix}5\\5\end{pmatrix}$

$\overrightarrow{BC_n}=\begin{pmatrix}x-(-1)\\x^2-2x-1-2\end{pmatrix}=\begin{pmatrix}x+1\\x^2-2x-3\end{pmatrix}$ — Verwende $C_n(x\,|\,x^2-2x-1)$; $C_n \in p$

Flächeninhalt in Abhängigkeit von x mit Determinante:

$A(x)=\frac{1}{2}\cdot\begin{vmatrix}x+1 & 5\\x^2-2x-3 & 5\end{vmatrix}$ FE — Reihenfolge der Vektoren in der Determinante beachten!

$A(x)=\frac{1}{2}\cdot[(x+1)\cdot 5-(x^2-2x-3)\cdot 5]$ FE — Vorzeichen beim Ausmultiplizieren beachten

$A(x)=\frac{1}{2}\cdot[5x+5-5x^2+10x+15]$ FE — Zusammenfassen

$A(x)=\frac{1}{2}\cdot[-5x^2+15x+20]$ FE

$A(x)=[-2{,}5x^2+7{,}5x+10]$ FE

d) $A(x)=[-2{,}5x^2+7{,}5x+10]$ FE — Ausklammern

$A(x)=-2{,}5[x^2-3x-4]$ FE — Ergänze quadratisch.

$A(x)=-2{,}5[x^2-3x+1{,}5^2-1{,}5^2-4]$ FE — Binom bilden

$A(x)=-2{,}5[(x-1{,}5)^2-6{,}25]$ FE — $-2{,}5\cdot(-6{,}25)=15{,}625$

$A(x)=[-2{,}5(x-1{,}5)^2+15{,}625]$ FE

$A_{max}=15{,}625$ FE für $x=1{,}5$

$C_0(1{,}5\,|\,1{,}5^2-2\cdot 1{,}5-1)$ — Einsetzen von x = 1,5 in die Parabelgleichung

$C_0(1{,}5\,|\,-1{,}75)$

Aufgaben

61 Gegeben sind die Parabeln p_1: $y = -\frac{1}{2}x^2 + 3x - 5$ und p_2: $y = x^2 - 5x + 7$.
Die Punkte $A_n \in p_1$ und $B_n \in p_2$ haben die gleiche Abszisse x und es gilt $y_{B_n} > y_{A_n}$.
Berechne zuerst $|\overline{A_nB_n}|$ in Abhängigkeit von x. Berechne anschließend die Koordinaten der Punkte A_1 und B_1 so, dass $|\overline{A_1B_1}|$ minimal ist.

62 Die Punkte $A(1\,|\,-3)$ und $B(5\,|\,1)$ bilden mit den Punkten $C_n(x\,|\,x^2)$ auf der Normalparabel p Dreiecke ABC_n.

a) Zeichne die Parabel und das Dreieck ABC_1 mit $C_1(2{,}5\,|\,?)$ in ein Koordinatensystem.
Platzbedarf: $-2 \le x \le 6{,}5$; $-3 \le y \le 6{,}5$
b) Berechne den Flächeninhalt der Dreiecke ABC_n in Abhängigkeit von der x-Koordinate der Punkte C_n und berechne anschließend den Flächeninhalt des Dreiecks ABC_1.
c) Ermittle den Flächeninhalt des Dreiecks ABC_0 mit dem kleinstmöglichen Flächeninhalt und zeichne es ein.
d) Berechne den Abstand des Punktes C_1 von der Geraden AB.
e) Unter den Dreiecken gibt es ein weiteres Dreieck ABC_2, das den gleichen Flächeninhalt wie das Dreieck ABC_1 besitzt. Zeichne es ein und begründe deine Lösung.

63 Gegeben ist die Parabel p_1 mit $a = \frac{1}{2}$, $A(0\,|\,6) \in p_1$ und $B(5\,|\,8{,}5) \in p_1$.

a) Berechne die Gleichung von p_1 und anschließend die Koordinaten des Scheitelpunktes S_1 von p_1.
b) Zeichne p_1 in ein Koordinatensystem ein. Platzbedarf: $-1 \le x \le 8$; $-2 \le y \le 7$
c) Die Punkte $P_n(0\,|\,?)$ auf der y-Achse, Q_n auf p_2: $y = -\frac{1}{2}x^2 + 4x - 6$, R_n auf p_1 und $S_n(0\,|\,?)$ auf der y-Achse bilden Rechtecke $P_nQ_nR_nS_n$ mit zu den Koordinatenachsen paarweise parallelen Seiten $(x > 0)$. Zeichne für $x = 2$ das Rechteck $P_1Q_1R_1S_1$ ein.
d) Berechne die Seitenlänge $|\overline{Q_nR_n}|$ der Rechtecke in Abhängigkeit von x und sodann den Umfang u(x) der Rechtecke $P_nQ_nR_nS_n$ in Abhängigkeit von x.
Ergebnis: $u(x) = (2x^2 - 10x + 24)$ LE
e) Berechne den Wert von x, für den ein Rechteck mit minimalem Umfang entsteht, und gib diesen an.

Interaktive Aufgaben

- 12. Extremwert: Dreiecksfläche
- 13. Extremwert: Trapezfläche
- 14. Extremwert: Abstand

Parabelscharen – Bestimmung von Trägergraphen

Merke

Hängt eine Parabelgleichung p von einem variablen Parameter $a \in \mathbb{R}$ ab, schreibt man p(a). Belegt man a mit Zahlen aus $\mathbb{R}$, erhält man jeweils eine bestimmte Parabelgleichung. Alle diese (Schar-)Parabeln bilden zusammen die **Parabelschar p(a)**. Entsprechend bezeichnet man den Parameter a als **Scharparameter**. Die Kurve, auf der alle Scheitelpunkte der Scharparabeln liegen, heißt **Trägergraph der Scheitelpunkte**.

Beispiel

Die Parabelschar p(b) hat die Gleichung $y = -x^2 - 4bx - b^2 - 3b$ mit $b \in \mathbb{R}$.

a) Bringe die Schargleichung auf die Scheitelform und stelle die Scheitelkoordinaten aller Parabeln in Abhängigkeit von b dar.
b) Ermittle die Gleichung des Trägergraphen t der Scheitelpunkte aller Scharparabeln.
c) Berechne die Scheitelkoordinaten der Scharparabeln für $b \in \{-1; 0; 1; 2\}$ und zeichne ihre Graphen sowie den Trägergraphen t in ein Koordinatensystem.

Lösung:

a) Berechnung der Scheitelkoordinaten in Abhängigkeit von b:

$p(b) = -x^2 - 4bx - b^2 - 3b$ Faktor –1 ausklammern

$p(b) = -[x^2 + 4bx + b^2 + 3b]$ Ergänze quadratisch. Ergänzungsterm: $\frac{4b}{2}$

$p(b) = -[x^2 + 4bx + (2b)^2 - (2b)^2 + b^2 + 3b]$ Binomische Formel anwenden

$p(b) = -[(x + 2b)^2 - 4b^2 + b^2 + 3b]$ Zusammenfassen

$p(b) = -[(x + 2b)^2 - 3b^2 + 3b]$

$p(b) = -(x - (-2b))^2 + 3b^2 - 3b$

also: $S_b(-2b \mid 3b^2 - 3b)$ Parameterdarstellung des Scheitelpunkts

b) Berechnung des Trägergraphen der Scheitelpunkte der Scharparabeln:

$S(x \mid y) = S_b(-2b \mid 3b^2 - 3b)$ Setze $S(x|y)$ gleich mit der Parameterdarstellung des Scheitelpunkts.

$\Leftrightarrow \quad x = -2b \quad |:(-2) \quad \wedge \quad y = 3b^2 - 3b$ Gleichung I nach b auflösen

$\Leftrightarrow \quad b = -\frac{1}{2}x \quad \wedge \quad y = 3\left(-\frac{1}{2}x\right)^2 - 3\left(-\frac{1}{2}x\right)$ $b = -\frac{1}{2}x$ für b in Gleichung II eingesetzt

$\Leftrightarrow \quad b = -\frac{1}{2}x \quad \wedge \quad y = \frac{3}{4}x^2 + \frac{3}{2}x$

also: $t\colon y = \frac{3}{4}x^2 + 1\frac{1}{2}x$ Gleichung des Trägergraphen

Die Scheitelpunkte aller Scharparabeln liegen auf einer Parabel mit der Gleichung $y = \frac{3}{4}x^2 + 1\frac{1}{2}x$.

c) Berechnung der Scheitelpunkte der Scharparabeln:
$S_b(-2b \mid 3b^2 - 3b)$

$S_{-1}(-2 \cdot (-1) \mid 3(-1)^2 - 3(-1)) = S_{-1}(2 \mid 6)$ $\quad S_0(-2 \cdot 0 \mid 3 \cdot 0^2 - 3 \cdot 0) = S_0(0 \mid 0)$

$S_1(-2 \cdot 1 \mid 3 \cdot 1^2 - 3 \cdot 1) = S_1(-2 \mid 0)$ $\quad S_2(-2 \cdot 2 \mid 3 \cdot 2^2 - 3 \cdot 2) = S_2(-4 \mid 6)$

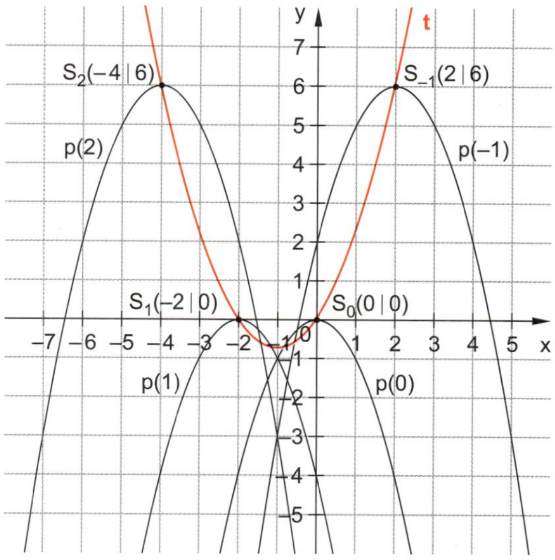

Aufgaben

64 Gegeben ist die Parabelschar p(a): $y = ax^2 + 4x + 6$ mit $a \in \mathbb{R}$.

a) Bringe die Schargleichung auf Scheitelform und stelle die Scheitelkoordinaten aller Parabeln in Abhängigkeit von a dar.

b) Berechne die Scheitelkoordinaten für $a = 0{,}5$ und zeichne die zugehörige Parabel in ein Koordinatensystem.

c) Ermittle mithilfe des Parameterverfahrens die Gleichung des Trägergraphen t der Scheitelpunkte aller Scharparabeln. Zeichne t ein.

65 Gegeben ist die Parabelschar p(a): $y = x^2 - 2x + 2ax + a^2$ mit $a \in \mathbb{R}$. Bringe die Gleichung auf Scheitelform und gib die Koordinaten der Scheitelpunkte S_a in Abhängigkeit von a an.

66 Die Gleichung $y = x^2 - ax + 2a$ beschreibt eine Parabelschar p(a) mit dem Scharparameter $a \in \mathbb{R}$.

a) Bringe die Schargleichung auf Scheitelform und stelle die Scheitelkoordinaten aller Parabeln in Abhängigkeit von a dar.

b) Ermittle die Gleichung des Trägergraphen t der Scheitelpunkte aller Scharparabeln.

c) Bestimme die Gleichungen der Scharparabeln, die durch die Punkte $P_1(-1 \mid 4)$, $P_2(0 \mid 6)$, $P_3(1{,}5 \mid 4{,}75)$ und $P_4(1 \mid 8)$ verlaufen. Zeichne diese Scharparabeln sowie den Trägergraphen in ein Koordinatensystem ein. Platzbedarf: $-3 \le x \le 7$; $-3 \le y \le 9$

67 Gegeben ist die Parabelschar p(c) mit der Gleichung $y = x^2 - 2cx + c^2 - 2c + 1$ mit $c \in \mathbb{R}$.

a) Bestimme die Gleichung des geometrischen Ortes, auf dem die Scheitel aller Scharparabeln liegen.

b) Zeichne die Scharparabeln für $c \in \{-3; -2; -1; 0; 1; 2\}$ in ein Koordinatensystem. Platzbedarf: $-6 \le x \le 6$; $-3 \le y \le 11$

Interaktive Aufgaben

15. Gerade als Trägergraph
16. Parabelschar

Parallelverschiebung von Parabeln

Merke

Wird eine Parabel p durch Parallelverschiebung mit dem Vektor $\vec{v} = \begin{pmatrix} v_x \\ v_y \end{pmatrix}$ auf die Bildparabel p' abgebildet, so schreibt man: $p \xmapsto{\vec{v}} p'$

Die Gleichung der Bildparabel p' lässt sich auf zwei Arten berechnen:

- **Vektorvergleich:**
  $\overrightarrow{PP'} = \vec{v}$ mit $P'(x' \mid y')$ und allgemeinem Parabelpunkt $P(x \mid p(x))$
- **Vektorkette:**
  $\overrightarrow{OP'} = \overrightarrow{OP} \oplus \vec{v}$ mit $P'(x' \mid y')$ und allgemeinem Parabelpunkt $P(x \mid p(x))$

Beide Methoden führen auf ein Gleichungssystem, in dem y' in Abhängigkeit von x' ausgedrückt werden kann.

Sonderfall: Ist die Gleichung der Parabel p in der Form $y = a \cdot x^2$ gegeben, wird ihr Scheitel $S(0 \mid 0)$ auf $S'(v_x \mid v_y)$ abgebildet, sodass sich die Gleichung von p' mithilfe der **Scheitelform** sofort angeben lässt:

p': $y = a \cdot (x - v_x)^2 + v_y$

Beispiel

Die Parabel p mit der Gleichung $y = \frac{1}{2}x^2$ wird mit dem Vektor $\vec{v} = \begin{pmatrix} 4 \\ -3 \end{pmatrix}$ parallel verschoben.
Berechne die Gleichung der Bildparabel p' mithilfe von Vektorvergleich, Vektorkette und Scheitelform.

Lösung:
Es gilt:

$$p\colon y = \frac{1}{2}x^2 \xmapsto{\vec{v} = \begin{pmatrix} 4 \\ -3 \end{pmatrix}} p'$$

$$P\left(x \,\middle|\, \frac{1}{2}x^2\right) \xmapsto{\vec{v} = \begin{pmatrix} 4 \\ -3 \end{pmatrix}} P'(x' \mid y')$$

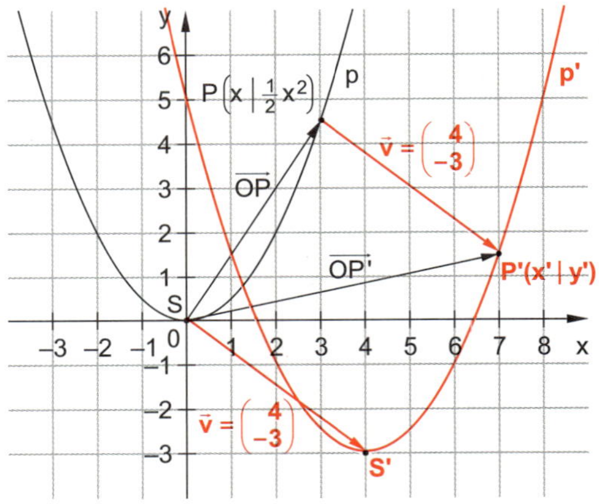

- Vektorvergleich:

$$\overrightarrow{PP'} = \vec{v} \quad \text{mit} \quad P'(x' \mid y')$$

$$\Leftrightarrow \begin{pmatrix} x' - x \\ y' - \frac{1}{2}x^2 \end{pmatrix} = \begin{pmatrix} 4 \\ -3 \end{pmatrix}$$

$$\Leftrightarrow \left| \begin{array}{l} x' - x = 4 \\ \wedge \; y' - \frac{1}{2}x^2 = -3 \end{array} \right.$$

Nach x auflösen

Nach y' auflösen

$$\Leftrightarrow \left| \begin{array}{l} x = x' - 4 \\ \wedge \; y' = \frac{1}{2}(x' - 4)^2 - 3 \end{array} \right.$$

$x = x' - 4$ aus Gleichung I in Gleichung II eingesetzt

$$\text{also: } p'\colon y = \frac{1}{2}(x - 4)^2 - 3$$

Durch Umbenennen von x' in x und y' in y erhält man die Gleichung der Bildparabel.
Die Scheitelpunktkoordinaten von S' lassen sich aus der Scheitelform ermitteln: $S'(4 \mid -3)$

- Vektorkette:

$$\overrightarrow{OP'} = \overrightarrow{OP} \oplus \vec{v} \quad \text{mit} \quad P'(x' \mid y')$$

$$\Leftrightarrow \begin{pmatrix} x' \\ y' \end{pmatrix} = \begin{pmatrix} x \\ \frac{1}{2}x^2 \end{pmatrix} \oplus \begin{pmatrix} 4 \\ -3 \end{pmatrix}$$

$$\Leftrightarrow \left| \begin{array}{l} x' = x + 4 \\ \wedge\ y' = \frac{1}{2}x^2 - 3 \end{array} \right.$$ Nach x auflösen

$$\Leftrightarrow \left| \begin{array}{l} x = x' - 4 \\ \wedge\ y' = \frac{1}{2}(x' - 4)^2 - 3 \end{array} \right.$$ $x = x' - 4$ aus Gleichung I in Gleichung II eingesetzt

also: p': $y = \frac{1}{2}(x - 4)^2 - 3$ Gleichung der Bildparabel

- Scheitelform:

$$p\colon y = \frac{1}{2}x^2 \xmapsto{\vec{v} = \begin{pmatrix} 4 \\ -3 \end{pmatrix}} p'\colon y = \frac{1}{2}(x - 4)^2 - 3$$

Bei der Parallelverschiebung wird der Scheitelpunkt $S(0 \mid 0)$ der Parabel p durch den Vektor $\vec{v}$ auf $S'(v_x \mid v_y)$ abgebildet.

Aufgaben

68 Die Parabel p mit $y = -3x^2$ wird mit dem Vektor $\vec{v} = \begin{pmatrix} -2 \\ 0{,}25 \end{pmatrix}$ parallel verschoben. Berechne die Gleichung der Bildparabel p' in allgemeiner Form mittels Vektorvergleich.

69 Die Parabeln mit den folgenden Gleichungen werden mittels des angegebenen Vektors $\vec{v}$ verschoben. Ermittle mithilfe der Scheitelform die Gleichungen der Bildparabeln p'.

a) p: $y = -\frac{2}{3}x^2$; $\vec{v} = \begin{pmatrix} 4 \\ 1{,}5 \end{pmatrix}$

b) p: $y = 2{,}45x^2$; $\vec{v} = \begin{pmatrix} -0{,}5 \\ 12 \end{pmatrix}$

c) p: $y = 0{,}\bar{3}x^2$; $\vec{v} = \begin{pmatrix} -2 \\ -0{,}6 \end{pmatrix}$

d) p: $y = 2x^2$; $\vec{v} = \begin{pmatrix} 0 \\ -7 \end{pmatrix}$

70 Die Parabel p mit $y = 2x^2 + 12x + 16$ wird mit dem Vektor $\vec{v} = \begin{pmatrix} 7 \\ 4 \end{pmatrix}$ parallel verschoben.

a) Berechne die Gleichung der Bildparabel p' durch Vektorvergleich.

b) Berechne anschließend die Koordinaten der Scheitelpunkte S von p und S' von p' und zeichne die Parabeln in ein gemeinsames Koordinatensystem.
Platzbedarf: $-6 \le x \le 7$; $-3 \le y \le 6$

71 Die Parabel p mit $y = -\frac{1}{4}x^2 + 2x - 7$ wird mit dem Vektor $\vec{v} = \begin{pmatrix} -5 \\ 3 \end{pmatrix}$ parallel verschoben.

a) Berechne die Gleichung der Bildparabel p' durch Vektorvergleich.

b) Berechne anschließend die Koordinaten der Scheitelpunkte S bzw. S' von p und p'.

Interaktive Aufgabe

17. Parallelverschiebung

2.4 Quadratische Gleichungen

Gleichungen der Form $ax^2+bx+c=0$ mit $a \in \mathbb{R}\setminus\{0\}$ und $b, c \in \mathbb{R}$ heißen **quadratische Gleichungen** (in allgemeiner Form). Man unterscheidet dabei zwischen reinquadratischen Gleichungen und gemischtquadratischen Gleichungen ohne bzw. mit **linearem Term bx**.

Merke

> Quadratische Gleichungen der Form $ax^2+c=0$ mit $\mathbf{b=0}$ bezeichnet man als **reinquadratische Gleichungen**.
> Für die Lösungsmenge einer reinquadratischen Gleichung der Form $x^2=d$ gilt:
> - $d>0$: 2 Lösungen $L=\{-\sqrt{d}; +\sqrt{d}\}$
> - $d=0$: 1 Lösung $L=\{0\}$
> - $d<0$: keine Lösung $L=\varnothing$

Beispiele

1. $\frac{1}{2}x^2-4=0 \quad |+4 \qquad G=\mathbb{R}$

Reinquadratische Gleichung: Löse nach x^2 auf.
Bringe die Gleichung durch äquivalentes Umformen auf die Form $x^2=d$.

$$\Leftrightarrow \frac{1}{2}x^2=4 \quad |\cdot 2$$
$$\Leftrightarrow x^2=8 \quad |\sqrt{}$$
$$\Leftrightarrow |x|=\sqrt{8}$$
$$x_1=-\sqrt{8}\approx-2{,}83 \;\vee\; x_2=+\sqrt{8}\approx+2{,}83$$
$$L=\{-\sqrt{8}; +\sqrt{8}\}$$

Grafische Lösung:

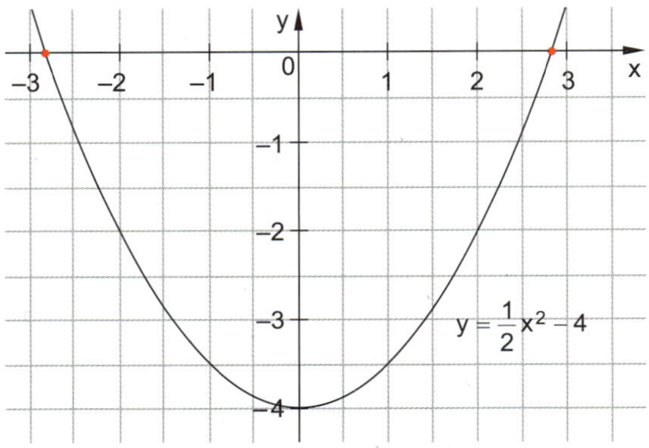

2. $(3z-2)^2+5z=4-7z \qquad G=\mathbb{R}$

Wende die 2. binomische Formel an und löse nach z^2 auf.

$$\Leftrightarrow 9z^2-12z+4+5z=4-7z$$
$$\Leftrightarrow 9z^2-7z+4=4-7z \quad |-4+7z$$

Zusammenfassen und äquivalentes Umformen

$$\Leftrightarrow 9z^2=0 \quad \left|\cdot\frac{1}{9}\right.$$
$$\Leftrightarrow z^2=0$$
$$\Leftrightarrow z=0$$

Nur der Wert $z=0$ erfüllt die Gleichung.

$$L=\{0\}$$

3. $\frac{6}{5}a^2=-\frac{36}{5} \quad \left|\cdot\frac{5}{6}\right. \qquad G=\mathbb{R}$

Reinquadratische Gleichung: Löse nach a^2 auf durch Multiplikation mit dem Kehrbruch.

$$\Leftrightarrow a^2=-6$$
$$L=\varnothing$$

Die Gleichung besitzt keine Lösung, da das Quadrat einer reellen Zahl nicht negativ sein kann.

Aufgabe 72

Löse folgende Gleichungen ($G=\mathbb{R}$).

a) $\sqrt{2}x^2-\sqrt{72}=0$

b) $(x-3)(x+3)+(x-4)(x+4)=25$

c) $\frac{y-6}{y-5}=\frac{2y+8}{y+4}$

d) $\frac{5+3a}{a}=\frac{7a-7}{4a-9}$

Interaktive Aufgabe

1. Gleichung lösen

Merke

Gleichungen der Form $ax^2+bx+c=0$ mit $a, b \in \mathbb{R}\setminus\{0\}$ und $c \in \mathbb{R}$ bezeichnet man als **gemischtquadratische Gleichungen**.

Beispiele

1. $5{,}5x^2-9{,}2x+14=0$ — $a=5{,}5;\ b=-9{,}2;\ c=14$

2. $\left(\frac{1}{2}x-7\right)^2=11$ — Auch diese Gleichung ist gemischtquadratisch, wie nach der Umformung ersichtlich ist.

$\Leftrightarrow \frac{1}{4}x^2-7x+49=11 \quad |-11$

$\Leftrightarrow \frac{1}{4}x^2-7x+38=0$ — $a=\frac{1}{4};\ b=-7;\ c=38$

3. $-\frac{2}{3}x^2=2\sqrt{3}x+3 \quad |-2\sqrt{3}x-3$

$\Leftrightarrow -\frac{2}{3}x^2-2\sqrt{3}x-3=0$ — $a=-\frac{2}{3};\ b=-2\sqrt{3};\ c=-3$

Diskriminante und Lösungsformel

Merke

- Um die Lösungsmenge einer gemischtquadratischen Gleichung zu ermitteln, bringt man die Gleichung in die **allgemeine Form: $ax^2+bx+c=0$**.
- Die Anzahl der Lösungen der quadratischen Gleichung wird mithilfe der **Diskriminante $D=b^2-4ac$** bestimmt.
- Die Lösungsmenge L besitzt für:

  $D>0$: 2 Lösungen $L=\{x_1;\ x_2\}$

  $D=0$: 1 Lösung $L=\{x\}$

  $D<0$: keine Lösung $L=\emptyset$
- Die Lösungselemente x werden mithilfe der **Lösungsformel**

  $$x_{1/2}=\frac{-b\pm\sqrt{D}}{2a}$$

  ermittelt, indem die Werte der Variablen a bzw. b sowie der Wert der Diskriminante D in die Lösungsformel eingesetzt werden.

Beispiel

Berechne zuerst den Wert der Diskriminante D und dann die Lösungsmenge ($G=\mathbb{R}$).

a) $9x^2-6x-8=0$

b) $4{,}5x^2=-0{,}5+3x$

c) $-5x^2+12x-14=-3x^2+4x-5$

Lösung:

a) $\underbrace{9x^2}_{a}\underbrace{-6x}_{b}\underbrace{-8}_{c}=0$ — $a=9;\ b=-6;\ c=-8$

$D=b^2-4ac$ — Diskriminante D berechnen

$D=(-6)^2-4\cdot 9\cdot(-8)$

$D=36+288$

$D=324$ — Da $D>0$, gibt es zwei Lösungen x_1 und x_2.

$\Leftrightarrow\quad x_{1/2}=\dfrac{-b\pm\sqrt{D}}{2a}$

$\Leftrightarrow\quad x_{1/2}=\dfrac{-(-6)\pm\sqrt{324}}{2\cdot 9}$

$\Leftrightarrow\quad x_{1/2}=\dfrac{6\pm 18}{18}$

$x_1=\dfrac{24}{18}=1\dfrac{1}{3}\ \vee\ x_2=\dfrac{-12}{18}=-\dfrac{2}{3}$

$L=\left\{-\dfrac{2}{3};1\dfrac{1}{3}\right\}$

b) $4{,}5x^2=-0{,}5+3x$ — Zunächst allgemeine Form aufstellen, dann a, b und c ablesen.

$\Leftrightarrow\quad \underbrace{4{,}5x^2}_{a}\underbrace{-3x}_{b}+\underbrace{0{,}5}_{c}=0$

$D=b^2-4ac$ — Diskriminante D berechnen

$D=(-3)^2-4\cdot 4{,}5\cdot 0{,}5$

$D=0$ — Da $D=0$, gibt es genau eine Lösung.

$\Leftrightarrow\quad x=\dfrac{-b\pm\sqrt{D}}{2a}=\dfrac{-(-3)+0}{2\cdot 4{,}5}=\dfrac{3}{9}=\dfrac{1}{3}$

$L=\left\{\dfrac{1}{3}\right\}$

c) $-5x^2+12x-14=-3x^2+4x-5\quad|+3x^2-4x+5$ — Allgemeine Form aufstellen

$\Leftrightarrow\quad \underbrace{-2x^2}_{a}+\underbrace{8}_{b}x\underbrace{-9}_{c}=0$

$D=b^2-4ac$

$D=8^2-4\cdot(-2)(-9)$

$D=64-72$

$D=-8$ — Da $D<0$, gibt es keine Lösung.

$L=\varnothing$

Aufgaben

73 (d – e)

Löse die folgenden quadratischen Gleichungen ($G=\mathbb{R}$).

a) $1x^2-\dfrac{1}{6}x-\dfrac{7}{6}=0$

b) $3x-65=-2x^2$

c) $\dfrac{1}{2}y^2+7=\dfrac{1}{4}(6+y)^2+1;\quad y<10$

d) $\dfrac{1}{4}(x-7)^2=\dfrac{1}{2}x-3\dfrac{3}{4}$

e) $-(4+x)=\dfrac{10}{2x}$

74

In einem Rechteck ist eine Seite 5 cm länger als die andere. Der Flächeninhalt des Rechtecks beträgt 104 cm^2. Ermittle, wie lang die Seiten sind.

75 Die Seiten eines Rechtecks sind 21 m und 8 m lang. Die längere Seite wird um x m verkürzt, die kürzere um x m verlängert. Bestimme den Wert von x so, dass das neue Rechteck einen Flächeninhalt von 210 m^2 hat. Gib auch seine Seitenlängen an.

Interaktive Aufgaben

- 2. Anzahl der Lösungen bestimmen
- 3. a-b-c-Formel
- 4. Komplexe Gleichung
- 5. Zeitungsanzeige

Nullstellen von Parabeln

Merke

Die x-Koordinaten der Schnittpunkte einer Parabel mit der x-Achse werden als **Nullstellen** bezeichnet. Eine quadratische Funktion $y = ax^2 + bx + c$ hat je nach Lage des Scheitelpunktes S und dem Vorzeichen von a **zwei, eine oder gar keine Nullstellen**. Zur Berechnung der Nullstellen ermittelt man mithilfe eines Gleichungssystems die Koordinaten der Schnittpunkte der Parabel mit der x-Achse (y = 0):

Parabelgleichung: $y = ax^2 + bx + c$
Gleichung der x-Achse: $\wedge \; y = 0$

Gleichsetzen: $\mathbf{ax^2 + bx + c = 0}$

Man setzt also den Funktionsterm **gleich null** und löst die Gleichung mittels der Lösungsformel für gemischtquadratische Gleichungen.

Beispiel

Bestimme die Nullstellen der Parabel p mit der Gleichung $y = \frac{1}{2}x^2 - 3x + 2\frac{1}{2}$ und überprüfe dein Ergebnis grafisch.

Lösung:

$\frac{1}{2}x^2 - 3x + 2\frac{1}{2} = 0$ — Funktionsterm gleich null gesetzt

$D = b^2 - 4ac$ — Diskriminantenwert berechnen

$D = (-3)^2 - 4 \cdot \frac{1}{2} \cdot 2\frac{1}{2}$

$D = 9 - 5 = 4$ — D > 0: also 2 Lösungselemente (= Nullstellen)

$\Leftrightarrow \quad x_{1/2} = \frac{-b \pm \sqrt{D}}{2a}$ — Lösungsformel

$\Leftrightarrow \quad x_{1/2} = \frac{-(-3) \pm \sqrt{4}}{2 \cdot \frac{1}{2}}$

$\Leftrightarrow \quad x_{1/2} = \frac{3 \pm 2}{1}$

$x_1 = 5 \quad \vee \quad x_2 = 1$ — Zwei Nullstellen

$L = \{1; 5\}$

Die Parabel schneidet die x-Achse in den Punkten $N_1(1\,|\,0)$ und $N_2(5\,|\,0)$.

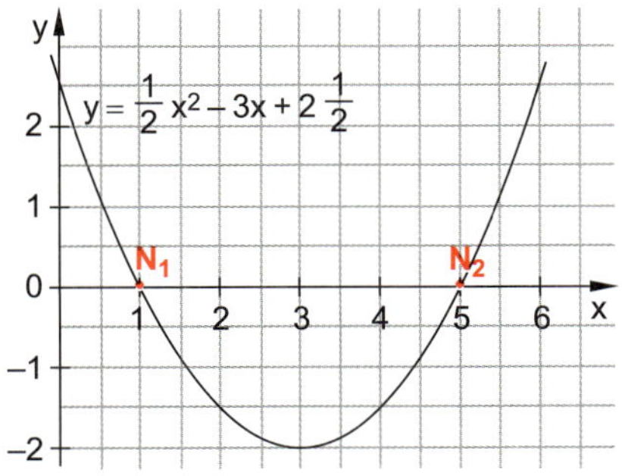

Aufgabe 76

Bestimme die Nullstellen der Parabel aus ihrer Funktionsgleichung.

a) p: $y=-\frac{1}{2}x^2+2x-2$ b) p: $y=-\frac{1}{4}x^2+\frac{1}{2}x-3\frac{1}{4}$ c) p: $y=-\frac{1}{8}x^2+x$

Interaktive Aufgaben

6. Nullstellen bestimmen
7. Nullstellen bestimmen
8. Nullstellen und Parabel bestimmen
9. Bundesjugendspiele

Schnitt von Parabel und Gerade

Die Bestimmung des Schnittpunktes zweier Geraden führt auf ein lineares Gleichungssystem (da jeder Geraden im Koordinatensystem eine lineare Gleichung entspricht). Entsprechend geht man bei der Bestimmung der Schnittpunkte einer Parabel mit einer Geraden vor.

Merke

Die Koordinaten der Schnittpunkte einer Parabel p mit der Gleichung $y=ax^2+bx+c$ und einer Geraden g mit der Gleichung $y=mx+t$ erfüllen gleichzeitig beide Gleichungen. Sie sind also Lösungen des Gleichungssystems:

Parabel p: $\quad y=ax^2+bx+c$
Gerade g: $\quad \wedge\ y=mx+t$

Gleichsetzen: $ax^2+bx+c=mx+t$

Die erhaltene quadratische Gleichung wird in die allgemeine Form gebracht, d. h., sie wird nach 0 aufgelöst und der Wert der Diskriminante D berechnet. Anhand der Anzahl der Lösungselemente kann die Anzahl der Schnittpunkte angegeben werden:

- $D>0$: 2 Schnittpunkte S_1 und S_2
- $D=0$: 1 **Berührpunkt** B (Die Gerade ist eine **Tangente** an p.)
- $D<0$: kein Schnittpunkt

Zur Berechnung der **x-Koordinaten** (Abszissen) der Schnittpunkte (bzw. des Berührpunktes) löst man die Gleichung mittels der Lösungsformel.

Zur Berechnung der **y-Koordinaten** (Ordinaten) der Schnittpunkte (bzw. des Berührpunktes) werden die Lösungen der quadratischen Gleichung(en) in die Parabel- **oder** die Geradengleichung eingesetzt. Die einfachere der beiden Gleichungen (in der Regel die Geradengleichung) ist dabei zu bevorzugen.

Beispiele

1. Berechne die Koordinaten der Schnittpunkte der Parabel p: $y=(x-2)^2-1$ und der Geraden g: $y=-x+7$.

   Lösung:

   Schnittpunktbedingung:

   Parabel p: $\quad y=(x-2)^2-1$
   Gerade g: $\quad \wedge\ y=-x+7$

   $\Rightarrow \quad (x-2)^2-1=-x+7 \quad (I=II)$ — Gleichsetzen
   $\Leftrightarrow \quad x^2-4x+4-1=-x+7$ — Vereinfachen und in die allgemeine Form bringen
   $\Leftrightarrow \quad x^2-4x+3=-x+7 \quad |+x-7$
   $\Leftrightarrow \quad x^2-3x-4=0$ — Quadratische Gleichung in der allgemeinen Form

   $D=b^2-4ac$ — Wert der Diskriminante berechnen
   $D=(-3)^2-4\cdot 1\cdot(-4)$
   $D=25$ — $D>0$: 2 Schnittpunkte

$\Leftrightarrow \quad x_{1/2} = \dfrac{-b \pm \sqrt{D}}{2a}$

Berechne die x-Koordinaten der Schnittpunkte mit der Lösungsformel.

$\Leftrightarrow \quad x_{1/2} = \dfrac{-(-3) \pm \sqrt{25}}{2 \cdot 1}$

$x_1 = 4 \quad \vee \quad x_2 = -1$

x-Koordinaten der beiden Schnittpunkte

$L = \{-1; 4\}$

Lösungsmenge angeben

Einsetzen in $S_n(x \mid -x+7)$:

Berechne die y-Koordinaten der Schnittpunkte durch Einsetzen in die Geradengleichung.

$S_1(\mathbf{-1} \mid -(\mathbf{-1})+7)$

$S_1(-1 \mid 8)$

$S_2(\mathbf{4} \mid -\mathbf{4}+7)$

$S_2(4 \mid 3)$

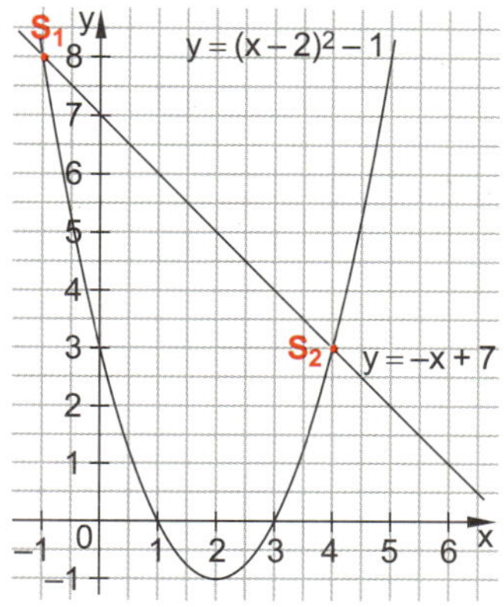

2. Zeige, dass die Gerade g mit g: $y = 2x + 1\frac{1}{2}$ Tangente an die Parabel p mit p: $y = \frac{1}{2}x^2 + 3x + 2$ ist und berechne die Koordinaten des Berührpunktes B.

Lösung:

Schnittpunktbedingung:

Parabel p: $\quad y = \dfrac{1}{2}x^2 + 3x + 2$

Gerade g: $\quad \wedge \quad y = 2x + 1\dfrac{1}{2}$

Die Gerade ist eine Tangente an die Parabel, wenn es nur einen Schnittpunkt (Berührpunkt) mit ihr gibt.

$\Rightarrow \quad \dfrac{1}{2}x^2 + 3x + 2 = 2x + 1\dfrac{1}{2} \quad (\mathrm{I} = \mathrm{II}) \quad \left| -2x - 1\dfrac{1}{2} \right.$ Gleichsetzen

$\Leftrightarrow \quad \dfrac{1}{2}x^2 + x + \dfrac{1}{2} = 0$

In die allgemeine Form bringen

$D = b^2 - 4ac$

Wert der Diskriminante berechnen

$D = 1^2 - 4 \cdot \dfrac{1}{2} \cdot \left(\dfrac{1}{2}\right) = 0$

$D = 0$: 1 Berührpunkt $\rightarrow$ Tangente

$\Leftrightarrow \quad x = \dfrac{-b}{2a}$

x-Koordinate des Berührpunktes mit der Lösungsformel berechnen

$\Leftrightarrow \quad x = \dfrac{-1}{2 \cdot \frac{1}{2}} = -1$

$L = \{-1\}$

Lösungsmenge angeben

Einsetzen in $B\left(x \,\middle|\, 2x + \frac{3}{2}\right)$:

$B\left(\mathbf{-1} \,\middle|\, 2(\mathbf{-1}) + \dfrac{3}{2}\right)$

$B\left(-1 \,\middle|\, -\dfrac{1}{2}\right)$

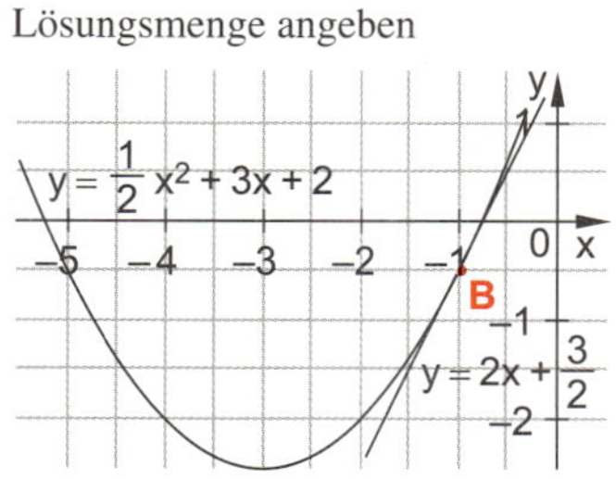

Die Gerade berührt die Parabel im Punkt $B\left(-1 \,\middle|\, -\frac{1}{2}\right)$.

Aufgaben

Für die folgenden Aufgaben gilt $x, y \in \mathbb{R}$.

77 Zeige durch Rechnung, dass die Gerade g mit der Gleichung $y = \frac{1}{2}x - 3\frac{5}{8}$ eine Tangente an die Parabel p mit der Gleichung $y = \frac{1}{2}x^2 - 3x + 2\frac{1}{2}$ ist und ermittle die Koordinaten des Berührpunktes B.

78 Berechne die Koordinaten der Schnittpunkte der Parabel $p\colon y = -\frac{1}{4}x^2 + \frac{1}{2}x + 5$ und der Geraden $g\colon y = \frac{1}{2}x + 4$.

79 Zeige, dass die Gerade g mit der Gleichung $y = \frac{1}{3}x + 6$ und die Parabel p mit der Gleichung $y = -(x+6)^2 + 3$ keinen Punkt gemeinsam haben.

Interaktive Aufgaben

10. Schnittpunkte bestimmen

11. Auto und Motorrad

Schnitt von Parabel mit Parabel – System quadratischer Gleichungen

Merke

Die Bestimmung der Schnittpunkte **zweier Parabeln** p_1 und p_2 führt auf ein Gleichungssystem, das aus **zwei quadratischen Gleichungen** besteht.
Die Koordinaten der Schnittpunkte erfüllen gleichzeitig beide Gleichungen.
Sie sind also Lösungen des Gleichungssystems:

Parabel p_1: $\quad y = a_1x^2 + b_1x + c_1$

Parabel p_2: $\quad \wedge \; y = a_2x^2 + b_2x + c_2$

Gleichsetzen: $a_1x^2 + b_1x + c_1 = a_2x^2 + b_2x + c_2$

Beispiel

Berechne die Koordinaten der Schnittpunkte der beiden Parabeln $p_1\colon y = -(x-7)^2 + 11$ und $p_2\colon y = \frac{1}{4}(x-2)^2 + 1$ mithilfe des Gleichsetzungsverfahrens.

Lösung:

Schnittpunktbedingung:

Parabel p_1: $\quad y = -(x-7)^2 + 11$

Parabel p_2: $\quad \wedge \; y = \frac{1}{4}(x-2)^2 + 1$

$$\Rightarrow \quad -(x-7)^2 + 11 = \frac{1}{4}(x-2)^2 + 1 \qquad (\mathrm{I} = \mathrm{II})$$

In die allgemeine Form bringen

$$\Leftrightarrow \quad -(x^2 - 14x + 49) + 11 = \frac{1}{4}(x^2 - 4x + 4) + 1$$

$$\Leftrightarrow \quad -x^2 + 14x - 49 + 11 = \frac{1}{4}x^2 - x + 1 + 1$$

$$\Leftrightarrow \quad -x^2 + 14x - 38 = \frac{1}{4}x^2 - x + 2 \qquad \left| -\frac{1}{4}x^2 + x - 2 \right.$$

$$\Leftrightarrow \quad -\frac{5}{4}x^2 + 15x - 40 = 0$$

$D = b^2 - 4ac$ — Wert der Diskriminante berechnen

$D = 15^2 - 4 \cdot \left(-\frac{5}{4}\right) \cdot (-40)$

$D = 225 - 200$

$D = 25$ — $D > 0$: zwei Schnittpunkte

$\Leftrightarrow \quad x_{1/2} = \frac{-b \pm \sqrt{D}}{2a}$

Berechne die x-Koordinaten der Schnittpunkte mithilfe der Lösungsformel.

$\Leftrightarrow \quad x_{1/2} = \frac{-15 \pm \sqrt{25}}{2 \cdot \left(-\frac{5}{4}\right)}$

$\Leftrightarrow \quad x_{1/2} = \frac{-15 \pm 5}{-2{,}5}$

$x_1 = 4 \quad \vee \quad x_2 = 8$

$L = \{4; 8\}$

Lösungsmenge angeben

Einsetzen der x-Koordinaten in eine der beiden Parabelgleichungen:

$S_1(4 \mid -(4-7)^2 + 11)$

$S_1(4 \mid 2)$

$S_2(8 \mid -(8-7)^2 + 11)$

$S_2(8 \mid 10)$

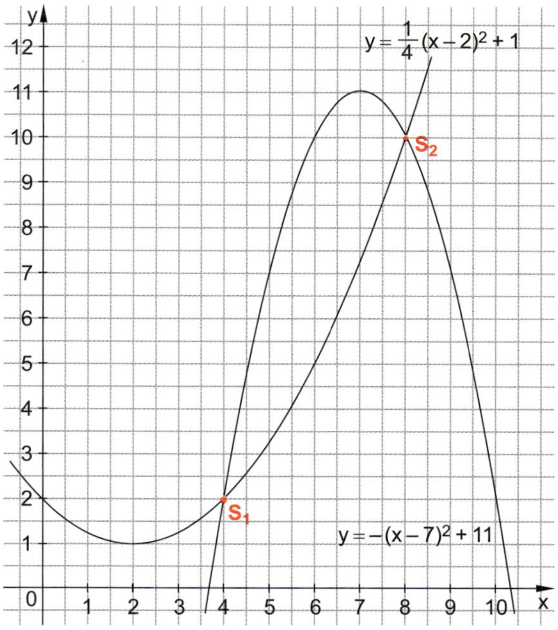

Aufgaben

Für die folgenden Aufgaben gilt $x, y \in \mathbb{R}$.

80 Zeige rechnerisch, dass sich die Parabel p_1 mit der Gleichung $y = -\frac{1}{4}x^2 - \frac{1}{2}x - 1$ und die Parabel p_2 mit der Gleichung $y = -x^2 + 2x - 5$ weder berühren noch schneiden.

81 Berechne die Koordinaten der Schnittpunkte der Parabel p_1 mit der Gleichung $y = \frac{1}{2}x^2 - \frac{1}{2}x - 2$ und der Parabel p_2 mit der Gleichung $y = -x^2 + 4x + 4$.

82 Die Parabel p_1 mit der Gleichung $y = -\frac{3}{2}x^2 + 9x - 8\frac{1}{2}$ und die Parabel p_2 mit der Gleichung $y = \frac{2}{3}x^2 - 4x + 11$ berühren sich im Punkt B.
Berechne die Koordinaten des Berührpunktes.

Interaktive Aufgaben

12. Schnittpunkte von zwei Parabeln
13. Berührpunkt von zwei Parabeln

Funktionale Abhängigkeiten und Extremwertberechnungen

Funktionale Abhängigkeiten und Extremwertberechnungen sind ein Schwerpunkt in der Abschlussprüfung. Das folgende Beispiel und die Aufgabe bauen auf dem Grundwissen der 9. Klasse auf und führen auf das Anspruchsniveau in der Abschlussprüfung hin.

Beispiel

Die Parabel p hat die Gleichung $y = -0{,}25x^2 + 2x + 3$.
Die Gerade g hat die Gleichung $y = -0{,}25x + 3$.

a) Tabellarisiere die Parabel p für $x \in [-2; 10]$ in Schritten von $\Delta x = 1$ und zeichne die Graphen zu p und g in ein Koordinatensystem.
Platzbedarf: $-2 \le x \le 12$; $-3 \le y \le 8$

b) Berechne die Koordinaten der Schnittpunkte P und Q der Parabel p mit der Geraden g, wobei $x_P < x_Q$ gelten soll.

Punkte $C_n(x \mid -0{,}25x^2 + 2x + 3)$ auf der Parabel p liegen zwischen den Punkten P und Q und besitzen dieselbe Abszisse x wie die Punkte A_n auf der Geraden g. Die Punkte A_n und C_n sind die Eckpunkte von rechtwinkligen Dreiecken $A_nB_nC_n$ mit Hypotenuse $\overline{B_nC_n}$. $\overline{A_nB_n}$ ist parallel zur x-Achse und immer 3 LE lang.

c) Zeichne die Dreiecke $A_1B_1C_1$ für $x = 3$ und $A_2B_2C_2$ für $x = 8$ in das Koordinatensystem ein.

d) Berechne die Länge der Kathete $\overline{C_nA_n}$ in Abhängigkeit von x und anschließend den Flächeninhalt der Dreiecke $A_nB_nC_n$ in Abhängigkeit von x.

e) Berechne die x-Koordinate für das flächengrößte Dreieck und gib A_{max} an.

f) Ermittle, für welche x-Koordinaten das Dreieck gleichschenklig-rechtwinklig ist.

Lösung:

a)

x	–2	–1	0	1	2	3	4	5	6	7	8	9	10
$-0{,}25x^2 + 2x + 3$	–2	0,75	3	4,75	6	6,75	7	6,75	6	4,75	3	0,75	–2

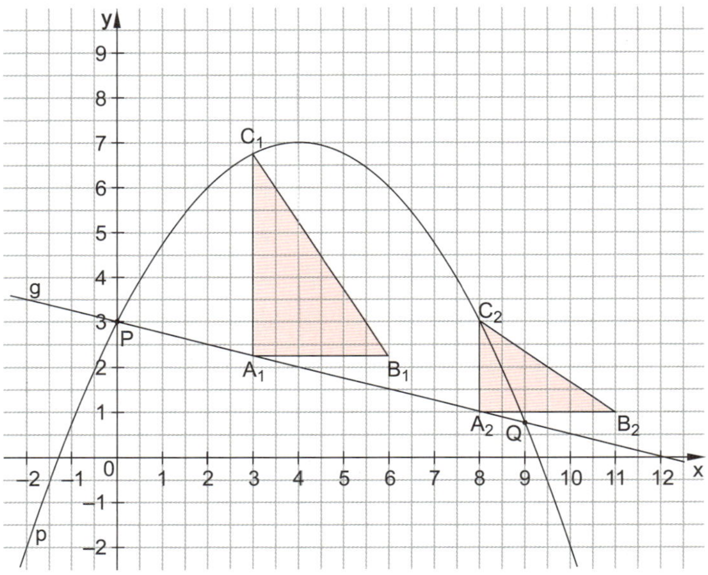

- Zeichne A_1 und C_1 mit der x-Koordinate $x = 3$ auf g bzw. p ein.
- Zeichne die Strecke $\overline{A_1B_1}$ parallel zur x-Achse mit einer Länge von 3 LE ein. Achte auf den Umlaufsinn! B_1 muss rechts von A_1 liegen.
- Verfahre ebenso für $A_2B_2C_2$.

b) Die Schnittpunkte liegen auf der Parabel p **und zugleich** auf der Geraden g. Für die Koordinaten der Schnittpunkte P und Q müssen also beide Gleichungen erfüllt sein:

$$\begin{array}{l|l} p: & y = -0{,}25x^2 + 2x + 3 \\ g: & \wedge\ y = -0{,}25x + 3 \end{array}$$

Gleichungssystem aufstellen

$\Rightarrow\ -0{,}25x^2 + 2x + 3 = -0{,}25x + 3 \quad (I = II) \quad | + 0{,}25x - 3$

$\Leftrightarrow\ -0{,}25x^2 + 2{,}25x = 0$ — In die allgemeine Form bringen

$D = b^2 - 4ac$ — Wert der Diskriminante berechnen

$D = 2{,}25^2 - 4 \cdot (-0{,}25) \cdot 0$

$D = 5{,}0625$ — $D > 0$: es gibt 2 Lösungselemente

$\Leftrightarrow \quad x_{1/2} = \dfrac{-b \pm \sqrt{D}}{2a}$ Lösungsformel anwenden

$\Leftrightarrow \quad x_{1/2} = \dfrac{-2,25 \pm \sqrt{5,0625}}{2 \cdot (-0,25)}$

$x_1 = 0 \quad \vee \quad x_2 = 9$

$L = \{0; 9\}$

In eine der beiden Gleichungen (die einfachere!) einsetzen:

$P(\mathbf{0} \mid -0,25 \cdot \mathbf{0} + 3)$ $Q(\mathbf{9} \mid -0,25 \cdot \mathbf{9} + 3)$ Beachte: $x_P < x_Q$

$P(0 \mid 3)$ $Q(9 \mid 0,75)$

c) Zeichnung siehe Teilaufgabe a

d) $A_n(x \mid -0,25x + 3)$

$C_n(x \mid -0,25x^2 + 2x + 3)$

Berechnung der Kathetenlänge:

Die Punkte A_n und C_n haben die gleiche Abszisse x, also ist die Länge der Strecke $\overline{A_nC_n}$ durch die Differenz ihrer y-Koordinaten gegeben.

$|\overline{C_nA_n}| = (y_{C_n} - y_{A_n})$ LE

$|\overline{C_nA_n}|(x) = [-0,25x^2 + 2x + 3 - (-0,25x + 3)]$ LE

$|\overline{C_nA_n}|(x) = [-0,25x^2 + 2,25x]$ LE

Berechnung des Flächeninhalts:

$\overline{A_nB_n}$ ist stets 3 LE lang.

$A_\Delta = \frac{1}{2} \cdot g \cdot h$

$A_{\Delta A_nB_nC_n}(x) = \frac{1}{2} \cdot |\overline{A_nB_n}| \cdot |\overline{C_nA_n}|(x)$

$A_{\Delta A_nB_nC_n}(x) = \frac{1}{2} \cdot 3 \cdot (-0,25x^2 + 2,25x)$ FE

$A_{\Delta A_nB_nC_n}(x) = 1,5 \cdot (-0,25x^2 + 2,25x)$ FE

$A_{\Delta A_nB_nC_n}(x) = (-0,375x^2 + 3,375x)$ FE

e) Lösungsweg 1:

Berechnung von A_{max}:

$A_{\Delta A_nB_nC_n}(x) = (-0,375x^2 + 3,375x)$ FE

$A_{\Delta A_nB_nC_n}(x) = -0,375[x^2 - 9x]$ FE Ergänze quadratisch.

$A_{\Delta A_nB_nC_n}(x) = -0,375[x^2 - 9x \mathbf{+ 4,5^2 - 4,5^2}]$ FE

$A_{\Delta A_nB_nC_n}(x) = -0,375[(x - 4,5)^2 - 20,25]$ FE

$A_{\Delta A_nB_nC_n}(x) = [-0,375(x - 4,5)^2 + 7,59375]$ FE

$A_{max} = 7,59375$ FE für $x = 4,5$

Lösungsweg 2:

Da stets gilt $g = |\overline{A_nB_n}| = 3$ LE, ist der Flächeninhalt am größten, wenn die Höhe $h = |\overline{C_nA_n}|$ am größten ist. Es genügt also zu bestimmen, für welche x-Koordinate die Kathetenlänge $|\overline{C_nA_n}|$ am längsten ist:

$|\overline{C_nA_n}|(x) = [-0,25x^2 + 2,25x]$ LE

$|\overline{C_nA_n}|(x) = -0,25[x^2 - 9x]$ LE

$|\overline{C_nA_n}|(x) = -0,25[x^2 - 9x \mathbf{+ 4,5^2 - 4,5^2}]$ LE

$|\overline{C_nA_n}|(x) = -0,25[(x - 4,5)^2 - 20,25]$ LE

$|\overline{C_nA_n}|(x) = [-0,25(x - 4,5)^2 + 5,0625]$ LE

$|\overline{C_nA_n}|_{max} = 5{,}0625 \text{ LE}$ für $x = 4{,}5$

$\Rightarrow \quad A_{max} = \frac{1}{2} \cdot 3 \cdot 5{,}0625 \text{ FE} = 7{,}59375 \text{ FE}$ (vgl. Lösungsweg 1)

f) Da sich die Länge von $\overline{A_nB_n}$ nicht verändert (stets 3 LE), ist das Dreieck genau dann gleichschenklig, wenn auch $\overline{C_nA_n}$ eine Länge von 3 LE hat:

$|\overline{C_nA_n}| = [-0{,}25x^2 + 2{,}25x] \text{ LE} \quad \wedge \quad |\overline{C_nA_n}| = 3 \text{ LE}$

Gleichsetzen:

$\Rightarrow \quad -0{,}25x^2 + 2{,}25x = 3 \quad | -3$

$\Leftrightarrow \quad -0{,}25x^2 + 2{,}25x - 3 = 0$

$D = b^2 - 4ac$ — Wert der Diskriminante berechnen

$D = 2{,}25^2 - 4 \cdot (-0{,}25) \cdot (-3)$

$D = 2{,}0625$ — $D > 0$: es gibt 2 Lösungselemente

$\Leftrightarrow \quad x_{1/2} = \frac{-b \pm \sqrt{D}}{2a}$ — Lösungsformel anwenden

$\Leftrightarrow \quad x_{1/2} = \frac{-2{,}25 \pm \sqrt{2{,}0625}}{2 \cdot (-0{,}25)}$

$x_1 = 1{,}63 \quad \vee \quad x_2 = 7{,}37$

$L = \{1{,}63;\ 7{,}37\}$ — Lösungsmenge angeben

Es gibt also zwei gleichschenklig-rechtwinklige Dreiecke, nämlich dann, wenn die x-Koordinaten von A und C die Werte $x_1 = 1{,}63$ oder $x_2 = 7{,}37$ annehmen.

Aufgabe 83

Gegeben sind die beiden Parabeln p_1: $y = -(x-4)^2 + 2$ und p_2: $y = \frac{1}{4}x^2 - x + 5$.

a) Berechne die Koordinaten des Scheitelpunkts der Parabel p_2, gib die Koordinaten des Scheitelpunkts der Parabel p_1 an und bringe die Gleichung der Parabel p_1 in die allgemeine Form $y = ax^2 + bx + c$.
(Zwischenergebnis: p_1: $y = -x^2 + 8x - 14$)

b) Erstelle Wertetabellen und zeichne die Parabeln in ein Koordinatensystem.
Für p_1: $x \in [2; 6]$; $\Delta x = 1$; für p_2: $x \in [-1; 5]$; $\Delta x = 1$
Platzbedarf: $-2 \le x \le 7$; $-2 \le y \le 7$

c) Die Punkte $P_n(x\,|\,?)$ liegen auf der Parabel p_1, die Punkte $Q_n(x\,|\,?)$ auf der Parabel p_2.
Zeichne $\overline{P_1Q_1}$ für $x = 2$ und $\overline{P_2Q_2}$ für $x = 4$.

d) Berechne die Länge der Strecken $\overline{P_nQ_n}$ in Abhängigkeit von der x-Koordinate der Punkte P_n und Q_n.
[Zwischenergebnis: $|\overline{P_nQ_n}|(x) = (1{,}25x^2 - 9x + 19)$ LE]

e) Berechne die minimale Streckenlänge $|\overline{P_0Q_0}|$ und gib die Koordinaten der Punkte P_0 und Q_0 an.

Interaktive Aufgaben

- 14. Funktionale Abhängigkeit: Parallelogramme
- 15. Funktionale Abhängigkeit: Dreiecke

Schnitt von Parabel und Parallelenschar – Parabeltangente

Merke

Um aus einer Parallelenschar mit der Gleichung $g(d) = mx + d$ die Tangente t an eine Parabel p mit der Gleichung $y = ax^2 + bx + c$ zu ermitteln, löst man das folgende Gleichungssystem unter der **Tangentenbedingung D = 0:**

Parabel p: $y = ax^2 + bx + c$
Parallelenschar g(d): $\wedge\ y = mx + d$

Gleichsetzen: $ax^2 + bx + c = mx + d$

Die Tangente t hat mit der Parabel p nur einen Berührpunkt gemeinsam, sodass für die Diskriminante $D = 0$ gelten muss (Tangentenbedingung). Auflösen nach d liefert die gesuchte Tangentengleichung g(d) nach Einsetzen von d.

Hinweis: Zu jeder Parabel gibt es in einer Parallelenschar genau eine Tangente.

Beispiel

a) Bestimme aus der Parallelenschar g(d) mit der Gleichung $y = -x + d$ mit $d \in \mathbb{R}$ die Gleichung der Tangente t an die Parabel p mit der Gleichung $y = x^2 + 2x + 3$.
b) Berechne die Koordinaten des Berührpunktes B von Tangente und Parabel.

Lösung:

a) Schnittpunktbedingung:

p: $y = x^2 + 2x + 3$ — Gleichung der Parabel p
g(d): $\wedge\ y = -x + d$ — Gleichung der Parallelenschar

$\Rightarrow\ x^2 + 2x + 3 = -x + d \quad (I = II) \quad |+x-d$ — Gleichsetzen der Funktionsterme von p und g(d)

$\Leftrightarrow\ \underbrace{1}_{a}x^2 + \underbrace{3}_{b}x + \underbrace{3-d}_{c} = 0$

$D = b^2 - 4ac$ — Berechnung der Diskriminante in Abhängigkeit von d

$D(d) = 3^2 - 4 \cdot 1 \cdot (3-d)$
$D(d) = 9 - 12 + 4d$
$D(d) = -3 + 4d$

Tangentenbedingung $D(d) = 0$: — Berechnung von d mithilfe der Tangentenbedingung $D(d) = 0$

$-3 + 4d = 0 \quad |+3$

$\Leftrightarrow\ 4d = 3 \quad |\cdot \frac{1}{4}$

$\Leftrightarrow\ d = \frac{3}{4}$

$L = \left\{\frac{3}{4}\right\}$

also: t: $y = -x + \frac{3}{4}$

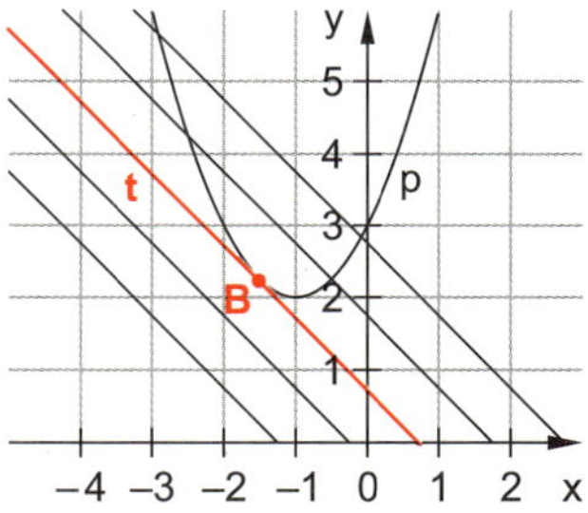

Die Gleichung der Tangente erhält man, wenn man die Variable d in der Schargleichung $y = -x + d$ mit der Zahl $\frac{3}{4}$ belegt.

b) Berechnung der Berührpunktkoordinaten:
Einsetzen von $d = \frac{3}{4}$ in die Gleichung $x^2 + 3x + 3 - d = 0$:

$x^2 + 3x + 3 - \frac{3}{4} = 0$ — Um die x-Koordinate des Berührpunktes B zu berechnen, belegt man die Variable d in der Gleichung $x^2 + 3x + 3 - d = 0$ mit der Zahl $\frac{3}{4}$.

$\Leftrightarrow\ x^2 + 3x + 2\frac{1}{4} = 0$

$D = 0$ — Da t Tangente an p ist, gilt $D = 0$.

$x_B = \frac{-b \pm \sqrt{D}}{2a}$ — Berechnung der x-Koordinate des Berührpunktes

$x_B = \frac{-3 \pm \sqrt{0}}{2 \cdot 1}$ — D = 0, folglich hat die quadratische Gleichung nur eine Lösung x_B.

$x_B = -1\frac{1}{2}$

$L = \left\{-1\frac{1}{2}\right\}$

Einsetzen in $B(x \mid -x + d)$: — Die y-Koordinate des Berührpunktes wird durch Einsetzen der x-Koordinate und des berechneten Werts für d in die (einfachere) Funktionsgleichung der Tangente berechnet.

$B\left(-1\frac{1}{2} \,\middle|\, -\left(-1\frac{1}{2}\right) + \frac{3}{4}\right)$

$B\left(-1\frac{1}{2} \,\middle|\, 2\frac{1}{4}\right)$

Aufgabe 84

Für welche Belegung der Formvariablen $d \in \mathbb{R}$ erhält man Tangenten an die Parabel? Berechne die Gleichung der Tangente t sowie die Koordinaten des Berührpunktes B. Überprüfe die Ergebnisse zeichnerisch.

a) p: $y = x^2 + 3x - 1$ g(d): $y = x + d$

b) p: $y = -\frac{1}{4}x^2 - 2$ g(d): $y = -\frac{1}{2}x - 2d$

c) p: $y = -6x^2 - 8\frac{1}{2}x + 4$ g(d): $y = -\frac{1}{2}x - 2d$

Interaktive Aufgabe

16. Parabeltangente

Wurzelgleichungen

Wurzelgleichungen sind Gleichungen, in denen Wurzelterme auftreten, wobei mindestens ein Radikand eine Variable enthält.

Beispiele

Wurzelgleichungen:	$\sqrt{x+5} = x$	$\sqrt{y-3} = \sqrt{4+2y}$	$2a - \sqrt{a} = 4$
Keine Wurzelgleichungen:	$\sqrt{5} = x$	$\sqrt{7-3} = 2y^2$	$2a - \sqrt{3} = 4$

Merke

Lösungsschema für Wurzelgleichungen

- Bestimme die Definitionsmenge D.
- Beseitige die Wurzeln durch **Quadrieren** der Gleichung.
- Ermittle die **Lösungselemente** der quadrierten Gleichung.
- Ermittle durch eine **Probe**, welche Elemente die Wurzelgleichung lösen. Diese bilden die **Lösungsmenge**. (Dabei ist Definitionsmenge zu beachten.)

Hinweis: Das **Quadrieren** einer Gleichung ist **keine Äquivalenzumformung**. Die Elemente der Lösungsmenge müssen durch eine **Probe** bestätigt werden!

Beispiel

$x+2=\sqrt{10-x}$ $\quad G=\mathbb{R}$

Beachte: $\sqrt{a}$ ist nur für alle $a \geq 0$ definiert.

Bestimmung der Definitionsmenge D des Wurzelterms $\sqrt{10-x}$:

$10-x \geq 0 \quad |+x$

$\Leftrightarrow \quad x \geq 10$

also: $D=\{x \mid x \leq 10\}$

Da der Radikand nicht negativ sein darf, muss die Definitionsmenge D bestimmt werden. Tritt in der Gleichung mehr als ein Wurzelterm auf, so ergibt sich die Definitionsmenge als Schnittmenge der einzelnen Teildefinitionsmengen: $D=D_1 \cap D_2 \cap \ldots$

$x+2=\sqrt{10-x} \quad |^2$

$\Rightarrow \quad (x+2)^2=10-x$

Um die Wurzel zu beseitigen, werden Links- und Rechtsterm quadriert.

Da es sich beim Quadrieren nicht um eine Äquivalenzumformung handelt, darf hier nur ein Folgepfeil stehen.

$\Leftrightarrow \quad x^2+4x+4=10-x \quad |-10+x$

$\Leftrightarrow \quad x^2+5x-6=0$

Löse nach null auf und fasse zusammen.

$D=b^2-4ac$

$D=5^2-4\cdot 1\cdot(-6)$

$D=25+24$

$D=49$

Löse die quadratische Gleichung durch Anwendung der Lösungsformel.

Da $D>0$ ist, existieren zwei Lösungselemente.

$\Leftrightarrow \quad x_{1/2}=\dfrac{-b\pm\sqrt{D}}{2a}$

$\Leftrightarrow \quad x_{1/2}=\dfrac{-5\pm\sqrt{49}}{2}$

$\Leftrightarrow \quad x_{1/2}=\dfrac{-5\pm 7}{2}$

$x_1=1 \vee x_2=-6$

Probe: $x_1=1$: $\quad \mathbf{1}+2=\sqrt{10-\mathbf{1}}$

$\Leftrightarrow \quad 3=3 \quad$ (w)

$\Rightarrow \quad 1\in L$

$x_2=-6$: $\quad \mathbf{-6}+2=\sqrt{10-(\mathbf{-6})}$

$\Leftrightarrow \quad -4=4 \quad$ (f)

$\Rightarrow \quad -6\notin L$

$L=\{1\}$

Aufgabe 85

a – f

Bestimme für $G=\mathbb{R}$ die Definitions- und die Lösungsmenge der Wurzelgleichungen.

a) $3-x=\sqrt{2x-6}$

b) $\sqrt{2x+19}=\sqrt{7x+4}$

c) $-5+\sqrt{25+x}=x$

d) $\sqrt{12-4x}=x$

e) $\sqrt{4-1\frac{1}{2}x}-\sqrt{-2x+5}=0$

f) $\sqrt{x-1}-\sqrt{6+x}=-1$

g) $\sqrt{x^2-6x+9}=2\sqrt{3x-17}$

h) $\sqrt{7-2x}+\sqrt{5x+6}=4$

Interaktive Aufgabe

17. Wurzelgleichung

2.5 Abbildung durch zentrische Streckung

Strahlensätze

Merke

Bei einer **zentrischen Streckung** mit **Zentrum Z** und **Streckungsfaktor k** $\in \mathbb{R}\setminus\{0\}$ wird jeder Urpunkt P so auf einen Bildpunkt P' auf der Geraden ZP abgebildet, dass gilt: $|\overline{ZP'}| = k \cdot |\overline{ZP}|$

Für $k > 0$ liegen Bild- und Urpunkt auf derselben Seite von Z.
Für $k < 0$ liegen Bild- und Urpunkt auf verschiedenen Seiten von Z.
Strecken werden durch zentrische Streckung auf **parallele** Strecken abgebildet.

Beispiele

$k = 1{,}5$

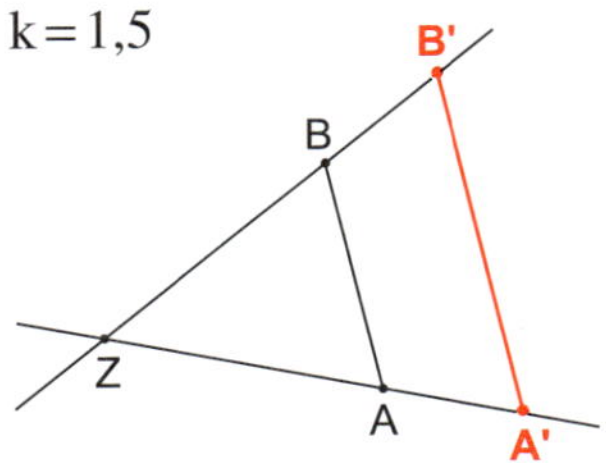

$k = -0{,}5$

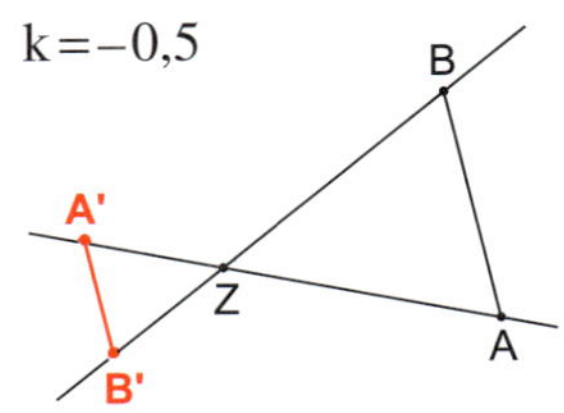

Die **Strahlensätze** stellen auf der Grundlage der zentrischen Streckung Zusammenhänge zwischen den **Streckenlängen** von Ur- und Bildstrecken her.

Merke

Strahlensätze

Werden zwei sich schneidende Geraden von 2 Parallelen in 4 Punkten geschnitten, gilt:

1. Die Längen zweier Strecken auf der einen Geraden verhalten sich wie die Längen der entsprechenden Strecken auf der anderen Geraden.

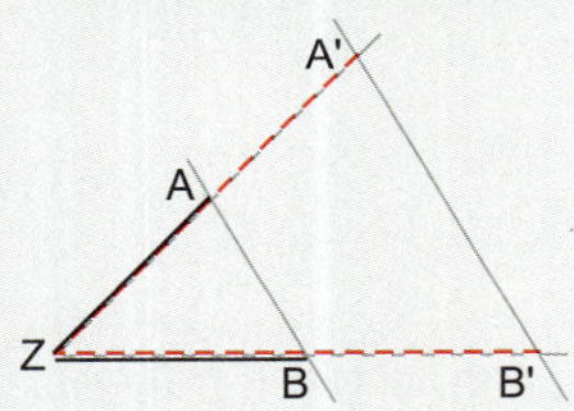

$$\frac{|\overline{ZA'}|}{|\overline{ZA}|} = \frac{|\overline{ZB'}|}{|\overline{ZB}|}$$

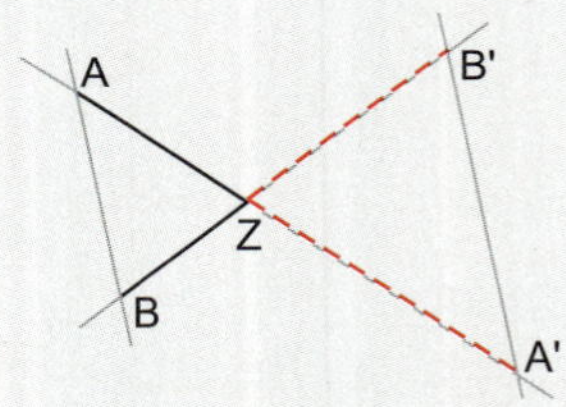

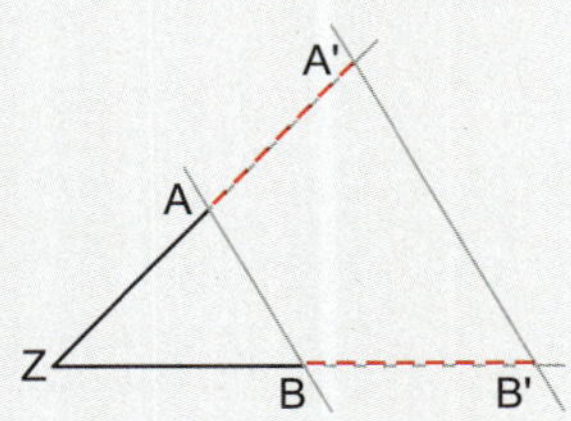

$$\frac{|\overline{AA'}|}{|\overline{ZA}|} = \frac{|\overline{BB'}|}{|\overline{ZB}|}$$

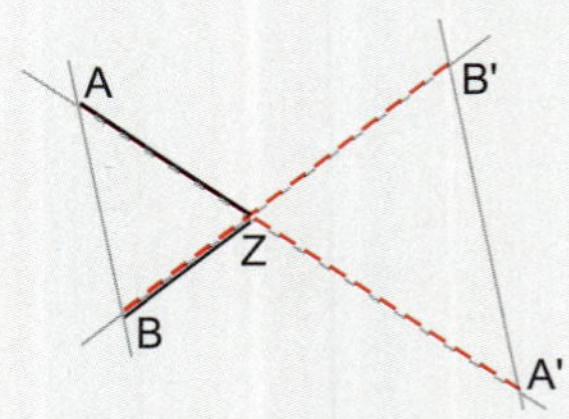

2. Die Längen der Strecken auf den Parallelen verhalten sich wie die Längen der entsprechenden Strecken auf den sich schneidenden Geraden.

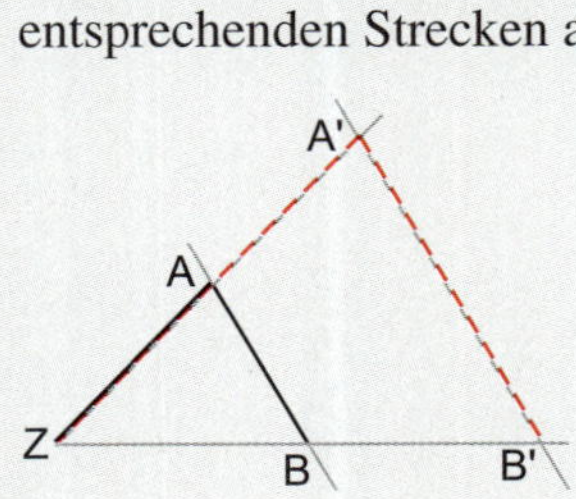

$$\frac{|\overline{A'B'}|}{|\overline{AB}|} = \frac{|\overline{ZA'}|}{|\overline{ZA}|}$$

bzw.

$$\frac{|\overline{A'B'}|}{|\overline{AB}|} = \frac{|\overline{ZB'}|}{|\overline{ZB}|}$$

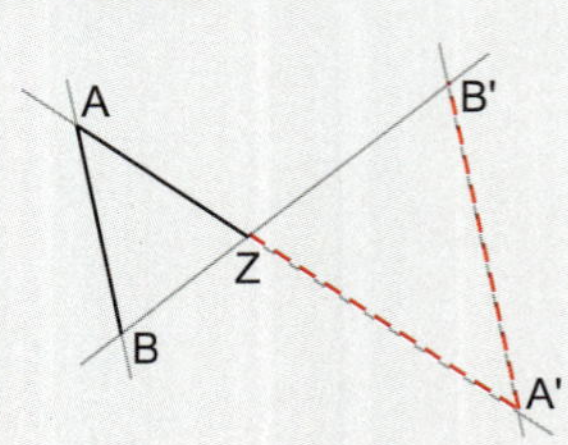

Beispiele

1. Berechne die fehlenden Streckenlängen in der Skizze. Es gilt: $\overline{AB} \parallel \overline{A'B'}$

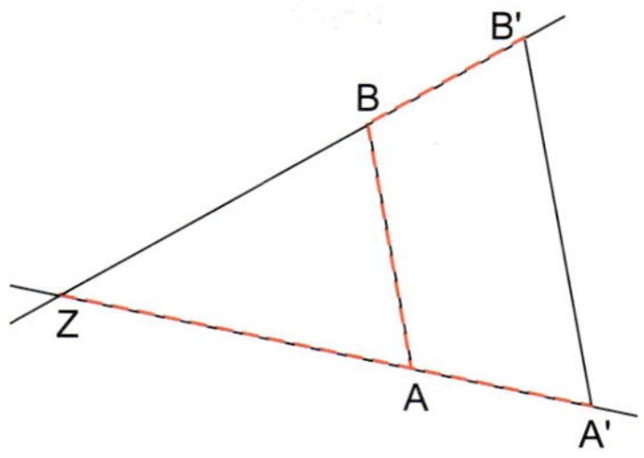

$|\overline{AB}| = 4\text{ cm}$

$|\overline{ZA'}| = 9\text{ cm}$

$|\overline{ZA}| = 6\text{ cm}$

$|\overline{BB'}| = 2{,}5\text{ cm}$

Tipp

Generell gilt: Je mehr Größen bekannt sind, desto mehr Berechnungsmöglichkeiten stehen zur Verfügung.

Lösung:

Berechne zunächst $|\overline{AA'}|$:

$|\overline{AA'}| = |\overline{ZA'}| - |\overline{ZA}| = 9\text{ cm} - 6\text{ cm} = 3\text{ cm}$

Berechnung von $|\overline{A'B'}|$:

$$\frac{|\overline{A'B'}|}{|\overline{AB}|} = \frac{|\overline{ZA'}|}{|\overline{ZA}|}$$

Ansatz mit dem 2. Strahlensatz (Zentrum = Z)
Löse die Verhältnisgleichung nach der gesuchten Größe auf.

$$\Leftrightarrow \quad |\overline{A'B'}| = \frac{|\overline{ZA'}| \cdot |\overline{AB}|}{|\overline{ZA}|}$$

Setze die bekannten Streckenlängen ein.

$$\Leftrightarrow \quad |\overline{A'B'}| = \frac{9\text{ cm} \cdot 4\text{ cm}}{6\text{ cm}}$$

$$\Leftrightarrow \quad |\overline{A'B'}| = 6\text{ cm}$$

Berechnung von $|\overline{ZB}|$:

$$\frac{|\overline{AA'}|}{|\overline{ZA}|} = \frac{|\overline{BB'}|}{|\overline{ZB}|}$$

Ansatz mit dem 1. Strahlensatz (Zentrum = Z)
Löse die Verhältnisgleichung nach der gesuchten Größe auf.
Hier empfiehlt sich die „Über-Kreuz-Multiplikation".

$$\Leftrightarrow |\overline{AA'}| \cdot |\overline{ZB}| = |\overline{BB'}| \cdot |\overline{ZA}|$$

$$\Leftrightarrow |\overline{ZB}| = \frac{|\overline{BB'}| \cdot |\overline{ZA}|}{|\overline{AA'}|}$$

Setze die bekannten Streckenlängen ein.

$$\Leftrightarrow |\overline{ZB}| = \frac{2{,}5\text{ cm} \cdot 6\text{ cm}}{3\text{ cm}}$$

$$\Leftrightarrow |\overline{ZB}| = 5\text{ cm}$$

Berechne schließlich $|\overline{ZB'}|$:

$|\overline{ZB'}| = |\overline{ZB}| + |\overline{BB'}| = 5\text{ cm} + 2{,}5\text{ cm} = 7{,}5\text{ cm}$

2. Überprüfe rechnerisch, ob für die Strecken in der Skizze gilt: $\overline{AB} \parallel \overline{A'B'}$

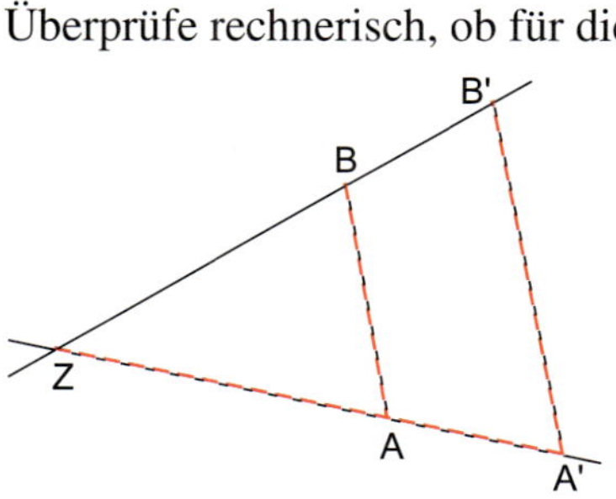

$|\overline{AB}| = 5\text{ cm}$

$|\overline{A'B'}| = 8\text{ cm}$

$|\overline{ZA}| = 4\text{ cm}$

$|\overline{ZA'}| = 7\text{ cm}$

Lösung:

$\frac{|\overline{A'B'}|}{|\overline{AB}|} = \frac{8}{5}$

$\frac{|\overline{ZA'}|}{|\overline{ZA}|} = \frac{7}{4}$

Überprüfe, ob der 2. Strahlensatz (Zentrum = Z) erfüllt ist, indem du die Verhältnisse auf der linken und der rechten Seite der Verhältnisgleichung berechnest.

Wegen $\frac{8}{5} \neq \frac{7}{4}$ ist der 2. Strahlensatz nicht erfüllt.

Die Verhältnisgleichung ist nicht erfüllt.

Somit sind $\overline{AB}$ und $\overline{A'B'}$ nicht parallel.

Aufgaben

86 Kreuze richtige Aussagen an. Es gilt: $\overline{FE} \parallel \overline{AD} \parallel \overline{BC}$

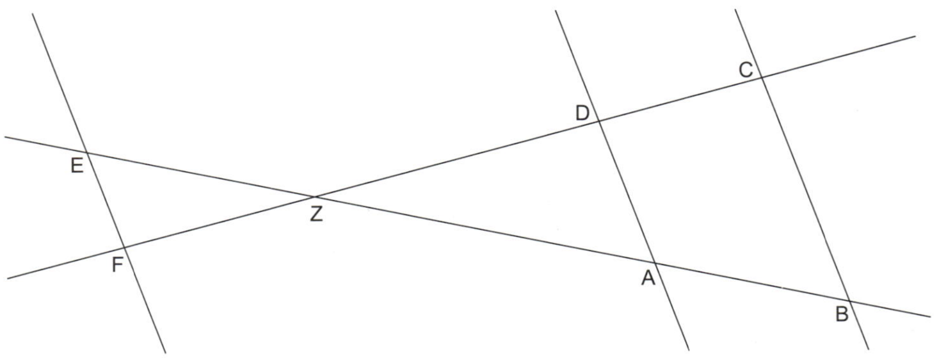

- ☐ $\frac{|\overline{ZC}|}{|\overline{ZD}|} = \frac{|\overline{ZA}|}{|\overline{ZB}|}$
- ☐ $\frac{|\overline{EF}|}{|\overline{BC}|} = \frac{|\overline{ZF}|}{|\overline{ZC}|}$
- ☐ $\frac{|\overline{ZD}|}{|\overline{ZE}|} = \frac{|\overline{ZA}|}{|\overline{ZF}|}$
- ☐ $\frac{|\overline{AD}|}{|\overline{EF}|} = \frac{|\overline{ZA}|}{|\overline{ZE}|}$
- ☐ $\frac{|\overline{DC}|}{|\overline{ZD}|} = \frac{|\overline{AB}|}{|\overline{ZB}|}$
- ☐ $\frac{|\overline{EF}|}{|\overline{BC}|} = \frac{|\overline{ZE}|}{|\overline{ZA}|}$
- ☐ $\frac{|\overline{AB}|}{|\overline{ZA}|} = \frac{|\overline{BC}|}{|\overline{AD}|}$
- ☐ $\frac{|\overline{ZE}|}{|\overline{ZB}|} = \frac{|\overline{ZF}|}{|\overline{ZC}|}$
- ☐ $\frac{|\overline{AB}|}{|\overline{ZE}|} = \frac{|\overline{CD}|}{|\overline{ZF}|}$
- ☐ $\frac{|\overline{AD}|}{|\overline{BC}|} = \frac{|\overline{ZA}|}{|\overline{ZB}|}$
- ☐ $\frac{|\overline{ZA}|}{|\overline{AE}|} = \frac{|\overline{ZD}|}{|\overline{DF}|}$
- ☐ $\frac{|\overline{ZC}|}{|\overline{ZD}|} = \frac{|\overline{ZA}|}{|\overline{ZB}|}$

87 Die Breite $|\overline{E'F'}|$ eines Flusses soll bestimmt werden.
Es gilt:
$|\overline{EF}| = 4{,}5$ m; $|\overline{GE'}| = 7$ m;
$|\overline{GE}| = 2$ m; $\overline{E'F'} \parallel \overline{EF}$

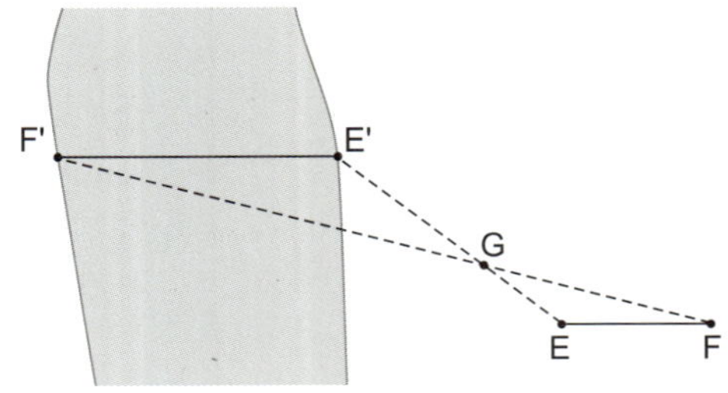

88 Ein Tourist peilt den Olympiaturm in München (Höhe 291,28 m) über seinen 8 cm langen Daumen, der dabei 40 cm von seinen Augen entfernt ist, an.
Bestimme, wie weit der Tourist vom Turm entfernt ist.

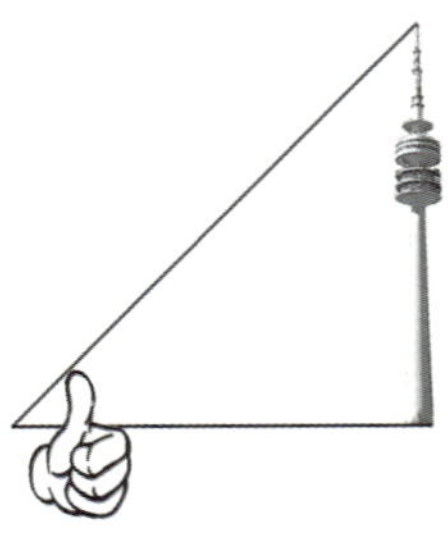

89 Ein Fußballtor ist 7,32 m breit. Der Tormann hat eine Spannweite von 2,05 m. Bestimme, wie weit er aus dem Tor laufen muss, wenn er das Tor komplett abdecken will und der Schütze an der Strafraumgrenze 16 m vor dem Tor schießt.

90 Überprüfe rechnerisch, ob für die Strecken in der Skizze gilt: $\overline{EF} \parallel \overline{AD}$

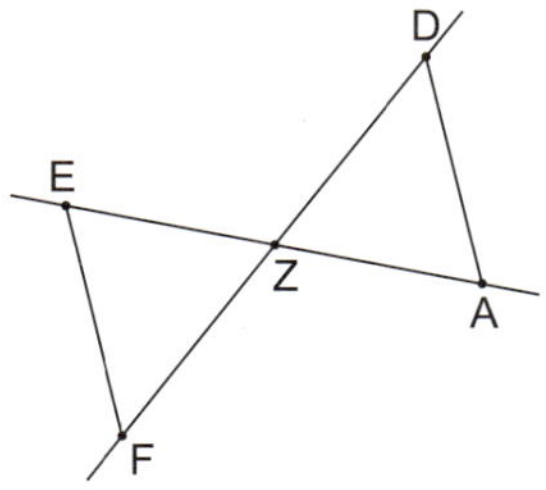

$|\overline{ZE}| = 4\text{ cm}$

$|\overline{ZF}| = 3\text{ cm}$

$|\overline{EA}| = 8\text{ cm}$

$|\overline{FD}| = 6\text{ cm}$

Extremwertaufgaben

91 Dem gleichschenkligen Dreieck ABC mit der Basislänge $|\overline{AB}| = 4\text{ cm}$ und der zur Basis $\overline{AB}$ gehörigen Höhe $|\overline{CM}| = 8\text{ cm}$ werden gleichschenklige Dreiecke E_nF_nM mit der Basis $\overline{E_nF_n}$ so einbeschrieben, dass die Spitze M aller Dreiecke E_nF_nM der Mittelpunkt von $\overline{AB}$ ist. Für die zur Basis $\overline{E_nF_n}$ zugehörige Höhe $|\overline{MD_n}|$ gilt: $|\overline{MD_n}| = x\text{ cm}$

a) Gib das Intervall zulässiger Werte für x an.
b) Berechne den Flächeninhalt der einbeschriebenen Dreiecke E_nF_nM in Abhängigkeit von x.
c) Berechne den Wert für x, für den das Dreieck E_1F_1M mit maximalem Flächeninhalt entsteht.

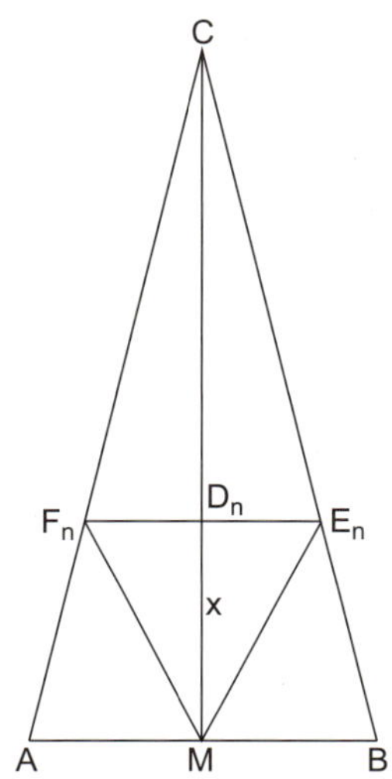

92 Dem gleichschenkligen Dreieck ABC mit Basis $\overline{AB}$ werden Trapeze $D_nE_nF_nG_n$ einbeschrieben. Es gilt: $|\overline{AB}| = 8\text{ cm}$; $h_c = 6\text{ cm}$
$\overline{D_nE_n}$ liegt auf $\overline{AB}$, wobei D_n 0,5x cm von A entfernt ist und E_n 0,5x cm von B entfernt ist. F_n liegt auf $\overline{BC}$, G_n liegt auf $\overline{CA}$. Die Strecke $\overline{F_nG_n}$ ist parallel zu $\overline{AB}$ und hat einen Abstand von 1,5x cm zur Basis $\overline{AB}$.

a) Zeichne das Dreieck und das einbeschriebene Trapez für $x = 3$.
b) Berechne den Flächeninhalt der einbeschriebenen Trapeze in Abhängigkeit von x.
c) Bestimme, für welchen x-Wert das Trapez mit dem größten Flächeninhalt entsteht.

Interaktive Aufgaben

1. Strecke bestimmen
2. Strecke bestimmen
3. Strecke bestimmen
4. Strecke bestimmen
5. Maximum bestimmen

Schwerpunkt im Dreieck

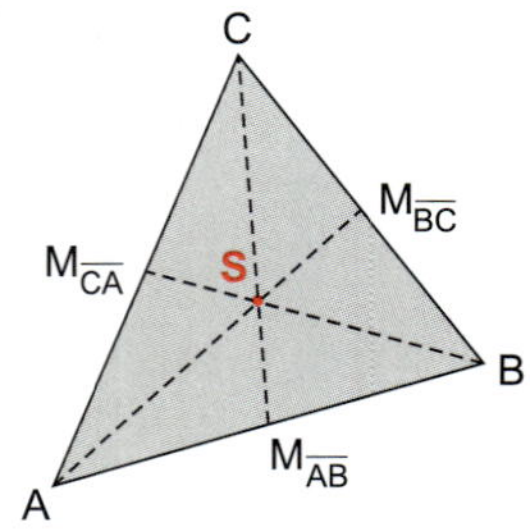

Die drei Seitenhalbierenden eines Dreiecks schneiden sich in einem Punkt, dem sogenannten **Schwerpunkt S** des Dreiecks. Der Schwerpunkt teilt jede Seitenhalbierende im Verhältnis 2 : 1, wobei der längere Abschnitt jeweils am Eckpunkt des Dreiecks anliegt:
$|\overline{AS}|:|\overline{SM_{\overline{BC}}}| = 2:1,\ |\overline{BS}|:|\overline{SM_{\overline{CA}}}| = 2:1,\ |\overline{CS}|:|\overline{SM_{\overline{AB}}}| = 2:1$

Merke

Die Formel zur Berechnung der **Schwerpunktkoordinaten** des Schwerpunkts S im Dreieck ABC mit $A(x_A\,|\,y_A)$, $B(x_B\,|\,y_B)$, $C(x_C\,|\,y_C)$ lautet:

$$S\left(\frac{x_A+x_B+x_C}{3}\,\middle|\,\frac{y_A+y_B+y_C}{3}\right)$$

Beispiel

Bestimme die Koordinaten des Schwerpunkts S des Dreiecks ABC mit $A(-2\,|\,-3)$, $B(5\,|\,-1)$ und $C(1\,|\,4)$.

Lösung:

$$S\left(\frac{x_A+x_B+x_C}{3}\,\middle|\,\frac{y_A+y_B+y_C}{3}\right)$$
$$=S\left(\frac{-2+5+1}{3}\,\middle|\,\frac{-3-1+4}{3}\right)$$
$$=S\left(1\frac{1}{3}\,\middle|\,0\right)$$

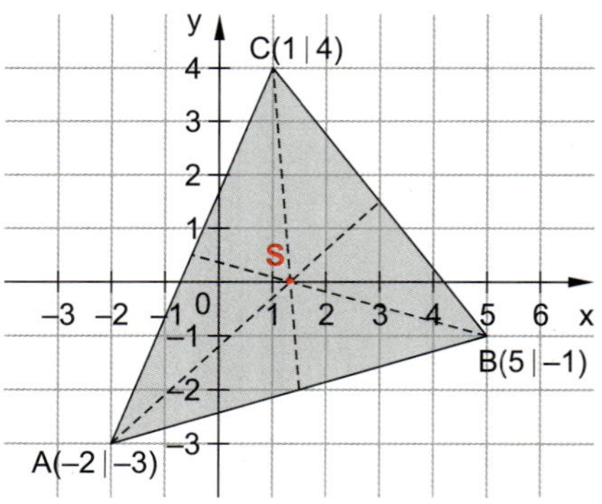

Sind zwei Eckpunkte eines Dreiecks und sein Schwerpunkts S bekannt, lassen sich daraus mithilfe der Schwerpunktformel die Koordinaten des dritten Eckpunkts bestimmen.

Beispiel

Gegeben sind die Eckpunkte $B(5\,|\,-2)$ und $C(-1\,|\,3)$ eines Dreiecks ABC und sein Schwerpunkt $S\left(\frac{1}{3}\,\middle|\,-1\right)$. Bestimme die Koordinaten des Punktes A.

Lösung:

Berechnung der Koordinaten von A:

$$x_S=\frac{x_A+x_B+x_C}{3} \qquad y_S=\frac{y_A+y_B+y_C}{3}$$
$$\Leftrightarrow\ 3x_S=x_A+x_B+x_C \qquad \Leftrightarrow\ 3y_S=y_A+y_B+y_C$$
$$\Leftrightarrow\ x_A=3x_S-x_B-x_C \qquad \Leftrightarrow\ y_A=3y_S-y_B-y_C$$
$$\Leftrightarrow\ x_A=3\cdot\frac{1}{3}-5-(-1) \qquad \Leftrightarrow\ y_A=3\cdot(-1)-(-2)-3$$
$$\Leftrightarrow\ x_A=-3 \qquad \Leftrightarrow\ y_A=-4$$

also: $A(-3\,|\,-4)$

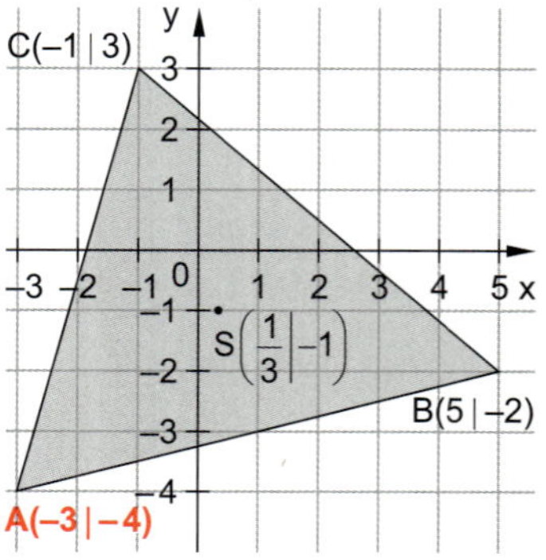

Aufgaben

93 Gegeben sind die Eckpunkte eines Dreiecks.
Bestimme die Koordinaten seines Schwerpunkts S.

a) U(–4 | –3); V(1 | –6); W(4 | 0) b) A(3,5 | –0,5); B(2 | 5); C(–2,5 | 1,5)

94 Gegeben sind zwei Eckpunkte des Dreiecks ABC und sein Schwerpunkt S.
Bestimme die Koordinaten des dritten Eckpunkts.

a) B(8 | 2), C(3 | 6) und S(4 | 3) b) A(–2 | –4), B(4 | –2) und $S\left(1 \middle| -\frac{1}{3}\right)$

Interaktive Aufgabe

6. Schwerpunkt im Dreieck

Zentrische Streckung als Skalar-Multiplikation

Zentrische Streckung eines Vektors

Bei einer zentrischen Streckung mit dem Streckungsfaktor k wird jede Strecke und somit auch jeder Pfeil $\overrightarrow{AB}$ auf einen parallelen Bildpfeil $\overrightarrow{A'B'}$ der |k|-fachen Länge abgebildet.

- Für $k > 0$ sind die Pfeile gleich gerichtet.
- Für $k < 0$ sind die Pfeile entgegengesetzt gerichtet.

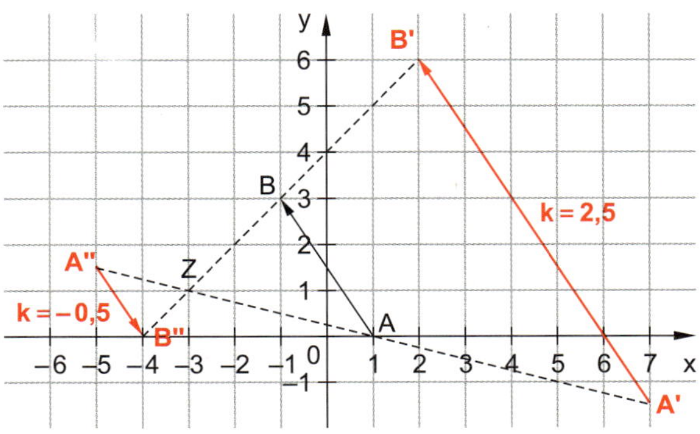

Die Koordinaten des Bildpfeils lassen sich durch Multiplikation der Koordinaten des Urpfeils mit dem Streckungsfaktor k berechnen. Dadurch ist für jeden Repräsentanten eines Vektors eine Multiplikation definiert. Diese Multiplikation eines Vektors mit einer Zahl (**Skalar**) wird auch als **Skalar-Multiplikation** bzw. **S-Multiplikation** bezeichnet.

Merke

Skalar-Multiplikation (S-Multiplikation)

Multipliziert man einen Vektor $\vec{v} = \begin{pmatrix} v_x \\ v_y \end{pmatrix}$ mit einer Zahl $k \neq 0$, so erhält man einen Vektor $\vec{v}\,'$ mit den k-fachen Koordinaten:

$$\mathbf{k} \cdot \vec{v} = \mathbf{k} \cdot \begin{pmatrix} v_x \\ v_y \end{pmatrix} = \begin{pmatrix} \mathbf{k} \cdot v_x \\ \mathbf{k} \cdot v_y \end{pmatrix} = \vec{v}\,'$$

Beispiel

Multipliziere den Vektor $\vec{v} = \begin{pmatrix} 4 \\ 3 \end{pmatrix}$ mit den Skalaren $k_1 = 1{,}5$ und $k_2 = -0{,}5$.

Lösung:

$$\vec{v}_1 = k_1 \cdot \vec{v} = \mathbf{1{,}5} \cdot \begin{pmatrix} 4 \\ 3 \end{pmatrix} = \begin{pmatrix} \mathbf{1{,}5} \cdot 4 \\ \mathbf{1{,}5} \cdot 3 \end{pmatrix} = \begin{pmatrix} 6 \\ 4{,}5 \end{pmatrix}$$

$$\vec{v}_2 = k_2 \cdot \vec{v} = \mathbf{-0{,}5} \cdot \begin{pmatrix} 4 \\ 3 \end{pmatrix} = \begin{pmatrix} \mathbf{-0{,}5} \cdot 4 \\ \mathbf{-0{,}5} \cdot 3 \end{pmatrix} = \begin{pmatrix} -2 \\ -1{,}5 \end{pmatrix}$$

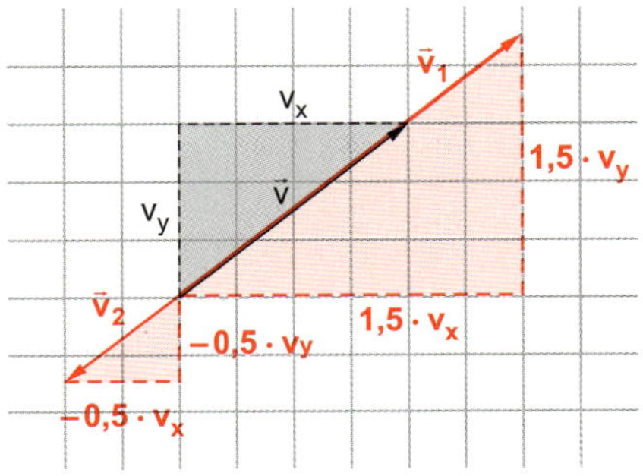

Berechnung von Punktkoordinaten und Streckungsfaktor

Bei einer zentrischen Streckung mit Streckungszentrum $Z(x_Z \mid y_Z)$ und Streckungsfaktor $k \neq 0$ wird der (Ur-)Punkt $P(x \mid y)$ auf den Bildpunkt $P'(x' \mid y')$ abgebildet.
Kurzschreibweise: $P \xmapsto{Z;\,k} P'$
Es gilt dann die Vektorgleichung $\overrightarrow{ZP'} = k \cdot \overrightarrow{ZP}$.
Sind von den 4 Werten Z, k, P und P' in dieser Gleichung 3 bekannt, lässt sich der 4. Wert stets berechnen. Die Rechnung führt auf ein lineares Gleichungssystem.

Merke

Für eine zentrische Streckung mit $P(x \mid y) \xmapsto{Z;\,k} P'(x' \mid y')$ $(k \neq 0)$ gilt:

$$\overrightarrow{ZP'} = k \cdot \overrightarrow{ZP}$$

$$\Leftrightarrow \begin{pmatrix} x' - x_Z \\ y' - y_Z \end{pmatrix} = k \cdot \begin{pmatrix} x - x_Z \\ y - y_Z \end{pmatrix}$$

$$\Leftrightarrow \left| \begin{array}{l} x' - x_Z = k \cdot (x - x_Z) \\ \wedge \;\; y' - y_Z = k \cdot (y - y_Z) \end{array} \right.$$

Dieses lineare Gleichungssystem lässt sich immer lösen, wenn höchstens 2 Variablen unbekannt sind. Insbesondere lassen sich folgende Fälle lösen:

- Berechnung eines **Bildpunkts** bei gegebenem Urpunkt, Streckungszentrum und Streckungsfaktor.
- Berechnung eines **Urpunkts** bei gegebenem Bildpunkt, Streckungszentrum und Streckungsfaktor.
- Berechnung des **Streckungszentrums** bei gegebenem Urpunkt, Bildpunkt und Streckungsfaktor.
- Berechnung des **Streckungsfaktors** bei gegebenem Urpunkt, Bildpunkt und Streckungszentrum.

Beispiele

1. **Berechnung der Koordinaten eines Bildpunkts**
   Der Punkt $A(-2{,}5 \mid 6)$ wird durch zentrische Streckung mit $Z(-1 \mid 3)$ als Zentrum und dem Streckungsfaktor $k = -3$ auf den Bildpunkt $A'(x' \mid y')$ abgebildet.
   Berechne die Koordinaten von A'.

Lösung:

Es gilt: $\overrightarrow{ZA'} = k \cdot \overrightarrow{ZA}$ mit $A'(x' \mid y')$

$$\begin{pmatrix} x' - x_Z \\ y' - y_Z \end{pmatrix} = k \cdot \begin{pmatrix} x - x_Z \\ y - y_Z \end{pmatrix}$$ Einsetzen der gegebenen Werte

$$\Leftrightarrow \begin{pmatrix} x' - (-1) \\ y' - 3 \end{pmatrix} = -3 \cdot \begin{pmatrix} -2{,}5 - (-1) \\ 6 - 3 \end{pmatrix}$$

$$\Leftrightarrow \begin{pmatrix} x' + 1 \\ y' - 3 \end{pmatrix} = -3 \cdot \begin{pmatrix} -1{,}5 \\ 3 \end{pmatrix}$$ Skalarmultiplikation

$$\Leftrightarrow \begin{pmatrix} x' + 1 \\ y' - 3 \end{pmatrix} = \begin{pmatrix} (-3) \cdot (-1{,}5) \\ (-3) \cdot 3 \end{pmatrix}$$

$$\Leftrightarrow \left| \begin{array}{l} x' + 1 = 4{,}5 \\ \wedge \;\; y' - 3 = -9 \end{array} \right. \quad \begin{array}{l} \mid -1 \\ \mid +3 \end{array}$$

$$\Leftrightarrow \left| \begin{array}{l} x' = 3{,}5 \\ \wedge \;\; y' = -6 \end{array} \right.$$

$L = \{(3{,}5 \mid -6)\}$
also: $A'(3{,}5 \mid -6)$

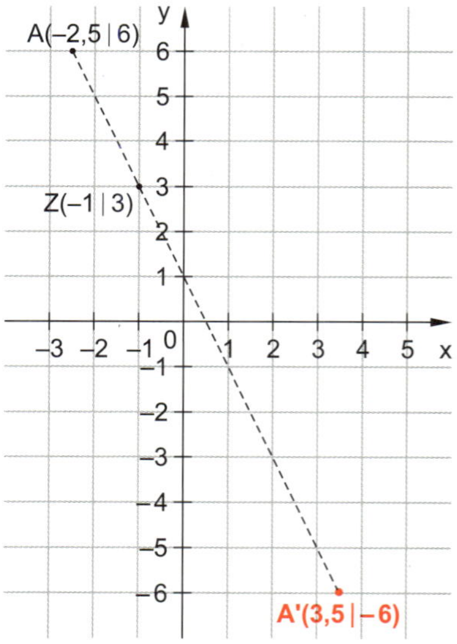

2. **Berechnung der Koordinaten eines Urpunkts**
Der Punkt B(x | y) wird durch zentrische Streckung mit Z(4 | 3) als Zentrum und dem Streckungsfaktor k = 0,5 auf den Bildpunkt B'(1,5 | 0,5) abgebildet.
Berechne die Koordinaten von B.

Lösung:

Es gilt: $\overrightarrow{ZB'} = k \cdot \overrightarrow{ZB}$ mit B(x | y)

$$\begin{pmatrix} x' - x_Z \\ y' - y_Z \end{pmatrix} = k \cdot \begin{pmatrix} x - x_Z \\ y - y_Z \end{pmatrix}$$ Einsetzen der gegebenen Werte

$$\Leftrightarrow \begin{pmatrix} 1{,}5 - 4 \\ 0{,}5 - 3 \end{pmatrix} = 0{,}5 \cdot \begin{pmatrix} x - 4 \\ y - 3 \end{pmatrix}$$ Skalarmultiplikation

$$\Leftrightarrow \begin{pmatrix} -2{,}5 \\ -2{,}5 \end{pmatrix} = \begin{pmatrix} 0{,}5 \cdot (x - 4) \\ 0{,}5 \cdot (y - 3) \end{pmatrix}$$

$$\Leftrightarrow \left| \begin{array}{ll} -2{,}5 = 0{,}5x - 2 & |+2 \\ \wedge\ -2{,}5 = 0{,}5y - 1{,}5 & |+1{,}5 \end{array} \right.$$

$$\Leftrightarrow \left| \begin{array}{ll} -0{,}5 = 0{,}5x & |\cdot 2 \\ \wedge\ -1 = 0{,}5y & |\cdot 2 \end{array} \right.$$

$$\Leftrightarrow \left| \begin{array}{l} x = -1 \\ \wedge\ y = -2 \end{array} \right.$$

L = {(–1 | –2)}
also: B(–1 | –2)

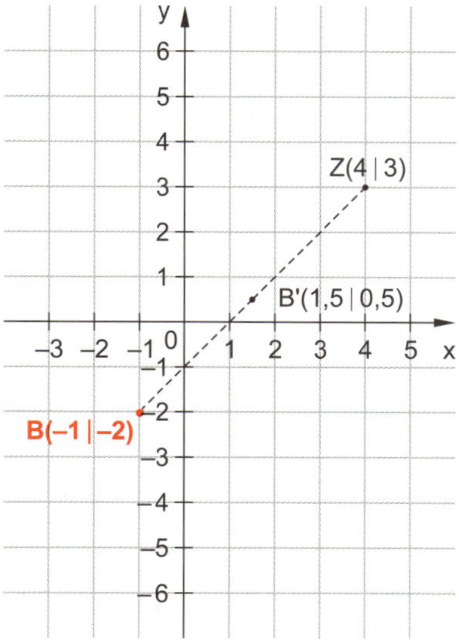

3. **Berechnung der Koordinaten des Streckungszentrums**
Der Punkt C(–5 | –4) wird durch zentrische Streckung mit Z(x_Z | y_Z) als Zentrum und dem Streckungsfaktor k = –2 auf den Bildpunkt C'(–0,5 | 6,5) abgebildet.
Berechne die Koordinaten von Z.

Lösung:

Es gilt: $\overrightarrow{ZC'} = k \cdot \overrightarrow{ZC}$ mit Z(x_Z | y_Z)

$$\begin{pmatrix} x' - x_Z \\ y' - y_Z \end{pmatrix} = k \cdot \begin{pmatrix} x - x_Z \\ y - y_Z \end{pmatrix}$$ Einsetzen der gegebenen Werte

$$\Leftrightarrow \begin{pmatrix} -0{,}5 - x_Z \\ 6{,}5 - y_Z \end{pmatrix} = -2 \cdot \begin{pmatrix} -5 - x_Z \\ -4 - y_Z \end{pmatrix}$$ Skalarmultiplikation

$$\Leftrightarrow \begin{pmatrix} -0{,}5 - x_Z \\ 6{,}5 - y_Z \end{pmatrix} = \begin{pmatrix} (-2) \cdot (-5 - x_Z) \\ (-2) \cdot (-4 - y_Z) \end{pmatrix}$$

$$\Leftrightarrow \left| \begin{array}{ll} -0{,}5 - x_Z = 10 + 2x_Z & |+x_Z - 10 \\ \wedge\ 6{,}5 - y_Z = 8 + 2y_Z & |+y_Z - 8 \end{array} \right.$$

$$\Leftrightarrow \left| \begin{array}{ll} -10{,}5 = 3x_Z & |:3 \\ \wedge\ -1{,}5 = 3y_Z & |:3 \end{array} \right.$$

$$\Leftrightarrow \left| \begin{array}{l} x_Z = -3{,}5 \\ \wedge\ y_Z = -0{,}5 \end{array} \right.$$

L = {(–3,5 | –0,5)}
also: Z(–3,5 | –0,5)

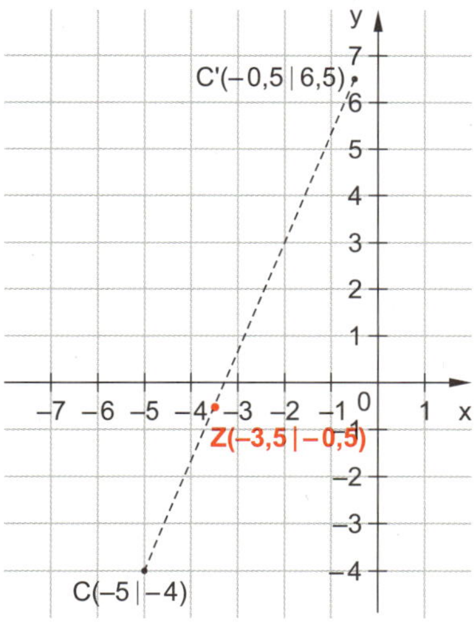

4. **Berechnung des Streckungsfaktors**

Der Punkt D(3 | –2) wird durch zentrische Streckung mit Z(0 | –1) als Zentrum und dem Streckungsfaktor k auf den Bildpunkt D'(–4,5 | 0,5) abgebildet.
Berechne den Wert von k.

Lösung:

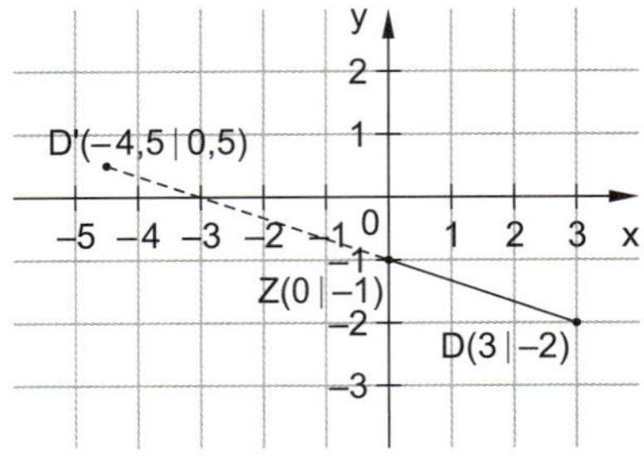

Es gilt: $\overrightarrow{ZD'} = k \cdot \overrightarrow{ZD}$

$$\begin{pmatrix} x' - x_Z \\ y' - y_Z \end{pmatrix} = k \cdot \begin{pmatrix} x - x_Z \\ y - y_Z \end{pmatrix}$$

Einsetzen der gegebenen Werte

$$\Leftrightarrow \begin{pmatrix} -4{,}5 - 0 \\ 0{,}5 - (-1) \end{pmatrix} = k \cdot \begin{pmatrix} 3 - 0 \\ -2 - (-1) \end{pmatrix}$$

$$\Leftrightarrow \begin{pmatrix} -4{,}5 \\ 1{,}5 \end{pmatrix} = k \cdot \begin{pmatrix} 3 \\ -1 \end{pmatrix}$$

Skalarmultiplikation

$$\Leftrightarrow \begin{pmatrix} -4{,}5 \\ 1{,}5 \end{pmatrix} = \begin{pmatrix} 3k \\ -k \end{pmatrix}$$

$$\Leftrightarrow \begin{vmatrix} -4{,}5 = 3k & | : 3 \\ \wedge \ 1{,}5 = -k & | \cdot (-1) \end{vmatrix}$$

$$\Leftrightarrow \begin{vmatrix} k = -1{,}5 \\ \wedge \ k = -1{,}5 \end{vmatrix}$$

Zur Berechnung von k genügt eine Gleichung. Das Einsetzen in die zweite Gleichung kann als Probe dienen.

$L = \{-1{,}5\}$
also: $k = -1{,}5$

Aufgaben

95 Die Strecke $\overline{PQ}$ mit P(7 | 3) und Q(6 | 5) wird durch zentrische Streckung mit dem Zentrum Z und dem Streckungsfaktor k = –3 auf die Bildstrecke $\overline{P'Q'}$ mit P'(–5 | 7) und Q' abgebildet.
Berechne zunächst die Koordinaten des Streckungszentrums Z und anschließend die Koordinaten des Punktes Q'.

96 Die Punkte P(–3 | 2) und Q(6 | 5) werden durch zentrische Streckung mit dem Zentrum Z und dem Streckungsfaktor k auf P'(–5 | 2) bzw. Q'(1 | 4) abgebildet.
Berechne den Streckungsfaktor k sowie die Koordinaten des Zentrums Z.

97 Das Dreieck ABC mit B(1 | –2) und C(6 | 4) wird durch zentrische Streckung mit dem Zentrum Z(3 | 2) auf das Dreieck A'B'C' mit A'(–7,5 | 0,5), B'(0 | –4) abgebildet.
a) Zeichne die gegebenen Punkte in ein Koordinatensystem ein.
b) Berechne den Wert des Streckungsfaktors k.
c) Berechne die Koordinaten des Urpunktes A.
d) Ermittle zeichnerisch die Koordinaten des Bildpunktes C'.

98 Die Gerade g: $y = 0{,}5x - 3$ wird durch zentrische Streckung mit dem Streckungszentrum Z(–1 | –2) und dem Streckungsfaktor k = 3 auf die Bildgerade g' abgebildet.
a) Berechne die Koordinaten des Punktes P(0 | ?) auf der Geraden g und ermittle anschließend die Koordinaten des Bildpunktes P' auf der Bildgeraden.
b) Gib die Gleichung der Bildgeraden g' an.
c) Führe die Abbildung zeichnerisch aus. Platzbedarf: $-4 \le x \le 7$; $-6 \le y \le 0$

Interaktive Aufgaben

7. Streckungsfaktor
8. Punktkoordinaten

Zentrische Streckung von Figuren

Merke

Jede Figur wird bei einer zentrischen Streckung mit dem **Streckungsfaktor k** auf eine Bildfigur mit **k^2-fachem Flächeninhalt** abgebildet.

Bild- und Urfigur sind dann zueinander **ähnlich**, d. h., bei einer zentrischen Streckung verändern sich Winkel nicht und Längenverhältnisse bleiben erhalten.

Beispiel

Das Dreieck ABC wird von den Vektoren $\vec{v} = \begin{pmatrix} v_x \\ v_y \end{pmatrix}$ und $\vec{w} = \begin{pmatrix} w_x \\ w_y \end{pmatrix}$ aufgespannt.

Das nach einer zentrischen Streckung mit Streckungsfaktor k entstandene Bilddreieck A'B'C' wird dann von den Vektoren $k \cdot \vec{v} = \begin{pmatrix} k \cdot v_x \\ k \cdot v_y \end{pmatrix}$ und $k \cdot \vec{w} = \begin{pmatrix} k \cdot w_x \\ k \cdot w_y \end{pmatrix}$ aufgespannt.

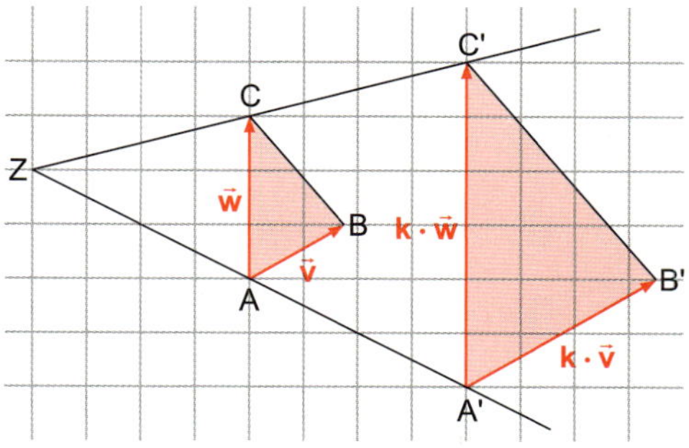

Es gilt also:

$$A_{\Delta ABC} = \frac{1}{2} \cdot \begin{vmatrix} v_x & w_x \\ v_y & w_y \end{vmatrix} \text{FE}$$

$$A_{\Delta ABC} = \frac{1}{2} \cdot (v_x \cdot w_y - v_y \cdot w_x) \text{ FE}$$

$$A_{\Delta A'B'C'} = \frac{1}{2} \cdot \begin{vmatrix} kv_x & kw_x \\ kv_y & kw_y \end{vmatrix} \text{FE}$$

$$A_{\Delta A'B'C'} = \frac{1}{2} \cdot (kv_x \cdot kw_y - kv_y \cdot kw_x) \text{ FE}$$

$$A_{\Delta A'B'C'} = \frac{1}{2} \cdot (k^2 v_x \cdot w_y - k^2 v_y \cdot w_x) \text{ FE}$$

$$A_{\Delta A'B'C'} = k^2 \cdot \frac{1}{2} \cdot (v_x \cdot w_y - v_y \cdot w_x) \text{ FE}$$

$$A_{\Delta A'B'C'} = k^2 \cdot A_{\Delta ABC}$$

Aufgabe 99

Das Dreieck ABC mit A(–4 | –1), B(2 | –2) und C(1 | 3) wird durch zentrische Streckung mit dem Zentrum Z(2 | 1) und dem Streckungsfaktor k = –2 auf das Dreieck A'B'C' abgebildet.

a) Berechne die Koordinaten der Bildpunkte A', B' und C'.

b) Zeichne beide Dreiecke in ein gemeinsames Koordinatensystem.
Platzbedarf: $-5 \le x \le 15$; $-5 \le y \le 8$

c) Berechne den Flächeninhalt des Dreiecks ABC und ermittle mithilfe des Ergebnisses den Flächeninhalt des Dreiecks A'B'C'.

Zentrische Streckung von Geraden und Parabeln

Für eine zentrische Streckung mit der Vorschrift $P \xmapsto{Z;\,k} P'$ gilt: $\overrightarrow{ZP'} = k \cdot \overrightarrow{ZP}$

Parametrisiert man diese Vektorgleichung, indem man für P

- den allgemeinen Geradenpunkt $(x \mid g(x))$ der Geraden g einsetzt,
- den allgemeinen Parabelpunkt $(x \mid p(x))$ der Parabel p einsetzt,

führt dies auf ein Gleichungssystem (mit dessen Hilfe der allgemeine Bildpunkt $P'(x' \mid y')$ berechnet werden kann). Um die Gleichung der Bildgeraden g' bzw. der Bildparabel p' zu erhalten, genügt es, eine Gleichung dieses Gleichungssystems so umzustellen, dass y' nur in Abhängigkeit von x' ausgedrückt wird. Dieses Verfahren heißt **Parameterverfahren**.

Merke

> **Parameterverfahren für Geraden**
> Wird die Gerade g durch die Abbildung $g \xmapsto{Z;\,k} g'$ zentrisch gestreckt, so erhält man die Gleichung der Bildgeraden g' folgendermaßen:
> - Setze den allgemeinen Geradenpunkt $P(x \mid g(x))$ in die Vektorgleichung $\overrightarrow{ZP'} = k \cdot \overrightarrow{ZP}$ mit $P'(x' \mid y')$ ein.
> - Löse im entstehenden linearen Gleichungssystem Gleichung I nach x und Gleichung II nach y' auf. Setze dann Gleichung I in Gleichung II ein.

Beispiel

Die Gerade g: $y = -0{,}25x - 2$ wird durch zentrische Streckung mit $Z(2 \mid -1)$ als Zentrum und dem Streckungsfaktor $k = 3$ auf die Bildgerade g' abgebildet. Berechne die Gleichung der Bildgeraden g' mit dem Parameterverfahren.

Lösung:

$$P(x \mid -0{,}25x - 2) \xmapsto{Z(2\mid -1);\; k = 3} P'(x' \mid y')$$

Es gilt: $\overrightarrow{ZP'} = k \cdot \overrightarrow{ZP}$ mit $P(x \mid -0{,}25x - 2) \in g$ und $P'(x' \mid y') \in g'$

$$\Leftrightarrow \begin{pmatrix} x' - x_Z \\ y' - y_Z \end{pmatrix} = k \cdot \begin{pmatrix} x - x_Z \\ y - y_Z \end{pmatrix}$$ Setze die Werte für P, Z und k ein.

$$\Leftrightarrow \begin{pmatrix} x' - 2 \\ y' - (-1) \end{pmatrix} = 3 \cdot \begin{pmatrix} x - 2 \\ -0{,}25x - 2 - (-1) \end{pmatrix}$$ Vereinfache die Vektorgleichung.

$$\Leftrightarrow \begin{pmatrix} x' - 2 \\ y' + 1 \end{pmatrix} = 3 \cdot \begin{pmatrix} x - 2 \\ -0{,}25x - 1 \end{pmatrix}$$

$$\Leftrightarrow \begin{pmatrix} x' - 2 \\ y' + 1 \end{pmatrix} = \begin{pmatrix} 3x - 6 \\ -0{,}75x - 3 \end{pmatrix}$$

$$\Leftrightarrow \begin{array}{|l} x' - 2 = 3x - 6 \quad \mid +6 \\ \wedge\; y' + 1 = -0{,}75x - 3 \quad \mid -1 \end{array}$$ Löse Gleichung I nach x auf. Löse Gleichung II nach y' auf.

$$\Leftrightarrow \begin{array}{|l} x' + 4 = 3x \quad \mid \cdot \frac{1}{3} \\ \wedge\; y' = -0{,}75x - 4 \end{array}$$

$$\Leftrightarrow \begin{array}{|l} x = \frac{1}{3}x' + \frac{4}{3} \\ \wedge\; y' = -\frac{3}{4}x - 4 \end{array}$$ Setze $x = \frac{1}{3}x' + \frac{4}{3}$ in Gleichung II ein.

$$\Leftrightarrow \left| \begin{array}{l} x = \frac{1}{3}x' + \frac{4}{3} \\ \wedge \ y' = -\frac{3}{4}\left(\frac{1}{3}x' + \frac{4}{3}\right) - 4 \end{array} \right.$$

$$\Leftrightarrow \left| \begin{array}{l} x = \frac{1}{3}x' + \frac{4}{3} \\ \wedge \ y' = -\frac{1}{4}x' - 1 - 4 \end{array} \right.$$

$$\Leftrightarrow \left| \begin{array}{l} x = \frac{1}{3}x' + \frac{4}{3} \\ \wedge \ y' = -\frac{1}{4}x' - 5 \end{array} \right.$$

Gleichung der Bildgeraden:

g': $y = -\frac{1}{4}x - 5$

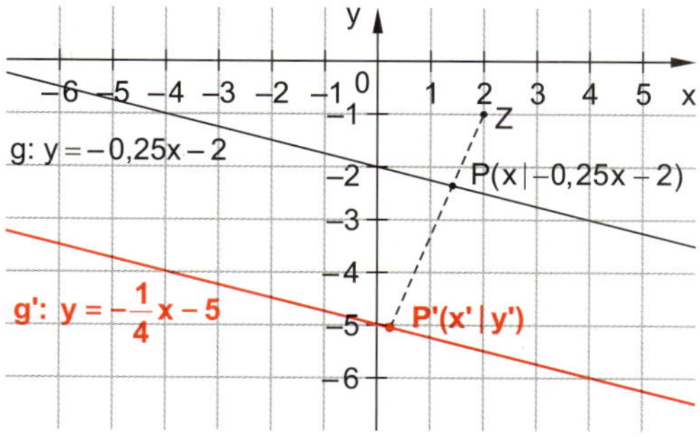

Beachte, dass die Bildgerade wegen der Parallelentreue der zentrischen Streckung die gleiche Steigung wie die Urgerade haben muss.

Merke

Parameterverfahren für Parabeln

Wird die Parabel p durch die Abbildung $p \xmapsto{Z;\,k} p'$ zentrisch gestreckt, so erhält man die Gleichung der Bildparabel p' folgendermaßen:

- Setze den allgemeinen Parabelpunkt P(x | p(x)) in die Vektorgleichung $\overrightarrow{ZP'} = k \cdot \overrightarrow{ZP}$ mit P'(x' | y') ein.
- Löse im entstehenden linearen Gleichungssystem Gleichung I nach x und Gleichung II nach y' auf. Setze dann Gleichung I in Gleichung II ein.

Beispiel

Die Parabel p: $y = x^2 + 4x - 1$ wird durch zentrische Streckung mit Z(1 | −3) als Zentrum und dem Streckungsfaktor k = 1,5 auf die Bildparabel p' abgebildet.
Berechne die Gleichung der Bildparabel p' mit dem Parameterverfahren.

Lösung:

$$P(x \mid x^2 + 4x - 1) \xmapsto{Z(1 \mid -3);\ k = 1{,}5} P'(x' \mid y')$$

Es gilt: $\overrightarrow{ZP'} = k \cdot \overrightarrow{ZP}$ mit $P(x \mid x^2 + 4x - 1) \in p$ und $P'(x' \mid y') \in p'$

$$\Leftrightarrow \begin{pmatrix} x' - x_Z \\ y' - y_Z \end{pmatrix} = k \cdot \begin{pmatrix} x - x_Z \\ y - y_Z \end{pmatrix}$$ Setze die Werte für P, Z und k ein.

$$\Leftrightarrow \begin{pmatrix} x' - 1 \\ y' - (-3) \end{pmatrix} = 1{,}5 \cdot \begin{pmatrix} x - 1 \\ x^2 + 4x - 1 - (-3) \end{pmatrix}$$ Vereinfache die Vektorgleichung.

$$\Leftrightarrow \begin{pmatrix} x' - 1 \\ y' + 3 \end{pmatrix} = 1{,}5 \cdot \begin{pmatrix} x - 1 \\ x^2 + 4x + 2 \end{pmatrix}$$

$$\Leftrightarrow \begin{pmatrix} x' - 1 \\ y' + 3 \end{pmatrix} = \begin{pmatrix} 1{,}5 \cdot (x - 1) \\ 1{,}5 \cdot (x^2 + 4x + 2) \end{pmatrix}$$

$$\Leftrightarrow \left| \begin{array}{ll} x' - 1 = 1{,}5x - 1{,}5 & |+1{,}5 \\ \wedge \ y' + 3 = 1{,}5x^2 + 6x + 3 & |-3 \end{array} \right.$$ Löse Gleichung I nach x auf. Löse Gleichung II nach y' auf.

$$\Leftrightarrow \left| \begin{array}{ll} x' + 0{,}5 = 1{,}5x & |:1{,}5 \\ \wedge \ y' = 1{,}5x^2 + 6x & \end{array} \right.$$

$$\Leftrightarrow \quad \begin{array}{|l} x = \frac{2}{3}x' + \frac{1}{3} \\ \wedge \; y' = \frac{3}{2}\left(\frac{2}{3}x' + \frac{1}{3}\right)^2 + 6\left(\frac{2}{3}x' + \frac{1}{3}\right) \end{array}$$

Setze $x = \frac{2}{3}x' + \frac{1}{3}$ in Gleichung II ein.

Beachte, dass du x hier 2-mal einsetzen musst!

$$\Leftrightarrow \quad \begin{array}{|l} x = \frac{2}{3}x' + \frac{1}{3} \\ \wedge \; y' = \frac{3}{2}\left(\frac{4}{9}x'^2 + \frac{4}{9}x' + \frac{1}{9}\right) + 4x' + 2 \end{array}$$

$$\Leftrightarrow \quad \begin{array}{|l} x = \frac{2}{3}x' + \frac{1}{3} \\ \wedge \; y' = \frac{2}{3}x'^2 + \frac{2}{3}x' + \frac{1}{6} + 4x' + 2 \end{array}$$

$$\Leftrightarrow \quad \begin{array}{|l} x = \frac{2}{3}x' + \frac{1}{3} \\ \wedge \; y' = \frac{2}{3}x'^2 + 4\frac{2}{3}x' + 2\frac{1}{6} \end{array}$$

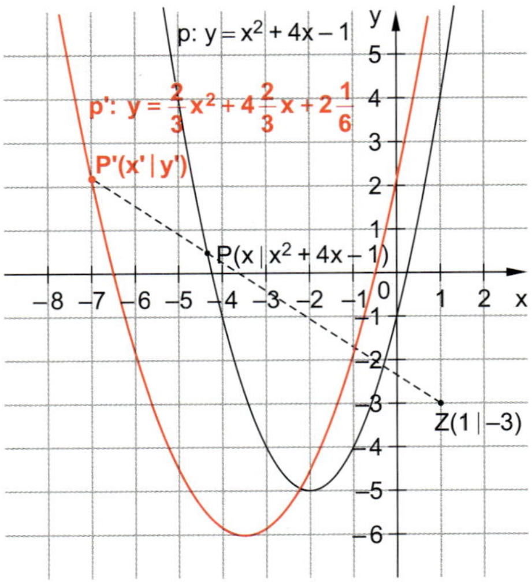

Gleichung der Bildparabel:

$$p': y = \frac{2}{3}x^2 + 4\frac{2}{3}x + 2\frac{1}{6}$$

Aufgaben

100 Die Gerade g mit $y = -2x + 4$ wird durch zentrische Streckung mit dem Streckungszentrum $Z(-1\,|\,2)$ und dem Streckungsfaktor $k = -0{,}5$ auf die Bildgerade g' abgebildet. Ermittle die Gleichung der Bildgeraden g' mithilfe des Parameterverfahrens.

101 Die Gerade g mit $y = \frac{2}{3}x - 1$ wird durch zentrische Streckung mit dem Streckungszentrum $Z(4\,|\,1)$ und dem Streckungsfaktor $k = -4$ auf die Bildgerade g' abgebildet. Ermittle die Gleichung der Bildgeraden g' mithilfe des Parameterverfahrens.

102 Die Parabel p mit $y = x^2 + 5$ wird durch zentrische Streckung mit dem Streckungszentrum $Z(-1\,|\,3)$ und dem Streckungsfaktor $k = 0{,}5$ auf die Bildparabel p' abgebildet. Ermittle die Gleichung der Bildparabel p' mithilfe des Parameterverfahrens.

103 Die Parabel p mit $y = \frac{1}{2}x^2$ wird durch zentrische Streckung mit dem Streckungszentrum $Z(0\,|\,4)$ und dem Streckungsfaktor $k = -\frac{3}{2}$ auf die Bildparabel p' abgebildet. Ermittle die Gleichung der Bildparabel p' mithilfe des Parameterverfahrens.

Interaktive Aufgaben

9. Zentrische Streckung von Geraden

10. Zentrische Streckung von Parabeln

Komplexe Aufgaben

104 Gegeben ist die Parabel p mit der Funktionsgleichung $y=-0{,}5x^2+bx+c$. Der Graph zu p verläuft durch die Punkte $P(-6\,|\,1)$ und $Q(0\,|\,-5)$.

a) Berechne die Gleichung von p in allgemeiner Form.

b) Bestimme die Scheitelform der Parabel p und gib die Koordinaten des Scheitelpunkts S an.

c) Zeichne die Parabel p in ein Koordinatensystem. Platzbedarf: $-11 \le x \le 1$; $-6 \le y \le 6$

d) Der Punkt P der Parabel p wird durch zentrische Streckung mit dem Zentrum $Z(-6\,|\,-1)$ auf den Punkt $P'(-6\,|\,-2)$ abgebildet. Berechne den Streckungsfaktor k.

e) Die Punkte S und Q werden durch die zentrische Streckung aus Teilaufgabe d auf die Punkte S' und Q' abgebildet. Berechne die Koordinaten der Bildpunkte.

f) Die Punkte S' und Q' liegen auf der Parabel p'. Berechne die Gleichung von p' und zeichne den Graphen von p' in das Koordinatensystem.

g) Berechne den Flächeninhalt der Dreiecke PQS und P'Q'S'.

105 (a – h) Die Parabel p mit $y=-0{,}5x^2+4{,}5$ wird mittels zentrischer Streckung mit dem Zentrum $Z(4\,|\,0{,}5)$ und dem Streckungsfaktor $k=0{,}5$ auf die Parabel p' abgebildet.

a) Berechne mithilfe des Parameterverfahrens die Gleichung der Bildparabel p'.

b) Berechne die Koordinaten der Scheitelpunkte S bzw. S' der Parabeln p und p' und zeichne die Graphen von p und p' in ein Koordinatensystem.
Platzbedarf: $-7 \le x \le 7$; $-9 \le y \le 6$

c) Bestätige rechnerisch, dass vom Punkt $P(0\,|\,-1{,}5)$ keine Tangente an die Parabel p gezeichnet werden kann.

d) Berechne die Gleichung der Tangente s an die Parabel p', die der Parallelenschar g(t): $y=2x+t$ angehört, und zeichne die Tangente in das Koordinatensystem.

e) Die Parabel p' gehört zu der Parabelschar p(a) mit der Gleichung $y=-x^2-4ax-6a^2+4{,}5$ ($a \in \mathbb{R}$). Bestätige dies rechnerisch.

f) Bringe die Schargleichung auf die Scheitelform und stelle die Scheitelkoordinaten S_a der Scharparabeln in Abhängigkeit von a dar.

g) Berechne die Scheitelkoordinaten für $a \in \{-2;\ 1;\ 2\}$ und zeichne die Parabeln in das Koordinatensystem.

h) Bestätige rechnerisch, dass die Parabel p Trägergraph der Scheitelpunkte aller Scharparabeln ist.

i) Bestimme rechnerisch das Intervall für a, in dem die x-Werte der Scheitel der Scharparabeln kleiner sind als die dazugehörigen y-Werte.

2.6 Rechtwinklige Dreiecke

Der Satz des Pythagoras

Merke

Satz des Pythagoras

Im rechtwinkligen Dreieck ist die Summe der Quadrate der Längen der Katheten gleich dem Quadrat der Länge der Hypotenuse.

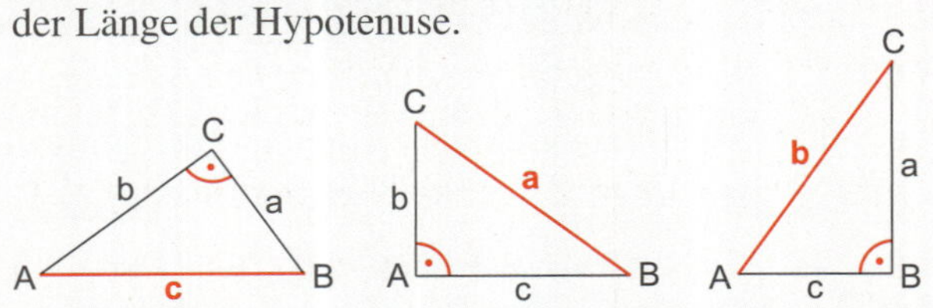

$a^2 + b^2 = c^2$ $\quad$ $b^2 + c^2 = a^2$ $\quad$ $a^2 + c^2 = b^2$

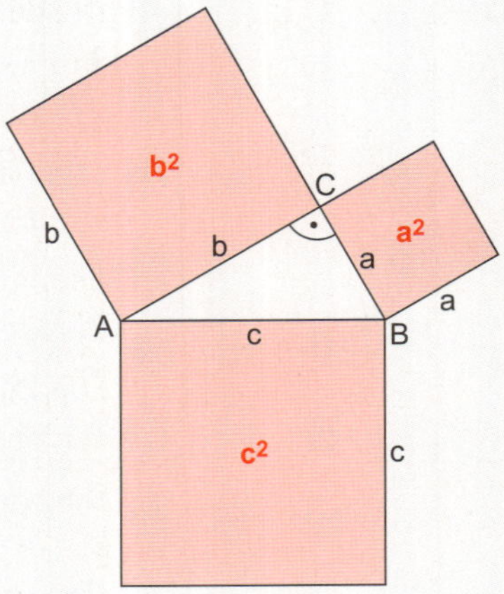

Es gilt auch umgekehrt: Gilt der Satz des Pythagoras in einem Dreieck, ist das ein Beweis für die Rechtwinkligkeit dieses Dreiecks.

Beispiele

1. Im rechtwinkligen Dreieck ABC mit $|\overline{AB}| = 8$ cm und $|\overline{BC}| = 5$ cm hat der Winkel CBA das Maß $\beta = 90°$.
   Berechne $|\overline{CA}|$.

   Lösung:
   $\overline{CA}$ ist die Hypotenuse.

   $|\overline{CA}|^2 = |\overline{AB}|^2 + |\overline{BC}|^2 \quad |\sqrt{}$

   $\Rightarrow \quad |\overline{CA}| = \sqrt{(8\text{ cm})^2 + (5\text{ cm})^2}$ $\quad$ oder: $|\overline{CA}| = \sqrt{8^2 + 5^2}$ cm

   $\Leftrightarrow \quad |\overline{CA}| = \sqrt{89\text{ cm}^2}$ $\quad$ $|\overline{CA}| = \sqrt{89}$ cm

   $\Leftrightarrow \quad |\overline{CA}| = 9{,}43\text{ cm}$

   Planfigur:

   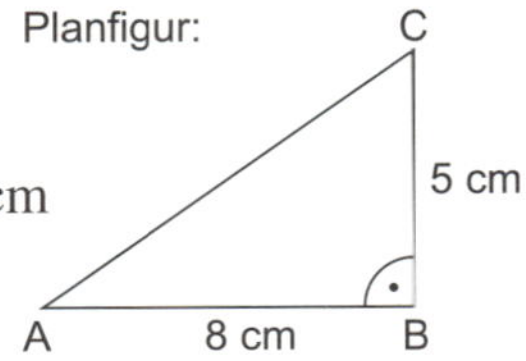

2. Eine Leiter ist 6 m lang. Sie ist 1,2 m entfernt von der Wand angelehnt.
   Wie hoch reicht die Leiter?

   Lösung:
   Gesucht ist h (Kathete!). Es gilt:

   $(6\text{ m})^2 = (1{,}2\text{ m})^2 + h^2 \quad |-(1{,}2\text{ m})^2$

   $\Leftrightarrow \quad h^2 = (6\text{ m})^2 - (1{,}2\text{ m})^2 \quad |\sqrt{}$

   $\Rightarrow \quad h = \sqrt{6^2 - 1{,}2^2}\text{ m}$

   $\Leftrightarrow \quad h = 5{,}88\text{ m}$

   Planfigur:

   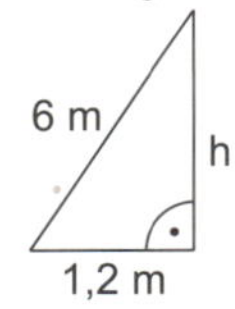

Aufgaben

106 Überprüfe rechnerisch, ob das Dreieck EFG mit $|\overline{EF}| = 13$ cm, $|\overline{FG}| = 12$ cm und $|\overline{GE}| = 5$ cm rechtwinklig ist.

107 Berechne die Länge der fehlenden Dreiecksseite der rechtwinkligen Dreiecke ABC. Zeichne eine Planfigur.

a) $a = 12$ cm; $b = 5$ cm; $\gamma = 90°$

b) $b = 3$ dm; $c = 12$ cm; $\beta = 90°$

a

108 Berechne den Umfang eines gleichschenkligen Trapezes mit den Grundseitenlängen 14 cm und 9 cm und einer Höhe von 8 cm. Zeichne zunächst eine Planfigur.

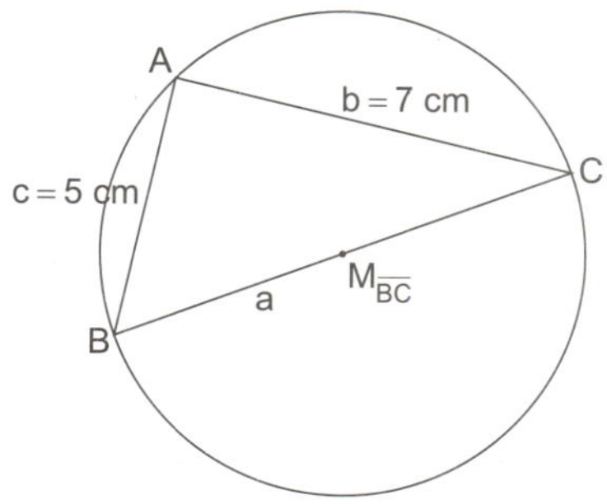

109 Begründe, dass das abgebildete Dreieck ABC rechtwinklig ist, und berechne die fehlende Seitenlänge.

110 In einer Raute ABCD beträgt die Seitenlänge $a = 5$ cm und die Länge der Diagonale $|\overline{AC}| = e = 3$ cm.
Berechne die Länge der anderen Diagonale f und den Flächeninhalt.

Tipp In einer Raute halbieren sich die Diagonalen gegenseitig und stehen senkrecht aufeinander.

111 Ein Tunnel mit halbkreisförmigem Querschnitt hat einen Radius von 5 m. Er besitzt nur eine Fahrspur.

a) Ermittle, wie hoch ein Lkw, der den Tunnel passieren soll, maximal sein kann, wenn er 2,50 m breit ist.
b) Löse die Aufgabe auch für den Fall, dass ein Sicherheitsabstand von 50 cm zur Tunneldecke eingehalten werden soll.

Interaktive Aufgaben

1. Hypotenuse bestimmen
2. Kathete bestimmen
3. Zweimal Pythagoras
4. Rechtwinkliges Dreieck?
5. Seite gesucht
6. Spielplatz
7. Fernseher
8. Eisenbahn

Folgerungen aus dem Satz des Pythagoras

Merke

Länge der Diagonale im Quadrat

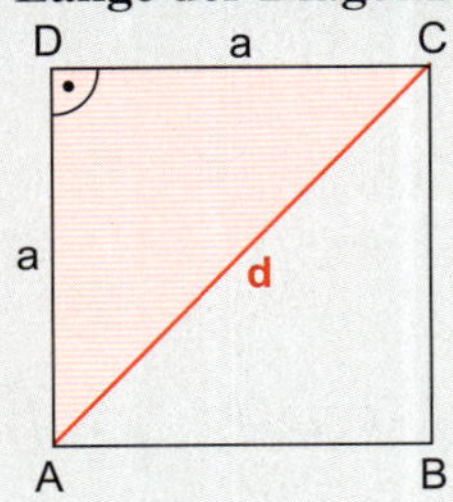

$$d = a\sqrt{2}$$

Höhe im gleichseitigen Dreieck

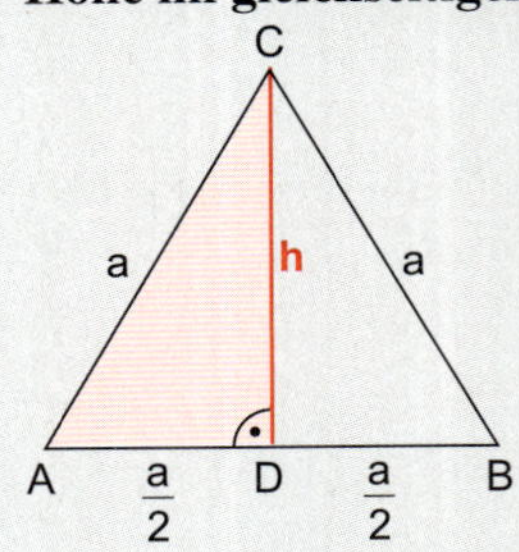

$$h = \frac{a}{2}\sqrt{3}$$

Länge der Diagonale im Rechteck

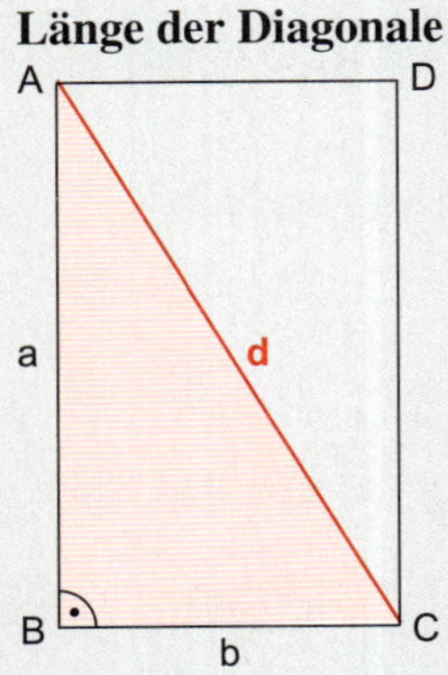

$$d = \sqrt{a^2 + b^2}$$

Länge der Raumdiagonale im Würfel

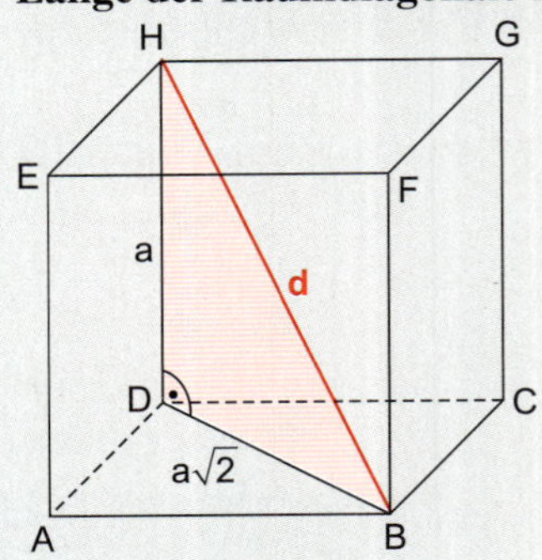

$$d = a\sqrt{3}$$

Länge der Raumdiagonale im Quader

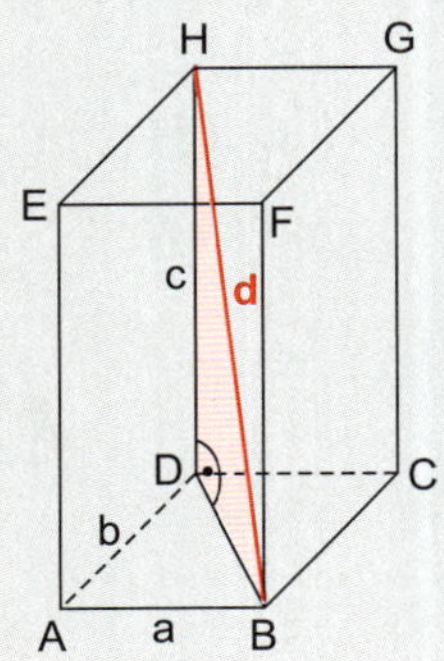

$$d = \sqrt{a^2 + b^2 + c^2}$$

Länge der Mantellinie beim Kegel

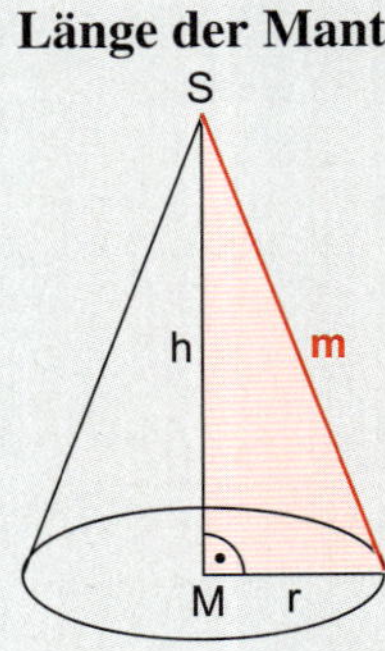

$$m = \sqrt{r^2 + h^2}$$

Aufgaben

112 Ein gleichseitiges Dreieck hat die Seitenlänge $a = 6$ cm. Berechne die Höhe und den Flächeninhalt.

113 Das nebenstehende Schrägbild zeigt eine Pyramide mit quadratischer Grundfläche. Die Spitze S liegt senkrecht über dem Diagonalenschnittpunkt E. Der Punkt M ist der Mittelpunkt der Strecke $\overline{BC}$. Es gilt: $|\overline{AB}| = 6$ cm; $|\overline{ES}| = 10$ cm
Berechne folgende Streckenlängen.

a) $|\overline{AC}|$; $|\overline{AE}|$; $|\overline{SA}|$; $|\overline{MS}|$

b) $|\overline{GH}|$ und $|\overline{GS}|$, wenn $|\overline{FS}| = 4$ cm

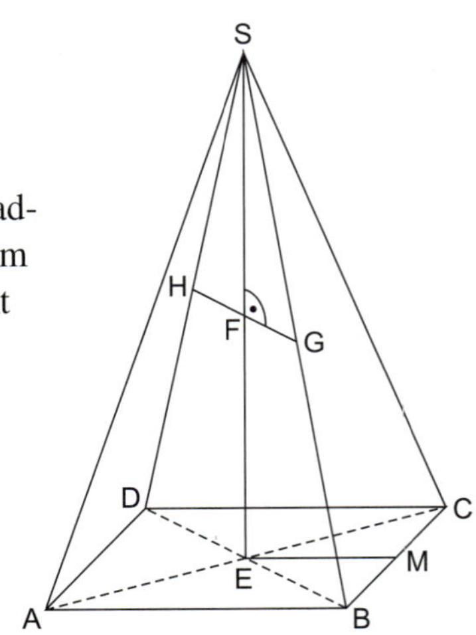

Interaktive Aufgabe 9. Abstand von Quadereckpunkten

Merke

Länge einer Strecke im Koordinatensystem (Betrag eines Vektors)

$A(x_A | y_A); B(x_B | y_B)$

$\overrightarrow{AB} = \begin{pmatrix} x_B - x_A \\ y_B - y_A \end{pmatrix}$

$|\overrightarrow{AB}| = \sqrt{(x_B - x_A)^2 + (y_B - y_A)^2}$ **LE**

$\overrightarrow{AB} = \begin{pmatrix} v_x \\ v_y \end{pmatrix}$

$|\overrightarrow{AB}| = \sqrt{v_x^2 + v_y^2}$

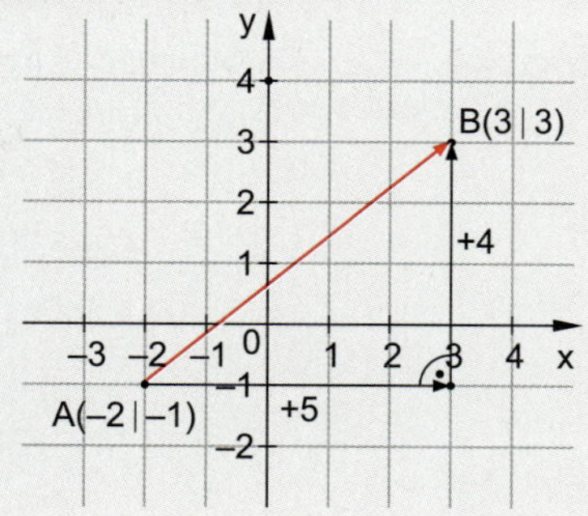

Beispiel

Berechne die Länge der Strecke $\overline{AB}$ mit A(–6 | 2) und B(2 | 8).

Lösung:

Man wendet den Satz des Pythagoras auf das rechtwinklige Koordinatendreieck an.

Berechne die Koordinaten von $\overrightarrow{AB}$:

$\overrightarrow{AB} = \begin{pmatrix} 2-(-6) \\ 8-2 \end{pmatrix} = \begin{pmatrix} 8 \\ 6 \end{pmatrix}$

Berechne den Betrag des Vektors $\overrightarrow{AB}$:

$|\overrightarrow{AB}| = \sqrt{8^2 + 6^2}$

$|\overrightarrow{AB}| = \sqrt{100}$

$|\overrightarrow{AB}| = 10$

oder:

Berechne die Länge der Strecke $\overline{AB}$:

$|\overline{AB}| = \sqrt{(x_B - x_A)^2 + (y_B - y_A)^2}$ LE

$|\overline{AB}| = \sqrt{(2-(-6))^2 + (8-2)^2}$ LE

$|\overline{AB}| = \sqrt{8^2 + 6^2}$ LE

$|\overline{AB}| = \sqrt{64 + 36}$ LE

$|\overline{AB}| = \sqrt{100}$ LE

$|\overline{AB}| = 10$ LE

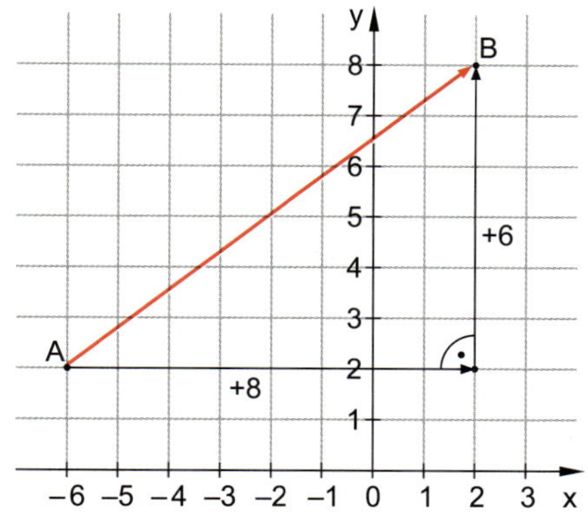

Aufgaben

114 Bestimme den Betrag des Vektors.

a) $\vec{a} = \begin{pmatrix} -2 \\ 3 \end{pmatrix}$ b) $\vec{b} = \begin{pmatrix} 12 \\ -5 \end{pmatrix}$

115 Bestimme die Länge der Strecke $\overline{EF}$.

a) E(–4 | 3); F(10 | 5) b) $E\left(1\frac{1}{2} \,\middle|\, -6\frac{3}{4}\right); F\left(-9\frac{1}{4} \,\middle|\, 2\frac{1}{8}\right)$

116 Der Kreis k mit Mittelpunkt M(1 | 2) verläuft durch den Punkt P(5 | 5). Berechne den Radius von k. Überprüfe, ob der Punkt Q(–4 | 2) auf, innerhalb oder außerhalb des Kreises liegt.

117 Bestimme den Umfang des Dreiecks ABC mit A(–3 | –2), B(5 | 0) und C(4 | 6).

Interaktive Aufgaben

10. Abstand von zwei Punkten bestimmen 11. Gleichschenkliges Dreieck?

Sinus, Kosinus und Tangens im rechtwinkligen Dreieck

Merke

In allen rechtwinkligen Dreiecken gelten folgende Beziehungen:

$\sin\alpha = \frac{\text{Länge der \textbf{Gegenkathete} von } \alpha}{\text{Länge der Hypotenuse}}$ (**Sinus**)

$\cos\alpha = \frac{\text{Länge der \textbf{Ankathete} von } \alpha}{\text{Länge der Hypotenuse}}$ (**Kosinus**)

$\tan\alpha = \frac{\text{Länge der \textbf{Gegenkathete} von } \alpha}{\text{Länge der \textbf{Ankathete} von } \alpha}$ (**Tangens**)

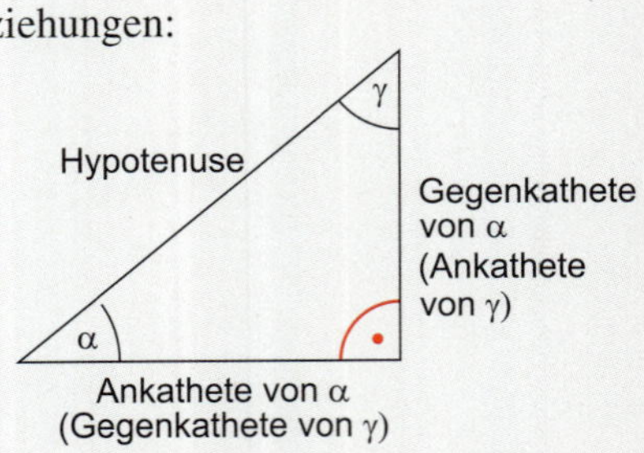

Berechnung von Seitenlängen

Mithilfe der Seitenverhältnisse sin α, cos α und tan α kann man die Seitenlängen in rechtwinkligen Dreiecken berechnen.

Beispiel

Gegeben ist ein in B rechtwinkliges Dreieck ABC mit $\alpha = 30°$ und der Hypotenusenlänge $|\overline{CA}| = 8$ cm. Bestimme die fehlenden Seitenlängen dieses rechtwinkligen Dreiecks.

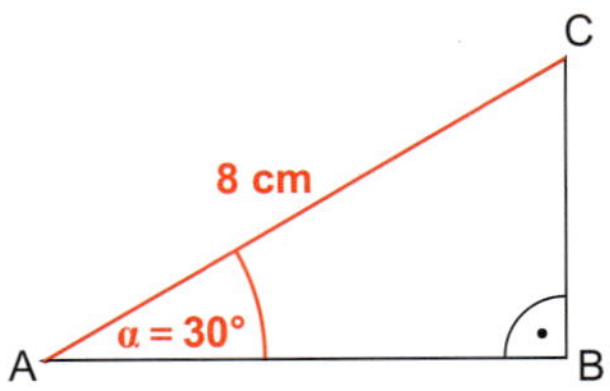

Lösung:

Systematisches Vorgehen zur Berechnung von $|\overline{BC}|$:
Gegeben: Winkelmaß α und Länge der Hypotenuse
Gesucht: Länge der Gegenkathete $\overline{BC}$

Da die Länge der Hypotenuse bekannt ist und die Länge der Gegenkathete gesucht, bietet sich nur die Sinus-Beziehung an.

In tan α kommt die Hypotenuse nicht vor, in cos α kommt die Gegenkathete nicht vor.

Rechnung:

$$\sin\alpha = \frac{\text{Länge der Gegenkathete von } \alpha}{\text{Länge der Hypotenuse}} = \frac{|\overline{BC}|}{|\overline{CA}|}$$

Die Gegenkathete von α ist $\overline{BC}$.

$$\sin 30° = \frac{|\overline{BC}|}{8\text{ cm}} \quad |\cdot 8\text{ cm}$$

Nach $|\overline{BC}|$ auflösen

$$|\overline{BC}| = 8\text{ cm} \cdot \sin 30°$$

Der Taschenrechner liefert $\sin 30° = 0{,}5$.

$$|\overline{BC}| = 8\text{ cm} \cdot 0{,}5$$
$$|\overline{BC}| = 4\text{ cm}$$

Jetzt kann man die Länge der Seite $\overline{AB}$ auf drei verschiedene Arten berechnen:

- **Satz des Pythagoras:**

$$|\overline{AB}| = \sqrt{|\overline{CA}|^2 - |\overline{BC}|^2} = \sqrt{8^2 - 4^2}\text{ cm} = \sqrt{48}\text{ cm} = 6{,}93\text{ cm}$$

- **Kosinusbeziehung:**

$$\cos\alpha = \frac{\text{Länge der Ankathete von } \alpha}{\text{Länge der Hypotenuse}} = \frac{|\overline{AB}|}{|\overline{CA}|}$$

Die Ankathete von α ist $\overline{AB}$.

$$\cos 30° = \frac{|\overline{AB}|}{8\text{ cm}} \quad |\cdot 8\text{ cm}$$

Auflösen nach $|\overline{AB}|$

$|\overline{AB}| = 8\text{ cm} \cdot \cos 30°$

$|\overline{AB}| = 8\text{ cm} \cdot \frac{1}{2}\sqrt{3}$

$|\overline{AB}| = 6{,}93\text{ cm}$

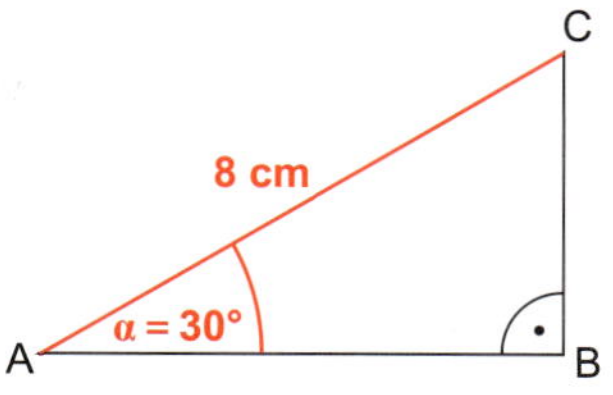

- **Tangensbeziehung:**

$\tan\alpha = \frac{\text{Länge der Gegenkathete von }\alpha}{\text{Länge der Ankathete von }\alpha} = \frac{|\overline{BC}|}{|\overline{AB}|}$ Die Gegenkathete von α ist $\overline{BC}$.

$\tan 30° = \frac{4\text{ cm}}{|\overline{AB}|} \quad \Big| \cdot \frac{|\overline{AB}|}{\tan 30°}$ Auflösen nach $|\overline{AB}|$

$|\overline{AB}| = \frac{4\text{ cm}}{\tan 30°}$

$|\overline{AB}| = \frac{4\text{ cm}}{\frac{1}{\sqrt{3}}}$

$|\overline{AB}| = 6{,}93\text{ cm}$

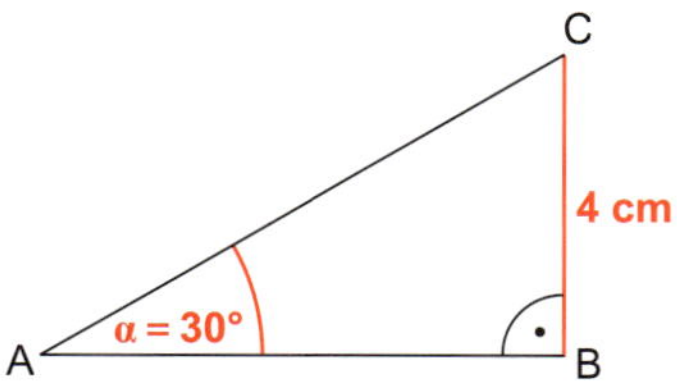

Berechnung von Winkelmaßen

Mithilfe der Seitenverhältnisse sin α, cos α und tan α kann man die Winkelmaße in rechtwinkligen Dreiecken berechnen.

Merke

> Sind in einem Dreieck zwei Winkelmaße bekannt, so kennt man auch das dritte Winkelmaß, denn die **Summe der Innenwinkel** beträgt stets **180°**.

Beispiel

Gegeben ist ein rechtwinkliges Dreieck ABC mit $\alpha = 30°$, $|\overline{AB}| = 6{,}93\text{ cm}$, $|\overline{BC}| = 4\text{ cm}$ und Hypotenusenlänge $|\overline{CA}| = 8\text{ cm}$. Bestimme den fehlenden Innenwinkel γ.

Lösung:

Der fehlende Innenwinkel γ lässt sich auf vier verschiedene Arten berechnen:

- **Winkelsumme im Dreieck:** $\gamma = 180° - 90° - 30° = 60°$
- **Sinusbeziehung:**

$\sin\gamma = \frac{\text{Länge der Gegenkathete von }\gamma}{\text{Länge der Hypotenuse}}$

$\sin\gamma = \frac{|\overline{AB}|}{|\overline{CA}|}$

$\sin\gamma = \frac{6{,}93\text{ cm}}{8\text{ cm}}$ Verwende den Taschenrechnerwert des Bruchs.

$\sin\gamma = 0{,}8662\ldots$

$\gamma = 60°$

Der Taschenrechner liefert das Winkelmaß γ zum Sinuswert 0,8662… mit der Taste [SIN⁻¹]:
$\gamma =$ [SIN⁻¹] $0{,}8662\ldots \approx 60°$

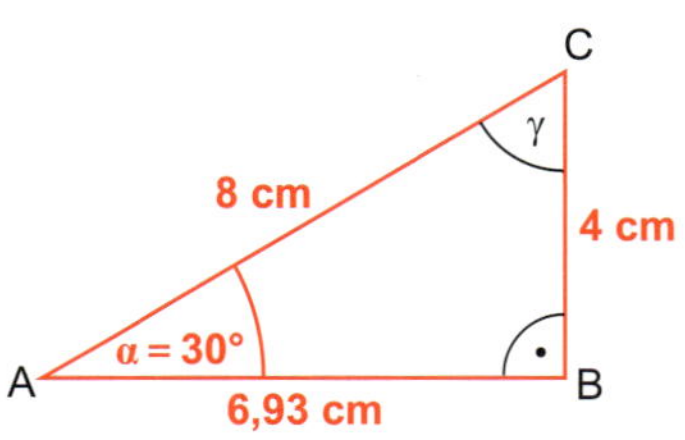

- **Kosinusbeziehung:**

$$\cos\gamma = \frac{\text{Länge der Ankathete von } \gamma}{\text{Länge der Hypotenuse}}$$

$$\cos\gamma = \frac{|\overline{BC}|}{|\overline{CA}|}$$

$$\cos\gamma = \frac{4\text{ cm}}{8\text{ cm}}$$

$$\cos\gamma = 0{,}5$$

$$\gamma = 60°$$

Der Taschenrechner liefert: $\gamma =$ [COS⁻¹] $0{,}5 = 60°$

- **Tangensbeziehung:**

$$\tan\gamma = \frac{\text{Länge der Gegenkathete von } \gamma}{\text{Länge der Ankathete von } \gamma}$$

$$\tan\gamma = \frac{|\overline{AB}|}{|\overline{BC}|}$$

$$\tan\gamma = \frac{6{,}93\text{ cm}}{4\text{ cm}}$$

$$\tan\gamma = 1{,}7325$$

$$\gamma = 60°$$

Der Taschenrechner liefert: $\gamma =$ [TAN⁻¹] $1{,}7325 \approx 60°$

Merke

> Sind von einem Dreieck **eine Seitenlänge** und **zwei weitere Bestimmungsstücke** bekannt (Winkelmaße oder Seitenlängen), so ist das Dreieck vollständig berechenbar.

Beispiel

Im rechtwinkligen Dreieck ABC ist $\overline{BC}$ die Hypotenuse. Es gilt: $|\overline{BC}| = 5$ cm, $|\overline{AB}| = 3$ cm. Berechne alle Winkelmaße und die fehlende Seitenlänge.

Lösung:

Planfigur:

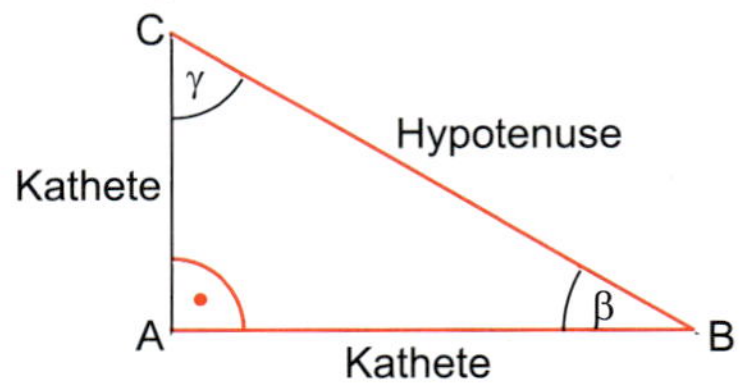

Es sind eine Seite und zwei weitere Bestimmungsstücke bekannt (zwei Seiten und ein 90°-Winkel). Das Dreieck ist also vollständig berechenbar.

Berechnung der fehlenden Seitenlänge mit dem Satz des Pythagoras:

$$|\overline{CA}| = \sqrt{|\overline{BC}|^2 - |\overline{AB}|^2} = \sqrt{5^2 - 3^2}\text{ cm} = 4\text{ cm}$$

Berechnung des fehlenden Winkelmaßes γ über die Tangensbeziehung:

Alle drei Beziehungen (sin, cos, tan) sind möglich, da alle drei Seiten bekannt sind!

$$\tan\gamma = \frac{|\overline{AB}|}{|\overline{CA}|}$$

$$\tan\gamma = \frac{3\text{ cm}}{4\text{ cm}}$$

$$\tan\gamma = 0{,}75$$

$$\gamma = 36{,}87°$$

Der Taschenrechner liefert: $\gamma =$ [TAN⁻¹] $0{,}75 \approx 36{,}87°$

β berechnet man am schnellsten mit der Innenwinkelsumme des Dreiecks:
$\beta = 180° - 90° - 36{,}87° = 53{,}13°$

Übung: Berechne die Winkelmaße im Dreieck mit den Beziehungen sin und cos.

Aufgaben Tipp

Suche bei der Lösung der folgenden Aufgaben rechtwinklige Dreiecke, von denen man zusätzlich zum rechten Winkel noch zwei weitere Bestimmungsstücke kennt (davon mindestens eine Seitenlänge!).

118 Im nebenstehenden Rechteck ABCD mit $|\overline{AB}| = 6$ cm und $|\overline{BC}| = 4$ cm sind folgende Streckenlängen und Winkelmaße gesucht:
$|\overline{BD}|, |\overline{ED}|, |\overline{AE}|, \alpha, \beta, \varphi$

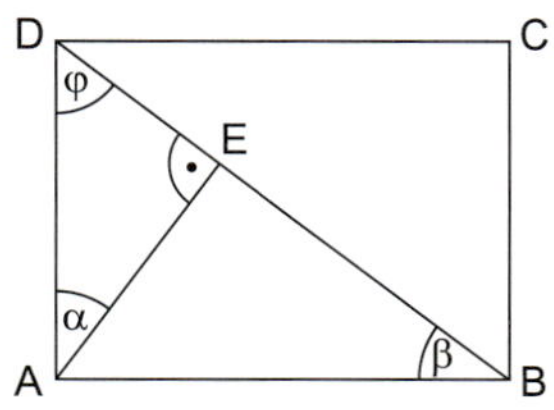

119 Im rechtwinkligen Dreieck ABC ist $|\overline{AB}| = 6$ cm, $\alpha = \sphericalangle BAC = 42°$ und $\overline{CA}$ die Hypotenuse.
Berechne die Länge der beiden anderen Dreiecksseiten, die Höhe h_b und die Winkelmaße β_1 und β_2, in die die Höhe h_b den 90°-Winkel bei B teilt. Erstelle zunächst eine Planfigur.

120 Das nebenstehende Dreieck ABC ist gleichschenklig.

a) Berechne die Maße der Basiswinkel und die Länge der Höhe h.
b) Berechne den Radius r des Inkreises.

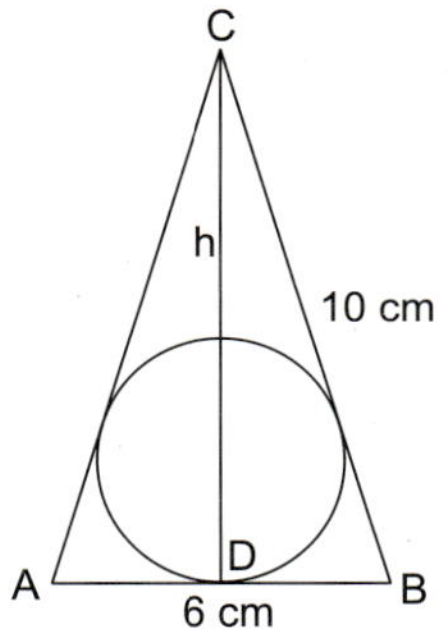

121 Die nebenstehende Raute ABCD hat eine Seitenlänge von 6 cm. Das Maß δ des Winkels ADC beträgt 75°.
Berechne die Länge der Diagonalen, die Maße der Innenwinkel, das Maß des Winkels ε und den Inkreisradius.

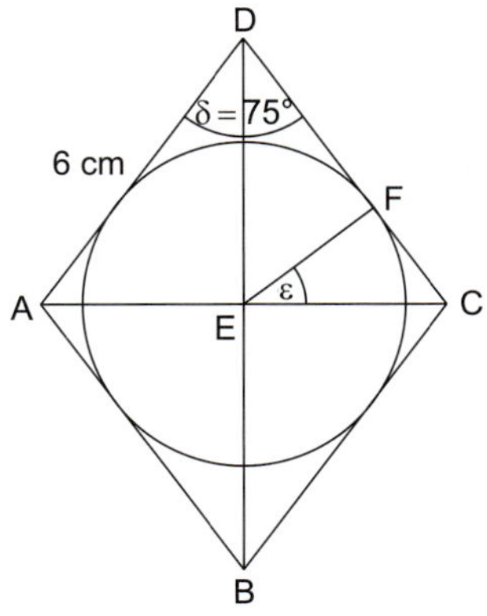

Interaktive Aufgaben

- 12. Seite bestimmen
- 13. Gebäudehöhe bestimmen
- 14. Umfang bestimmen
- 15. Seite bestimmen
- 16. Seite und Winkel bestimmen
- 17. Winkel bestimmen

2.7 Berechnungen am Kreis

Flächeninhalt und Umfang eines Kreises

Merke

- Für jeden Kreis hat das Verhältnis aus Umfang u und Durchmesser d den gleichen Wert. Dieser wird mit der **Kreiszahl π** bezeichnet.
  $\frac{u}{d} = \pi$
- Die Kreiszahl π ist eine **irrationale Zahl** (lässt sich nicht als Bruch darstellen) und besitzt unendlich viele Nachkommastellen, weshalb sie oft gerundet angegeben wird: $\pi = 3{,}141592653\ldots \approx 3{,}14$
- Mithilfe der Kreiszahl π berechnet man den Umfang u (= Länge der Kreislinie) und den Flächeninhalt A:
  Kreisumfang: $u = d \cdot \pi = 2 \cdot r \cdot \pi$
  Kreisfläche: $A = r^2 \cdot \pi$

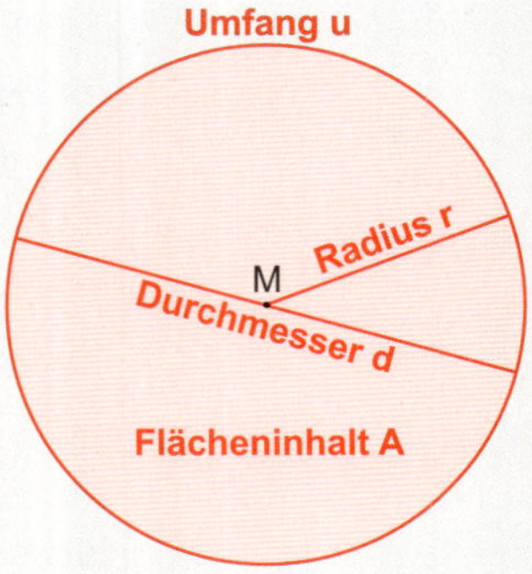

Beispiel

Ein Kreis hat einen Durchmesser von 5 cm. Berechne Umfang und Flächeninhalt.

Lösung:

Berechnung des Umfangs:
$u = d \cdot \pi = 5\text{ cm} \cdot \pi = 15{,}71\text{ cm}$ gerundet

Berechnung des Flächeninhalts:
$A = r^2 \cdot \pi = (2{,}5\text{ cm})^2 \cdot \pi = 19{,}63\text{ cm}^2$ gerundet

Aufgaben

122 Ein Kreis hat den Flächeninhalt 20 cm^2. Berechne den Durchmesser und den Umfang des Kreises.

123 Der Erdradius beträgt ca. 6 370 km. Berechne, welche Strecke man zurückgelegt hat, wenn man die Erde einmal entlang des Äquators umrundet.

124 Eine Schnur ist 10 m lang. Bestimme den Radius des Kreises,den man mit ihr umspannen kann.

Interaktive Aufgaben

1. Winkelmaß bestimmen
2. Torwand
3. Kamerawagen

Kreisteile – Kreissektor und Kreisbogen

Die beiden Schenkel des Mittelpunktswinkels AMB mit dem Maß φ schneiden aus der Kreisfläche einen **Kreissektor AMB** und aus der Kreislinie einen **Kreisbogen** $\overset{\frown}{\mathbf{AB}}$ aus.
Ein Kreisbogen wird immer gegen den Uhrzeigersinn orientiert bezeichnet (von A aus gegen den Uhrzeigersinn nach B). Der Mittelpunktswinkel BMA des Bogens $\overset{\frown}{BA}$ hat somit das Maß $360° - \varphi$.

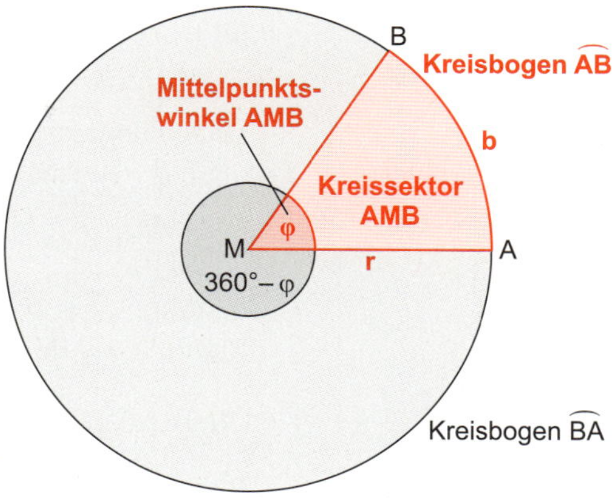

Die **Bogenlänge b** des Kreisbogens $\overset{\frown}{AB}$ ist abhängig vom Maß des Mittelpunktswinkels φ.
Es besteht folgende direkte Proportionalität:

$\frac{b}{u} = \frac{\varphi}{360°}$ und damit $b = \frac{\varphi}{360°} \cdot u$

Mit $u = 2 \cdot r \cdot \pi$ gilt dann:

Merke

Bogenlänge b eines Kreisbogens:
$b = \frac{\varphi}{360°} \cdot 2 \cdot r \cdot \pi$ oder gekürzt: $b = \frac{\varphi}{180°} \cdot r \cdot \pi$

Der Flächeninhalt des Kreissektors AMB ist ebenso abhängig vom Maß des Mittelpunktswinkels φ. Es besteht folgende direkte Proportionalität:

$\frac{A_{Sektor}}{A_{Kreis}} = \frac{\varphi}{360°}$ und damit $A_{Sektor} = \frac{\varphi}{360°} \cdot A_{Kreis}$

Mit $A_{Kreis} = r^2 \cdot \pi$ gilt dann:

Merke

Fläche eines Kreissektors:
$A_{Sektor} = \frac{\varphi}{360°} \cdot r^2 \cdot \pi$

Es besteht ein Zusammenhang zwischen der Bogenlänge des Kreisbogens und dem Flächeninhalt des Kreissektors: Betrachtet man die Formel für den Flächeninhalt des Kreissektors genauer, so findet sich darin die Formel für die Bogenlänge.

$$A_{Sektor} = \frac{\varphi}{360°} \cdot r^2 \cdot \pi = \frac{\varphi}{2 \cdot 180°} \cdot r \cdot r \cdot \pi = \frac{1}{2} \cdot \frac{\varphi}{180°} \cdot r \cdot \pi \cdot r = \frac{1}{2} \cdot b \cdot r$$

Merke

Zusammenhang zwischen Flächeninhalt des Sektors und Bogenlänge des Kreisbogens:
$A_{Sektor} = \frac{1}{2} \cdot b \cdot r$

Beispiel

Berechne die Bogenlängen der Kreisbögen $\overset{\frown}{AB}$ und $\overset{\frown}{BA}$ und den Flächeninhalt des abgebildeten Kreissektors mit Radius r = 2,5 cm.

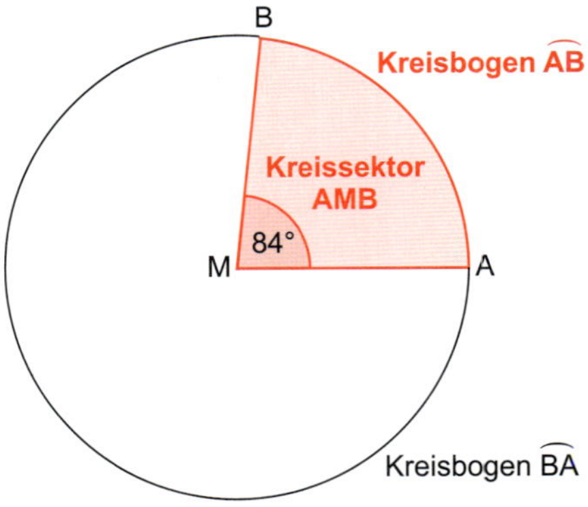

Lösung:

Bogenlänge b des Bogens $\overset{\frown}{AB}$:

$$b = \frac{\varphi}{180°} \cdot r \cdot \pi$$

$$b = \frac{84°}{180°} \cdot 2{,}5\ \text{cm} \cdot \pi$$

$$b = 3{,}67\ \text{cm}$$

Die Bogenlänge b' des Bogens $\overset{\frown}{BA}$ lässt sich auf zwei verschiedene Arten berechnen:

$$b' = \frac{276°}{180°} \cdot 2{,}5\ \text{cm} \cdot \pi$$

Mittelpunktswinkel des Bogens $\overset{\frown}{BA}$: $360° - 84° = 276°$

$$b' = 12{,}04\ \text{cm}$$

oder:

Berechnung des Umfangs:

$$u = 2 \cdot r \cdot \pi$$

$$u = 2 \cdot 2{,}5\ \text{cm} \cdot \pi$$

$$u = 15{,}71\ \text{cm}$$

Bogenlänge b' des Bogens $\overset{\frown}{BA}$:

$$b' = u - b$$

Umfang des Kreises – Bogenlänge des Bogens $\overset{\frown}{AB}$

$$b' = 15{,}71\ \text{cm} - 3{,}67\ \text{cm}$$

$$b' = 12{,}04\ \text{cm}$$

Berechnung des Flächeninhalts:

$$A = \frac{\varphi}{360°} \cdot r^2 \cdot \pi$$

$$A = \frac{84°}{360°} \cdot (2{,}5\ \text{cm})^2 \cdot \pi$$

$$A = 4{,}58\ \text{cm}^2$$

Aufgaben

125 Die Bogenlänge eines Halbkreises beträgt 100 cm.
Berechne den Radius, den Flächeninhalt und den Umfang des Halbkreises.

126 Die Fläche eines Kreissektors beträgt 50 cm².
Berechne, wie groß Radius und Mittelpunktswinkel des Kreissektors sind, wenn die zugehörige Bogenlänge 10 cm beträgt. Berechne auch den Umfang des Sektors.

Tipp Verwende die Formel $A_{Sektor} = \frac{1}{2} \cdot b \cdot r$ und berechne daraus den Radius r.

Interaktive Aufgaben

- 4. Kreisbogenlänge
- 5. Radius berechnen
- 6. Fläche berechnen
- 7. Fläche berechnen
- 8. Fläche berechnen

Das Kreissegment

Ein **Kreissegment** entsteht durch eine Kreissehne, die das Kreissegment aus der Kreisfläche ausschneidet. Die Berechnung des Flächeninhalts erfolgt mithilfe des Dreiecks MAB und des Kreissektors AMB.

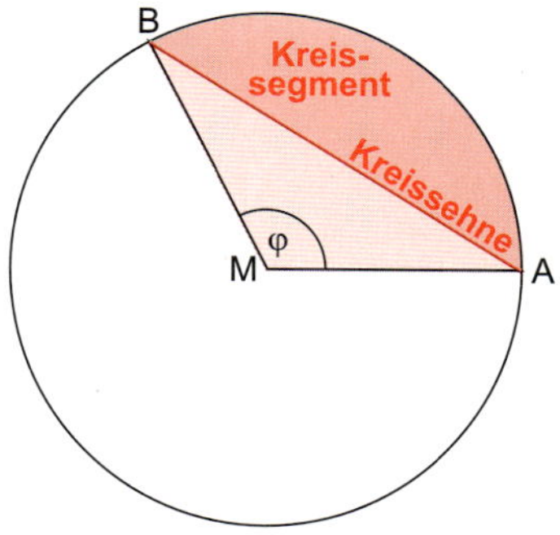

Merke

> **Fläche eines Kreissegments:**
> $A_{Segment} = A_{Sektor} - A_{gleichschenkliges\ Dreieck}$

Beispiel

In den nebenstehenden gotischen Torbogen soll ein Holztor eingepasst werden. Das eingezeichnete Hilfsdreieck ist gleichseitig. Berechne die Fläche des Tores.

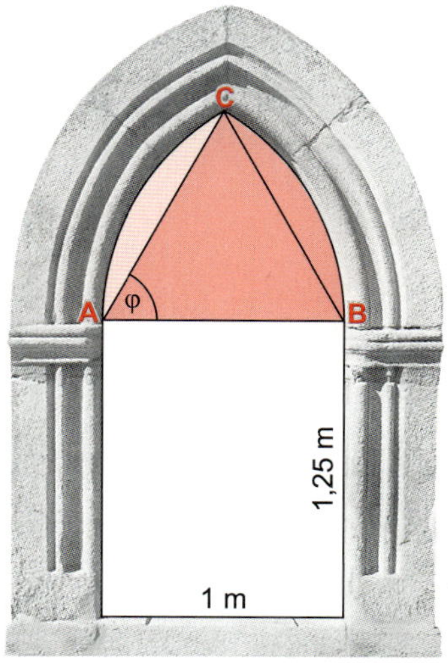

Lösung:

Der obere Teil des Tores setzt sich aus einem Kreissektor und einem Kreissegment zusammen (oder auch: einem Dreieck und zwei Segmenten). Der untere Teil ist ein Rechteck von 1 m Breite und 1,25 m Höhe.

Berechnung des Kreissektors BAC:

$A_{Sektor} = \frac{\varphi}{360°} \cdot r^2 \cdot \pi$ — Radius r = 1 m; Mittelpunktswinkel φ = 60° (gleichseitiges Dreieck!)

$A_{Sektor} = \frac{60°}{360°} \cdot (1\text{ m})^2 \cdot \pi$

$A_{Sektor} = \frac{1}{6}\pi\text{ m}^2 = 0{,}52\text{ m}^2$

Berechnung des Kreissegments:

$A_{Segment} = A_{Sektor} - A_{Dreieck}$

$A_{Segment} = A_{Sektor} - \frac{(1\text{ m})^2}{4}\sqrt{3}$

Siehe Kapitel 2.6 – Folgerungen aus dem Satz des Pythagoras: Höhe im gleichseitigen Dreieck: $h = \frac{a}{2}\sqrt{3}$; Fläche: $A = \frac{a^2}{4}\sqrt{3}$

$A_{Segment} = 0{,}52\text{ m}^2 - 0{,}43\text{ m}^2 = 0{,}09\text{ m}^2$

Berechnung der Torfläche:

$A_{Tor} = A_{Rechteck} + A_{Sektor} + A_{Segment}$

$A_{Tor} = 1{,}25\text{ m}^2 + 0{,}52\text{ m}^2 + 0{,}09\text{ m}^2 = 1{,}86\text{ m}^2$

Aufgabe 127

Die Seitenlänge des Quadrats ABCD beträgt 4 cm. F und E sind Seitenmittelpunkte. Die Mittelpunkte der Kreisbögen $\overset{\frown}{FG}$, $\overset{\frown}{HE}$ und $\overset{\frown}{BD}$ sind die Punkte D, B bzw. A. Berechne den Flächeninhalt und den Umfang der schraffierten Fläche (Pilz mit Linienzug FEHBDGF).

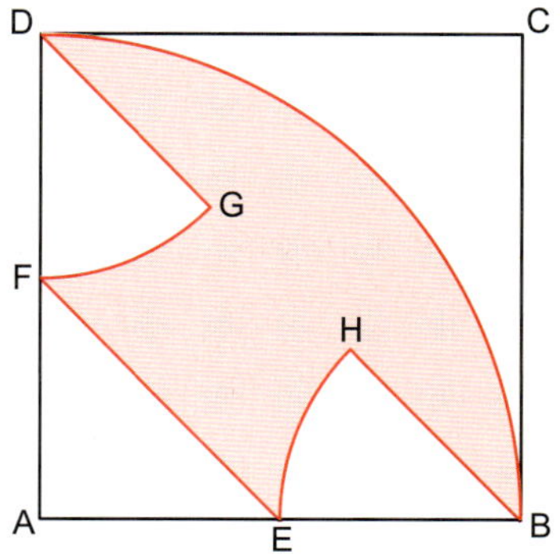

Interaktive Aufgabe

9. Kreissegment

2.8 Raumgeometrie

Zeichnen von Schrägbildern

Merke

Ein **Schrägbild** dient zur räumlichen Darstellung dreidimensionaler Objekte auf einer zweidimensionalen Zeichenebene.
- Strecken, Flächen und Winkel, die zur Zeichenebene **parallel** verlaufen, werden in **wahrer Größe** dargestellt.
- Strecken, die **senkrecht** zur Zeichenebene verlaufen, werden unter dem **Verzerrungswinkel ω** gegen die **Schrägbildachse s** und unter dem **Verkürzungsfaktor q** immer **verzerrt und verkürzt** dargestellt.

Beispiele

1. Konstruiere das Schrägbild eines Würfels mit der Kantenlänge 2 cm, dem Verkürzungsfaktor $q = \frac{1}{2}$ und dem Verzerrungswinkel mit dem Maß $\omega = 45°$.
   Dabei soll $\overline{CD}$ auf der Schrägbildachse s liegen.

   Lösung:
   - Zeichne eine Schrägbildachse s und die Grundfläche ABCD in wahrer Größe. Bezeichne die Ecken mit A_0, B_0, C_0 und D_0. Beachte, dass $\overline{C_0D_0}$ auf s liegen soll.

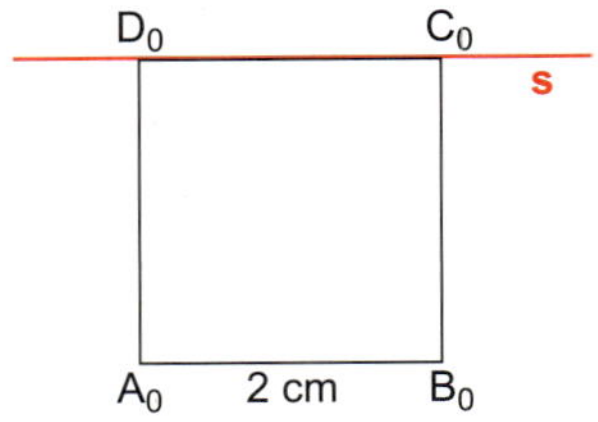

   - Die Punkte $C_0 = C$ und $D_0 = D$ liegen auf s. $\overline{A_0D_0}$ und $\overline{B_0C_0}$ verlaufen senkrecht zur Schrägbildachse s. Damit verlaufen $\overline{AD}$ und $\overline{BC}$ senkrecht zur Zeichenebene und sind verkürzt und verzerrt darzustellen.

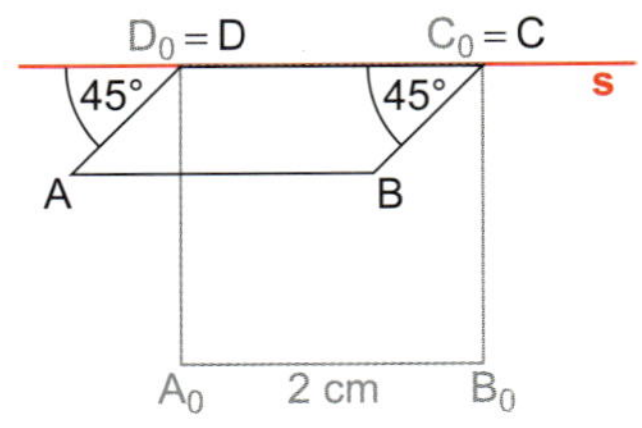

   - Die Seitenkanten $\overline{AE}$, $\overline{BF}$, $\overline{CG}$ und $\overline{DH}$ verlaufen parallel zur Zeichenebene, also sind sie in wahrer Länge darzustellen.
     Die in der Realität nicht sichtbaren Kanten des Würfels werden gestrichelt gezeichnet.

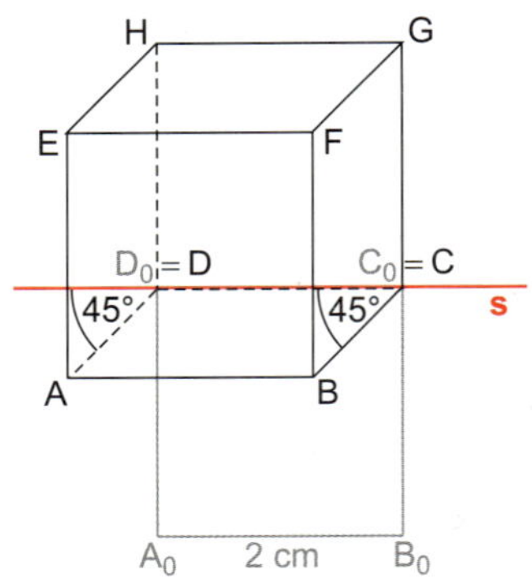

2. Das Quadrat ABCD mit der Diagonalenlänge 4 cm ist die Grundfläche einer geraden Pyramide ABCDS. Die Spitze S liegt senkrecht über dem Diagonalenschnittpunkt M mit $|\overline{MS}| = 3$ cm.
   Zeichne ein Schrägbild der Pyramide ABCDS, wobei $\overline{AC}$ auf der Schrägbildachse s liegen soll. Es gilt: $q = \frac{1}{2}$ und $\omega = 60°$.

Lösung:

- Schrägbildachse s zeichnen
- Zeichne die Grundfläche AB_0CD_0 des Schrägbildes in wahrer Größe. $\overline{AC}$ liegt dabei auf der Schrägbildachse.

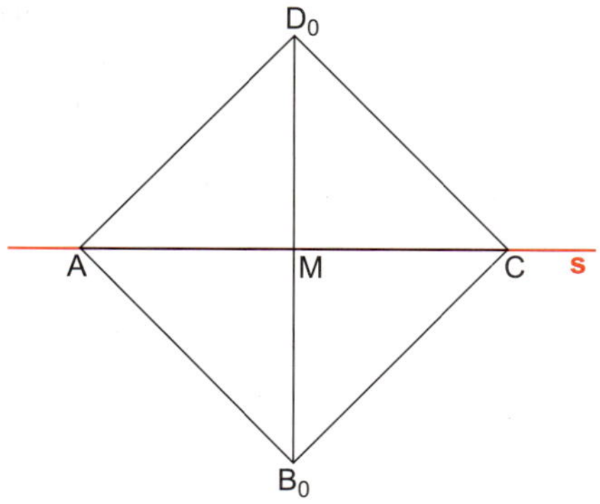

- $\overline{B_0D_0}$ verläuft senkrecht zur Schrägbildachse, $\overline{BD}$ wird also mit dem Faktor $q = \frac{1}{2}$ verkürzt und um 60° verzerrt.

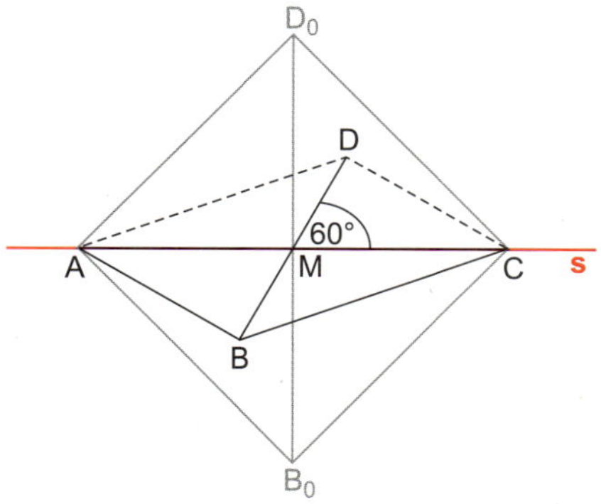

- Die Höhe $\overline{MS}$ verläuft in der Zeichenebene und wird in Originalgröße angetragen.

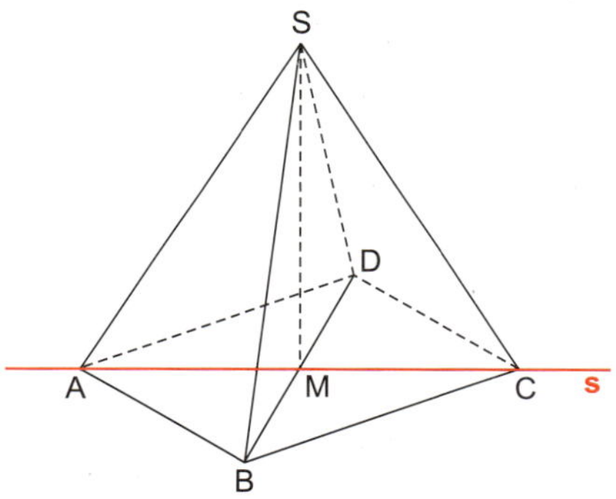

Tipp

- Die Grundfläche in wahrer Größe dient als Orientierungshilfe.
- Zeichne sie dünn mit Bleistift und radiere sie nach dem Verzerren wieder aus.

Aufgaben

128 Das gleichschenklige Dreieck ABC mit der Basis $\overline{BC}$ ist die Grundfläche der Pyramide ABCS. D ist der Mittelpunkt der Basis $\overline{BC}$. Die Spitze S liegt senkrecht über dem Punkt $E \in \overline{AD}$. Es gilt: $|\overline{BC}| = 12$ cm, $|\overline{AD}| = 9$ cm, $|\overline{DE}| = 3$ cm und $|\overline{ES}| = 9$ cm.
Zeichne ein Schrägbild der Pyramide ABCS, wobei $\overline{AD}$ auf der Schrägbildachse s liegen soll. Für die Zeichnung gilt: $q = \frac{1}{2}$; $\omega = 60°$.

129 Das Drachenviereck ABCD mit AC als Symmetrieachse und M als Diagonalenschnittpunkt ist die Grundfläche der Pyramide ABCDS. Die Spitze S liegt senkrecht über dem Punkt A und es gilt: $|\overline{AC}| = 10$ cm, $|\overline{BD}| = 6$ cm, $|\overline{AM}| = 4$ cm und $|\overline{AS}| = 6$ cm.
Zeichne ein Schrägbild der Pyramide ABCDS, wobei $\overline{AC}$ auf der Schrägbildachse s liegen soll. Für die Zeichnung gilt: $q = \frac{1}{2}$; $\omega = 45°$.

Prisma

Ein Körper, der durch Parallelverschiebung der Grundfläche entsteht, heißt **Prisma**. Ein Prisma, dessen Seitenkanten senkrecht auf Grund- und Deckfläche stehen, heißt **gerades Prisma**.

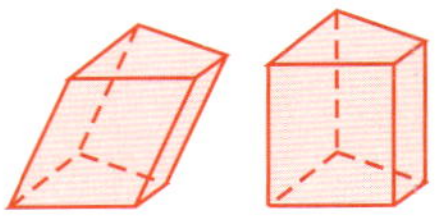

Merke

Eigenschaften von Prismen

- Grundfläche G und Deckfläche sind kongruent (deckungsgleich).
- Die Höhe h eines Prismas ist der Abstand der kongruenten Grund- und Deckfläche.
- Die **Oberfläche O** besteht aus allen begrenzenden Flächen des Prismas.
- Die **Mantelfläche M** ist die Oberfläche ohne Grundfläche und Deckfläche.
- Die Mantelfläche von **geraden Prismen** besteht aus **Rechtecken**.
- Prismen, die im Grundflächeninhalt A_G und in der Höhe h übereinstimmen, besitzen das **gleiche Volumen**.

Volumen: $V = A_G \cdot h$

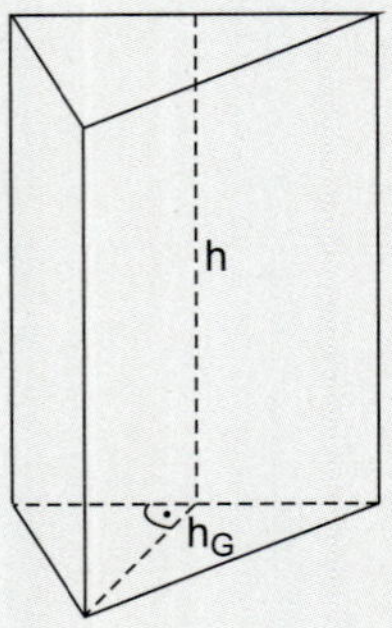

Beispiel

Die Grundfläche des Prismas ABCDEF ist ein gleichseitiges Dreieck mit Seitenlänge 6 cm. Die Höhe h des Prismas beträgt 8 cm.
Berechne das Volumen, die Oberfläche und die Mantelfläche des Prismas.

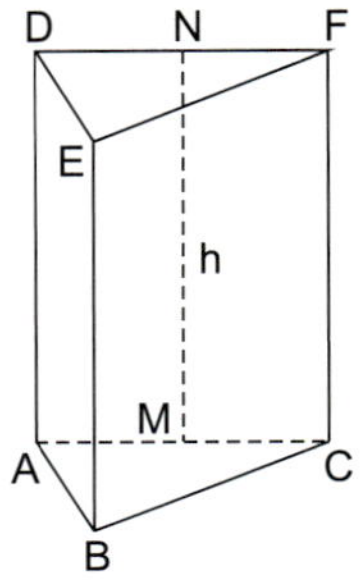

Lösung:

Volumen V:

$V = A_G \cdot h$

A_G: Flächeninhalt des Dreiecks ABC mit $A_{\Delta ABC} = \frac{1}{2} \cdot g \cdot h$

$V = \frac{1}{2} \cdot |\overline{AC}| \cdot h_G \cdot h$

Wende den Satz des Pythagoras im rechtwinkligen Dreieck MBC an:

$h_G = |\overline{MB}|$

$|\overline{MB}| = \sqrt{|\overline{BC}|^2 - |\overline{CM}|^2}$

$|\overline{MB}| = \sqrt{6^2 - 3^2}$ cm

$|\overline{MB}| = \sqrt{27}$ cm

$V = \frac{1}{2} \cdot 6 \cdot \sqrt{6^2 - 3^2} \cdot 8 \text{ cm}^3$

$V = \frac{1}{2} \cdot 6 \cdot \sqrt{27} \cdot 8 \text{ cm}^3$

$V = 124{,}71 \text{ cm}^3$

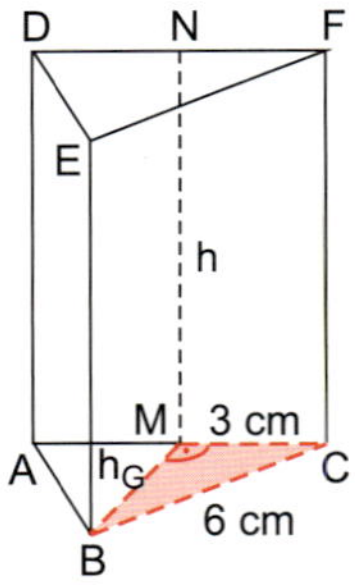

Oberflächeninhalt A_O:

$A_O = 2 \cdot A_G + 3 \cdot A_{ACFD}$

$A_O = 2 \cdot \frac{1}{2} \cdot 6 \text{ cm} \cdot \sqrt{27} \text{ cm} + 3 \cdot 6 \text{ cm} \cdot 8 \text{ cm}$

$A_O = 175{,}18 \text{ cm}^2$

Netz des Prismas:

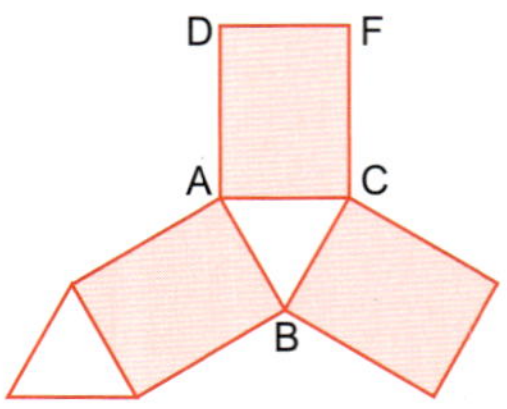

Mantelflächeninhalt A_M:

$A_M = 3 \cdot A_{ACFD} = 3 \cdot 6 \text{ cm} \cdot 8 \text{ cm} = 144 \text{ cm}^2$

Funktionale Abhängigkeiten und Extremwertberechnungen

Durch Verlängern oder Verkürzen von Strecken in Abhängigkeit einer Variablen x entstehen aus gegebenen Körpern neue Körper. Deren Volumen, Mantel- und Oberfläche kann dann in Abhängigkeit von x berechnet werden.

Beispiel

Gegeben ist wieder das Prisma ABCDEF aus obigem Beispiel mit einem gleichseitigen Dreieck der Seitenlänge 6 cm als Grundfläche und der Höhe h = 8 cm.
Die Strecke $\overline{AC}$ des Prismas wird an beiden Enden um x cm verlängert. Gleichzeitig wird die Höhe h des Prismas um jeweils x cm verkürzt. Dadurch entstehen neue Prismen $A_nBC_nD_nE_nF_n$.

a) Zeichne das ursprüngliche Prisma mit $\overline{AC}$ auf der Schrägbildachse und $q = \frac{1}{2}$ und $\omega = 45°$. Zeichne nun das veränderte Prisma für x = 2 ein und berechne anschließend das Volumen der veränderten Prismen $A_nBC_nD_nE_nF_n$ in Abhängigkeit von x.
b) Bestimme den x-Wert, für den man das Prisma mit dem größten Volumen erhält.
c) Bestimme, die x-Werte, für die Prismen mit einem Rauminhalt von 145,6 cm^3 entstehen.

Lösung:

a)

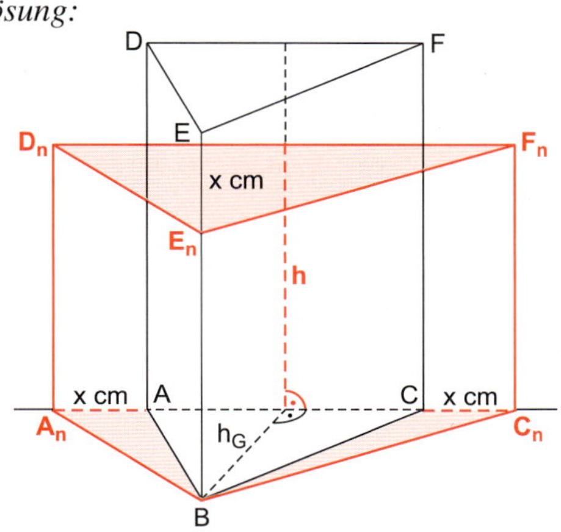

(Zeichnung im Maßstab 1 : 2)

Verwende den im obigen Beispiel berechneten Wert von h_G zum Zeichnen der Grundfläche. Da h_G senkrecht auf der Schrägbildachse steht und $q = \frac{1}{2}$, ist h_G mit $\sqrt{27} = 5{,}20$ cm : 2 = 2,60 cm Länge einzuzeichnen.
(Da nebenstehende Zeichnung im Maßstab 1 : 2 angefertigt ist, beträgt h_G hier nur 1,30 cm.)

Formel der gesuchten Größe:

$V = A_G \cdot h$

$V = \frac{1}{2} \cdot |\overline{A_nC_n}| \cdot h_G \cdot h$

Überlege: Welche Streckenlängen in der Formel sind abhängig von x?

Ansatz in Abhängigkeit von x:

$V(x) = \frac{1}{2} \cdot (6 + 2x) \cdot 5{,}20 \cdot (8 - x)\ cm^3$

Die Höhe $h_G = \sqrt{27}$ cm = 5,20 des Dreiecks (Grundfläche) ändert sich nicht!

$V(x) = (3 + x) \cdot (41{,}60 - 5{,}20x)\ cm^3$

$V(x) = (124{,}80 - 15{,}60x + 41{,}60x - 5{,}20x^2)\ cm^3$

$V(x) = (-5{,}20x^2 + 26{,}00x + 124{,}80)\ cm^3$

b) Quadratische Ergänzung:

$V(x) = (-5{,}2x^2 + 26x + 124{,}8)\ cm^3$

$V(x) = -5{,}2(x^2 - 5x - 24)\ cm^3$

$V(x) = -5{,}2(x^2 - 5x + 2{,}5^2 - 2{,}5^2 - 24)\ cm^3$

$V(x) = -5{,}2[(x - 2{,}5)^2 - 30{,}25]\ cm^3$ 6,25 = 2,5²

$V(x) = [-5{,}2(x - 2{,}5)^2 + 157{,}3]\ cm^3$

$V_{max} = 157{,}3\ cm^3$ für x = 2,5

c) $\begin{vmatrix} V(x) = (-5{,}2x^2 + 26x + 124{,}8)\,cm^3 \\ \wedge \quad V = 145{,}6\,cm^3 \end{vmatrix}$ Gleichsetzen der Volumenbedingungen

$\Rightarrow\ -5{,}2x^2 + 26x + 124{,}8 = 145{,}6 \quad (I = II) \quad |-145{,}6$

$\Leftrightarrow\ -5{,}2x^2 + 26x - 20{,}8 = 0$ Allgemeine Form $ax^2 + bx + c = 0$

$D = b^2 - 4ac$
$D = 26^2 - 4 \cdot (-5{,}2) \cdot (-20{,}8)$
$D = 243{,}36$

$\Leftrightarrow\ x_{1/2} = \frac{-26 \pm \sqrt{243{,}36}}{-10{,}4}$ Anwendung der Lösungsformel für quadratische Gleichungen

$\Leftrightarrow\ x_{1/2} = \frac{-26 \pm 15{,}6}{-10{,}4}$

$x_1 = 1 \ \vee\ x_2 = 4$

$L = \{1; 4\}$

Für die x-Werte 1 und 4 entstehen Prismen mit dem angegebenen Volumen.

Aufgabe 130

Das gerade Prisma ABCDEFGH hat die Raute ABCD als Grundfläche. Der Punkt E liegt senkrecht über A. Die Diagonale $\overline{AC}$ ist 5 cm lang. Die Diagonale $\overline{BD}$ hat eine Länge von 8 cm. Das Prisma besitzt die Höhe h = 6 cm.

a) Zeichne das Prisma im Schrägbild mit $\overline{AC}$ auf der Schrägbildachse, q = 0,5 und ω = 45°.
b) Berechne die Längen der Raumdiagonalen $\overline{AG}$ und $\overline{HB}$.
c) Berechne das Volumen und die Oberfläche des Prismas.
d) Die Diagonale $\overline{AC}$ wird über C hinaus um x cm verlängert und gleichzeitig wird die Diagonale $\overline{BD}$ von beiden Enden um 0,5x cm verkürzt.
Zeichne das veränderte Prisma für x = 2 in die Zeichnung ein.
e) Berechne das Volumen der veränderten Prismen in Abhängigkeit von x.
f) Bestimme, für welchen x-Wert man das Prisma mit dem größten Volumen erhält.
g) Bestimme, für welchen x-Wert man ein Prisma mit einem Volumen von 126 cm^3 erhält.

Interaktive Aufgaben

1. Prisma mit rechteckiger Grundfläche
2. Prisma mit dreieckiger Grundfläche
3. Netz
4. Veränderte Prismen

Pyramide

Verbindet man die Eckpunkte eines Vielecks mit einem Punkt S, der nicht in der gleichen Ebene wie das Vieleck liegt, so entsteht eine **Pyramide**.
Eine Pyramide, deren Seitenkanten (Kanten, die von der Spitze S ausgehen) alle gleich lang sind, heißt **gerade Pyramide**.

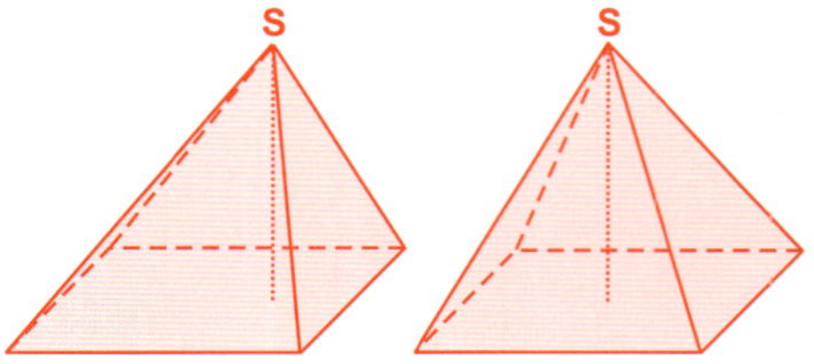

Merke

Eigenschaften von Pyramiden
- Die Höhe h einer Pyramide ist der Abstand der Spitze S von der Grundfläche G.
- Die **Mantelfläche M** besteht aus Dreiecken.
- Die Mantelfläche von **geraden Pyramiden** besteht aus **gleichschenkligen Dreiecken**.
- Die **Oberfläche O** setzt sich aus der Mantelfläche und der Grundfläche zusammen.
- Pyramiden, die im Grundflächeninhalt A_G und in der Höhe h übereinstimmen, besitzen das **gleiche Volumen**.

Volumen: $V = \frac{1}{3} \cdot A_G \cdot h$

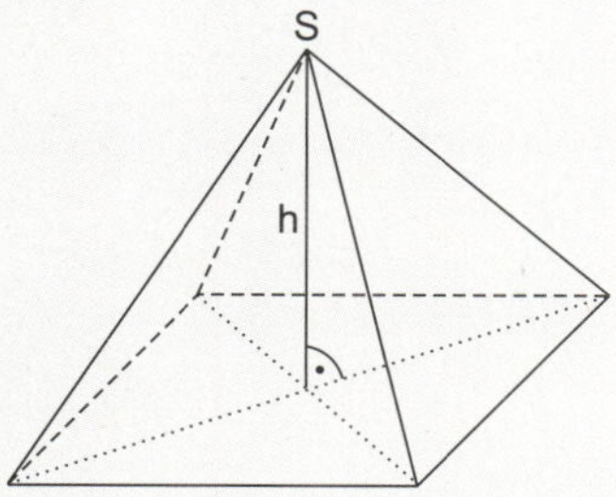

Beispiel

Die Pyramide ABCDS hat als Grundfläche das Rechteck ABCD mit $|\overline{AB}| = 8$ cm und $|\overline{BC}| = 6$ cm.
Die Spitze S liegt senkrecht über dem Diagonalenschnittpunkt M der Grundfläche.
Dabei ist $|\overline{MS}| = 5$ cm.

a) Berechne Volumen, Mantelfläche und Oberfläche der Pyramide.
b) Berechne die Länge der Kante $\overline{CS}$ im Dreieck MCS (rechtwinklig!).

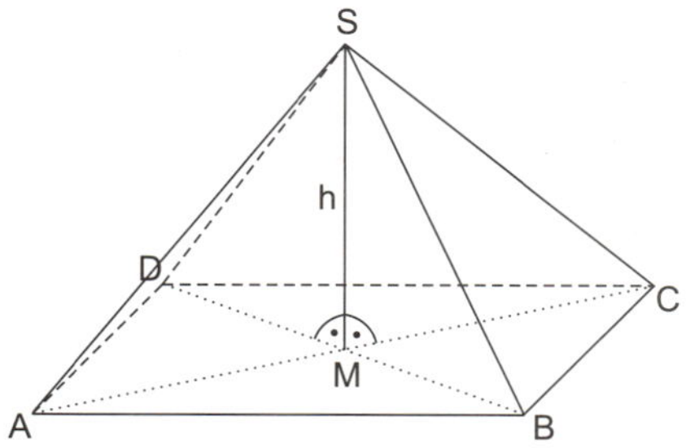

Lösung:

a) Berechnung des Volumens:

$$V = \frac{1}{3} \cdot A_G \cdot h$$

$$V = \frac{1}{3} \cdot |\overline{AB}| \cdot |\overline{BC}| \cdot |\overline{MS}|$$

$$V = \frac{1}{3} \cdot 8 \cdot 6 \cdot 5 \text{ cm}^3$$

$$V = 80 \text{ cm}^3$$

Vorüberlegung zur Berechnung der Mantelfläche:
Die Mantelfläche besteht aus jeweils 2 zueinander kongruenten Dreiecken.

Berechnung des Flächeninhalts des Dreiecks ABS mithilfe der Höhe $\overline{SN}$:

$$|\overline{SN}| = \sqrt{|\overline{NM}|^2 + |\overline{MS}|^2}$$

Satz des Pythagoras im Dreieck NMS

$|\overline{NM}| = \frac{1}{2} \cdot |\overline{BC}|$

$$|\overline{SN}| = \sqrt{3^2 + 5^2} \text{ cm}$$

$$|\overline{SN}| = \sqrt{34} \text{ cm}$$

$$A_{\Delta ABS} = \frac{1}{2} \cdot |\overline{AB}| \cdot |\overline{SN}|$$

$$A_{\Delta ABS} = \frac{1}{2} \cdot 8 \text{ cm} \cdot \sqrt{34} \text{ cm}$$

$$A_{\Delta ABS} = 23{,}32 \text{ cm}^2$$

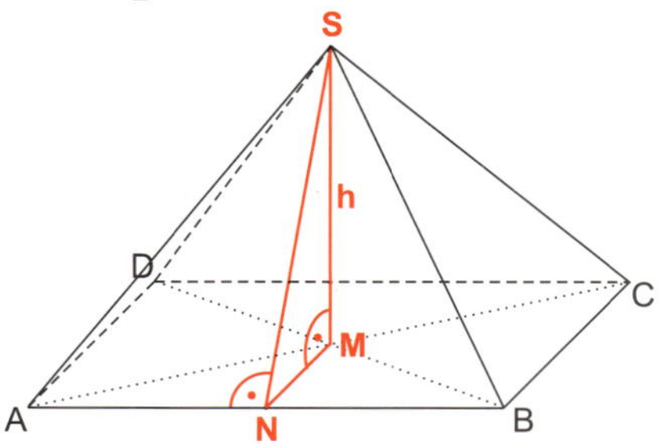

Berechnung des Flächeninhalts des Dreiecks BCS mithilfe der Höhe $\overline{PS}$:

$|\overline{PS}|=\sqrt{|\overline{MP}|^2+|\overline{SM}|^2}$ Satz des Pythagoras im Dreieck MPS

$|\overline{PS}|=\sqrt{4^2+5^2}$ cm $\quad |\overline{MP}|=\frac{1}{2}\cdot|\overline{AB}|$

$|\overline{PS}|=\sqrt{41}$ cm

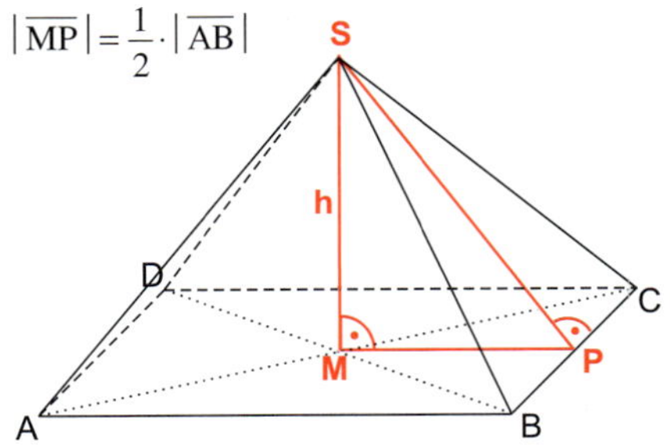

$A_{\Delta BCS}=\frac{1}{2}\cdot|\overline{BC}|\cdot|\overline{PS}|$

$A_{\Delta BCS}=\frac{1}{2}\cdot 6\text{ cm}\cdot\sqrt{41}\text{ cm}$

$A_{\Delta BCS}=19,21\text{ cm}^2$

Berechnung des Mantelflächeninhalts:

$A_M=2\cdot A_{\Delta ABS}+2\cdot A_{\Delta BCS}$

$A_M=2\cdot 23,32\text{ cm}^2+2\cdot 19,21\text{ cm}^2$

$A_M=85,06\text{ cm}^2$

Netz der Pyramide ABCDS:

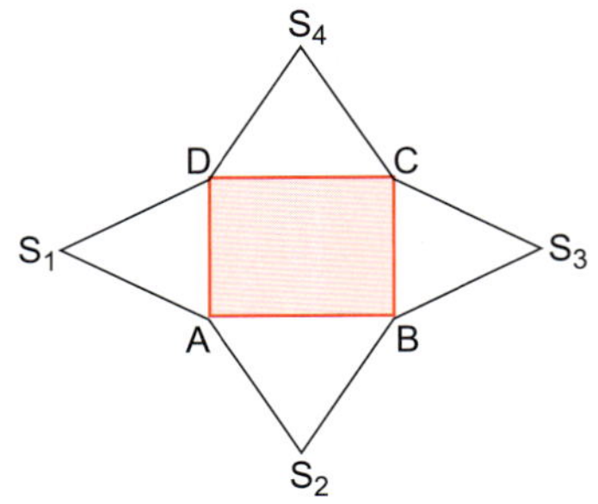

Berechnung des Oberflächeninhalts:

$A_O=M+A_G$

$A_O=85,06\text{ cm}^2+8\text{ cm}\cdot 6\text{ cm}$

$A_O=85,06\text{ cm}^2+48\text{ cm}^2$

$A_O=133,06\text{ cm}^2$

b) $|\overline{CS}|=\sqrt{|\overline{MC}|^2+|\overline{SM}|^2}$ Satz des Pythagoras im Dreieck MCS

$\overline{MC}$ ist halb so lange wie die Diagonale $\overline{CA}$:

$|\overline{CA}|=\sqrt{|\overline{AB}|^2+|\overline{BC}|^2}$ Satz des Pythagoras im Dreieck ABC

$|\overline{CA}|=\sqrt{8^2+6^2}$ cm

$|\overline{CA}|=10\text{ cm} \Rightarrow |\overline{MC}|=5\text{ cm}$

also:

$|\overline{CS}|=\sqrt{5^2+5^2}$ cm

$|\overline{CS}|=\sqrt{50}$ cm

$|\overline{CS}|=7,07$ cm

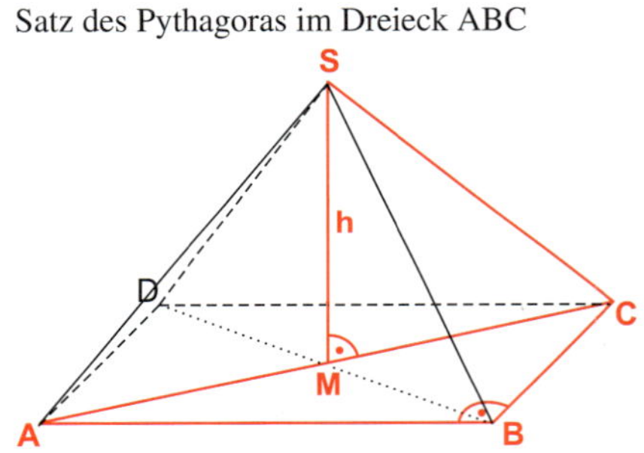

Aufgaben

131 Die gerade Pyramide $ABCDS_1$ hat als Grundfläche das Rechteck ABCD mit $|\overline{AB}|=4$ cm und $|\overline{BC}|=6$ cm. Die Spitze S_1 liegt senkrecht über dem Mittelpunkt M der Diagonalen der Grundfläche mit $|\overline{MS_1}|=5$ cm.

a) Zeichne das Schrägbild der Pyramide mit $\overline{AB}$ auf der Schrägbildachse, $q=0,5$ und $\omega=45°$.

b) Berechne die Länge der Seitenkanten. Berechne dann die Oberfläche und das Volumen.

132 Die schiefe Pyramide $ABCDS_2$ hat dieselbe Grundfläche wie die Pyramide aus der obigen Aufgabe. Die Spitze S_2 liegt aber 5 cm senkrecht über dem Mittelpunkt E der Seite $\overline{DA}$.

a) Zeichne das Schrägbild der Pyramide mit $\overline{AB}$ auf der Schrägbildachse, $q=0,5$ und $\omega=45°$.

b) Berechne die Länge der Seitenkanten. Berechne dann die Oberfläche und das Volumen.

Interaktive Aufgaben

5. Volumen quadratische Pyramide
6. Volumen rechteckige Pyramide
7. Höhe quadratische Pyramide
8. Volumen quadratische Pyramide
9. Grundkante bestimmen

Funktionale Abhängigkeiten und Extremwertberechnungen

In vielen Aufgaben mit Pyramiden lässt sich der Strahlensatz anwenden. Suche gezielt nach folgenden Figuren:

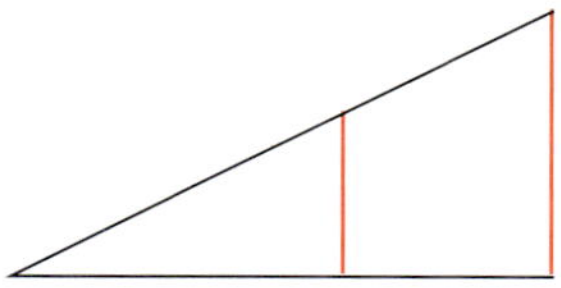

Vorkommen:
Höhe von einbeschriebenen Körpern …

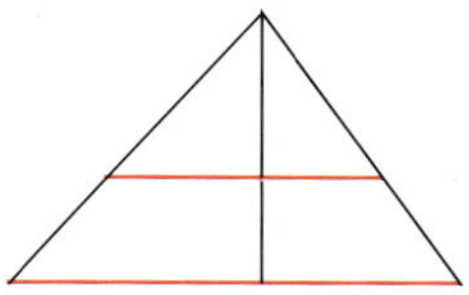

Vorkommen:
Pyramidenstumpf, Schnittebenen …

Beispiel

Gegeben ist die Pyramide EFGHS, die das Rechteck EFGH mit $|\overline{EF}| = 7$ cm und $|\overline{FG}| = 9$ cm als Grundfläche hat. Die Spitze S liegt senkrecht über dem Punkt H in 8 cm Höhe.
Die Punkte S_n liegen auf der Strecke $\overline{HS}$ in x cm Entfernung vom Punkt S. Sie sind die Spitzen von Pyramiden $EFG_nH_nS_n$.
Die Punkte G_n erhält man durch Verlängerung von $\overline{HG}$ über G hinaus um 2x cm und die Punkte H_n durch Verlängerung von $\overline{HG}$ um 2x cm über H hinaus.

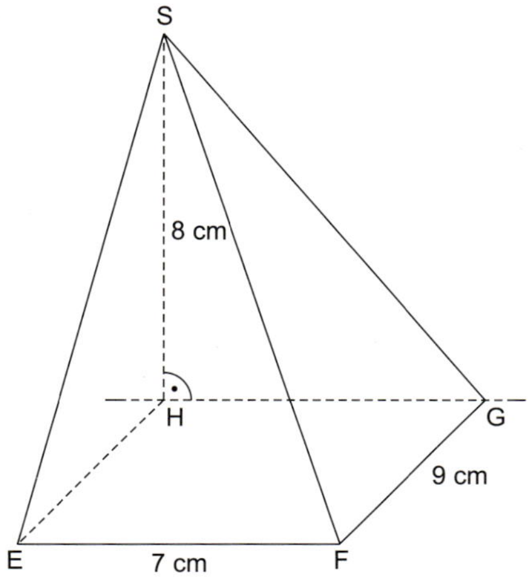

(Schrägbild im Maßstab 1 : 2 mit $q = 0{,}5$, $\omega = 45°$ und $\overline{HG}$ auf der Schrägbildachse)

a) Zeichne die Pyramide $EFG_1H_1S_1$ für $x = 2$ in das Schrägbild ein.
b) Bestätige durch Rechnung, dass für das Volumen V der Pyramiden $EFG_nH_nS_n$ in Abhängigkeit von x gilt:
$V(x) = (-6x^2 + 27x + 168)\ \text{cm}^3$
c) Berechne den x-Wert, für den die Pyramide mit dem größten Volumen entsteht.
d) Berechne den x-Wert, für den eine Pyramide mit 100 cm^3 Volumen entsteht.
e) Berechne, welchen prozentualen Anteil das Volumen der Pyramide EFGHS am Volumen der Pyramide $EFG_1H_1S_1$ hat.

Lösung:

a)

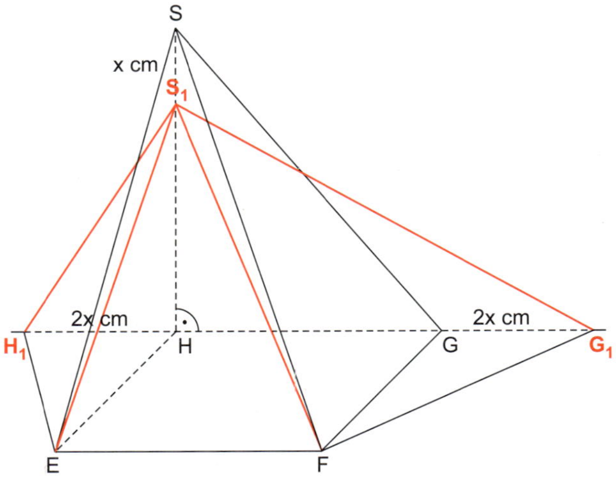

(Zeichnung im Maßstab 1 : 2)

b) Formel für das Pyramidenvolumen:

Überlege, welche Streckenlängen in der Formel von x abhängig sind. Die Grundfläche G ist ein Trapez.

$$V = \frac{1}{3} \cdot A_G \cdot h$$

Fläche des Trapezes EFG_nH_n:

$$A_G = \frac{1}{2} \cdot \left(|\overline{EF}| + |\overline{G_nH_n}|\right) \cdot |\overline{FG}|$$

$$A_G(x) = \frac{1}{2} \cdot \left(|\overline{EF}| + |\overline{GH}| + 2 \cdot 2x \text{ cm}\right) \cdot |\overline{FG}|$$

Höhe der Pyramide EFG_nH_nS:

$$h(x) = |\overline{S_nH}|$$

$$h(x) = |\overline{SH}| - x \text{ cm}$$

Einsetzen in die Formel:

$$V(x) = \frac{1}{3} \cdot \left[\frac{1}{2} \cdot \left(|\overline{EF}| + |\overline{GH}| + 2 \cdot 2x \text{ cm}\right) \cdot |\overline{FG}|\right] \cdot \left(|\overline{SH}| - x \text{ cm}\right)$$

$$V(x) = \frac{1}{3} \cdot \left[\frac{1}{2} \cdot (7 \text{ cm} + 7 \text{ cm} + 4x \text{ cm}) \cdot 9 \text{ cm}\right] \cdot (8 \text{ cm} - x \text{ cm})$$

$$V(x) = \frac{3}{2} \cdot (14 + 4x) \cdot (8 - x) \text{ cm}^3$$

$$V(x) = \frac{3}{2} \cdot (112 - 14x + 32x - 4x^2) \text{ cm}^3$$

$$V(x) = \frac{3}{2} \cdot (-4x^2 + 18x + 112) \text{ cm}^3$$

$$V(x) = (-6x^2 + 27x + 168) \text{ cm}^3$$

c) Quadratische Ergänzung:

$$V(x) = (-6x^2 + 27x + 168) \text{ cm}^3$$

$$V(x) = -6(x^2 - 4{,}5x - 28) \text{ cm}^3$$

$$V(x) = -6(x^2 - 4{,}5x + 2{,}25^2 - 2{,}25^2 - 28) \text{ cm}^3$$

$2{,}25^2 = 5{,}0625$

$$V(x) = -6[(x - 2{,}25)^2 - 33{,}0625] \text{ cm}^3$$

$$V(x) = [-6(x - 2{,}25)^2 + 198{,}375] \text{ cm}^3$$

$V_{max} = 198{,}375 \text{ cm}^3$ für $x = 2{,}25$

d) $\begin{array}{|l} V(x) = (-6x^2 + 27x + 168)\ cm^3 \\ \wedge \quad V = 100\ cm^3 \end{array}$

$\Rightarrow \quad -6x^2 + 27x + 168 = 100 \quad (I = II) \quad |-100$

Bringe die quadratische Gleichung in die allgemeine Form $ax^2 + bx + c = 0$. $a = -6;\ b = 27;\ c = 68$

$\Leftrightarrow \quad -6x^2 + 27x + 68 = 0$

Diskriminante:

$D = b^2 - 4 \cdot a \cdot c = 27^2 - 4 \cdot (-6) \cdot 68 = 2\,361$

$\Leftrightarrow \quad x_{1/2} = \dfrac{-b \pm \sqrt{D}}{2 \cdot a}$

Anwendung der Lösungsformel für quadratische Gleichungen

$\Leftrightarrow \quad x_{1/2} = \dfrac{-27 \pm \sqrt{2\,361}}{2 \cdot (-6)}$

$(x_1 = -1{,}80 \ \vee)\ x_2 = 6{,}30$

$L = \{6{,}30\}$

$x = -1{,}80$ ist wegen der Aufgabenstellung keine Lösung.

e) Volumen der Pyramide $EFG_1H_1S_1$:

$V_{EFG_1H_1S_1} = V(2)$

Setze $x = 2$ in $V(x) = (-6x^2 + 27x + 168)\ cm^3$ ein.

$V_{EFG_1H_1S_1} = (-6 \cdot 2^2 + 27 \cdot 2 + 168)\ cm^3$

$V_{EFG_1H_1S_1} = 198\ cm^3$

Volumen der Pyramide EFGHS:

$V_{EFGHS} = V(0)$

Setze $x = 0$ in $V(x) = (-6x^2 + 27x + 168)\ cm^3$ ein oder berechne V direkt über:

$V = \frac{1}{3} \cdot A_G \cdot h = \frac{1}{3} \cdot 7\ cm \cdot 9\ cm \cdot 8\ cm = 168\ cm^3$

$V_{EFGHS} = (-6 \cdot 0^2 + 27 \cdot 0 + 168)\ cm^3$

$V_{EFGHS} = 168\ cm^3$

Prozentualer Anteil: (PW: 168, GW: 198)

$\dfrac{PW}{GW} = \dfrac{p}{100} \quad |\cdot 100$

$p = \dfrac{PW}{GW} \cdot 100$

$p = \dfrac{168}{198} \cdot 100$

$p = 84{,}85$

Aufgabe 133

Die Raute ABCD ist Grundfläche einer geraden Pyramide ABCDS mit 12 cm Höhe. Die Diagonale $\overline{AC}$ der Grundfläche ist 8 cm lang. Die Diagonale $\overline{BD}$ ist 6 cm lang.

a) Zeichne das Schrägbild mit $\overline{BD}$ auf der Schrägbildachse, wobei $\omega = 45°$ und $q = 0{,}5$.

b) Der Punkt M_n liegt x cm über dem Diagonalenschnittpunkt M der Grundfläche ABCD. Eine zur Grundfläche parallele Ebene durch den Punkt M_n schneidet die Pyramide. Es entsteht so ein Pyramidenstumpf $ABCDE_nF_nG_nH_n$, wobei $E_n \in \overline{AS}$. Zeichne den Pyramidenstumpf $ABCDE_1F_1G_1H_1$ für $x = 5$ in die Zeichnung ein.

c) Berechne mithilfe des Strahlensatzes die Länge der Diagonalen und der Seiten der Schnittfläche $E_1F_1G_1H_1$. [Teilergebnis $|\overline{G_1H_1}| = 2{,}92$ cm]

d) Berechne das Volumen des Pyramidenstumpfes $ABCDE_1F_1G_1H_1$. (Differenz zweier Pyramiden!)

e) Berechne die Länge der Seiten $\overline{G_nH_n}$ in Abhängigkeit von x.

f) Berechne die Länge der Seiten $\overline{H_nD}$ in Abhängigkeit von x.

Interaktive Aufgaben

10. Tetraeder

11. Quadratische Pyramide

Zylinder

Lässt man eine zweidimensionale Figur um eine Rotationsachse rotieren, so entsteht dabei ein dreidimensionaler **Rotationskörper**.
Nimmt man als Ausgangsfigur ein Rechteck und lässt es um eine seiner Seiten rotieren, so entsteht dabei als Rotationskörper ein **Zylinder**.

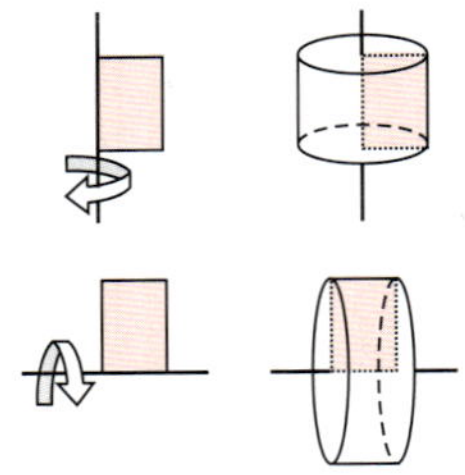

Der Axialschnitt durch einen Zylinder ist ein Rechteck mit den Seitenlängen d (Durchmesser) und h (Höhe).

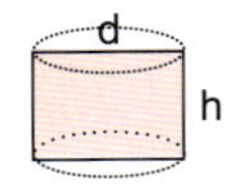

Die Abwicklung der Mantelfläche eines Zylinders ist ein Rechteck. Die Seitenlängen dieses Rechtecks entsprechen dem Umfang des Grundkreises und der Höhe des Zylinders.

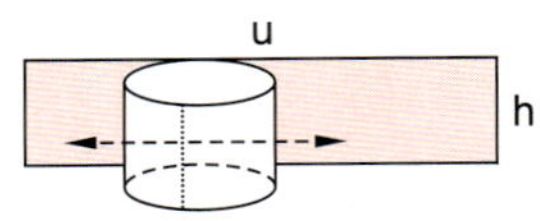

Merke

Eigenschaften von Zylindern

- Die Höhe h eines Zylinders ist der Abstand der Grundfläche G von der Deckfläche.
- Die **Mantelfläche M** ist ein Rechteck.
- Die **Oberfläche O** besteht aus der Mantelfläche und 2 kongruenten (deckungsgleichen) Kreisflächen.

Mantelfläche: $A_M = u \cdot h$
$A_M = 2 \cdot r \cdot \pi \cdot h$

Oberfläche: $A_O = M + 2 \cdot A_G$
$A_O = 2 \cdot r \cdot \pi \cdot (h + r)$

Volumen: $V = A_G \cdot h$
$V = r^2 \cdot \pi \cdot h$

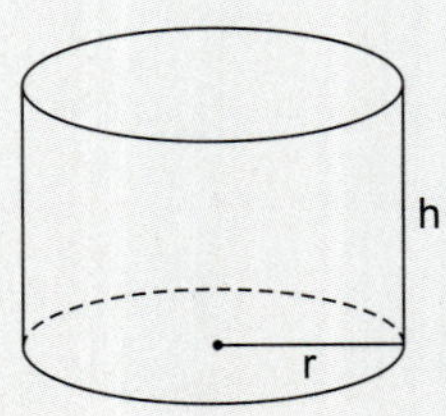

Beispiel

Zeichne den Axialschnitt eines Zylinders mit r = 5 cm und h = 8 cm und berechne das Volumen und die Mantelfläche.

Lösung:

$V = r^2 \cdot \pi \cdot h$
$V = (5\ \text{cm})^2 \cdot \pi \cdot 8\ \text{cm}$
$V = 200\pi\ \text{cm}^3$

$A_M = 2 \cdot r \cdot \pi \cdot h$
$A_M = 2 \cdot 5\ \text{cm} \cdot \pi \cdot 8\ \text{cm}$
$A_M = 80\pi\ \text{cm}^2$

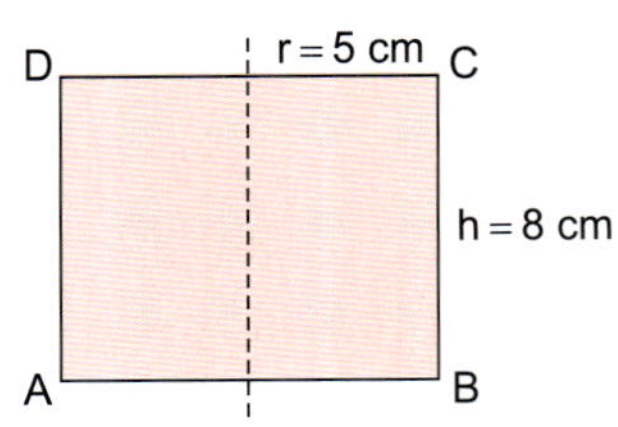

(Zeichnung im Maßstab 1 : 4)

Aufgaben

134 Ein Rohr hat den abgebildeten Querschnitt und eine Länge von 1 m. Berechne das Fassungsvermögen und die Oberfläche des Rohrs bei dieser Länge.

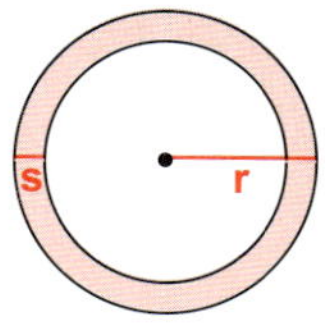

135 Eine Dose enthält 0,33 ℓ. Sie ist 12 cm hoch, aber abfüllbedingt nicht randvoll. Berechne die Füllhöhe der Dose und zu welchem Prozentsatz sie gefüllt ist, wenn die Banderole (Klebeetikett) von 23 cm Länge nur 1 cm überlappt.

Interaktive Aufgaben

- 12. Kakaodose
- 13. Einbeschriebener Zylinder
- 14. Farbeimer

Funktionale Abhängigkeiten und Extremwertberechnungen

Beispiel

Das Rechteck ABCD ist der Axialschnitt eines Zylinders mit r = 4 cm und h = 6 cm.

a) Zeichne den Axialschnitt des Zylinders.

b) Die Seite $\overline{BC}$ wird um x cm verkürzt und gleichzeitig wird die Seite $\overline{AB}$ an beiden Enden um jeweils x cm verlängert. Dadurch entstehen neue Zylinder mit dem Axialschnitt $A_nB_nC_nD_n$.
Zeichne den Axialschnitt für x = 2 ein.

c) Berechne die Mantelfläche der Zylinder mit Axialschnitt $A_nB_nC_nD_n$ in Abhängigkeit von x.

d) Berechne die maximale Mantelfläche und den zugehörigen x-Wert der Zylinder mit dem Axialschnitt $A_nB_nC_nD_n$ ohne zu runden.

Lösung:

a) und b)

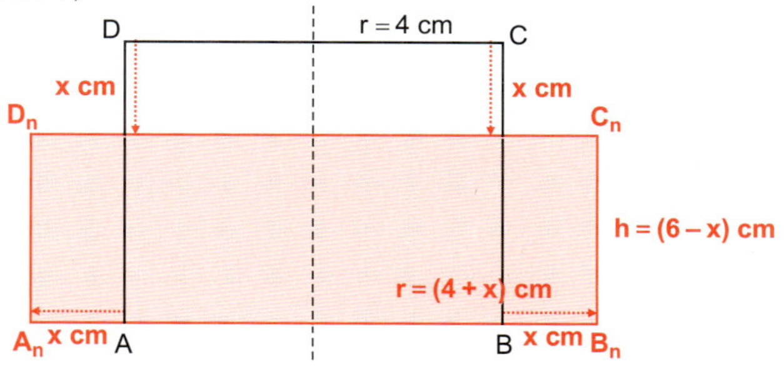

(Zeichnung im Maßstab 1 : 2)

c) $A_M = 2 \cdot r \cdot \pi \cdot h$

$A_M(x) = 2 \cdot (4 + x) \cdot \pi \cdot (6 - x)\ cm^2$

$A_M(x) = (8 + 2x) \cdot (6 - x) \cdot \pi\ cm^2$

$A_M(x) = (48 - 8x + 12x - 2x^2) \cdot \pi\ cm^2$

$A_M(x) = (-2x^2 + 4x + 48) \cdot \pi\ cm^2$

Um Rundungen zu vermeiden, wird π üblicherweise ausgeklammert.

d) Berechnung des Extremwerts (ohne zu runden):

$A_M(x) = (-2x^2 + 4x + 48) \cdot \pi\ cm^2$

$A_M(x) = \{-2 \cdot [x^2 - 2x - 24]\} \cdot \pi\ cm^2$

$A_M(x) = \{-2 \cdot [x^2 - 2x + 1^2 - 1^2 - 24]\} \cdot \pi\ cm^2$

$A_M(x) = \{-2 \cdot [(x - 1)^2 - 25]\} \cdot \pi\ cm^2$

$A_M(x) = \{-2(x - 1)^2 + 50\} \cdot \pi\ cm^2$

$A_{M_{max}} = 50\pi\ cm^2$ für x = 1 cm

Da nicht gerundet werden soll, setze eine zusätzliche geschweifte Klammer und führe die quadratische Ergänzung wie gewohnt innerhalb der geschweiften Klammer durch.

Bei der Angabe des Extremwerts darf man den Faktor π nicht vergessen.

Aufgabe 136
a – c

Ein Zylinder ist 4 cm hoch und hat einen Durchmesser von 12 cm. Der Radius wird um x cm verkürzt und gleichzeitig wird die Höhe um 2x cm verlängert.

a) Zeichne den Axialschnitt des ursprünglichen Zylinders und zeichne den Axialschnitt des Zylinders für $x = 3$ ein.
b) Berechne die Mantelfläche des entstandenen Zylinders in Abhängigkeit von x. (Teilergebnis: $A_M(x) = (-4x^2 + 16x + 48) \cdot \pi \text{ cm}^2$)
c) Berechne den Extremwert der Mantelfläche und den zugehörigen x-Wert.
d) Berechne, für welchen x-Wert die Mantelfläche 150 cm^2 beträgt.

Interaktive Aufgabe

15. Zwei Zylinder

Kegel

Ein **Kegel** (genauer: Kreiskegel) entsteht, wenn ein rechtwinkliges Dreieck um eine seiner beiden Katheten rotiert.

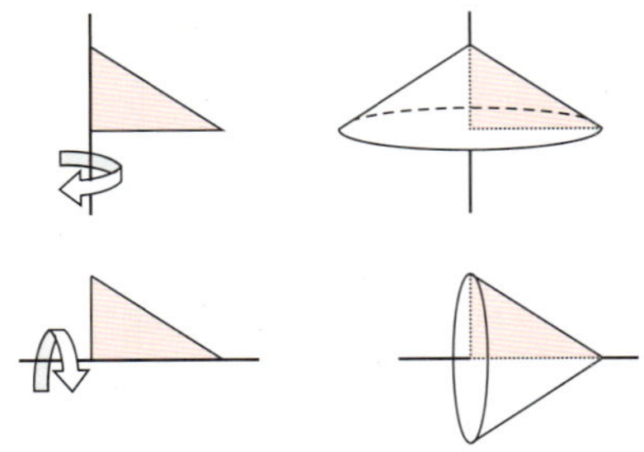

Der Axialschnitt eines Kegels ist ein gleichschenkliges Dreieck. Dessen gleich lange Schenkel werden als **Mantellinien m** bezeichnet. Sie schließen den sogenannten **Öffnungswinkel α** an der Spitze des Kegels ein.

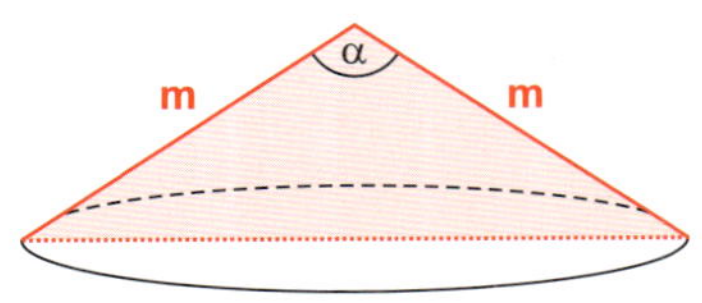

Die Abwicklung der Mantelfläche eines Kreiskegels ist ein **Kreissektor** mit **Mittelpunktswinkel φ**. Der Radius dieses Sektors ist die Mantellinie m des Kegels. Die Länge des Kreisbogens b entspricht dem Umfang u des Grundkreises. Die Mantelfläche M des Kegels entspricht der Fläche des Kreissektors.

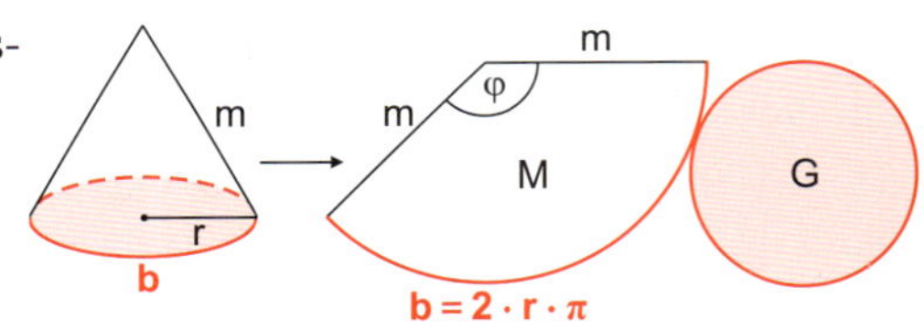

Merke

Eigenschaften von Kegeln

- Die Höhe h eines Kegels ist der Abstand der Spitze S von der Grundfläche.
- Die Abwicklung der **Mantelfläche M** ist ein Kreissektor.
- Die **Oberfläche O** besteht aus der Mantelfläche und dem Grundkreis.

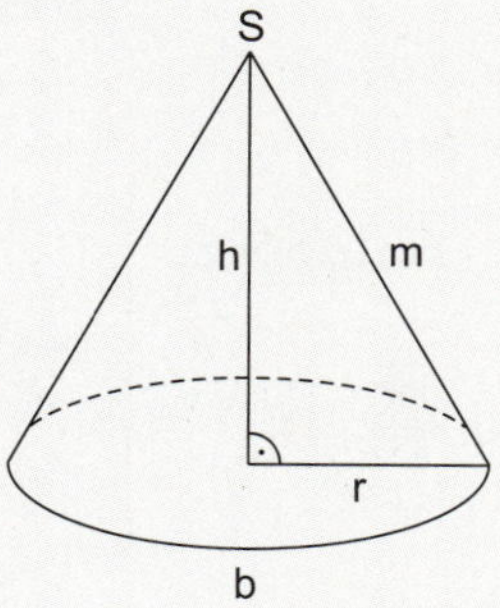

Volumen: $V = \frac{1}{3} \cdot A_G \cdot h$

$V = \frac{1}{3} \cdot r^2 \cdot \pi \cdot h$

Mantelfläche: $A_M = \frac{1}{2} \cdot b \cdot m$ oder: $A_M = \frac{\varphi}{360°} \cdot m^2 \cdot \pi$

$A_M = r \cdot \pi \cdot m$

Oberfläche: $A_O = A_M + A_G$

$A_O = r \cdot \pi \cdot (m + r)$

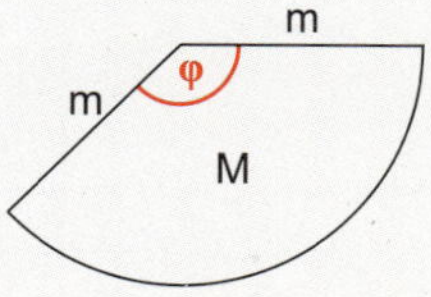

Mittelpunktswinkel φ der Abwicklung der Mantelfläche:

$\varphi = \frac{r}{m} \cdot 360°$

Beispiel

Berechne das Volumen, die Mantelfläche und den Mittelpunktswinkel φ der abgewickelten Mantelfläche für einen Kegel mit den Maßen r = 5 cm und h = 8 cm.

Lösung:

Berechnung des Volumens:

$V = \frac{1}{3} \cdot r^2 \cdot \pi \cdot h$

$V = \frac{1}{3} \cdot (5\text{ cm})^2 \cdot \pi \cdot 8\text{ cm}$

$V = 209{,}44\text{ cm}^3$

Berechnung der Mantelfläche:

$A_M = r \cdot \pi \cdot m$

$A_M = 5\text{ cm} \cdot \pi \cdot \sqrt{(5\text{ cm})^2 + (8\text{ cm})^2}$

$A_M = 5 \cdot \pi \cdot 9{,}43\text{ cm}^2$

$A_M = 148{,}13\text{ cm}^2$

Berechnung der Mantellinie m mit dem Satz des Pythagoras

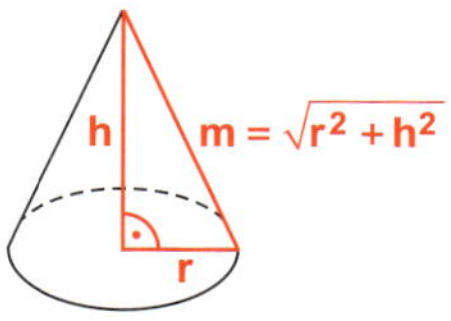

Berechnung des Mittelpunktswinkels:

$A_M = \frac{\varphi}{360°} \cdot m^2 \cdot \pi \quad \Big| \cdot \frac{360°}{m^2 \cdot \pi}$

$\varphi = \frac{M \cdot 360°}{m^2 \cdot \pi}$

$\varphi = \frac{148{,}13\text{ cm}^2 \cdot 360°}{(9{,}43\text{ cm})^2 \cdot \pi}$

$\varphi = 190{,}89°$

Abwicklung der Mantelfläche:

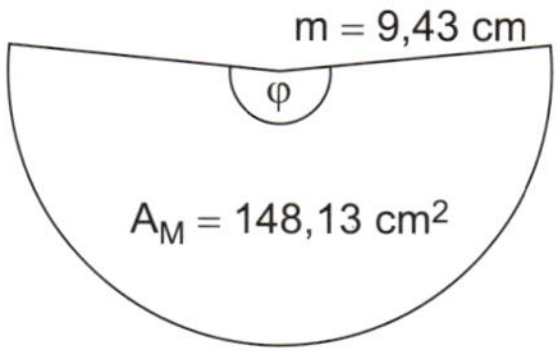

oder:

$$\varphi = \frac{r}{m} \cdot 360°$$

$$\varphi = \frac{5\text{ cm}}{9{,}43\text{ cm}} \cdot 360°$$

$$\varphi = 190{,}88°$$

Aufgaben

137 Ein Kegel hat die Mantellinie $m = 5$ cm und den Radius $r = 2{,}5$ cm.
a) Zeige, dass die Abwicklung der Mantelfläche ein Halbkreis ist.
b) Zeige allgemein, dass die Mantelfläche immer ein Halbkreis ist, wenn der Axialschnitt ein gleichseitiges Dreieck ergibt.

138 Ein Kegel mit Radius $r = 5$ cm und Höhe $h = 8$ cm wird von einer zur Grundfläche parallelen Ebene in einem Abstand von 3 cm geschnitten. Dabei entsteht ein 3 cm hoher Kegelstumpf.
Berechne Volumen und Mantelfläche des entstandenen Kegelstumpfes.

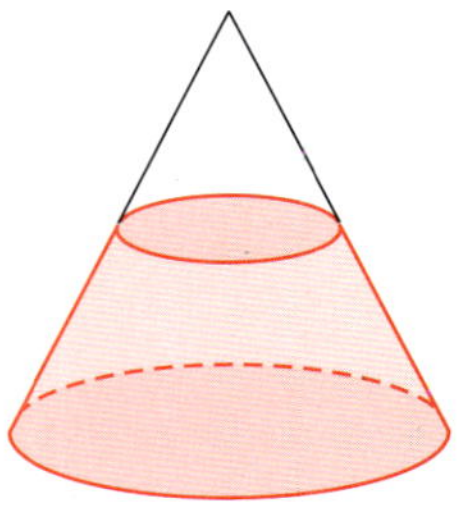

Tipp Differenz zweier Kegel

Interaktive Aufgaben
- 16. Mantellinie Kegel
- 17. Oberfläche Kegel
- 18. Tipi

Funktionale Abhängigkeiten und Extremwertberechnungen – Schnitt durch einen Kegel

Beispiel

Ein Kegel hat einen Radius von 3 cm und eine Höhe von 12 cm. Dieser Kegel wird durch eine zur Grundfläche parallele Ebene in einem Abstand von x cm zum Mittelpunkt M der Grundfläche geschnitten. Die Schnittfläche ist ein Kreis mit Radius r_K. Mit der Spitze S bildet dieser Kreis wieder neue Kegel mit dem Axialschnitt A_nB_nS.
a) Zeichne den Axialschnitt A_1B_1S des Kegels für $x = 5$ cm.
b) Berechne den Radius r_K der abgeschnittenen Kegel in Abhängigkeit von x.
c) Berechne die Mantelfläche der abgeschnittenen Kegel in Abhängigkeit von x.
d) Berechne den x-Wert, für den die Mantelfläche des abgeschnittenen Kegels 2π cm^2 beträgt.

Lösung:

a)

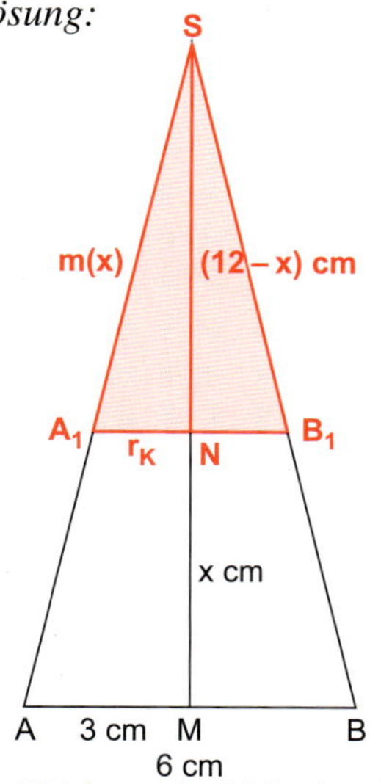

(Zeichnung im Maßstab 1 : 2)

b) Strahlensatz mit Zentrum S:

$$\frac{r_K}{|\overline{AM}|} = \frac{|\overline{SN}|}{|\overline{SM}|} \qquad |\cdot|\overline{AM}|$$

$$r_K = \frac{|\overline{SN}|}{|\overline{SM}|} \cdot |\overline{AM}|$$

$$r_K(x) = \frac{(12-x)\text{ cm}}{12\text{ cm}} \cdot 3\text{ cm}$$

$$r_K(x) = \frac{(12-x)}{4}\text{ cm}$$

$$r_K(x) = \left(3 - \frac{1}{4}x\right)\text{ cm}$$

c) Bestimme zunächst die Mantellinie $|\overline{SA_n}| = m(x)$.
Strahlensatz mit Zentrum S:

$$\frac{m}{|\overline{SA}|} = \frac{|\overline{SN}|}{|\overline{SM}|} \qquad |\cdot|\overline{SA}|$$

$$m = \frac{|\overline{SN}|}{|\overline{SM}|} \cdot |\overline{SA}|$$

$$m(x) = \frac{(12-x)\text{ cm}}{12\text{ cm}} \cdot |\overline{SA}|$$

Bestimme $|\overline{SA}|$ im rechtwinkligen Dreieck AMS.

$$m(x) = \frac{12-x}{12} \cdot \sqrt{|\overline{AM}|^2 + |\overline{MS}|^2}$$

$$m(x) = \left(1 - \frac{1}{12}x\right) \cdot \sqrt{3^2 + 12^2}\text{ cm}$$

$$m(x) = (12{,}37 - 1{,}03x)\text{ cm}$$

Mantelfläche der abgeschnittenen Kegel:

$A_M = r_K(x) \cdot \pi \cdot m(x)$

$A_M(x) = \left(3 - \frac{1}{4}x\right) \cdot \pi \cdot (12{,}37 - 1{,}03x)\ cm^2$

$A_M(x) = (37{,}11 - 3{,}09x - 3{,}09x + 0{,}26x^2) \cdot \pi\ cm^2$

$A_M(x) = (0{,}26x^2 - 6{,}18x + 37{,}11) \cdot \pi\ cm^2$

d) $\left| \begin{array}{l} A_M(x) = (0{,}26x^2 - 6{,}18x + 37{,}11) \cdot \pi\ cm^2 \\ \wedge \quad A_M = 2\pi\ cm^2 \end{array} \right.$

$\Rightarrow (0{,}26x^2 - 6{,}18x + 37{,}11) \cdot \pi = 2\pi \quad (I = II) \quad |:\pi$ — π lässt sich durch Division beseitigen.

$\Leftrightarrow \quad 0{,}26x^2 - 6{,}18x + 37{,}11 = 2 \quad |-2$

$\Leftrightarrow \quad 0{,}26x^2 - 6{,}18x + 35{,}11 = 0$ — Allgemeine Form der quadratischen Gleichung

$D = (-6{,}18)^2 - 4 \cdot 0{,}26 \cdot 35{,}11 = 1{,}678$ — Diskriminante $D = b^2 - 4ac$

$\Leftrightarrow \quad x_{1/2} = \frac{6{,}18 \pm \sqrt{1{,}678}}{2 \cdot 0{,}26}$

$(x_1 = 14{,}38) \quad \vee \quad x_2 = 9{,}39$

x_1 ist keine Lösung, da der Kegel nur 12 cm hoch ist und er daher im Abstand von 14,38 cm von der Grundfläche nicht von einer Ebene geschnitten werden kann.

$L = \{9{,}39\}$

Für $x = 9{,}39$ beträgt die Mantelfläche $2\pi\ cm^2$.

Aufgaben

139 (a – d)

Einem Kegel mit Radius 4 cm und Höhe 10 cm sind Zylinder mit Radius x cm einbeschrieben.

a) Zeichne den Axialschnitt des Kegels und des einbeschriebenen Zylinders für $x = 2$ ein.
b) Berechne die Höhe der Zylinder in Abhängigkeit von x.
c) Berechne die Mantelfläche der Zylinder in Abhängigkeit von x.
d) Berechne den x-Wert, für den der Zylinder mit der größten Mantelfläche entsteht.
e) Prüfe rechnerisch, ob es einen Zylinder gibt, dessen Mantelfläche halb so groß ist wie die Mantelfläche des Kegels.

140 (a – c)

Ein Kegel hat eine Höhe von 10 cm. Der Radius beträgt 2 cm. Die Höhe wird um x cm verkürzt und der Radius um x cm verlängert.

a) Zeichne den Axialschnitt ABS des Kegels und den Axialschnitt $A_1B_1S_1$ des veränderten Kegels für $x = 2$.
b) Berechne die Länge der Mantellinie m der veränderten Kegel mit Axialschnitt $A_nB_nS_n$ in Abhängigkeit von x.
c) Berechne, für welchen x-Wert man die kürzeste Mantellinie erhält.
d) Berechne, für welchen x-Wert die Mantellinie 9 cm lang ist.

Interaktive Aufgabe

19. Mantelfläche Kegel

Kugel

Eine **Kugel** entsteht, wenn ein Halbkreis um seinen Durchmesser rotiert. Der Mittelpunkt M des Durchmessers ist gleichzeitig auch der Mittelpunkt der Kugel.

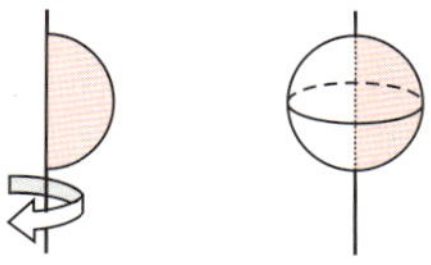

Der Axialschnitt einer Kugel ist ein Kreis mit Radius r. Schneidet man die Kugel mit einer beliebigen Ebene, so entstehen als Schnitte Kreise mit Radien $r' \leq r$.

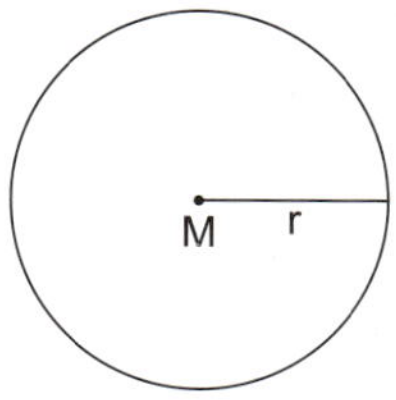

Merke

Eigenschaften von Kugeln
Jeder Punkt auf der **Oberfläche O** einer Kugel ist gleich weit vom **Mittelpunkt M** der Kugel entfernt.

Oberfläche: $A_O = 4 \cdot r^2 \cdot \pi$

Volumen: $V = \frac{4}{3} \cdot r^3 \cdot \pi$

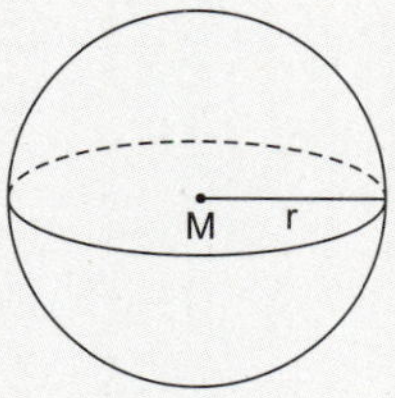

Beispiel

Ein Fußball hat einen Radius von 11 cm.
Berechne Oberfläche und Volumen. Vernachlässige dabei, dass ein Fußball nur näherungsweise eine Kugel ist.

Lösung:

Berechnung der Oberfläche:

$A_O = 4 \cdot r^2 \cdot \pi$

$A_O = 4 \cdot (11\,\text{cm})^2 \cdot \pi$

$A_O = 484\pi\,\text{cm}^2$

$A_O = 1\,520{,}53\,\text{cm}^2$

Berechnung des Volumens:

$V = \frac{4}{3} \cdot (11\,\text{cm})^3 \cdot \pi$

$V = 1\,774\frac{2}{3}\pi\,\text{cm}^3$

$V = 5{,}58\,\text{dm}^3 \quad (V = 5{,}58\,\ell)$

Aufgaben

141 Die Abbildung zeigt den Axialschnitt einer Designer-Glasschüssel. Er rotiert um die Symmetrieachse f.

a) Bestimme das Fassungsvermögen der Schüssel.
b) Bestimme das Volumen der Schüssel.
c) Bestimme die Oberfläche der Schüssel.

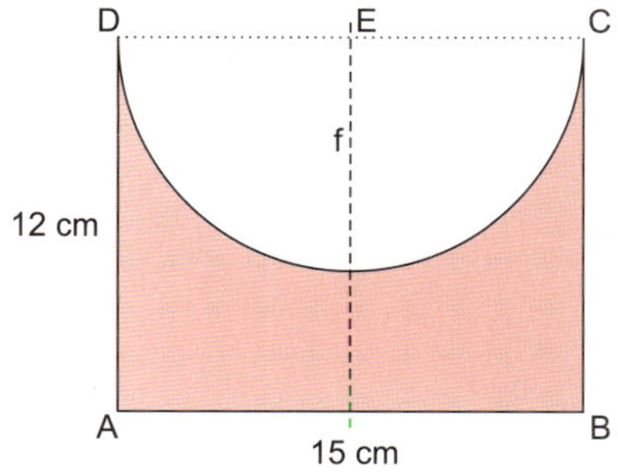

Tipp Zerlege die Oberfläche in Teilflächen verschiedener Grundkörper.

142 In einem Zylinder mit Radius r = 5 cm und Höhe h = 8 cm befindet sich eine Kugel.

a) Berechne die Oberfläche und das Volumen der größtmöglichen Kugel und zeichne einen Axialschnitt.
b) Berechne, welchen prozentualen Anteil am Volumen des Zylinders das Kugelvolumen einnimmt.

143 Einer Kugel mit Radius 5 cm wird ein Zylinder mit 6 cm Höhe einbeschrieben. Berechne das Volumen des einbeschriebenen Zylinders (Axialschnitt ABCD).

144 Gegeben ist der nebenstehende Axialschnitt eines Kegels samt Inkugel und Umkugel. Berechne das Volumen von Inkugel und Umkugel, wenn für den Kegel gilt: Radius r = 5 cm und Höhe h = 8 cm

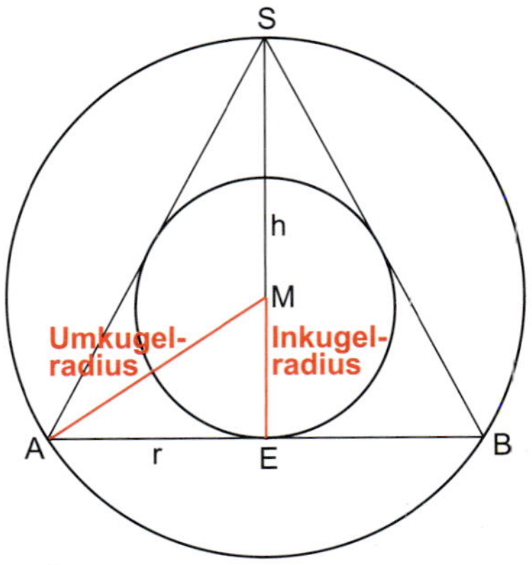

145 Einem Kegel ist eine Kugel einbeschrieben. Der Kegel hat einen Radius von 6 cm und eine Höhe von 8 cm.

a) Zeichne den Axialschnitt ABS des Kegels mit einbeschriebener Kugel und berechne den Radius der Inkugel.
b) Gib den prozentualen Anteil des Kugelvolumens am Volumen des Kegels an.
c) In den Raum über der Inkugel wird eine weitere Kugel in den Kegel einbeschrieben.
In welchem Verhältnis stehen die Volumina der beiden Kugeln?
In welchem Verhältnis stehen die Oberflächen der beiden Kugeln?
In welchem Verhältnis stehen die Radien der beiden Kugeln? Was fällt dir auf?

Interaktive Aufgaben

20. Bowlingkugel   21. Planet

Funktionale Abhängigkeiten und Extremwertberechnungen

146 (a – c)

Aus einem rechteckigen Stück Blech ABCD mit $|\overline{AB}| = 5$ cm und $|\overline{BC}| = 3$ cm werden zwei Viertelkreise ausgeschnitten. Es gilt $r_1 = |\overline{CF_n}|$ und $r_2 = |\overline{BF_n}| = x$ cm.
Dieses Blech rotiert um die Achse $\overline{BC}$.

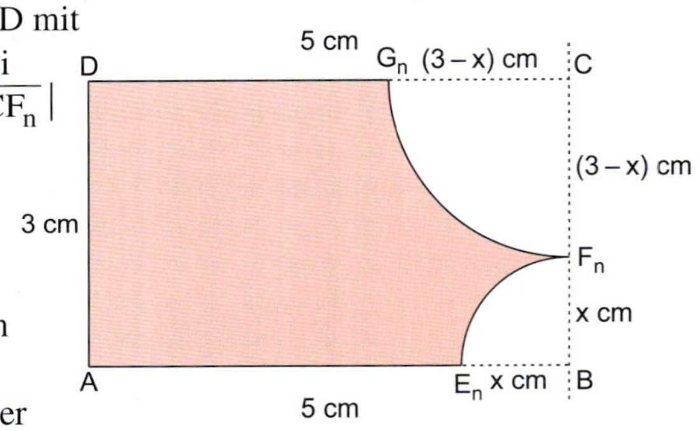

a) Skizziere den Rotationskörper, der dabei entsteht.
b) Berechne die Oberfläche des Körpers in Abhängigkeit von x.
c) Berechne den x-Wert, für den der Körper mit der kleinsten Oberfläche entsteht.
d) Berechne den x-Wert, für den ein Körper mit 100π cm^2 Oberfläche entsteht.

2.9 Grundbegriffe der Statistik

Spannweite, Modalwert, arithmetisches Mittel, Zentralwert

Merke

Spannweite:	**Differenz** aus **Maximum** (größter Wert) und **Minimum** (kleinster Wert) der Datenreihe
Modalwert:	Wert, der in der Datenreihe am **häufigsten** vorkommt
Arithmetisches Mittel:	Wird berechnet, indem man die **Einzelwerte addiert** und das Ergebnis durch die **Anzahl der Einzelwerte dividiert**
Zentralwert (Median):	Bei **ungerader Anzahl** von Werten: Wert, der in der **Mitte** steht, wenn die Daten der **Größe nach geordnet** werden Bei **gerader Anzahl** von Werten: **Arithmetisches Mittel** der beiden Werte, die in der **Mitte** stehen, wenn die Daten der **Größe nach geordnet** werden

Beispiel

In einer Umfrage soll ermittelt werden, wie lange Jugendliche täglich ihr Smartphone nutzen. Dazu wurden 12 Jugendliche befragt. Die Antworten wurden dabei auf ganze Stunden gerundet.

Datenreihe:

5 4 1 2 0 2 3 2 5 6 4 2

Minimum: **Min = 0** — 0 ist der kleinste Wert.

Maximum: **Max = 6** — 6 ist der größte Wert.

Spannweite: $R = \text{Max} - \text{Min} = 6 - 0 = 6$ — Die Differenz liefert die Spannweite.

Modalwert: **m = 2** — 2 kommt am häufigsten vor (4 Mal).

Arithmetische Mittel:

$$\bar{x} = \frac{5+4+1+2+0+2+3+2+5+6+4+2}{12}$$

$$= \frac{36}{12} = 3$$ gerundet

Geordnete Datenreihe:

0 1 2 2 2 2 3 4 4 5 5 6

Zentralwert: $z = \frac{2+3}{2} = 2{,}5$ — 2 und 3 stehen in der Mitte der geordneten Datenreihe.

Man kann diese Ergebnisse aber nicht auf das Verhalten aller Jugendlichen verallgemeinern, da zu wenige befragt wurden. Man sagt: Die Stichprobe war **nicht repräsentativ**.

Merke

Eine **repräsentative Stichprobe** soll folgende Merkmale erfüllen:
1. Eine Stichprobe muss die Zusammensetzung der **Gesamtheit widerspiegeln**.
2. Die Stichprobe muss **zufällig** ausgewählt sein.
3. Der Stichprobenumfang darf **nicht zu klein** sein.

Aufgaben

147

Es wurden 7 Kinder im Alter von 3 Jahren gewogen. Die Ergebnisse waren:
13 kg 16 kg 9 kg 13 kg 12 kg 11 kg 10 kg

a) Gib Maximum, Minimum, Spannweite, Modalwert, Zentralwert (Median) sowie das arithmetische Mittel an.

b) Lassen sich diese Erkenntnisse auf alle Kinder im Alter von 3 Jahren übertragen? Entscheide begründet.

148

a) Das arithmetische Mittel einer Datenreihe aus 10 Werten beträgt 5,5.
Gib ein Beispiel einer solchen Reihe an.

b) Der Modalwert einer Datenreihe aus 10 Werten ist 5.
Gib ein Beispiel einer solchen Reihe an.

c) Die Spannweite einer Datenreihe aus 7 Werten ist 63.
Gib ein Beispiel einer solchen Reihe an.

d) Der Zentralwert einer Datenreihe aus 9 aufeinanderfolgenden natürlichen Zahlen ist 25.
Gib ein Beispiel einer solchen Reihe an.

149

Ein in Deutschland geborener Mann wird heute im Durchschnitt 78,6 Jahre alt. Die deutschen Männer liegen im Ranking der durchschnittlichen Lebenserwartung auf Platz 28. In den folgenden Tabellen sind jeweils 9 Länder mit hoher bzw. niedriger Lebenserwartung aufgeführt.

Tabelle A

Land	Lebenserwartung Männer
Hongkong	82,2 Jahre
Schweiz	81,9 Jahre
Japan	81,4 Jahre
Singapur	81,4 Jahre
Macau	81,3 Jahre
Schweden	81,3 Jahre
Norwegen	81,2 Jahre
Italien	81,1 Jahre
Island	81,0 Jahre

Tabelle B

Land	Lebenserwartung Männer
Kongo (Dem. Rep.)	59,1 Jahre
Mali	58,5 Jahre
Angola	58,4 Jahre
Kamerun	58,0 Jahre
Äquatorialguinea	57,7 Jahre
Elfenbeinküste	56,6 Jahre
Somalia	55,7 Jahre
Nigeria	53,8 Jahre
Tschad	52,8 Jahre

nach: Lebenserwartung für Männer und Frauen, www.laenderdaten.info/lebenserwartung.php

Bestimme zu jeder Tabelle das arithmetische Mittel. Ermittle anschließend die Spannweite der aufgeführten 18 Länder.

150

Ein 100-m-Läufer trainiert und läuft dreimal die 100 m. Dabei erreicht er folgende Zeiten: in Sekunden:

Lauf	1. Lauf	2. Lauf	3. Lauf	4. Lauf
Zeit in s	10,35	10,16	9,84	x

Ermittle, welche Zeit er im 4. Lauf erreichen muss, damit seine Durchschnittszeit 10 s beträgt.

Interaktive Aufgabe

1. Schulmeisterschaft
2. Konzert
3. Eintrittspreise

Kombinatorik – Anzahl der Möglichkeiten

Merke

Um die Gesamtzahl der möglichen **Kombinationen** von voneinander **unabhängigen Wahlmöglichkeiten** zu ermitteln, werden die **Anzahlen** der einzelnen Wahlmöglichkeiten miteinander **multipliziert**.

Beispiele

1. Auf einem Zahlenschloss gibt es 4 Zahlräder mit den Ziffern 0 bis 9. Bestimme, wie viele Kombinationsmöglichkeiten es gibt.

   Lösung:
   Es gibt $10 \cdot 10 \cdot 10 \cdot 10 = 10^4 = 10\,000$ Kombinationsmöglichkeiten.

   Jedes der **4 Zahlräder** hat die **10 Ziffern** 0, 1, 2, 3, 4, 5, 6, 7, 8 und 9.

2. Bei einfachen Kennwörtern kann man pro Stelle aus 26 Großbuchstaben, 26 Kleinbuchstaben, 10 Ziffern und 10 Sonderzeichen (z. B. „!", „§", „$", …) auswählen. Es gibt somit **72 Möglichkeiten pro Stelle**. Ermittle, wie viele Kombinationsmöglichkeiten sich für ein **4-stelliges Kennwort** ergeben.

   Lösung:
   Es gibt $72 \cdot 72 \cdot 72 \cdot 72 = 72^4 = 26\,873\,856$ Kombinationsmöglichkeiten.

Aufgaben

151 Ein Tresor hat 3 Stellräder mit jeweils 100 Stellen. Ist er schwerer zu knacken als ein Tresor mit 4 Stellrädern mit je 50 Stellen? Entscheide begründet.

152 Beim Pausenverkauf gibt es 4 verschiedene Semmeln (Mohnsemmel, Sesamsemmel, Vollkornsemmel und Roggensemmel). Jede Semmel kann entweder mit Schinken, Salami oder Käse belegt werden. Zusätzlich kann man als Beilage entweder Gurke, Tomate, Paprika, Salat oder Ei wählen. Bestimme, wie viele verschiedene Zubereitungsmöglichkeiten es gibt, wenn jede Semmel genau einen Belag und genau eine Beilage enthalten muss.

153 Sabine hat in ihrem Kleiderschrank 4 Hosen, 10 T-Shirts und 8 Paar Socken. Reicht das aus, um niemals im Jahr die gleiche Kombination aus Hose, T-Shirt und Sockenpaar anzuziehen? Entscheide begründet.

Interaktive Aufgabe

4. FC Grün-Weiß

5. Menü

Vertauschungen – Permutationen

Beispiel

Kathi will ihre 3 Lieblingsbücher in ein Regal stellen. In wie vielen verschiedenen Reihenfolgen kann sie diese 3 Bücher im Regal anordnen?

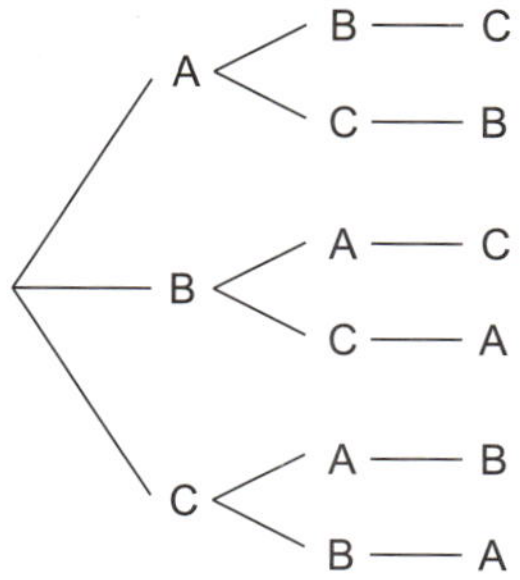

Kürze die Titel der Bücher durch die Buchstaben A, B und C ab. Es gibt also Buch A, Buch B und Buch C.

Die verschiedenen Anordnungen der Bücher kannst du übersichtlich in einem Baumdiagramm anordnen.

Die Gesamtzahl der möglichen Anordnungen (Permutationen) entspricht der Anzahl aller Baum-Enden (hier also 6). Diese gesuchte Gesamtzahl ist das Produkt aus den Anzahlen der Möglichkeiten auf jeder Stufe.

1. Stufe: Wahl aus **3** Büchern
2. Stufe: Noch **2** Möglichkeiten
3. Stufe: Nur noch **1** Möglichkeit (das letzte Buch)

Bei 3 Büchern sind dann $\mathbf{3 \cdot 2 \cdot 1 = 6}$ verschiedene Anordnungen (**Permutationen**) möglich.

Für das Produkt $\mathbf{3 \cdot 2 \cdot 1}$ gibt es eine Kurzschreibweise: **3!** (gesprochen: „**3 Fakultät**"). Allgemein schreibt man $\mathbf{n! = n \cdot (n-1) \cdot \ldots \cdot 2 \cdot 1}$ (gesprochen: „**n Fakultät**").

Merke

Für **n Positionen** gibt es **n! Möglichkeiten der Anordnung**.

Beispiel

Für 2 Positionen gibt es $2! = 2 \cdot 1 = 2$ mögliche Anordnungen.
Für 3 Positionen gibt es $3! = 3 \cdot 2 \cdot 1 = 6$ mögliche Anordnungen.
Für 4 Positionen $4! = 4 \cdot 3 \cdot 2 \cdot 1 = 24$ mögliche Anordnungen.
Für 5 Positionen $5! = 5 \cdot 4 \cdot 3 \cdot 2 \cdot 1 = 120$ mögliche Anordnungen.

Aufgaben

154 Kurz vor Spielbeginn: Die 11 Spieler einer Fußballmannschaft stellen sich in einer Reihe für die Nationalhymne auf. Ermittle, wie viele theoretische Möglichkeiten sich für die Reihenfolge der Spieler ergeben.

155 Buchstabensalat: Auf dem Tisch befinden sich 5 Karten mit den Buchstaben M, A, T, H und E. Ziehe 5 Mal nacheinander blind eine Karte, ohne sie zurückzulegen.
a) Ermittle, wie viele mögliche Buchstabenfolgen es gibt.
b) Ermittle, wie viele mögliche Kombinationen es gibt, wenn man die Karte nach jedem Zug wieder zurücklegt, sodass sie erneut gezogen werden kann.

156 In einer Firma arbeiten 8 Personen. Jeden Tag stellen sie ihre 8 Autos auf dem Parkplatz nebeneinander in einer Reihe ab. Bestimme die Anzahl der möglichen Park-Reihenfolgen.

Interaktive Aufgabe 6. MP3-Player

Absolute und relative Häufigkeit

20 fußballbegeisterte Schülerinnen einer 8. Klasse wurden nach ihrem Lieblingsverein gefragt. Das Ergebnis lautete:

Verein	Stimmen
RB Leipzig	4
VfL Wolfsburg	1
FC Bayern München	6

Verein	Stimmen
Borussia Dortmund	4
FC Augsburg	3
VfB Stuttgart	2

Die Stimmanzahlen bezeichnet man auch als die absoluten Häufigkeiten, mit der für die jeweiligen Vereine gestimmt wurde.

Merke

Die **absolute Häufigkeit** eines Merkmals ist die **tatsächlich vorkommende Anzahl** des Merkmals.

Die **relative Häufigkeit** des Merkmals ist der **Anteil der absoluten Häufigkeit an der Gesamtgröße** der Stichprobe. Sie wird meist in Prozent angegeben.

Berechnung: $\text{relative Häufigkeit} = \frac{\text{absolute Häufigkeit}}{\text{Gesamtzahl}}$

Beispiel

Bestimme die relativen Häufigkeiten, mit denen die Vereine jeweils genannt wurden.

Lösung:

Es wurden insgesamt 20 Stimmen abgegeben.

$\text{Relative Häufigkeit} = \frac{\text{absolute Häufigkeit}}{\text{Gesamtzahl}}$

RB Leipzig:	$\frac{4}{20} = \frac{1}{5} = 0{,}2$	Relative Häufigkeit in Prozent: 20 %
VfL Wolfsburg:	$\frac{1}{20} = 0{,}05$	Relative Häufigkeit in Prozent: 5 %
FC Bayern München:	$\frac{6}{20} = \frac{3}{10} = 0{,}3$	Relative Häufigkeit in Prozent: 30 %
Borussia Dortmund:	$\frac{4}{20} = \frac{1}{5} = 0{,}2$	Relative Häufigkeit in Prozent: 20 %
FC Augsburg:	$\frac{3}{20} = 0{,}15$	Relative Häufigkeit in Prozent: 15 %
VfB Stuttgart:	$\frac{2}{20} = \frac{1}{10} = 0{,}1$	Relative Häufigkeit in Prozent: 10 %

Aufgabe 157

In der letzten Englisch-Schulaufgabe wurden folgende Noten erzielt:

Note 1:	2 Mal	Note 2:	6 Mal
Note 3:	6 Mal	Note 4:	7 Mal
Note 5:	3 Mal	Note 6:	1 Mal

Ermittle die relativen Häufigkeiten der einzelnen Noten.

Interaktive Aufgabe

7. Neue Eissorte
8. Dorffest
9. Schulfest

2.10 Zufallsexperimente

Ein **Zufallsexperiment** ist ein Experiment mit den folgenden Eigenschaften:

- Es ist **unter gleichen Bedingungen** beliebig oft **wiederholbar**.
- Es wird **genau ein Ergebnis** von mehreren möglichen Ergebnissen eintreten.
- Welches **Ergebnis** eintreten wird, lässt sich **nicht voraussagen**.

Absolute und relative Häufigkeit bei Zufallsexperimenten

Beim mehrfachen Wiederholen eines Zufallsexperiments kann man für jedes mögliche Ergebnis die Häufigkeit des Eintretens zählen.

Merke

Als **absolute Häufigkeit** eines Ergebnisses bezeichnet man die Häufigkeit, mit der das Ergebnis **tatsächlich eingetreten** ist.

Als **relative Häufigkeit** des Ergebnisses bezeichnet man den **Anteil der absoluten Häufigkeit an der Gesamtzahl** der Wiederholungen des Zufallsexperiments. Sie wird meist in Prozent angegeben.

Berechnung: $\text{relative Häufigkeit} = \dfrac{\text{absolute Häufigkeit}}{\text{Gesamtzahl}}$

Beispiel

Ein Reißnagel wird 150 Mal geworfen. Dabei wurde gezählt, wie oft der Reißnagel in Schräglage oder mit dem Nagel nach oben liegen blieb:

Nagel nach oben	Schräglage
66 Mal	84 Mal

Achtung: Das Werfen des Reißnagels ist ein einstufiges Zufallsexperiment, denn es wird immer nur einmal geworfen, bis das Ergebnis feststeht.

Absolute Häufigkeit des Ergebnisses „Nagel nach oben“: 66

Absolute Häufigkeit des Ergebnisses „Schräglage“: 84

Relative Häufigkeit des Ergebnisses „Nagel nach oben“: $\frac{66}{150} = 44\ \%$

Relative Häufigkeit des Ergebnisses „Schräglage“: $\frac{84}{150} = 56\ \%$

Aufgabe 158

In einer Lostrommel sind Kugeln mit den Zahlen 1 bis 10. Nach jedem Zug wird die Kugel wieder zurück in die Trommel gelegt. In einem Experiment wurden Kugeln gezogen und notiert, wie oft welche Zahl gezogen wurde.

Kugel	1	2	3	4	5	6	7	8	9	10
Anzahl	3	5	1	0	2	1	1	3	3	1

Ermittle jeweils die relative Häufigkeit, mit der die Zahl 2, 4 bzw. 6 gezogen wurde.

Interaktive Aufgabe

1. Würfeln

Ergebnis und Ergebnisraum

Bei jedem Zufallsexperiment lassen sich die möglichen Ergebnisse übersichtlich darstellen.

Beispiel

Eine Münze wird geworfen. Die beiden möglichen Ergebnisse sind „Kopf“ (kurz: K) oder „Zahl“ (kurz: Z).

Die Menge aller möglichen Ergebnisse ist $\Omega = \{K; Z\}$.

Merke

Die Menge aller möglichen Ergebnisse nennt man **Ergebnisraum Ω**.

Beispiele

1. Ein Glücksrad enthält 7 Felder, die mit Geldbeträgen beschriftet sind. Es wird einmal gedreht.
   Gib den Ergebnisraum an.
   Lösung:
   Ω = {1 Million €; 10 000 €; 500 000 €; 50 000 €; Überraschungsgewinn; 200 000 €; 500 €}

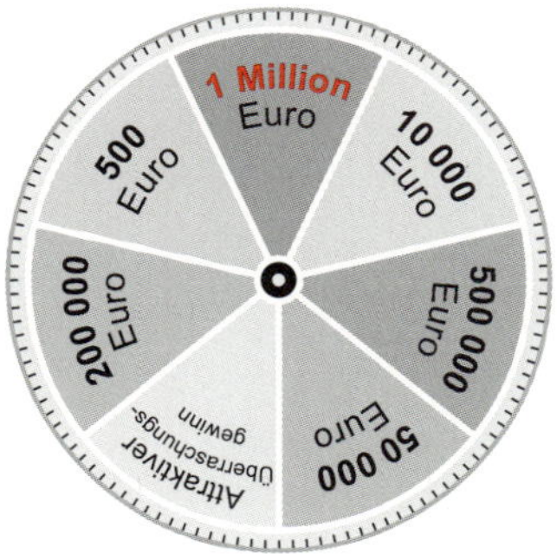

2. Du würfelst mit 2 Spielwürfeln mit den Augenzahlen 1 bis 6. Das Ergebnis ist jeweils das Produkt der beiden gewürfelten Zahlen. Gib den Ergebnisraum an.
   Lösung:
   Ω = {1; 2; 3; 4; 5; 6; 8; 10; 12; 9; 15; 18; 16; 20; 24; 25; 30; 36}

   Gehe systematisch vor: 1 · 1, 1 · 2, 1 · 3, 1 · 4, 1 · 5, 1 · 6, 2 · 1, 2 · 2, 2 · 3, …, 6 · 4, 6 · 5, 6 · 6
   Ordne dann die Ergebnisse der Größe nach.

3. In einer Urne sind 2 gelbe und 2 blaue Kugeln. Du ziehst nacheinander 3 davon heraus, ohne die Kugeln zurückzulegen. Gib an, welche Ergebnisse möglich sind.
   Lösung:

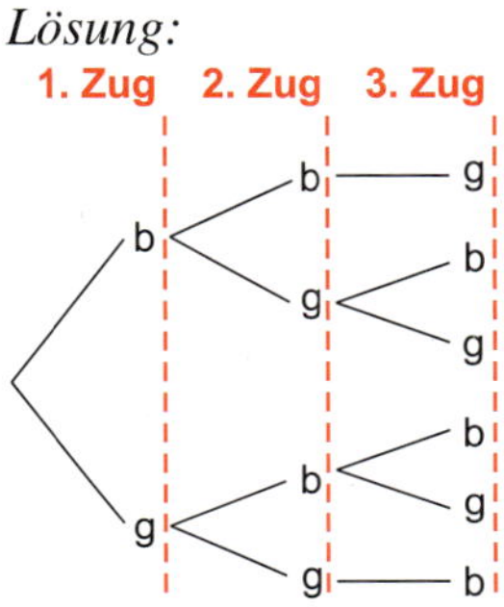

Bei der Ermittlung der Ergebnisse hilft ein Baumdiagramm.

Beim 3. Zug sind hier nur noch gelbe Kugeln in der Urne.

Beim 3. Zug sind hier nur noch blaue Kugeln in der Urne.

Der Ergebnisraum ist also Ω = {b-b-g; b-g-b; b-g-g; g-b-b; g-b-g; g-g-b}.

Aufgaben

159 Du würfelst mit 2 Spielwürfeln mit den Augenzahlen 1 bis 6. Das Ergebnis ist jeweils die Summe der beiden Augenzahlen. Gib den Ergebnisraum an.

160 In einer Urne sind 2 schwarze und 2 weiße Kugeln. Du ziehst nacheinander alle 4 Kugeln heraus. Ermittle mit einem Baumdiagramm den Ergebnisraum.

Interaktive Aufgabe

2. Zwei Würfel

Ereignis und Gegenereignis

Merke

Fasst man mehrere mögliche Ergebnisse zusammen, so spricht man von einem **Ereignis**.

Beispiel

Du würfelst einmal mit einem Spielwürfel mit den Augenzahlen 1 bis 6.
Ereignis E: „Du würfelst eine gerade Zahl."
Mengenschreibweise: E = {2; 4; 6}

Man fasst die Ergebnisse „2", „4" und "6" in einer Menge zusammen.

Merke

> 2 Ereignisse, die sich gegenseitig ausschließen und zusammen den gesamten Ergebnisraum ergeben, nennt man **Ereignis** und **Gegenereignis**. Die relativen Häufigkeiten von Ereignis und Gegenereignis ergeben addiert 100 %.

Beispiel

Du würfelst einmal mit einem Spielwürfel mit den Augenzahlen 1 bis 6.
Gib jeweils das Ereignis und das Gegenereignis in Mengenform an.

a) Du würfelst eine gerade Zahl.
b) Du würfelst eine Zahl größer als 4.
c) Du würfelst eine Primzahl.
d) Du würfelst keine 1.

Lösung:

	Ereignis E		Gegenereignis $\overline{E}$
a)	$E = \{2; 4; 6\}$		$\overline{E} = \{1; 3; 5\}$
b)	$E = \{5; 6\}$		$\overline{E} = \{1; 2; 3; 4\}$
c)	$E = \{2; 3; 5\}$	(1 ist keine Primzahl)	$\overline{E} = \{1; 4; 6\}$
d)	$E = \{2; 3; 4; 5; 6\}$		$\overline{E} = \{1\}$

Aufgaben

161 Aus einem Säckchen mit den Figuren eines Schachspiels wird blind eine Figur gezogen. Formuliere das Gegenereignis von „Man zieht keinen Turm." in Worten.

162 In einer Lostrommel sind genau 2 Lose: ein Gewinn (G) und eine Niete (N). Du ziehst zweimal hintereinander. Nach jedem Zug wirfst du das Los wieder in die Trommel zurück. Gib jeweils das Ereignis und das Gegenereignis in Mengenform an.

a) Du ziehst genau eine Niete.
b) Du ziehst 2 Nieten.
c) Du ziehst mindestens eine Niete.
d) Du ziehst keine Niete.

Vierfeldertafel

Absolute und relative Häufigkeiten lassen sich gut mit einer sogenannten **Vierfeldertafel** darstellen. So können auch **Ergebnisse von Zufallsexperimenten** übersichtlich beschrieben werden.

Beispiel

Man wirft einen Reißnagel zweimal hintereinander und notiert die Ergebnisse in einer Vierfeldertafel. Insgesamt macht man wieder 150 Durchgänge. Schreibt man „S" für „Schräglage" und „N" für „Nagel nach oben", dann können als Ergebnisse auftreten:

Achtung: Hier liegt ein zweistufiges Zufallsexperiment vor, denn es wird jeweils zweimal geworfen, bis das Ergebnis feststeht. Dieses zweistufige Zufallsexperiment wird 150 Mal wiederholt.

(S|S): „Reißnagel zweimal hintereinander in Schräglage"
(S|N): „Erst Reißnagel in Schräglage, dann Reißnagel mit Nagel nach oben"
(N|S): „Erst Reißnagel mit Nagel nach oben, dann Reißnagel in Schräglage"
(N|N): „Reißnagel zweimal hintereinander mit Nagel nach oben"

Mit der **Vierfeldertafel** werden die **absoluten Häufigkeiten** in Tabellenform dargestellt:

Wurf 1 \ Wurf 2	S	N	Gesamt
S	30	60	90
N	33	27	60
Gesamt	63	87	**150**

Aus der Tafel kann man den Verlauf des Experiments herauslesen (grau markiert):

Absolute Häufigkeit des Ergebnisses (S|S): 30

Absolute Häufigkeit des Ergebnisses (S|N): 60

Absolute Häufigkeit des Ergebnisses (N|S): 33

Absolute Häufigkeit des Ergebnisses (N|N): 27

Die **Summe** der ersten beiden Werte in der „Gesamt"-Zeile bzw. -Spalte ergibt jeweils die **Gesamtzahl der Durchgänge** (**150**).

Auch die **relativen Häufigkeiten** lassen sich in der **Vierfeldertafel** angeben:

Wurf 1 \ Wurf 2	S	N	Gesamt
S	$\frac{30}{150} = 20\ \%$	$\frac{60}{150} = 40\ \%$	$\frac{90}{150} = 60\ \%$
N	$\frac{33}{150} = 22\ \%$	$\frac{27}{150} = 18\ \%$	$\frac{60}{150} = 40\ \%$
Gesamt	$\frac{63}{150} = 42\ \%$	$\frac{87}{150} = 58\ \%$	**100 %**

Die **Summe** der ersten beiden Werte in der „Gesamt"-Zeile bzw. -Spalte beträgt jeweils **100 %**.

Aus einer **Vierfeldertafel** lassen sich wie im folgenden Beispiel auch **fehlende Häufigkeiten** erschließen.

Beispiel

2 Impfstoffe A und B werden bezüglich ihrer Wirksamkeit untersucht. Insgesamt wurde eine repräsentative Stichprobe von 20 000 Testpersonen entweder mit Impfstoff A oder mit Impfstoff B geimpft. Dabei ergaben sich folgende Ergebnisse:

	Wirkt	Wirkt nicht	Gesamt
Impfstoff A	6 200		8 000
Impfstoff B			
Gesamt		5 600	20 000

Vervollständige die Tabelle.

Lösung:

	Wirkt	Wirkt nicht	Gesamt
Impfstoff A	6 200	**1 800**	8 000
Impfstoff B	**8 200**	**3 800**	**12 000**
Gesamt	**14 400**	5 600	20 000

Die markierten Werte ermittelt man wie folgt:
Man entnimmt der **4. Spalte** der Tabelle, dass 8 000 von 20 000 Personen den Impfstoff A erhalten haben. Den Impfstoff B haben also erhalten:
20 000 − 8 000 = **12 000** Personen

Mit der **2. Zeile** erschließt man sich, wie oft Impfstoff A nicht wirksam war:
8 000 − 6 200 = **1 800**

In der **3. Spalte** ergibt sich damit, wie oft Impfstoff B nicht wirksam war:
5 600 − 1 800 = **3 800**

In der **4. Zeile** ergibt sich, wie oft die Impfstoffe insgesamt wirksam waren:
20 000 − 5 600 = **14 400**

Schließlich erhält man in der **2. Spalte**, wie oft Impfstoff B wirksam war:
14 400 − 6 200 = **8 200**

Aufgaben

163

a) Gib für das obige Beispiel mit den beiden Impfstoffen A und B in einer Vierfeldertafel die relativen Häufigkeiten bezogen auf die Gesamtzahl 20 000 an.

b) Bestimme die relative Häufigkeit, dass …
- die Impfung bei einer mit Impfstoff A geimpften Person wirksam war.
- die Impfung bei einer mit Impfstoff B geimpften Person wirksam war.

Vergleiche dann die Wirksamkeit der Impfstoffe.

164

Von 88 Befragten mögen 50 Schoko-Eis, 12 davon mögen auch Stracciatella-Eis. Insgesamt mögen 25 % aller Befragten Stracciatella-Eis.
Beantworte folgende Fragen mit einer Vierfeldertafel. Gib die relativen Häufigkeiten an.

a) Wie viel Prozent derer, die kein Schoko-Eis mögen, mögen Stracciatella-Eis?

b) Wie viel Prozent derer, die Schoko-Eis mögen, mögen Stracciatella-Eis?

165

Münzwurf: Im Baumdiagramm sind jeweils absolute Häufigkeiten angegeben.
Erstelle aus dem Baumdiagramm eine Vierfeldertafel mit den …

a) absoluten Häufigkeiten.

b) relativen Häufigkeiten.

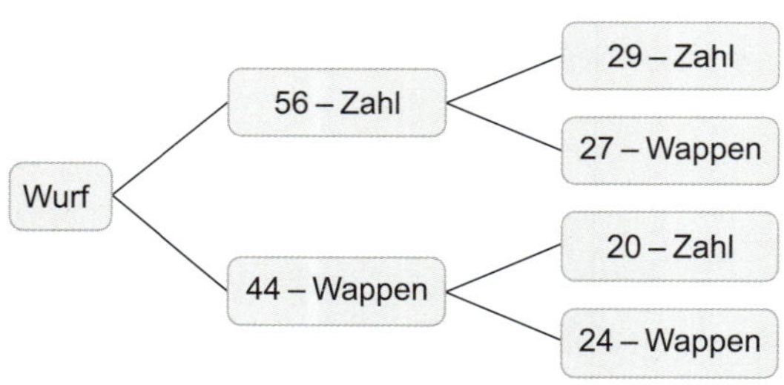

166

In der Klasse 5 A mit 30 Kindern spielen 15 Fußball, 60 % der Kinder sind Jungen und 6 Jungen spielen nicht Fußball. Wie viele in der Klasse 5 A sind keine Jungen und spielen nicht Fußball? Löse mit einer Vierfeldertafel.

167

Von 750 Befragten an einer Schule haben 600 ein eigenes Smartphone und 400 einen eigenen Computer. Dagegen besitzen 12 % der Befragten weder Smartphone noch Computer. Wie viele Befragte haben ein Smartphone und einen Computer? Löse mit einer Vierfeldertafel.

Interaktive Aufgabe

3. Vierfeldertafel

4. Vierfeldertafel

Laplace-Experimente und Wahrscheinlichkeiten bei einstufigen Zufallsexperimenten

Merke

Ein **Laplace-Experiment** ist ein Zufallsexperiment, bei dem **jedes Ergebnis gleich wahrscheinlich** ist.

Beispiel

Eine 1-Euro-Münze wird geworfen. Entweder liegt Zahl (Z) oder Wappen (W) oben.

Das einmalige Werfen einer Münze ist ein Zufallsexperiment mit Ergebnisraum: $\Omega = \{W; Z\}$

Man kennt den Versuchsausgang vorher nicht, kennt aber alle möglichen Ergebnisse des Versuchs, nämlich Wappen oder Zahl.

Die beiden Ergebnisse **W und Z** sind **gleich wahrscheinlich**.

Ein zentraler Begriff bei Laplace-Experimenten ist die Wahrscheinlichkeit von Ereignissen.

Merke

Die **Wahrscheinlichkeit P** eines Ereignisses E berechnet man, indem man die Anzahl der für E günstigen Ergebnisse durch die Anzahl der möglichen Ergebnisse teilt.

Berechnung: $\mathbf{P = \dfrac{Anzahl\ der\ günstigen\ Ergebnisse}{Anzahl\ der\ möglichen\ Ergebnisse}}$

Mit dieser Formel lassen sich Wahrscheinlichkeiten bei einstufigen Zufallsexperimenten leicht berechnen:

Beispiele

1. Beim Münzwurf beträgt die Wahrscheinlichkeit P für das Ergebnis W („Wappen“):
   $P = \frac{1}{2} = 50\ \%$

2. Beim einmaligen Werfen eines Würfels kann als Ergebnis eine der Zahlen 1, 2, 3, 4, 5 oder 6 auftreten. Der Ergebnisraum ist also $\Omega = \{1; 2; 3; 4; 5; 6\}$.
   Die Wahrscheinlichkeit P für „Man würfelt eine 6.“ beträgt dann:
   $P(„6“) = \frac{1}{6}$
   Nur die „6“ ist ein günstiges Ergebnis, d. h.: 1 günstiges Ergebnis, 6 mögliche Ergebnisse

3. Beim einmaligen Ziehen aus einer Urne mit 5 schwarzen, 5 weißen und 5 blauen Kugeln beträgt die Wahrscheinlichkeit, dass entweder eine schwarze oder eine weiße Kugel gezogen wird:
   $P = \frac{10}{15} = \frac{2}{3} = 66{,}\overline{6}\ \%$
   Unter den 15 möglichen Ergebnissen sind 10 günstige Ergebnisse: die 5 schwarzen und die 5 weißen Kugeln.

4. In einer Urne sind 8 Kugeln. Davon sind 4 Kugeln gelb, 3 Kugeln rot und 1 Kugel schwarz. Die Wahrscheinlichkeit, eine bestimmte Farbe zu ziehen, berechnet man folgendermaßen:
   $P(„Gelb“) = \frac{4}{8} = 50\ \%$
   Günstige Ergebnisse: die 4 gelben Kugeln
   Mögliche Ergebnisse: alle 8 Kugeln im Topf
   Ebenso ergeben sich: $P(„Rot“) = \frac{3}{8} = 37{,}5\ \%$ und $P(„Schwarz“) = \frac{1}{8} = 12{,}5\ \%$

Aufgaben

168 Ein bekannter Hersteller verkauft Schokolinsen in Tüten. In einer Tüte befinden sich 10 braune, 24 grüne, 16 gelbe, 12 rote, 10 orange und 8 blaue Schokolinsen. Bestimme, mit welcher Wahrscheinlichkeit man eine gelbe Linse erwischt, wenn man diese Tüte öffnet und blind hineingreift.

169 Das abgebildete Glücksrad ist in 5 farbige Sektoren aufgeteilt. Alle Sektoren sind gleich groß. Das einmalige Drehen des Glücksrads ist ein Laplace-Experiment. Berechne, mit welcher Wahrscheinlichkeit die Farbe Rot kommt.

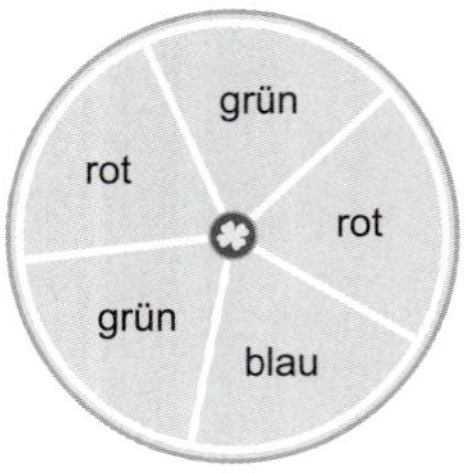

170 Für ein Glücksrad mit Sektoren in den 3 Farben Schwarz, Weiß und Rot soll gelten:
P(„Schwarz") = 30 % P(„Weiß") = 60 % P(„Rot") = 10 %
Berechne die Mittelpunktswinkel der Sektoren und zeichne das Glücksrad.

171 Schafkopf wird in Oberbayern mit 32 Karten gespielt. Die Karten lassen sich in die „Farben" Eichel, Grün, Herz und Schellen einteilen, von denen es jeweils 8 unterschiedliche Karten gibt: 7er, 8er, 9er, 10er, Unter, Ober, König, Ass.

a) Bestimme, mit welcher Wahrscheinlichkeit man beim Abheben eine Karte in der Farbe Eichel erwischt.
b) Bestimme, mit welcher Wahrscheinlichkeit man beim Abheben einen Ober erwischt.
c) Bestimme, mit welcher Wahrscheinlichkeit man genau den Eichel-Ober (den Alten) erwischt.

172 Löse die Aufgaben für das Schafkopfspiel nördlich des Weißwurstäquators (also wenn es von jeder der 4 Farben nur 6 verschiedene Karten gibt: 9er, 10er, Unter, Ober, König, Ass.)

173 Beim Roulette gibt es die Felder 0 bis 36. Dabei hat die „0" keine Farbe und die anderen Zahlen sind entweder schwarz oder rot (siehe nebenstehende Abbildung). Die Kugel wird geworfen und landet dabei auf einer der Zahlen. Bestimme, …

a) mit welcher Wahrscheinlichkeit die Zahl 20 kommt.
b) mit welcher Wahrscheinlichkeit eine schwarze Zahl kommt.
c) mit welcher Wahrscheinlichkeit eine Zahl von 1 bis 12 kommt.
d) Setzt man sein Geld auf eine Zahl, so bekommt man im Gewinnfall das 36-Fache seines Einsatzes. Entscheide, ob das fair ist, und begründe deine Antwort.

Interaktive Aufgabe

5. Glücksrad 6. Pläne

Wahrscheinlichkeit von Ereignis und Gegenereignis

Beispiel

In einer Tüte sind 80 Bonbons. 40 davon schmecken nach Erdbeere, 30 nach Zitrone und 10 nach Himbeere. Du greifst blind hinein.

Die Wahrscheinlichkeit des Ereignisses **E: „Bonbon mit Zitronengeschmack“** ist:

$$\mathbf{P(E)} = \frac{30}{80} = \mathbf{0{,}375} = 37{,}5\ \%$$

Das Gegenereignis zu E ist **$\overline{\mathrm{E}}$: „Bonbon ohne Zitronengeschmack“.**

Die Wahrscheinlichkeit, ein Bonbon ohne Zitronengeschmack zu erwischen, ist leicht zu berechnen:

$$\mathbf{P(\overline{E})} = \frac{50}{80} = \mathbf{0{,}625} = 62{,}5\ \%$$

50 der 80 Bonbons in der Tüte schmecken nicht nach Zitrone.

Beachte den folgenden Zusammenhang: **0,375 + 0,625 = 1**

Dieser Zusammenhang vereinfacht viele Aufgaben und lässt sich als Merkregel zusammenfassen.

Merke

> Die Wahrscheinlichkeiten von Ereignis und Gegenereignis ergeben addiert 100 %.
> Kurz: $\mathbf{P(E) + P(\overline{E}) = 1}$

Beispiel

In einem Kartenspiel sind vier 7er. Es sind insgesamt 32 Karten.
Bestimme die Wahrscheinlichkeit, aus dem Stapel keinen 7er zu ziehen.

Lösung:

Ereignis E: „Kein 7er“, also Gegenereignis $\overline{\mathrm{E}}$: „Ein 7er“

$$P(\text{„Ein 7er“}) = \frac{4}{32} = \frac{1}{8} = 0{,}125 = 12{,}5\ \%$$

Es sind vier 7er im Stapel.

$$P(\text{„Kein 7er“}) = 1 - 0{,}125 = 0{,}875 = 87{,}5\ \%$$

Es gilt: P(„Ein 7er“) + P(„Kein 7er“) = 1 oder P(„Kein 7er“) = 1 – P(„Ein 7er“)

Aufgaben

174 Ermittle die Wahrscheinlichkeit, beim einmaligen Würfeln mit einem Spielwürfel mit den Augenzahlen 1 bis 6 keine 6 zu würfeln. Betrachte bei deiner Lösung Ereignis und Gegenereignis.

175 In Deutschland sind ca. 8 % aller erwachsenen Männer farbenblind. Ermittle, die Wahrscheinlichkeit, dass ein zufällig ausgewählter Mann nicht farbenblind ist.

Interaktive Aufgabe

7. Gegenereignis

Wahrscheinlichkeiten bei mehrstufigen Zufallsexperimenten

Beispiele

1. **Zweistufiges Zufallsexperiment**
   Eine Münze wird zweimal hintereinander geworfen.

   Wirft man die Münze mehrmals hintereinander, bis das Ergebnis feststeht, dann ist es ein „mehrstufiges Zufallsexperiment“.

   Die Menge der möglichen Ergebnisse kann in Form eines Baumdiagramms übersichtlich dargestellt werden.

Bei diesem zweistufigen Zufallsexperiment sind folgende Ergebnisse möglich:
WW: „Zweimal hintereinander Wappen“
WZ: „Erst Wappen, dann Zahl“
ZW: „Erst Zahl, dann Wappen“
ZZ: „Zweimal hintereinander Zahl“

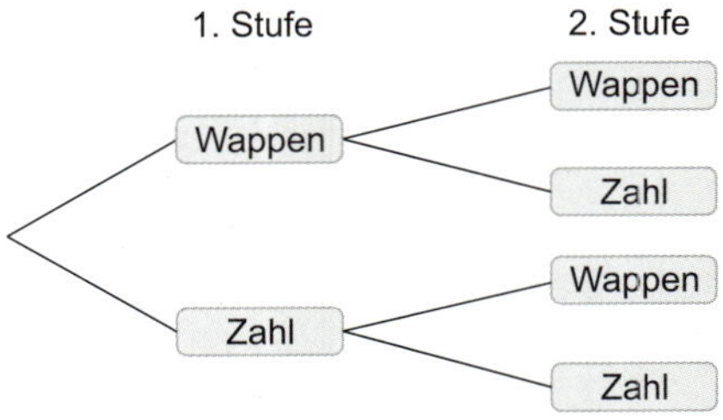

Der Ergebnisraum ist also:
$\Omega = \{WW; WZ; ZW; ZZ\}$

Die Wahrscheinlichkeit, dass zweimal hintereinander Wappen geworfen wird, ist:

$$P(WW) = \frac{1}{4} = 25\ \%$$

1 günstiges Ergebnis: WW
4 mögliche Ergebnisse: WW; WZ; ZW; ZZ

Ebenso ergeben sich:

$$P(WZ) = \frac{1}{4} = 25\ \% \quad \text{bzw.} \quad P(ZW) = \frac{1}{4} = 25\ \% \quad \text{bzw.} \quad P(ZZ) = \frac{1}{4} = 25\ \%$$

2. **Dreistufiges Zufallsexperiment**
In einer Urne befinden sich 2 schwarze Kugeln (S) und eine weiße Kugel (W). Es werden 3 Kugeln gezogen. Dabei wird nach jedem Zug die gezogene Kugel wieder zurück in die Urne gelegt.
   a) Bestimme mithilfe eines Baumdiagramms die Wahrscheinlichkeit, dass dreimal hintereinander die weiße Kugel gezogen wird, also P(WWW).
   b) Bestimme die Wahrscheinlichkeit, dass dreimal hintereinander eine schwarze Kugel gezogen wird, also P(SSS).

Lösung:

a) Baumdiagramm:

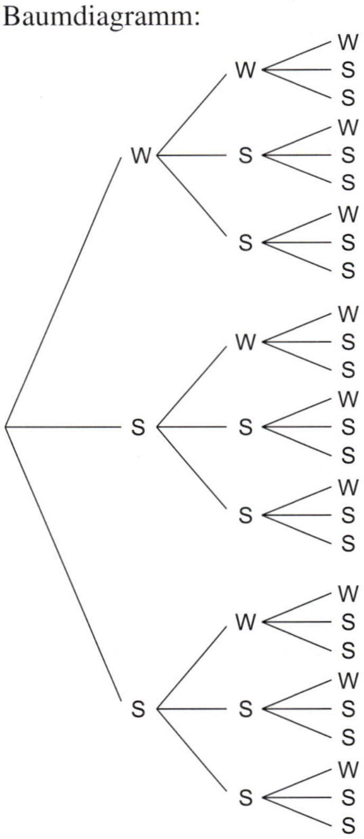

Beachte: Die Wahrscheinlichkeit, eine schwarze Kugel zu ziehen, ist größer als die Wahrscheinlichkeit, eine weiße Kugel zu ziehen.
Um die gesuchte Wahrscheinlichkeit zu berechnen, betrachtet man daher alle möglichen Kombinationen mithilfe eines Baumdiagramms. „S“ kommt hier dann immer zweimal pro Ast vor, da es 2 verschiedene schwarze Kugeln gibt.
Bei jedem Zug können 3 Kugeln gezogen werden. Das Baumdiagramm liefert also $3^3 = 27$ mögliche Pfade.

$$P(WWW) = \frac{1}{27}$$

Es gibt genau 1 Pfad, der zum Ergebnis WWW führt.

b) $P(SSS) = \frac{8}{27}$

Es gibt genau 8 Pfade, die zum Ergebnis SSS führen.

Aufgaben

176

2 Würfel mit den Augenzahlen 1 bis 6 werden nacheinander geworfen. Die erste Augenzahl ist die erste Ziffer und die zweite Augenzahl die zweite Ziffer einer Zahl. Gib an, …

a) wie viele verschiedene Möglichkeiten es gibt.
b) mit welcher Wahrscheinlichkeit man einen 6er-Pasch würfelt.
c) mit welcher Wahrscheinlichkeit man einen Pasch würfelt.
d) mit welcher Wahrscheinlichkeit man keinen Pasch würfelt.
e) mit welcher Wahrscheinlichkeit man eine Zahl kleiner 60 würfelt.
f) mit welcher Wahrscheinlichkeit man keine 6 würfelt.

177

Beim Münzwurf-Spiel Triple-Coin musst du dreimal eine Münze werfen. Du gewinnst beim Ergebnis ZZZ, also wenn du dreimal hintereinander Zahl wirfst.

a) Stelle in einem Baumdiagramm alle möglichen Ergebnisse dar, gib den Ergebnisraum an und berechne die Wahrscheinlichkeit, zu gewinnen.
b) Bestimme die Wahrscheinlichkeit dafür, dass man genau zweimal Zahl wirft.

178

In einer Urne befinden sich 2 rote Kugeln (R) und eine weiße Kugel (W). 2 Kugeln werden nacheinander gezogen. Die gezogene Kugel wird aber nicht mehr zurückgelegt. Zeichne das Baumdiagramm und ermittle die Wahrscheinlichkeit dafür, dass zweimal hintereinander Rot gezogen wird.

179

Aus einem Schafkopfspiel nimmt man 2 Ober (O) und 2 Unter (U) heraus und legt sie verdeckt auf den Tisch. Du ziehst nacheinander 2 Karten, ohne die erste wieder zurückzulegen.

a) Bestimme, wie hoch die Wahrscheinlichkeit ist, dass du 2 Ober hintereinander ziehst.
b) Bestimme, wie hoch ist die Wahrscheinlichkeit ist, dass du einen Ober und einen Unter ziehst. Die Reihenfolge ist dabei egal.

Interaktive Aufgabe

8. Baumdiagramm

3 Grundwissen 10. Klasse

3.1 Potenzen und Potenzfunktionen

Merke

Die Potenzschreibweise ist die **abgekürzte** Schreibweise für die **Multiplikation gleicher Faktoren**.

Basis ↘ a^n ↙ Exponent; a^n: Potenz

Multiplizieren: $\underbrace{a \cdot a \cdot a \cdot a \cdot \ldots \cdot a}_{\text{n-mal}} =$ Potenzieren: a^n

Die Zahl, die sich nach dem Ausmultiplizieren einer Potenz ergibt, heißt **Potenzwert**.

Für alle $a, b \in \mathbb{R} \setminus \{0\}$ gilt:

$a^0 = 1 \quad a^{-1} = \frac{1}{a} \quad a^{-n} = \frac{1}{a^n} \quad \left(\frac{a}{b}\right)^{-n} = \left(\frac{b}{a}\right)^n \quad n \in \mathbb{N}$ (Beachte: „0^0“ ist nicht definiert)

Potenzen mit negativen Exponenten sind also eine andere Schreibweise für Brüche mit dem Zähler 1.

Beispiele

1. $\underbrace{\frac{x}{4} \cdot \frac{x}{4} \cdot \frac{x}{4} \cdot \frac{x}{4} \cdot \frac{x}{4}}_{\text{5-mal}} = \left(\frac{x}{4}\right)^5 = \frac{x^5}{4^5}$ — Zähler und Nenner werden je 5-mal mit sich selbst multipliziert.
2. $123^0 = 1$ — Eine 0 als Exponent liefert immer den Potenzwert 1.
3. $4^{-3} = \frac{1}{4^3} = \frac{1}{64} = 64^{-1}$
4. $\left(\frac{3}{8}\right)^{-4} = \frac{1}{\left(\frac{3}{8}\right)^4} = \left(\frac{8}{3}\right)^4$

Aufgaben

180 Ein Quadrat hat den Umfang $u = 3{,}6$ m.
Berechne den zugehörigen Flächeninhalt.

181 Berechne den Potenzwert.

a) $\left(-\frac{2}{3}\right)^3$ b) 15^0

c) 10^6 d) -3^6

e) $(-2)^3$ f) $(-2)^4$

182 Berechne die folgenden Potenzen.

a) 10^{-3} b) $\left(\frac{1}{5}\right)^{-3}$

c) $\left(\frac{2}{3}\right)^{-4}$ d) $\frac{9}{3^{-2}}$

183 Schreibe als Bruch und berechne den Wert des Bruchs.

a) 4^{-3}
b) 8^{-2}
c) $(-2)^{-3}$
d) -2^{-3}

184 Bestimme den Wert von x.

a) $1\ \text{mm} = 10^{x}\ \text{m}$
b) $1\ \text{mm}^2 = 10^{x}\ \text{m}^2$
c) $1\ \text{mm}^3 = 10^{x}\ \text{m}^3$
d) $1\ \text{mg} = 10^{x}\ \text{t}$

Potenzgesetze

Merke

Die 5 Potenzgesetze

Für $a, b \in \mathbb{R}\setminus\{0\}$ und $n, m \in \mathbb{Z}$ gilt:

1. Potenzen mit **gleicher Basis** werden multipliziert, indem man die Exponenten addiert und die Basis beibehält. $a^n \cdot a^m = a^{n+m}$
2. Potenzen mit **gleicher Basis** werden dividiert, indem man die Exponenten subtrahiert und die Basis beibehält. $\frac{a^n}{a^m} = a^{n-m}$
3. Potenzen mit **gleichem Exponenten** werden multipliziert, indem man die Basen multipliziert und den Exponenten beibehält. $a^n \cdot b^n = (a \cdot b)^n$
4. Potenzen mit **gleichem Exponenten** werden dividiert, indem man die Basen dividiert und den Exponenten beibehält. $\frac{a^n}{b^n} = \left(\frac{a}{b}\right)^n$
5. Eine Potenz wird potenziert, indem man die Exponenten multipliziert und die Basis beibehält. $\left(a^n\right)^m = a^{n \cdot m}$

Beispiele

1. $12^2 \cdot 12^5 - y^2 \cdot y^3 = 12^{2+5} - y^{2+3} = 12^7 - y^5$

Multiplikation von Potenzen mit gleicher Basis: Anwendung des 1. Potenzgesetzes

2. $12^2 : 12^5 - y^2 : y^3 = 12^{2-5} - y^{2-3} = 12^{-3} - y^{-1} = \frac{1}{12^3} - \frac{1}{y}$

Division von Potenzen mit gleicher Basis: Anwendung des 2. Potenzgesetzes

3. $18^3 \cdot 6^3 = (18 \cdot 6)^3 = 108^3$

Multiplikation von Potenzen mit gleichen Exponenten: Anwendung des 3. Potenzgesetzes

4. $18^3 : 6^3 = (18 : 6)^3 = 3^3$

Division von Potenzen mit gleichen Exponenten: Anwendung des 4. Potenzgesetzes

5. $\left(2^5\right)^3 - \left(a^4\right)^2 = 2^{5 \cdot 3} - a^{4 \cdot 2} = 2^{15} - a^8$

Potenzieren von Potenzen: Anwendung des 5. Potenzgesetzes

Merke

Vielfache von **gleichen Potenzen** können zusammengefasst werden.

Beispiele

1. $3{,}5a^4 + 5b^2 - 1{,}9c^6 + 2{,}2a^4 - 2{,}7b^2$ Sortieren
$= 3{,}5a^4 + 2{,}2a^4 + 5b^2 - 2{,}7b^2 - 1{,}9c^6$ Zusammenfassen
$= 5{,}7a^4 + 2{,}3b^2 - 1{,}9c^6$

2. $301y^3 - 11y^2$ Lässt sich nicht zusammenfassen!

Aufgaben

185 Vereinfache mithilfe der Potenzgesetze.

a) $(5^{-4} : 5^3) \cdot 5^9$

b) $\dfrac{3x^6 \cdot 2x^4}{2x^2 \cdot 5x^3}$

c) $\left(\dfrac{4}{ab}\right)^3 \cdot \left(\dfrac{a^3b^2}{4}\right)^3$

d) $(2x^2y^3)^3 \cdot (5x^3y)^2$

e) $\dfrac{36x^4}{6x^{-5}} + \dfrac{30x^2}{5x^{-3}}$

f) $(a^2 + 6a + 9) \cdot (a + 3)^3$

186 Vereinfache mithilfe der Potenzgesetze.

a) $\dfrac{x^{2n-1}}{x^{n+3}}$

b) $\dfrac{(xy)^{4n-2}}{(xy)^{2(n-1)}}$

c) $\dfrac{(a^2 - b^2)^{3x}}{(a + b)^{3x}}$

d) $\dfrac{(a + b)^{12x+5}}{(b + a)^{8x}}$

e) $a^x \cdot a^{x-1} : a^{2x}$

f) $(n + 0{,}25m)^{0{,}5x-1} \cdot (n + 0{,}25m)^{1+0{,}5x}$

g) $\left(\dfrac{1}{2}a\right)^b \cdot (16a^2)^b$

h) $\left(\dfrac{5}{x}\right)^{2a+1} \cdot (2x)^{2a+1}$

187 Fasse zu einer einzigen Potenz zusammen und berechne den Potenzwert.

a) $16^3 : \left[-\left(\dfrac{1}{4}\right)^{-3}\right]$

b) $(\sqrt{32})^{-1} : (\sqrt{72})^{-1}$

c) $\dfrac{6^{-2} \cdot 24^{-2}}{36^{-2}}$

d) $2^{-4} \cdot \dfrac{0{,}125}{8^{-3}}$

Interaktive Aufgaben

1. Potenzen zusammenfassen
2. Potenzen vereinfachen

Merke

Potenzen mit der Basis 10 werden als **Zehnerpotenzen** bezeichnet. Die **Stufenzahlen** (1; 10; 100; 1 000; …) des Dezimalsystems lassen sich mittels der Potenzschreibweise kürzer darstellen:

$1 = 10^0$ $10 = 10^1$ $100 = 10^2$ … $1\,000\,000 = 10^6$ …

Jede Zahl lässt sich daher als Produkt aus einer Zahl zwischen 1 und 10 und einer Zehnerpotenz schreiben.

Beispiele

1. Entfernung Erde–Mond: $384\,000\text{ km} = 3{,}84 \cdot 10^5\text{ km}$
2. Masse der Erde: $6\,000\,000\,000\,000\,000\,000\,000\,000\text{ kg} = 6 \cdot 10^{24}\text{ kg}$

Aufgabe 188

a

Licht breitet sich mit einer Geschwindigkeit von etwa $3 \cdot 10^5 \frac{\text{km}}{\text{s}}$ aus. Ein Raumschiff bewegt sich mit $\frac{1}{1\,000}$ der Lichtgeschwindigkeit.

a) Berechne, wie viele Sekunden das Raumschiff bräuchte, um die Erde (Erdumfang ca. 40 000 km) zu umrunden.

b) Berechne, wie viele Tage und Stunden das Raumschiff bräuchte, um von der Erde aus die Sonne (Entfernung Erde–Sonne: ca. $1{,}5 \cdot 10^8$ km) zu erreichen.

Interaktive Aufgabe

3. Zehnerpotenzen

Potenzfunktionen

Gleichungen der Form $y = x^n$ mit variabler Basis x und konstantem Exponenten $n \in \mathbb{N}$ legen **Potenzfunktionen** fest $(x, y \in \mathbb{R})$.

Potenzfunktionen der Form $y = x^n$

Merke

Die Graphen zu Funktionen f mit $y = x^n$ $(n \in \mathbb{N})$ heißen Parabeln n-ter Ordnung. Sie verlaufen durch den Ursprung $O(0\,|\,0)$ und durch den Punkt $(1\,|\,1)$.

Hinweis: $y = x^0$ und $y = x^1$ könnten auch als Gleichungen von Potenzfunktionen interpretiert werden. Dies ist aber nicht üblich.

Parabeln gerader Ordnung (n gerade)

- Definitionsmenge: $D = \mathbb{R}$
- Wertemenge: $W = \mathbb{R}_0^+$
- gemeinsame Punkte: $(1\,|\,1)$, $(-1\,|\,1)$ und $O(0\,|\,0)$
- Symmetrieeigenschaften: Der Graph ist achsensymmetrisch bezüglich der y-Achse, d. h.: $\mathbf{f(-x) = f(x)}$ (Gleichung der Symmetrieachse s: $x = 0$)

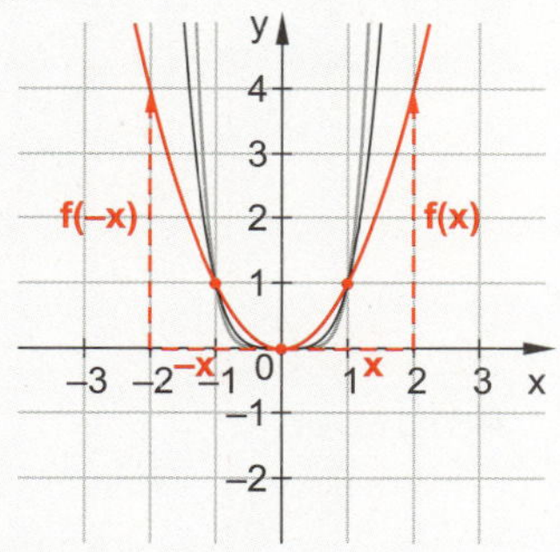

Parabeln ungerader Ordnung (n ungerade)

- Definitionsmenge: $D = \mathbb{R}$
- Wertemenge: $W = \mathbb{R}$
- gemeinsame Punkte: $(1\,|\,1)$, $(-1\,|\,-1)$ und $O(0\,|\,0)$
- Symmetrieeigenschaften: Der Graph ist punktsymmetrisch bezüglich des Ursprungs $O(0\,|\,0)$, d. h.: $\mathbf{f(-x) = -f(x)}$

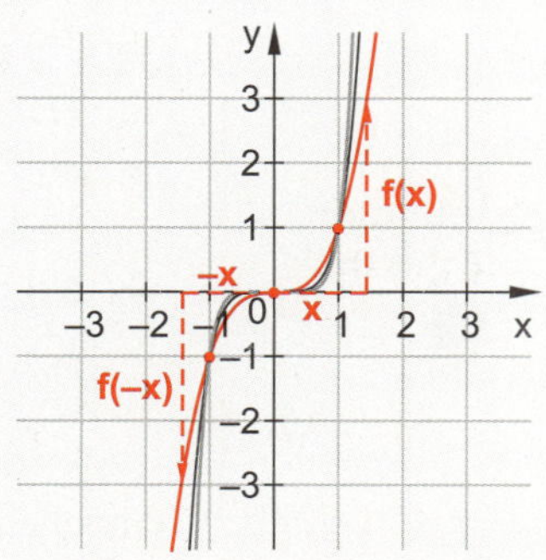

Beispiele

Parabeln gerader Ordnung (n ist eine gerade Zahl):

$n = 2$ f_1: $y = x^2$ Parabel 2. Ordnung
$n = 4$ f_2: $y = x^4$ Parabel 4. Ordnung
$n = 6$ f_3: $y = x^6$ Parabel 6. Ordnung

Parabeln ungerader Ordnung (n ist eine ungerade Zahl):

$n = 3$ f_4: $y = x^3$ Parabel 3. Ordnung
$n = 5$ f_5: $y = x^5$ Parabel 5. Ordnung
$n = 7$ f_6: $y = x^7$ Parabel 7. Ordnung

Wertetabellen

x	–3	–2	–1	0	1	2	3
f_1: $y=x^2$	9	4	1	0	1	4	9
f_2: $y=x^4$	81	16	1	0	1	16	81
f_3: $y=x^6$	729	64	1	0	1	64	729

x	–3	–2	–1	0	1	2	3
f_4: $y=x^3$	–27	–8	–1	0	1	8	27
f_5: $y=x^5$	–243	–32	–1	0	1	32	243
f_6: $y=x^7$	–2 187	–128	–1	0	1	128	2 187

Graphen

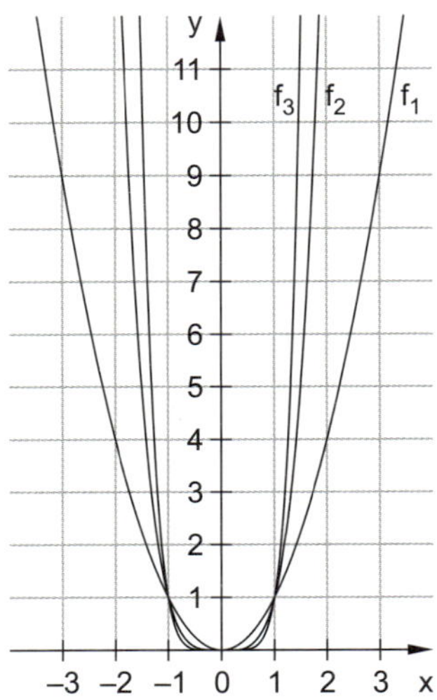

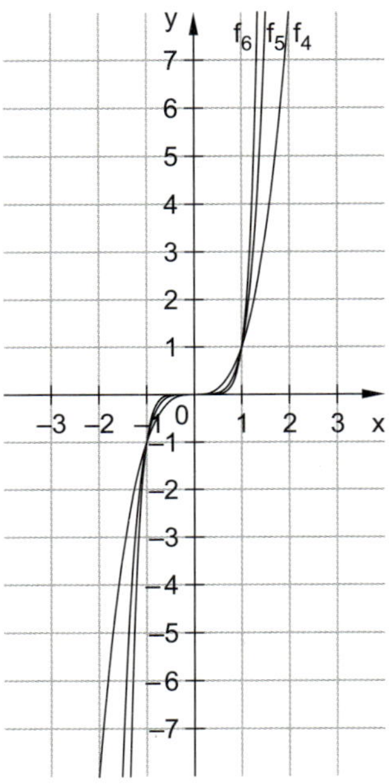

Aufgaben

189 Erstelle für die Funktion f_1 mit der Gleichung $y=x^5$ und die Funktion f_2 mit der Gleichung $y=x^6$ für $x \in [-1{,}2;\ 1{,}2]$ mit $\Delta x=0{,}2$ eine Wertetabelle und zeichne die zugehörigen Graphen in ein gemeinsames Koordinatensystem.
Gib Definitions- und Wertemenge, Symmetrieeigenschaften und gemeinsame Punkte der beiden Funktionen an.

190
a) Zeige rechnerisch, dass der Graph zu f: $y=x^5$ punktsymmetrisch bzgl. des Ursprungs $O(0|0)$ ist.
b) Zeige rechnerisch, dass der Graph zu f: $y=x^6$ achsensymmetrisch bzgl. der y-Achse ist.

191 Gegeben ist die Funktion f mit der Gleichung $y=x^{10}$.
a) Wie nennt man den Graphen dieser Funktion?
b) Gib die Definitionsmenge und die Wertemenge dieser Funktion an.
c) Gib die Punkte an, die die Funktion f mit der Normalparabel $y=x^2$ gemeinsam hat.
d) Für die Belegung $x=a$ hat die Funktion f den Wert $f(a)=b$.
Gib den Funktionswert für die Belegung $x=-a$ an.

Interaktive Aufgabe

4. Potenzfunktionen der Form $y = x^n$

Potenzfunktionen der Form: $y = a \cdot x^n$

Merke

Funktionen mit Gleichungen der Form $y = a \cdot x^n$ ($a \in \mathbb{R} \setminus \{0\}$, $n \in \mathbb{N}$) sind ebenfalls Potenzfunktionen. Auch ihre Graphen heißen **Parabeln**.

Form:

$|a| > 1$: Streckung der Parabel gegenüber $y = x^n$
$|a| < 1$: Stauchung der Parabel gegenüber $y = x^n$

Parabeln gerader Ordnung (n gerade)

- $a > 0$: Die Parabel ist nach oben geöffnet und verläuft im I. und II. Quadranten
- $a < 0$: Die Parabel ist nach unten geöffnet und verläuft im III. und IV. Quadranten
- Definitionsmenge: $D = \mathbb{R}$
- Wertemenge: $W = \mathbb{R}_0^+$ für $a > 0$; $W = \mathbb{R}_0^-$ für $a < 0$
- gemeinsamer Punkt: $O(0|0)$
- Symmetrieeigenschaften: Der Graph ist achsensymmetrisch bezüglich der y-Achse, d. h.: $\mathbf{f(-x) = f(x)}$ (Gleichung der Symmetrieachse s: $x = 0$)

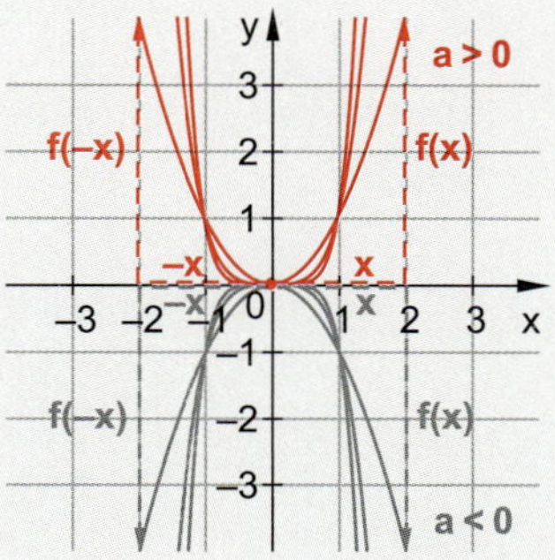

Parabeln ungerader Ordnung (n ungerade)

- $a > 0$: Der Funktionsgraph verläuft im I. und III. Quadranten
- $a < 0$: Der Funktionsgraph verläuft im II. und IV. Quadranten
- Definitionsmenge: $D = \mathbb{R}$
- Wertemenge: $W = \mathbb{R}$
- gemeinsamer Punkt: $O(0|0)$
- Symmetrieeigenschaften: Der Graph ist punktsymmetrisch bezüglich des Ursprungs $O(0|0)$, d. h.: $\mathbf{f(-x) = -f(x)}$

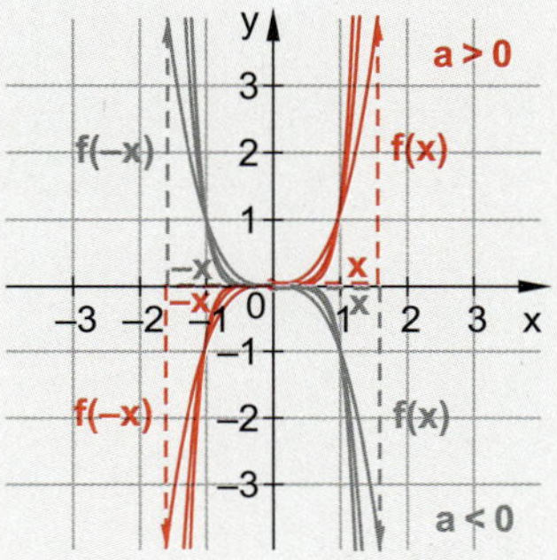

Beispiele

Parabeln gerader Ordnung:

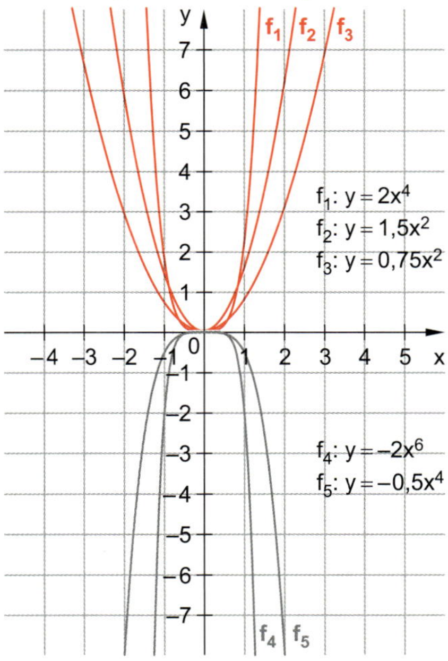

Parabeln ungerader Ordnung:

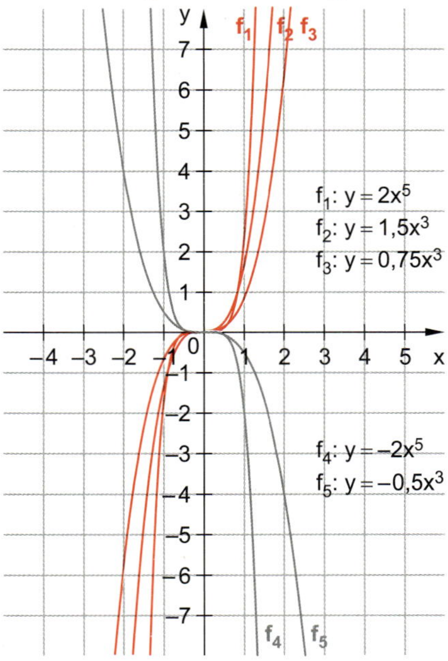

Aufgaben

192

a) Die Potenzfunktion f mit $y = a \cdot x^3$ verläuft durch den Punkt $P(-2\,|\,6)$.
Bestimme den zugehörigen Wert des Koeffizienten a.

b) Die Potenzfunktion f mit $y = a \cdot x^4$ verläuft durch den Punkt $P\left(1\frac{1}{2}\,\middle|\,-2\frac{1}{4}\right)$.
Bestimme den zugehörigen Wert des Koeffizienten a.

193

Der Graph der Funktion f mit $y = a \cdot x^n$ verläuft durch die Punkte $A(1\,|\,4)$ und $B(2\,|\,32)$.
Bestimme die Funktionsgleichung.

Interaktive Aufgabe

5. Potenzfunktionen der Form $y = a \cdot x^n$

Potenzfunktionen der Form $y = x^{-n}$

Merke

Die Graphen zu Funktionen mit Gleichungen der Form $y = x^{-n}$ ($n \in \mathbb{N}$, $x \neq 0$) heißen **Hyperbeln**. Sie bestehen aus **zwei Hyperbelästen**. Die Geraden, denen die Hyperbeläste beliebig nahe kommen, ohne sie aber zu berühren, werden als **Asymptoten** bezeichnet. Die x-Achse ist die horizontale, die y-Achse die vertikale Asymptote der Hyperbel.

Hyperbeln gerader Ordnung (n gerade)

- Definitionsmenge: $D = \mathbb{R} \setminus \{0\}$
- Wertemenge: $W = \mathbb{R}^+$
- gemeinsame Punkte: $(1\,|\,1)$, $(-1\,|\,1)$
- Symmetrieeigenschaften:
  Der Graph ist achsensymmetrisch bezüglich der y-Achse, d. h.: $\mathbf{f(-x) = f(x)}$
  (Gleichung der Symmetrieachse s: $x = 0$)
- Horizontale Asymptote: a_1: $y = 0$ (x-Achse)
  Vertikale Asymptote: a_2: $x = 0$ (y-Achse)

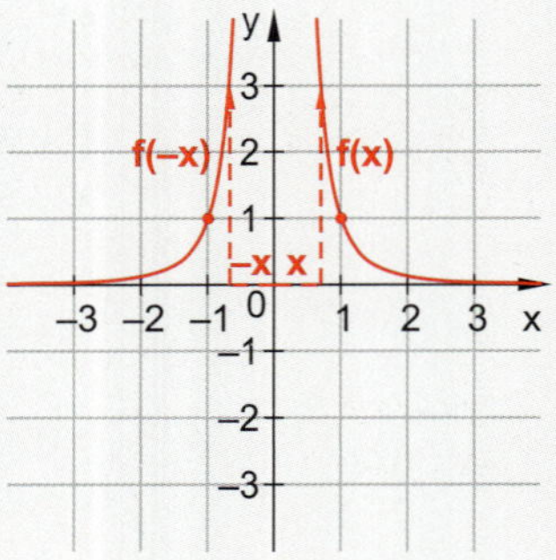

Hyperbeln ungerader Ordnung (n ungerade)

- Definitionsmenge: $D = \mathbb{R} \setminus \{0\}$
- Wertemenge: $W = \mathbb{R} \setminus \{0\}$
- gemeinsame Punkte: $(1\,|\,1)$, $(-1\,|\,-1)$
- Symmetrieeigenschaften:
  Der Graph ist punktsymmetrisch bezüglich des Ursprungs $O(0\,|\,0)$, d. h.: $\mathbf{f(-x) = -f(x)}$
  (Gleichung der Symmetrieachse s: $x = 0$)
- Horizontale Asymptote: a_1: $y = 0$ (x-Achse)
  Vertikale Asymptote: a_2: $x = 0$ (y-Achse)

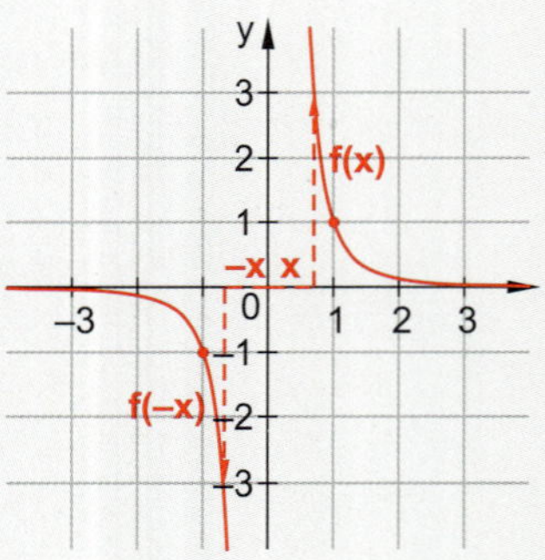

Beispiele

Hyperbel gerader Ordnung:
f_1: $y = x^{-2}$ $\left(\text{oder: } y = \frac{1}{x^2}\right)$

Hyperbel ungerader Ordnung:
f_2: $y = x^{-3}$ $\left(\text{oder: } y = \frac{1}{x^3}\right)$

Wertetabelle

x	−3	−2,5	−2	−1,5	−1	−0,5	0	0,5	1	1,5	2	2,5	3
f_1: $y = x^{-2}$	0,11	0,16	0,25	0,44	1	4	n. def.	4	1	0,44	0,25	0,16	0,11
f_2: $y = x^{-3}$	−0,04	−0,06	−0,13	−0,30	−1	−8	n. def.	8	1	0,30	0,13	0,06	0,04

Graphen

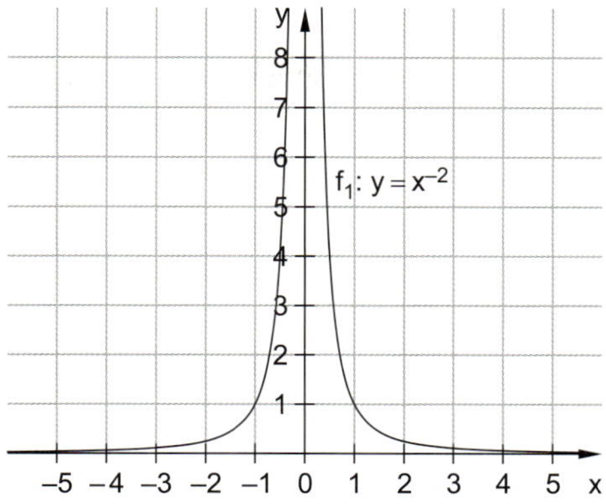

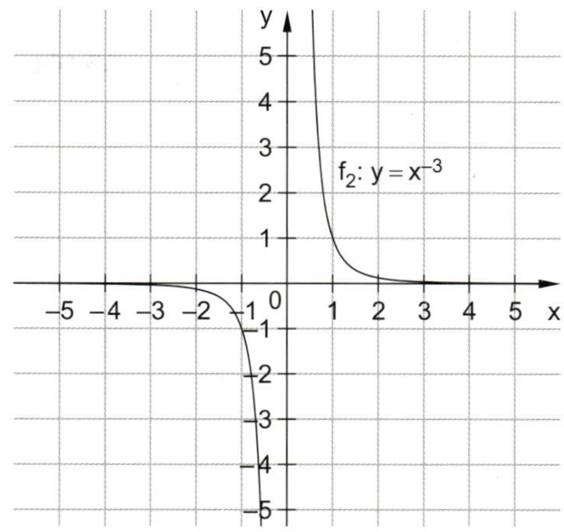

Aufgaben

194

Gegeben ist die Funktion h mit der Gleichung $y = 25x^{-1}$.

a) Gib zunächst die Definitionsmenge und die Wertemenge an.
Tabellarisiere die Funktion h sodann für $x \in [-10; 10]$ mit $\Delta x = 1$.

b) Zeichne den Graphen zu h in ein Koordinatensystem.

c) Die Punkte $O(0|0)$, $P_n(x_n|0)$, $R_n(0|y_n)$ bilden mit Punkten $Q_n(x_n|y_n) \in h$ Rechtecke $OP_nQ_nR_n$, wobei stets $x_n > 0$ gilt. Bestimme den Flächeninhalt der Rechtecke $OP_nQ_nR_n$.

195

a) Zeige rechnerisch, dass der Graph zu f: $y = x^{-4}$ achsensymmetrisch bezüglich der y-Achse ist.

b) Zeige rechnerisch, dass der Graph zu f: $y = x^{-5}$ punktsymmetrisch bezüglich des Ursprungs ist.

Interaktive Aufgabe

6. Potenzfunktionen der Form $y = x^{-n}$

Potenzfunktionen der Form $y = a \cdot x^{-n}$

Merke

Funktionen mit Gleichungen der Form $y = a \cdot x^{-n}$ ($a \in \mathbb{R} \setminus \{0\}$, $n \in \mathbb{N}$, $x \neq 0$) sind ebenfalls Potenzfunktionen mit **Hyperbeln** als Graphen.

- Der Faktor a bewirkt eine **Streckung für $|a| > 1$** bzw. **Stauchung für $0 < |a| < 1$** des zugehörigen Graphen gegenüber $y = x^{-n}$.
- Ein Vorzeichenwechsel von a entspricht der Spiegelung des Graphen an der x-Achse.

Beispiele

Hyperbeln gerader Ordnung:

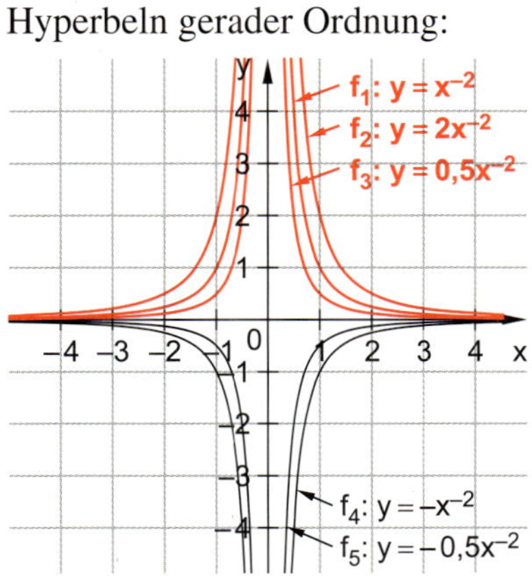

Hyperbeln ungerader Ordnung:

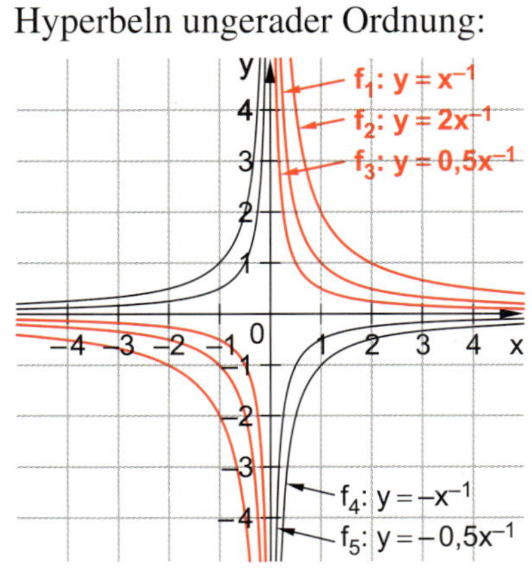

Aufgabe 196

a) Tabellarisiere die Funktionen f_1: $y=2x^{-2}$, f_2: $y=\frac{1}{3}x^{-3}$ und f_3: $y=8x^{-4}$ für $x \in [-3; 3]$ mit $\Delta x = 0{,}5$ und zeichne die Graphen in ein gemeinsames Koordinatensystem.

b) Bestimme jeweils Definitions- und Wertemenge sowie die Gleichungen der Asymptoten der Funktionen f_1 bis f_3.

Interaktive Aufgabe

7. Potenzfunktionen der Form $y = a \cdot x^{-n}$

Parallelverschiebung von Potenzfunktionen

Merke

Wird die Parabel p einer Potenzfunktion durch Parallelverschiebung mit dem Vektor $\vec{v} = \begin{pmatrix} v_x \\ v_y \end{pmatrix}$ auf die Bildparabel p' abgebildet, so schreibt man: $p \xmapsto{\vec{v}} p'$

Die Gleichung der Bildparabel p' lässt sich auf zwei Arten berechnen:

- **Vektorvergleich:**
  $\overrightarrow{PP'} = \vec{v}$ mit $P'(x' \mid y')$ und allgemeinem Parabelpunkt $P(x \mid p(x))$
- **Vektorkette:**
  $\overrightarrow{OP'} = \overrightarrow{OP} \oplus \vec{v}$ mit $P'(x' \mid y')$ und allgemeinem Parabelpunkt $P(x \mid p(x))$

Beide Methoden führen auf ein Gleichungssystem, in dem y' in Abhängigkeit von x' ausgedrückt werden kann.

Sonderfall: Ist die Gleichung der Parabel in der Form $y = a \cdot x^n$ gegeben, lässt sich die Gleichung der mit dem Vektor $\vec{v} = \begin{pmatrix} v_x \\ v_y \end{pmatrix}$ verschobenen Parabel p' sofort angeben:

$$p\colon y = a \cdot x^n \xmapsto{\vec{v} = \begin{pmatrix} v_x \\ v_y \end{pmatrix}} p'\colon y = a \cdot (x - v_x)^n + v_y$$

Beispiel

Die Parabel p mit der Gleichung $y = -\frac{1}{4}x^3$ wird mit $\vec{v} = \begin{pmatrix} 2 \\ 3 \end{pmatrix}$ parallel verschoben. Berechne die Gleichung der Bildparabel p' mithilfe von Vektorvergleich, Vektorkette und der Formel $y = a \cdot (x - v_x)^n + v_y$. Gib die Gleichung auch in allgemeiner Form an.

Lösung:

Es gilt:

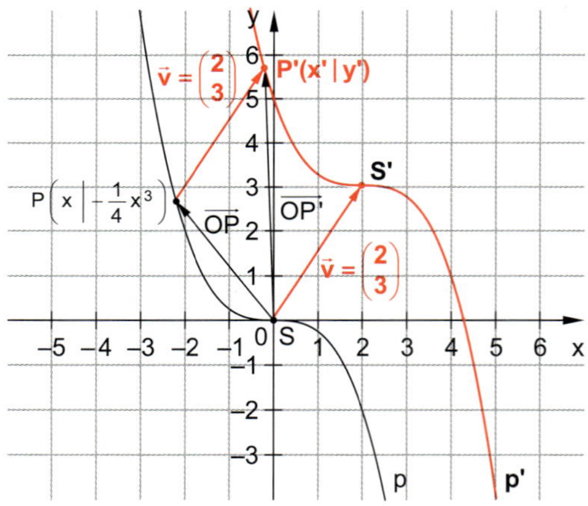

$$p\colon y = -\frac{1}{4}x^3 \xmapsto{\vec{v} = \begin{pmatrix} 2 \\ 3 \end{pmatrix}} p'$$

$$P\left(x \,\middle|\, -\frac{1}{4}x^3\right) \xmapsto{\vec{v} = \begin{pmatrix} 2 \\ 3 \end{pmatrix}} P'(x' \mid y')$$

- Vektorvergleich:

$$\overrightarrow{PP'} = \vec{v} \quad \text{mit} \quad P'(x' \mid y')$$

$$\Leftrightarrow \begin{pmatrix} x' - x \\ y' + \frac{1}{4}x^3 \end{pmatrix} = \begin{pmatrix} 2 \\ 3 \end{pmatrix}$$

$$\Leftrightarrow \begin{vmatrix} x' - x = 2 \\ \wedge \; y' + \frac{1}{4}x^3 = 3 \end{vmatrix}$$

Nach x auflösen

Nach y' auflösen

$$\Leftrightarrow \begin{vmatrix} x = x' - 2 \\ \wedge \; y' = -\frac{1}{4}(x' - 2)^3 + 3 \end{vmatrix}$$

$x = x' - 2$ aus Gleichung I in Gleichung II eingesetzt

also: $p'\colon y = -\frac{1}{4}(x-2)^3 + 3$

Durch Umbenennen von x' in x und y' in y erhält man die Gleichung der Bildparabel.

- Vektorkette:

$\overrightarrow{OP}' = \overrightarrow{OP} \oplus \vec{v}$ mit $P'(x'|y')$

$\Leftrightarrow \begin{pmatrix} x' \\ y' \end{pmatrix} = \begin{pmatrix} x \\ -\frac{1}{4}x^3 \end{pmatrix} \oplus \begin{pmatrix} 2 \\ 3 \end{pmatrix}$

$\Leftrightarrow \left| \begin{array}{l} x' = x + 2 \\ \wedge\ y' = -\frac{1}{4}x^3 + 3 \end{array} \right.$ — Nach x auflösen

$\Leftrightarrow \left| \begin{array}{l} x = x' - 2 \\ \wedge\ y' = -\frac{1}{4}x^3 + 3 \end{array} \right.$ — $x = x' - 2$ aus Gleichung I in Gleichung II eingesetzt

$\Leftrightarrow \left| \begin{array}{l} x = x' - 2 \\ \wedge\ y' = -\frac{1}{4}(x' - 2)^3 + 3 \end{array} \right.$

also: $p'\colon y = -\frac{1}{4}(x-2)^3 + 3$ — Gleichung der Bildparabel

- Anwendung der Formel $y = a \cdot (x - v_x)^n + v_y$:

$p\colon y = -\frac{1}{4}x^3 \xmapsto{\vec{v} = \binom{2}{3}} p'\colon y = -\frac{1}{4}(x - 2)^3 + 3$

Bei der Parallelverschiebung wird der Punkt $S(0|0)$ der Parabel p durch den Vektor $\vec{v}$ auf den Punkt S' mit den Koordinaten $(v_x | v_y)$ abgebildet.

- Gleichung in allgemeiner Form:

$p'\colon y = -\frac{1}{4}(x-2)^3 + 3$

$y = -\frac{1}{4}(x-2)^2(x-2) + 3$

$y = -\frac{1}{4}(x^2 - 4x + 4)(x-2) + 3$

$y = -\frac{1}{4}(x^3 - 2x^2 - 4x^2 + 8x + 4x - 8) + 3$

$y = -\frac{1}{4}x^3 + \frac{6}{4}x^2 - 3x + 2 + 3$

$y = -\frac{1}{4}x^3 + 1\frac{1}{2}x^2 - 3x + 5$

Aufgaben

197

a) Tabellarisiere die Funktion p mit der Gleichung $y = -\frac{1}{2}x^3$ für $x \in [-2; 2]$ mit $\Delta x = 0{,}4$ und zeichne den Graphen von p.

b) Der Graph der Funktion p wird mit dem Vektor $\vec{v} = \binom{3}{2}$ verschoben. Berechne die Gleichung der Bildfunktion p' und zeichne den zugehörigen Graphen in das Koordinatensystem.

198

a) Der Graph der Funktion f: $y = \frac{1}{3}x^{-3} - 3$ wird durch eine Parallelverschiebung mit dem Vektor $\vec{v} = \binom{-2}{6}$ abgebildet. Bestimme die Gleichung des Bildgraphen f'.

b) Bestimme Definitions- und Wertemenge der Bildfunktion sowie die Asymptotengleichungen des Bildgraphen.

Interaktive Aufgabe

8. Verschobene Potenzfunktion

Vermischte Aufgaben

199 Gib zu nachfolgenden Funktionen jeweils die Definitions- und Wertemenge, die Asymptotengleichungen und die Symmetrieeigenschaften des Graphen an.

a) f: $y = 1{,}5 \cdot (x-2)^{-5} + 1$

b) f: $y = -3 \cdot (x+1)^{-6} + 4$

c) f: $y = \frac{1}{2} \cdot \left(x - \frac{3}{2}\right)^{-8} + \frac{5}{6}$

d) f: $y = 4{,}3 \cdot (x+2{,}9)^{-11} + 1{,}7$

200 Berechne die Nullstellen nachfolgender Funktionen.

a) f: $y = 2(x+3)^{-2} - 8$

b) f: $y = \frac{3}{(x-2)^2} - 1{,}5$

201 Die Parabeln p_1 mit $y = -0{,}25(x-3)^3 - 5$ und p_2 mit $y = -0{,}25(x-2)^3 - 1$ schneiden sich in den Punkten P und Q. Berechne die Koordinaten der Schnittpunkte.

Potenzen mit rationalen und reellen Exponenten

Potenzen mit Exponenten der Form $\frac{1}{n}$

Aus $a^{\frac{1}{2}} \cdot a^{\frac{1}{2}} = a^{\frac{1}{2}+\frac{1}{2}} = a$ 1. Potenzgesetz

und $\sqrt{a} \cdot \sqrt{a} = a$ Wurzeldefinition

folgt: $a^{\frac{1}{2}} = \sqrt{a}$ $(a \in \mathbb{R}_0^+)$

Entsprechend definiert man allgemein:

Merke

Die nichtnegative Lösung der Gleichung $x^n = a$ $(a \in \mathbb{R}_0^+, n \in \mathbb{N})$ heißt **n-te Wurzel** aus a.

- Man schreibt: $x = \sqrt[n]{a} = a^{\frac{1}{n}}$
- Für **gerades n** gilt: $x^n = a \iff x_1 = -\sqrt[n]{a} \lor x_2 = \sqrt[n]{a}$
- Für **ungerades n** gilt: $x^n = a \iff x = \sqrt[n]{a}$
- Bei Berechnungen ist es oft zweckmäßig, n-te Wurzeln $\sqrt[n]{a}$ als Potenz $a^{\frac{1}{n}}$ zu schreiben.
- Die 5 Potenzgesetze sind auch für Potenzen wie $a^{\frac{1}{n}}$ gültig.
- Beachte: $\sqrt[n]{a^n} = a$ $\quad \sqrt[n]{a} \cdot \sqrt[n]{b} = \sqrt[n]{a \cdot b}$ $\quad \frac{\sqrt[n]{a}}{\sqrt[n]{b}} = \sqrt[n]{\frac{a}{b}}$

Beispiele

1. Löse die Gleichung $x^3 = 7$ über der Grundmenge $G = \mathbb{R}_0^+$ grafisch.

Lösung:

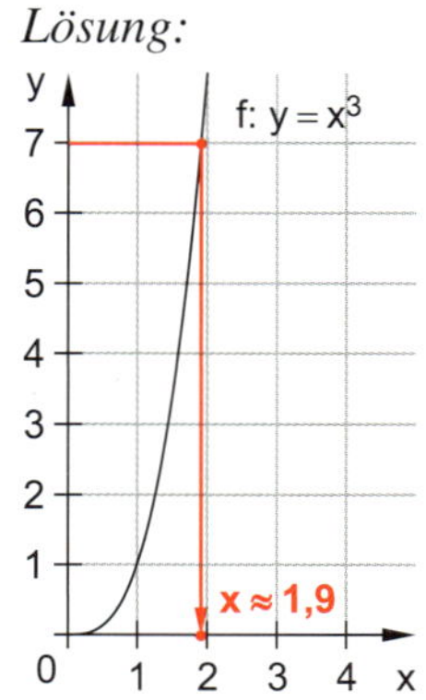

Die grafische Lösung liefert den (ungenauen) Wert 1,9.
Der exakte Wert ist die nichtnegative Lösung der Gleichung $x^3 = 7$, also die 3. Wurzel aus 7 bzw. $\sqrt[3]{7} = 7^{\frac{1}{3}}$. Statt „3. Wurzel aus 7“ sagt man häufig auch „Kubikwurzel aus 7“.

2. Bestimme die Lösungsmenge der Gleichung über der Grundmenge $G=\mathbb{R}$.

a) $\left(4-\frac{x}{100}\right)^3=27$ b) $\left(\frac{x}{50}-4\right)^8=256$

Lösung:

a)
$$\left(4-\frac{x}{100}\right)^3=27 \qquad |\sqrt[3]{\ }$$
$$\Leftrightarrow\quad 4-\frac{x}{100}=\sqrt[3]{27} \qquad |-4$$
$$\Leftrightarrow\quad -\frac{x}{100}=3-4 \qquad |\cdot(-1)$$
$$\Leftrightarrow\quad \frac{x}{100}=1 \qquad |\cdot 100$$
$$\Leftrightarrow\quad x=100$$
$L=\{100\}$

b)
$$\left(\frac{x}{50}-4\right)^8=256 \qquad |\sqrt[8]{\ }$$
$$\Leftrightarrow\quad \left|\frac{x}{50}-4\right|=\sqrt[8]{256}$$
$$\Leftrightarrow\quad \frac{x_1}{50}-4=-2 \quad\vee\quad \frac{x_2}{50}-4=2$$
$$\Leftrightarrow\quad \frac{x_1}{50}=2 \quad\vee\quad \frac{x_2}{50}=6$$
$$\Leftrightarrow\quad x_1=100 \quad\vee\quad x_2=300$$
$L=\{100;\,300\}$

Beachte: Beim Beseitigen gerader Exponenten erhält man immer auch eine negative Wurzel.

3. Vereinfache die folgenden Terme.

a) $36^{\frac{1}{2}}$ b) $-27^{\frac{1}{3}}$

c) $(x^2)^{\frac{1}{8}}\cdot(x^6)^{\frac{1}{8}}$ d) $(x^5y^3)^{\frac{1}{4}}:(xy^{-1})^{\frac{1}{4}}$

Lösung:

a) $36^{\frac{1}{2}}=(6^2)^{\frac{1}{2}}=6^{2\cdot\frac{1}{2}}=6$ Anwendung des 5. Potenzgesetzes

b) $-27^{\frac{1}{3}}=-(3^3)^{\frac{1}{3}}=-3^{3\cdot\frac{1}{3}}=-3$ Anwendung des 5. Potenzgesetzes

c) $(x^2)^{\frac{1}{8}}\cdot(x^6)^{\frac{1}{8}}=(x^2\cdot x^6)^{\frac{1}{8}}=(x^8)^{\frac{1}{8}}=x^{8\cdot\frac{1}{8}}=x$

d) $(x^5y^3)^{\frac{1}{4}}:(xy^{-1})^{\frac{1}{4}}=(x^5y^3\cdot x^{-1}y)^{\frac{1}{4}}=(x^4y^4)^{\frac{1}{4}}=x^{4\cdot\frac{1}{4}}\cdot y^{4\cdot\frac{1}{4}}=xy$

Potenzen mit rationalen Exponenten

Jede rationale Zahl aus $\mathbb{Q}$ kann in der Form $\frac{m}{n}$ $(m\in\mathbb{Z};\ n\in\mathbb{N})$ dargestellt werden. Somit lassen sich alle nichtnegativen Zahlen $a\in\mathbb{R}_0^+$ mit einem rationalen Exponenten in der Form $a^{\frac{m}{n}}$ darstellen. Dabei dürfen a und m nicht zugleich null sein (0^0 nicht definiert) und für $a=0$ darf m nicht negativ sein $\left(\frac{1}{0}\text{ nicht definiert}\right)$.

Mithilfe des 5. Potenzgesetzes lassen sich Potenzen mit rationalem Exponenten folgendermaßen umformen: $a^{\frac{m}{n}}=a^{m\cdot\frac{1}{n}}=(a^m)^{\frac{1}{n}}=\sqrt[n]{a^m}$. Allgemein gilt die Definition:

Merke

Die nichtnegative Lösung der Gleichung $x^n=a^m$ $(a\in\mathbb{R}_0^+,\ m\in\mathbb{Z},\ n\in\mathbb{N})$ heißt **n-te Wurzel aus a^m**. (Dabei dürfen a und m nicht zugleich null sein und für $a=0$ darf m nicht negativ sein.)

- Man schreibt: $x=a^{\frac{m}{n}}=\sqrt[n]{a^m}$
- Für **gerades n** gilt: $x^n=a^m \Leftrightarrow x_1=-\sqrt[n]{a^m} \vee x_2=\sqrt[n]{a^m}$
- Für **ungerades n** gilt: $x^n=a^m \Leftrightarrow x=\sqrt[n]{a^m}$
- Bei Berechnungen ist es oft zweckmäßig, n-te Wurzeln $\sqrt[n]{a^m}$ als Potenz $a^{\frac{m}{n}}$ zu schreiben.
- Die 5 Potenzgesetze sind auch für Potenzen wie $a^{\frac{m}{n}}$ gültig.
- Beachte: $\sqrt[n]{a^m}=\left(\sqrt[n]{a}\right)^m$

Beispiel

Schreibe die Potenzen als Wurzeln und vereinfache.

a) $25^{0,5}$

b) $9^{\frac{3}{2}}$

c) $\left(p^2\right)^{\frac{1}{3}}\left(q^{\frac{2}{3}}\right)^{\frac{4}{5}}$

d) $(a^2 \cdot a^{\frac{1}{2}})^{\frac{1}{5}}$

Lösung:

a) $25^{0,5} = 25^{\frac{1}{2}} = \sqrt[2]{25} = 5$ Beachte: $\sqrt[2]{} = \sqrt{}$

b) $9^{\frac{3}{2}} = \sqrt[2]{9^3} = \left(\sqrt{9}\right)^3 = 3^3 = 27$ Beachte: $\sqrt[2]{} = \sqrt{}$

c) $\left(p^2\right)^{\frac{1}{3}}\left(q^{\frac{2}{3}}\right)^{\frac{4}{5}} = p^{2 \cdot \frac{1}{3}} q^{\frac{2}{3} \cdot \frac{4}{5}} = p^{\frac{2}{3}} q^{\frac{8}{15}} = \sqrt[3]{p^2}\,\sqrt[15]{q^8}$

d) $(a^2 \cdot a^{\frac{1}{2}})^{\frac{1}{5}} = (a^{2+\frac{1}{2}})^{\frac{1}{5}} = (a^{2\frac{1}{2}})^{\frac{1}{5}} = (a^{\frac{5}{2}})^{\frac{1}{5}} = a^{\frac{5}{2} \cdot \frac{1}{5}} = a^{\frac{1}{2}} = \sqrt{a}$

Aufgaben

202 Schreibe die folgenden Wurzeln als Potenzen mit rationalen Exponenten.

a) $\sqrt{a}$

b) $\sqrt[4]{x^5}$

c) $\dfrac{1}{\sqrt{x}}$

d) $\dfrac{1}{\sqrt[11]{x^6}}$

203 Berechne ohne Taschenrechner. Wandle gegebenenfalls in einen Wurzelterm um.

a) $\sqrt[3]{8}$

b) $\sqrt[3]{1\,000}$

c) $\sqrt[4]{0,0016}$

d) $\sqrt[4]{625}$

e) $\sqrt[3]{\dfrac{8}{27}}$

f) $64^{\frac{1}{2}}$

g) $64^{\frac{1}{6}}$

h) $0,008^{\frac{1}{3}}$

i) $8^{\frac{2}{3}}$

j) $81^{0,75}$

k) $10\,000^{-\frac{3}{4}}$

l) $25^{-1,5}$

204 Bestimme die nichtnegative Lösung der Gleichungen in $G = \mathbb{R}$.

a) $x^4 = 81$

b) $x^3 - 11 = 114$

c) $6x^{\frac{1}{3}} - 24 = 12$

d) $12x^3 - 8^2 = 2^{-1} + 4\,051\frac{1}{2}$

e) $-\dfrac{3}{2}x^4 - 68\dfrac{3}{4} = -1\,000 - \left(\dfrac{5}{2}\right)^2$

f) $(x^2 - 9)(x^2 + 9) = -65$

205 Vereinfache die Terme durch Umformung, wie im angegebenen Beispiel.

Beispiel: $\sqrt[3]{27 \cdot 8 \cdot x^3} = \sqrt[3]{3^3 \cdot 2^3 \cdot x^3} = \sqrt[3]{(3 \cdot 2 \cdot x)^3} = 3 \cdot 2 \cdot x = 6x$

a) $\sqrt[4]{16 \cdot 81 \cdot x^4}$

b) $\sqrt[3]{64 \cdot 0,008}$

c) $\sqrt[4]{10\,000 \cdot 625 \cdot y^4}$

d) $\sqrt[7]{x^{11} \cdot 128 \cdot x^{-4}}$

206 Vereinfache die Terme durch Umformung.

a) $\sqrt{144} \cdot \sqrt{32}$

b) $8^{\frac{1}{3}} : \sqrt[3]{125}$

c) $\sqrt[17]{11} \cdot 6^{\frac{1}{17}}$

d) $5 \cdot 343^{\frac{1}{3}} - 11 \cdot \sqrt[4]{81}$

e) $\sqrt[3]{3x^2} \cdot \sqrt[3]{9x}$

f) $\sqrt[3]{2xy^{-1}} : \sqrt[3]{16x^4y^2}$

Interaktive Aufgaben

9. Terme mit Exponenten der Form $\frac{1}{n}$

10. Terme mit Exponenten der Form $\frac{m}{n}$

Potenzfunktionen der Form $y = x^{\frac{m}{n}}$ $(m \in \mathbb{Z};\ n \in \mathbb{N})$

Merke

Die Quadratwurzelfunktion $y = x^{\frac{1}{2}}$

Die Funktion mit der Gleichung $y = x^{\frac{1}{2}}$ bzw. $y = \sqrt{x}$ wird als **Quadratwurzelfunktion** bezeichnet.

- Es gilt: $D = \mathbb{R}_0^+$ und $W = \mathbb{R}_0^+$
- Die Quadratwurzelfunktion ist die **Umkehrfunktion** der Quadratfunktion mit der Gleichung $y = x^2$.

Beachte: Die maximale Definitionsmenge der Quadratfunktion $y = x^2$ ist $\mathbb{R}$.
In dieser Definitionsmenge ist die Quadratfunktion **nicht** umkehrbar.

Beispiel

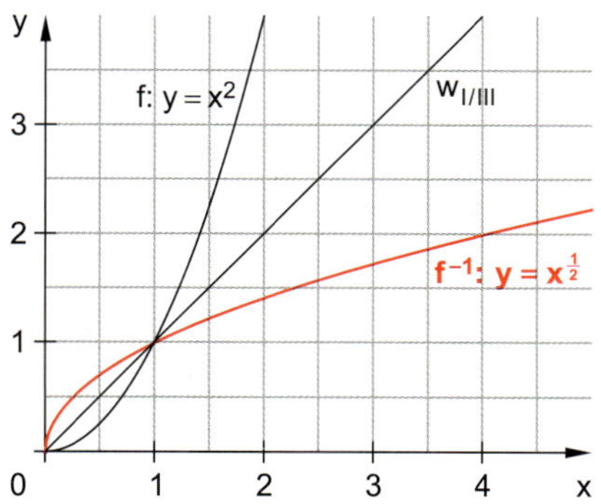

Spiegelt man den Graphen der Quadratfunktion mit der Gleichung $y = x^2$ im I. Quadranten an der Winkelhalbierenden des I. und III. Quadranten, erhält man den Graphen der zugehörigen Umkehrfunktion, der Quadratwurzelfunktion mit der Gleichung $y = x^{\frac{1}{2}}$. Ihr Graph ist ein gespiegelter Parabelast.

Bestimmung der Umkehrfunktion:
Die Gleichung der Umkehrfunktion f^{-1} erhält man, wenn man in der Gleichung $y = x^2$ der Funktion f die Variablen vertauscht:

f: $\quad y = x^2 \qquad D_{f^{-1}} = W_f = \mathbb{R}_0^+$

f^{-1}: $\quad x = y^2$ — Vertauschen von x und y

$\Leftrightarrow \quad y^2 = x \quad |\sqrt{\ }$ — Auflösen nach y

$\Leftrightarrow \quad y = \sqrt{x}$

$\Leftrightarrow \quad y = x^{\frac{1}{2}}$

Wegen $x, y \in \mathbb{R}_0^+$ lässt sich die Gleichung durch Wurzelziehen äquivalent umformen, wobei $-\sqrt{x} \notin \mathbb{R}_0^+$ als Lösung nicht infrage kommt.

$D_{f^{-1}} = W_f = \mathbb{R}_0^+;\quad W_{f^{-1}} = D_f = \mathbb{R}_0^+$

Merke

Durch die Gleichung $y = x^k$ $(k \in \mathbb{Q})$ werden Potenzfunktionen festgelegt.
Für deren Definitions- bzw. Wertemenge gilt in Abhängigkeit von k:

$k > 0$		$k < 0$	
$k \in \mathbb{Z}$	$k \notin \mathbb{Z}$	$k \in \mathbb{Z}$	$k \notin \mathbb{Z}$
$D = \mathbb{R}$	$D = \mathbb{R}_0^+$	$D = \mathbb{R}\setminus\{0\}$	$D = \mathbb{R}^+$

$k > 0$		$k < 0$	
k gerade oder $\notin \mathbb{Z}$	k ungerade	k gerade oder $\notin \mathbb{Z}$	k ungerade
$W = \mathbb{R}_0^+$	$W = \mathbb{R}$	$W = \mathbb{R}^+$	$W = \mathbb{R}\setminus\{0\}$

Die Umkehrfunktion zu einer Potenzfunktion $y = x^k$ $(k \in \mathbb{Q})$ kann für jeden durchlaufenen Quadranten durch Spiegelung an der Winkelhalbierenden des I. und III. Quadranten gezeichnet werden. Zur Berechnung der Umkehrfunktion werden die Variablen x und y in der Funktionsgleichung vertauscht und die entstehende Gleichung nach y aufgelöst.

Beispiel

Berechne die Gleichung der Umkehrfunktion zu $f\colon y = x^{\frac{4}{5}}$ und gib die zugehörige Definitions- und Wertemenge an ($x, y \in \mathbb{R}_0^+$).

Lösung:

$f\colon \quad y = x^{\frac{4}{5}}$

$f^{-1}\colon \quad x = y^{\frac{4}{5}}$

$\Leftrightarrow \quad y^{\frac{4}{5}} = x \quad \left| \; {}^{\frac{5}{4}} \right.$

$\Leftrightarrow \quad (y^{\frac{4}{5}})^{\frac{5}{4}} = x^{\frac{5}{4}}$

$\Leftrightarrow \quad y^{\frac{4}{5} \cdot \frac{5}{4}} = x^{\frac{5}{4}}$

$\Leftrightarrow \quad y = x^{\frac{5}{4}}$

$D_{f^{-1}} = \mathbb{R}_0^+;\ W_{f^{-1}} = \mathbb{R}_0^+$

Beide Seiten der Gleichung werden mit $\frac{5}{4}$ potenziert. Wegen $x, y \in \mathbb{R}_0^+$, erhält man dadurch eine äquivalente Gleichung.

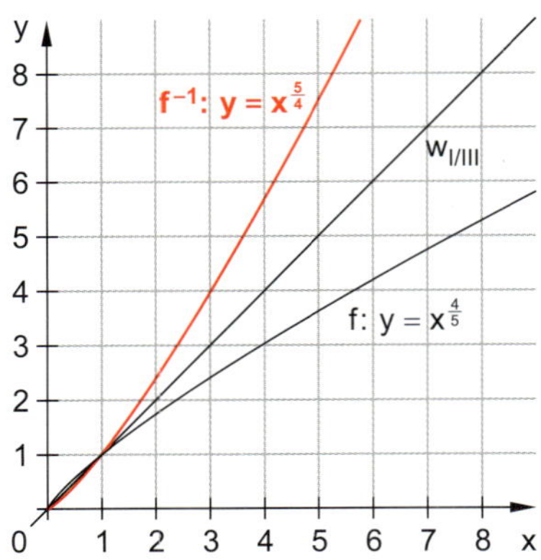

Aufgaben

207 Berechne die Gleichung der Umkehrfunktion und gib die zugehörige Definitions- und Wertemenge an ($x, y \in \mathbb{R}_0^+$).

a) $f\colon y = x^{0{,}25}$ b) $f\colon y = x^{-\frac{2}{3}}$ c) $f\colon y = x^{-0{,}6}$

208 Gegeben sind die nachfolgenden Funktionen. Es gilt jeweils ($x, y \in \mathbb{R}_0^+$).
Gib Definitions- und Wertemenge an und zeichne die Graphen der Funktionen und ihrer Umkehrfunktionen in ein gemeinsames Koordinatensystem.
Bestimme die Gleichung der Umkehrfunktion sowie Definitions- und Wertemenge der Umkehrfunktion und gib ggf. die Gleichungen der Asymptoten an.

a) $f\colon y = x^{-3}$ b) $f\colon y = x^{-\frac{3}{4}}$ c) $f\colon y = x^{\frac{2}{5}}$

209 Die Graphen nachfolgender Funktionen werden mit dem angegebenen Vektor abgebildet. Gib die Gleichung des Bildgraphen an.

a) $f\colon y = x^{\frac{1}{3}};\quad \vec{v} = \begin{pmatrix} 2 \\ 3 \end{pmatrix}$ b) $f\colon y = 5x^{-\frac{2}{7}};\quad \vec{v} = \begin{pmatrix} -1 \\ 6 \end{pmatrix}$

c) $f\colon y = \sqrt[6]{x};\quad \vec{v} = \begin{pmatrix} -3 \\ -4 \end{pmatrix}$ d) $f\colon y = \frac{1}{4}\sqrt[3]{x};\quad \vec{v} = \begin{pmatrix} 5 \\ -7 \end{pmatrix}$

210 Gib Definitions- und Wertemenge an sowie ggf. die Gleichungen der Asymptoten.

a) $f\colon y = (x+3)^{\frac{1}{2}} - 4$ b) $f\colon y = -2(x-1)^{\frac{1}{5}} + 3$

c) $f\colon y = 4(x+6)^{\frac{1}{3}} - 3$ d) $f\colon y = 2(x+1{,}5)^{-\frac{2}{5}} + 0{,}5$

e) $f\colon y = -3(x-0{,}75)^{-\frac{1}{2}} - 2{,}5$ f) $f\colon y = 4x^{\frac{1}{4}} - 1$

g) $f\colon y = \frac{3}{\sqrt[5]{x+7}} - 0{,}8$ h) $f\colon y = -\frac{1}{\sqrt[3]{x-0{,}72}} + 1{,}86$

211 Gib an, durch welche Abbildung die Graphen der Funktionen aus Aufgabe 210 aus den Graphen zu $y = x^{\frac{m}{n}}$ ($m \in \mathbb{Z}$; $n \in \mathbb{N}$) hervorgehen.

212 a – b

Gegeben ist die Funktion mit der Gleichung $y=(-2x+8)^{-1}-3$ $(x, y \in \mathbb{R})$.
a) Gib die Definitions- und Wertemenge der Funktion.
b) Berechne die Gleichung der Umkehrfunktion f^{-1}.
c) Berechne die Koordinaten der Schnittpunkte von f und f^{-1}.

213

Gegeben ist die Funktion f mit der Gleichung $y=x^{-3}+4$ $(x, y \in \mathbb{R}_0^+)$.
a) Gib die Eigenschaften (Definitions- und Wertemenge, Asymptotengleichungen) an und zeichne den Graphen zu f in ein Koordinatensystem.
Für die Zeichnung: Längeneinheit 1 cm; $0 \le x \le 12$; $0 \le y \le 12$
b) Ermittle rechnerisch die Gleichung der Umkehrfunktion f^{-1}.
c) Der Graph zu f wird mit dem Vektor $\vec{v}=\begin{pmatrix}0{,}5\\3\end{pmatrix}$ auf f' abgebildet. Gib die Gleichung zu f' an.

214 a – b

Gegeben ist die Funktion f mit der Gleichung $y=2(x+2{,}5)^{-\frac{1}{3}}+4$ $(x, y \in \mathbb{R})$.
a) Bestimme die Definitions- und Wertemenge sowie die Gleichungen der Asymptoten der Funktion f.
b) Berechne die Gleichung der Umkehrfunktion f^{-1} und gib die Definitions- und Wertemenge von f^{-1} an.
c) Zeichne die Graphen zu f und f^{-1} in ein gemeinsames Koordinatensystem.

Interaktive Aufgaben

11. Exponent bestimmen
12. Umkehrfunktion bestimmen

3.2 Exponential- und Logarithmusfunktionen

Beachte folgende Unterscheidung:

Potenzfunktion $y = x^2$
Die **Variable x** ist **Basis** der Potenz.

Exponentialfunktion $y = 2^x$
Die **Variable x** ist **Exponent** der Potenz.

Exponentialfunktionen der Form $y = a^x$

Merke

Funktionen mit Gleichungen der Form $y = a^x$ mit $a \in \mathbb{R}^+ \setminus \{1\}$, $x, y \in \mathbb{R}$ nennt man **Exponentialfunktionen** zur Basis a.

- **Definitionsmenge:** $D = \mathbb{R}$
- **Wertemenge:** $W = \mathbb{R}^+$ (Wegen $a \in \mathbb{R}^+ \setminus \{1\}$ ist a^x stets positiv.)
- **gemeinsamer Punkt:** $(0\,|\,1)$
- **Verlauf des Graphen – Einfluss von a:**
  $0 < a < 1$: Mit zunehmenden Werten von x werden die Funktionswerte y kleiner. Die Funktion beschreibt einen Abklingprozess.
  $1 < a$: Mit zunehmenden Werten von x werden die Funktionswerte y größer. Die Funktion beschreibt einen Wachstumsprozess.
  In beiden Fällen kommt der Funktionsgraph der x-Achse beliebig nahe, ohne sie aber zu berühren. Also haben alle Graphen von Exponentialfunktionen die **x-Achse** mit der Gleichung $y = 0$ zur **horizontalen Asymptote**.

Beispiele

$a = 2 \quad f_1\colon y = 2^x$

$a = \frac{1}{2} \quad f_2\colon y = \left(\frac{1}{2}\right)^x$

Wertetabelle

x	−4	−3	−2	−1	0	1	2	3	4
$y = 2^x$	0,0625	0,125	0,25	0,5	1	2	4	8	16
$y = \left(\frac{1}{2}\right)^x$	16	8	4	2	1	0,5	0,25	0,125	0,0625

Graphen

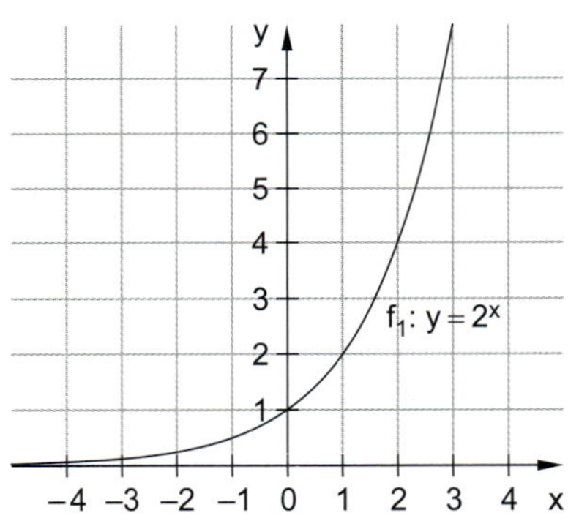

Die Funktion mit der Gleichung $y = 2^x$ heißt Exponentialfunktion zur Basis 2.

- 2^x ist für jeden Wert von x berechenbar und positiv: $D = \mathbb{R}$; $W = \mathbb{R}^+$
- Der Funktionsgraph nähert sich mit abnehmenden Werten von x der x-Achse, kommt ihr beliebig nahe, ohne sie aber zu berühren:
  Die x-Achse ist Asymptote a: $y = 0$

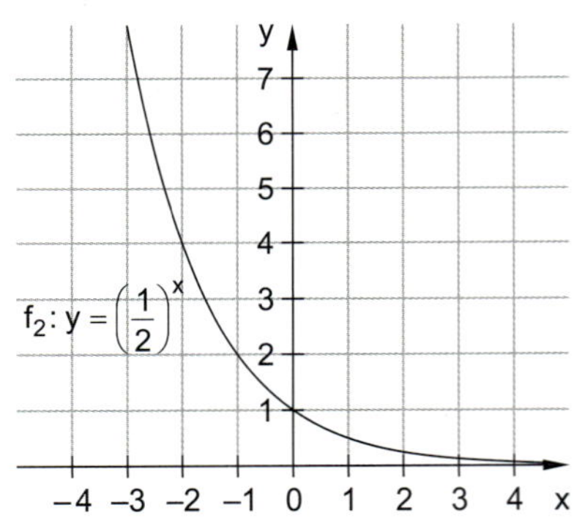

Die Funktion mit der Gleichung $y = \left(\frac{1}{2}\right)^x$ heißt Exponentialfunktion zur Basis $\frac{1}{2}$.

- $\left(\frac{1}{2}\right)^x$ ist für jeden Wert von x berechenbar und positiv: $D = \mathbb{R}$; $W = \mathbb{R}^+$
- Der Funktionsgraph nähert sich mit zunehmenden Werten von x der x-Achse, kommt ihr beliebig nahe, ohne sie aber zu berühren:
  Die x-Achse ist Asymptote a: $y = 0$

Exponentialfunktionen der Form $y = k \cdot a^x$

Merke

Bei Exponentialfunktionen mit Gleichungen der Form $y = k \cdot a^x$ mit $k \neq 0$ und $a \in \mathbb{R}^+ \setminus \{1\}$ beeinflusst das Vorzeichen des Faktors **k** die **Wertemenge**.

- **Definitionsmenge:** $D = \mathbb{R}$
- **Form:**
  $|k| > 1$: Streckung des Graphen (in Richtung der y-Achse) gegenüber $y = a^x$
  $|k| < 1$: Stauchung des Graphen (in Richtung der y-Achse) gegenüber $y = a^x$
- **Wertemenge:**
  $k > 0$: $W = \mathbb{R}^+$
  $k < 0$: $W = \mathbb{R}^-$
- **gemeinsamer Punkt:** $(0 \mid k)$
- **Verlauf des Graphen – Einfluss von k:**
  Ein Vorzeichenwechsel von k entspricht der Spiegelung des Graphen an der x-Achse. In allen Fällen kommt der Funktionsgraph der x-Achse beliebig nahe, ohne sie aber zu berühren. **Horizontale Asymptote: y = 0** (x-Achse)

Beispiele

$k = 3;\ a = 2 \quad f_1\colon y = 3 \cdot 2^x$

$k = \frac{1}{4};\ a = \frac{1}{2} \quad f_3\colon y = \frac{1}{4} \cdot \left(\frac{1}{2}\right)^x$

$k = -3;\ a = 2 \quad f_2\colon y = -3 \cdot 2^x$

$k = -\frac{1}{4};\ a = \frac{1}{2} \quad f_4\colon y = -\frac{1}{4} \cdot \left(\frac{1}{2}\right)^x$

Graphen

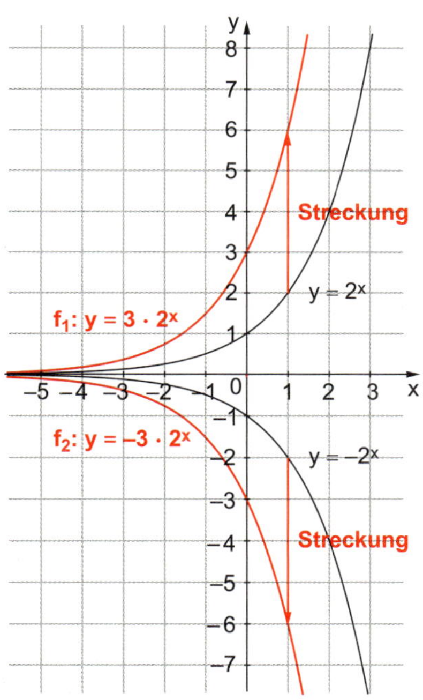

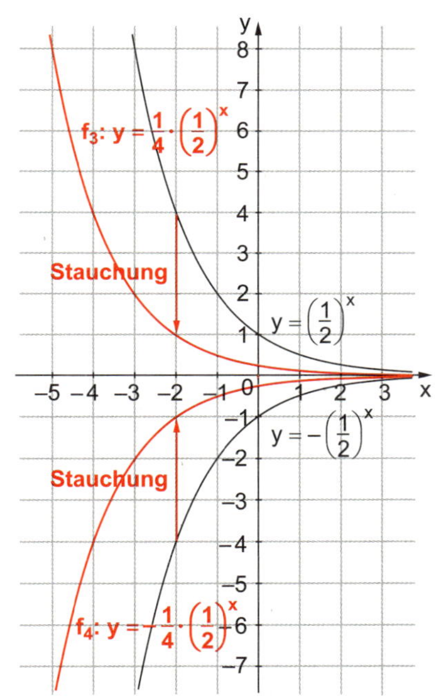

Aufgabe 215

Bestimme die Funktionsgleichung der Exponentialfunktion f: $y = k \cdot a^x$, die durch die Punkte A und B verläuft.

a) $A(0 \mid 0{,}125)$; $B(2 \mid 18)$

b) $A(-2 \mid 10)$; $B(0 \mid 2{,}5)$

Interaktive Aufgabe

1. Graph zuordnen

Abbildung durch Parallelverschiebung

Merke

Wird der Graph einer Exponentialfunktion f: $y = k \cdot a^x$ durch Parallelverschiebung mit dem Vektor $\vec{v} = \begin{pmatrix} v_x \\ v_y \end{pmatrix}$ auf den Graphen der Bildfunktion f' abgebildet, so gilt:

$$\text{f: } y = k \cdot a^x \xmapsto{\vec{v} = \begin{pmatrix} v_x \\ v_y \end{pmatrix}} \text{f': } y = k \cdot a^{(x - v_x)} + v_y$$

Beispiel

Der Graph der Funktion mit der Gleichung $y = -3 \cdot 2^x$ wird durch Parallelverschiebung mit dem Vektor $\vec{v} = \begin{pmatrix} 3 \\ -1 \end{pmatrix}$ abgebildet. Berechne die Gleichung der Bildfunktion f'.

Lösung:

Es gilt:

$$\text{f: } y = -3 \cdot 2^x \xmapsto{\vec{v} = \begin{pmatrix} 3 \\ -1 \end{pmatrix}} \text{f'}$$

$$P(x \mid -3 \cdot 2^x) \xmapsto{\vec{v} = \begin{pmatrix} 3 \\ -1 \end{pmatrix}} P'(x' \mid y')$$

- Ausführliche Berechnung mithilfe des Parameterverfahrens:

$$\begin{pmatrix} x' \\ y' \end{pmatrix} = \begin{pmatrix} x \\ -3 \cdot 2^x \end{pmatrix} \oplus \begin{pmatrix} 3 \\ -1 \end{pmatrix}$$

$$\Leftrightarrow \quad \begin{vmatrix} x' = x + 3 \\ \wedge \; y' = -3 \cdot 2^x - 1 \end{vmatrix}$$

$$\Leftrightarrow \quad \begin{vmatrix} x = x' - 3 \\ \wedge \; y' = -3 \cdot 2^{(x' - 3)} - 1 \end{vmatrix}$$

also: f': $y = -3 \cdot 2^{(x-3)} - 1$

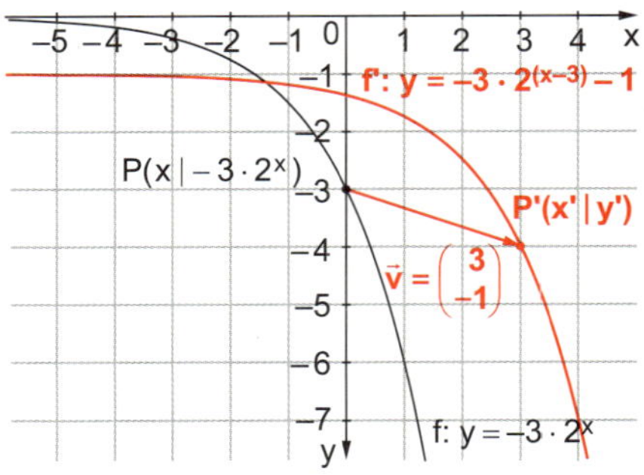

- Berechnung mithilfe der Formel:

$$\text{f: } y = -3 \cdot 2^x \xmapsto{\vec{v} = \begin{pmatrix} 3 \\ -1 \end{pmatrix}} \text{f': } \quad y = -3 \cdot 2^{(x - v_x)} + v_y$$

$$\Leftrightarrow \quad y = -3 \cdot 2^{(x-3)} + (-1)$$

$$\Leftrightarrow \quad y = -3 \cdot 2^{(x-3)} - 1$$

$D_f = \mathbb{R}$; $W_f = \mathbb{R}^-$; Asymptotengleichung: a: $y = 0$

$D_{f'} = \mathbb{R}$; $W_{f'} = \{y \mid y < -1\}$; Asymptotengleichung: a: $y = -1$

Aufgaben

216 Zeichne die Graphen folgender Funktionen mithilfe einer Wertetabelle ($-4 \leq x \leq 2$; $\Delta x = 1$) in ein Koordinatensystem. Gib die Definitionsmenge und die Wertemenge sowie die Gleichung der Asymptote an ($x, y \in \mathbb{R}$).

a) f: $y = 3^x$

b) f: $y = -2 \cdot 5^x$

c) f: $y = \frac{1}{4} \cdot 3^{x+2}$

d) f: $y = -5 + 4 \cdot 3^{x-1}$

e) f: $y = -0{,}5 \cdot 2^{1{,}5x} + 2{,}5$

f) f: $y = 1{,}4 \cdot 6^{0{,}5x} - 1{,}7$

217 Bilde den Graphen der Funktion f durch Parallelverschiebung mit dem Vektor $\vec{v}$ ab. Ermittle die Gleichung des Bildgraphen ($x, y \in \mathbb{R}$) mithilfe des Parameterverfahrens.

a) f: $y = 2^x$; $\vec{v} = \begin{pmatrix} 1 \\ -4 \end{pmatrix}$

b) e: $y = 5^{x+1}$; $\vec{v} = \begin{pmatrix} -2 \\ 3 \end{pmatrix}$

Interaktive Aufgaben

2. Verschobene Exponentialfunktion

3. Wertemenge bestimmen

Der Logarithmus

Merke

Die Lösung $x \in \mathbb{R}$ der Gleichung $a^x = b$ mit $a, b \in \mathbb{R}^+$ und $a \neq 1$ bezeichnet man als **Logarithmus** von b zur Basis a.

Schreibweise: $x = \log_a b$

Bezeichnungen: Logarithmus (x), Basis (a), Numerus (b)

Sprechweise: x ist der Logarithmus von b zur Basis a.

Merkregel: $\log_a b$ ist die Zahl, mit der man a potenzieren muss, um b zu erhalten.

- Beachte: $a^{\log_a b} = b$
  $\log_a 1 = 0$, da $a^0 = 1$
  $\log_a a = 1$, da $a^1 = a$
- Es gibt keinen Logarithmus von negativen Zahlen (negativen Numeri). Der Logarithmus selbst kann aber negativ sein.

Beispiele

1.
$$\log_3 81 = x$$
$$\Leftrightarrow \quad 3^x = 81$$
$$\Leftrightarrow \quad 3^x = 3^4$$
$$\Leftrightarrow \quad x = 4$$

Der Wert von $\log_3 81$ ist die Lösung $x \in \mathbb{R}$ der Gleichung $3^x = 81$.

$\log_3 81 = 4$, da $3^4 = 81$

Somit gilt auch: $3^{\log_3 81} = 81$

4 ist der Exponent, mit dem man die Zahl 3 potenzieren muss, um 81 zu erhalten.

2. Spiegelt man den Graphen der Funktion f: $y = 2^x$ an der Winkelhalbierenden des I. und III. Quadranten, so erhält man den Graphen der Umkehrfunktion f^{-1} mit der Gleichung $y = \log_2 x$.

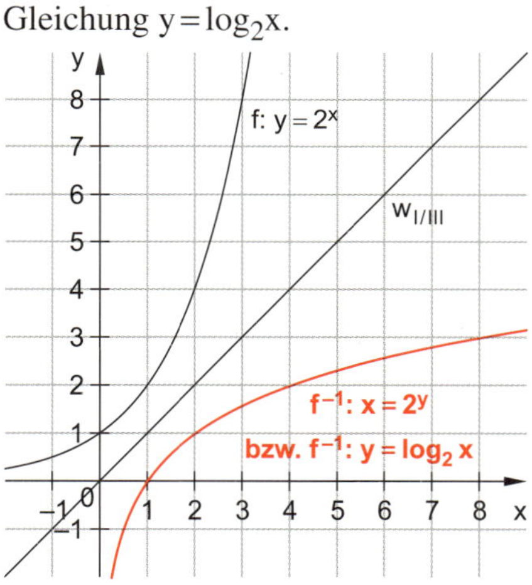

Die Gleichung der Umkehrfunktion f^{-1} erhält man aus der Gleichung von f durch Vertauschen der Variablen x und y:

$f: y = 2^x$

$f^{-1}: x = 2^y$

y ist der Exponent, mit dem man die Basis 2 potenzieren muss, um den Potenzwert x zu erhalten. Um die Gleichung $x = 2^y$ nach y aufzulösen, wird der Logarithmus verwendet:

$2^y = x \;\Leftrightarrow\; y = \log_2 x$

Aufgaben

218 Formuliere einen charakterisierenden Satz für die Zahl $\log_5 12$.

219 Berechne den Wert des Logarithmus.

a) $\log_2 16$ b) $\log_4 256$ c) $\log_8 \frac{1}{64}$

d) $\log_2 \frac{1}{8}$ e) $\log_2 0$ f) $\log_5 1$

220 Bestimme den Wert des Numerus ($G = \mathbb{R}$).

a) $\log_{10} x = 4$ b) $\log_2 x = 5$ c) $\log_6 x = 3$

d) $\log_8 x = 0$ e) $\log_{0,5} x = 2$ f) $\log_{\frac{3}{2}} x = -2$

221 Bestimme den Wert der Basis ($G = \mathbb{R}^+ \setminus \{1\}$).

a) $\log_x 125 = 3$ b) $\log_x \frac{4}{9} = 2$ c) $\log_x 2 = 2$

d) $\log_x 9 = 4$ e) $\log_x \frac{1}{5} = -1$ f) $\log_x \frac{1}{32} = -5$

Interaktive Aufgabe

4. Terme ergänzen

Der dekadische Logarithmus

Als Basis a eines Logarithmus $\log_a b$ kommt jede Zahl aus $\mathbb{R}^+ \setminus \{1\}$ infrage. Logarithmen mit Basis 10 haben eine besondere Bezeichnung.

Merke

Logarithmen zur **Basis 10** bezeichnet man auch als **dekadische Logarithmen (Zehnerlogarithmen)**.

Statt $\log_{10} x$ schreibt man kurz $\lg x$: $\lg x = \log_{10} x$

- Zehnerlogarithmen werden mit dem Taschenrechner mit den Tasten LOG bzw. LG bestimmt.
- Beachte: $\lg 10^n = n$

Beispiele

1. $x = \lg 0{,}01$
$\Leftrightarrow x = \log_{10} 0{,}01$
$\Leftrightarrow x = -2$
$L = \{-2\}$

Der Wert von $\log_{10} 0{,}01$ ist der Exponent, mit dem man 10 potenzieren muss, um 0,01 zu erhalten.

2. $\lg x = 0{,}8$
$\Leftrightarrow x = 10^{0,8}$
$\Leftrightarrow x = 6{,}31$
$L = \{6{,}31\}$

x ist der Wert, den man erhält, wenn man die Basis 10 mit dem Exponenten 0,8 potenziert.

Aufgaben

222 Berechne mit dem Taschenrechner die Logarithmen und führe die Probe durch. Runde auf drei Stellen nach dem Komma.

a) $\lg 5$ b) $\lg 12$ c) $\lg \frac{4}{5}$

d) $\lg 23{,}45$ e) $\lg \sqrt[4]{4\,321}$ f) $\lg 10$

223 Berechne mit dem Taschenrechner den Wert des Numerus und führe die Probe durch. Runde auf drei Stellen nach dem Komma.

a) $\lg x = 0{,}125$
b) $\lg x = -2{,}5$
c) $\lg x = \frac{3}{4}$
d) $\lg x = \sqrt{19}$

Interaktive Aufgabe

5. Terme ergänzen (Zehnerlogarithmus)

Logarithmen mit beliebiger Basis

Die Berechnung eines Logarithmus mit einer beliebigen Basis lässt sich auf die Berechnung des dekadischen Logarithmus oder eines Logarithmus mit frei wählbarer Basis $c \in \mathbb{R}^+ \setminus \{1\}$ zurückführen.

Merke

Für $a, c \in \mathbb{R}^+ \setminus \{1\}$ und $b \in \mathbb{R}^+$ gilt:

$\log_a b = \frac{\lg b}{\lg a}$ Logarithmus mit beliebiger Basis $= \frac{\text{Zehnerlogarithmus des Numerus}}{\text{Zehnerlogarithmus der Basis}}$

Umrechnung der Basis:

$\log_a b = \frac{\log_c b}{\log_c a}$ Logarithmus mit beliebiger Basis $= \frac{\text{Logarithmus des Numerus}}{\text{Logarithmus der Basis}}$

Beispiele

1. Berechne den Logarithmus und führe die Probe durch: $\log_{14} 8$

   Lösung:

   $\log_{14} 8 = \frac{\lg 8}{\lg 14} = 0{,}788$

   Probe: $14^{0{,}788} = 8{,}000$

2. Forme $\log_{14} 8$ in einen Logarithmus mit der Basis 5 um.

   Lösung:

   $\log_{14} 8 = \frac{\log_5 8}{\log_5 14}$

Aufgaben

224 Berechne nachfolgende Logarithmenwerte (auf zwei Stellen nach dem Komma gerundet).

a) $\log_2 3$
b) $\log_3 \sqrt{8}$
c) $\log_{12} 3{,}5$
d) $\log_{1,4} 246$
e) $\log_{\frac{1}{2}} \frac{3}{4}$
f) $\log_{\sqrt{13}} (22 \cdot \sqrt{7})$

225 Forme in Logarithmen mit der Basis c um.

a) $\log_2 10;\quad c = 5$
b) $\log_{0,5} \frac{1}{64};\quad c = 9$
c) $\lg 4{,}5;\quad c = 3$
d) $\log_3 6;\quad c = \sqrt{2}$

Interaktive Aufgabe

6. Basis bestimmen

Exponentialgleichungen

Merke

Eine Gleichung, bei der eine Variable im **Exponenten** einer Potenz steht, heißt **Exponentialgleichung**.

Lösung einer Exponentialgleichung

- Falls notwendig, wird die Gleichung so umgestellt, dass Terme mit und ohne Variablen auf verschiedenen Seiten stehen, und dann zusammengefasst.
- **Logarithmieren:** Die Gleichung wird nach der Variablen aufgelöst, indem man auf beiden Seiten den Logarithmus anwendet, der als Basis die Basis der Potenz (mit der Variablen im Exponenten) hat.

Beispiele

1. Berechne die Lösungsmenge der Exponentialgleichung $3^x = 81$ $(G = \mathbb{R})$.

Lösung:

$3^x = 81$ — Logarithmiere

$\Leftrightarrow \mathbf{\log_3} 3^x = \mathbf{\log_3} 81$

$\Leftrightarrow x = \log_3 81$

$\Leftrightarrow x = \frac{\lg 81}{\lg 3}$ — Die Basisumrechnung ist hier nicht zwingend notwendig, da $\log_3 81$ auch im Kopf berechnet werden kann.

$\Leftrightarrow x = 4$

$L = \{4\}$

2. $3^x - 5 = 0 \quad | +5$

$\Leftrightarrow 3^x = 5$ — Logarithmiere

$\Leftrightarrow x = \log_3 5$ — Wandle in Zehnerlogarithmen um und löse mit dem Taschenrechner.

$\Leftrightarrow x = \frac{\lg 5}{\lg 3}$

$\Leftrightarrow x = 1,46$ — Das Ergebnis ist auf zwei Stellen nach dem Komma gerundet.

$L = \{1,46\}$

Aufgaben

226 Löse nachfolgende Exponentialgleichungen $(G = \mathbb{R})$.
Runde auf zwei Stellen nach dem Komma.

a) $5^x = 1,2$

b) $\frac{1}{2} \cdot 7^x = 6$

c) $8^x + 123 = 321$

d) $5 \cdot 2^x - 19 = 3$

e) $-\frac{4}{3} \cdot 7^x + \frac{2}{9} = 0$

f) $\frac{2}{3} \cdot 2^{x+1} - 5 = 0$

g) $-\frac{1}{2}(3^{x+4} - 5) = -6$

h) $2\frac{1}{2} \cdot 3^{2x-1} = 4$

227 Gegeben ist die Funktion f mit $y = 2 \cdot 3^{x-2} - 0,5$.

a) Zeichne den Graphen der Funktion in ein Koordinatensystem. Bestimme die Definitions- und Wertemenge der Funktion sowie die Gleichung der Asymptote.
Platzbedarf: $-6 \le x \le 4$; $-2 \le y \le 8$

b) Berechne die Nullstelle x_0 der Funktion f.

228 Gegeben ist die Funktion f mit $y = -0{,}8 \cdot 4^{x-3} + 4$.

a) Zeichne den Graphen der Funktion. Bestimme die Definitionsmenge, die Wertemenge und die Gleichung der Asymptote.
Platzbedarf: $-5 \leq x \leq 5$; $-5 \leq y \leq 4$

b) Berechne die Nullstelle x_0 der Funktion f.

Interaktive Aufgabe 7. Exponentialgleichung

Die Logarithmensätze

Merke

Für a, b, c ∈ $\mathbb{R}^+$, $a \neq 1$ gilt:

1. Der Logarithmus eines Produkts ist gleich der Summe der Logarithmen der Faktoren. $\log_a(b \cdot c) = \log_a b + \log_a c$
2. Der Logarithmus eines Quotienten ist gleich der Differenz der Logarithmen von Dividend und Divisor. $\log_a\left(\frac{b}{c}\right) = \log_a b - \log_a c$
3. Der Logarithmus einer Potenz ist gleich dem Produkt aus dem Exponenten und dem Logarithmus der Basis der Potenz. $\log_a b^c = c \cdot \log_a b$

Beispiele

1. $\log_2(10 \cdot a) = \log_2 10 + \log_2 a$ — Aus dem Produkt wird eine Summe.
2. $\log_{0,5}\left(\frac{4}{7}\right) = \log_{0,5} 4 - \log_{0,5} 7$ — Aus dem Quotienten wird eine Differenz.
3. $\log_3 4^5 = 5 \cdot \log_3 4$ — Aus der Potenz wird ein Produkt.
4. $\log_4 \sqrt[12]{a} = \log_4 a^{\frac{1}{12}} = \frac{1}{12} \cdot \log_4 a$ — Schreibe die Wurzel als Potenz und forme diese um in ein Produkt.
5. Fasse zusammen und vereinfache, wenn möglich.
   a) $\log_3 7 + \log_3 \frac{1}{2}$
   b) $\log_{19} 12 - \log_{19} 3$
   c) $2 \cdot \log_5 8 - \log_5 16$

   Lösung:

   a) $\log_3 7 + \log_3 \frac{1}{2} = \log_3\left(7 \cdot \frac{1}{2}\right) = \log_3 3{,}5$ — Anwendung des 1. Logarithmensatzes

   b) $\log_{19} 12 - \log_{19} 3 = \log_{19} \frac{12}{3} = \log_{19} 4$ — Anwendung des 2. Logarithmensatzes

   c) $2 \cdot \log_5 8 - \log_5 16$ — Anwendung des 2. Logarithmensatzes
   $= \log_5 8^2 - \log_5 16$
   $= \log_5 64 - \log_5 16$ — Anwendung des 3. Logarithmensatzes
   $= \log_5\left(\frac{64}{16}\right)$
   $= \log_5 4$

Aufgaben

229 Vereinfache mithilfe der Logarithmensätze.

a) $\lg 3 + \lg 4 + \lg 5$

b) $\lg 9 - \lg 8 - \lg 7$

c) $1 + \lg 2$

d) $\frac{1}{2}\lg x + 4\lg y$

e) $\frac{1}{3}(\lg 243 - \lg 9)$

f) $4\log_4 6 - \log_4 3$

g) $5\log_a x + \frac{1}{2}\log_a y$

h) $2 \cdot \log_3 5 + 5 \cdot \log_3 2$

i) $4 \cdot \log_8 3 - 2 \cdot \log_8 6$

j) $1 + \log_{19} 2$

230 Bestätige die Korrektheit folgender Gleichungen.

a) $\frac{1}{3}\log_2 27 - \frac{1}{4}\log_2 16 + 1 = \log_2 3$

b) $\frac{1}{2}\log_{0,25} x^{10} - 4\log_{0,25} x = \log_{0,25} x$

231 Berechne die Lösungsmenge $(G = \mathbb{R})$.

a) $12 \cdot 0{,}5^{x-4} = 8$

b) $\frac{1}{4}\left(\frac{2}{5} \cdot 2^{x+7} - 10\right) = 5$

c) $6 \cdot \log_2(6x - x^2) - 4 = 15{,}02$

d) $\log_2(x-1) + 5 = \log_2(x+4)$

e) $5^{x-1} + \left(\frac{1}{4}\right)^{-1} = 5^{x+2} - 368$

f) $5 + 2 \cdot 1{,}5^{x+4} = 10 + 2 \cdot 1{,}5^x$

g) $\log_5(12 + x) + 6 = -\log_5(x-3) + 9$

h) $2 \cdot \log_4(x^2 + 10x - 9) - 7 = 1$

232 Bestimme die Lösungsmenge über $G = \mathbb{R}$.

a) $\log_3(2x+4) = 4 + \log_3(2x-1)$

b) $\log_5(x-1) + \log_5(2+x) = \log_5(3x-2)$

c) $2\log_y x = \log_y 16 - 2\log_y 12$

d) $5\log_2\sqrt{x} + \log_2\sqrt[4]{x} = \frac{1}{4} + 2\log_2 x$

Interaktive Aufgaben

8. Logarithmen zusammenfassen

9. Logarithmus berechnen

Die Logarithmusfunktion

Zu jeder Exponentialfunktion f mit einer Gleichung der Form $y=a^x$ mit $a \in \mathbb{R}^+\setminus\{1\}$ und $x, y \in \mathbb{R}$ lässt sich die zugehörige Umkehrfunktion f^{-1} bilden. Die Gleichung der Umkehrfunktion f^{-1} erhält man durch Vertauschen der Variablen in der Gleichung $y=a^x$:

$$f\colon y = a^x$$
$$f^{-1}\colon x = a^y$$
$$\Leftrightarrow \quad y = \log_a x$$

y ist der Exponent, mit dem die Basis a potenziert werden muss, um x zu erhalten.

Merke

Die Funktion mit der Gleichung $y=\log_a x$ mit $a \in \mathbb{R}^+\setminus\{1\}$ heißt **Logarithmusfunktion** zur Basis a. Sie ist die **Umkehrfunktion der Exponentialfunktion** mit der Gleichung $y=a^x$.

- **Definitionsmenge:** $D=\mathbb{R}^+$
- **Wertemenge:** $W=\mathbb{R}$
- **gemeinsamer Punkt:** $(1\,|\,0)$
- **Verlauf des Graphen – Einfluss von a:**
  $0<a<1$: Mit zunehmenden Werten von x werden die Funktionswerte y kleiner.
  $1<a$: Mit zunehmenden Werten von x werden die Funktionswerte y größer.
  In allen Fällen kommt der Funktionsgraph der y-Achse für abnehmende Werte von x beliebig nahe, ohne sie aber zu berühren. **Vertikale Asymptote: x = 0** (y-Achse)

Beispiel

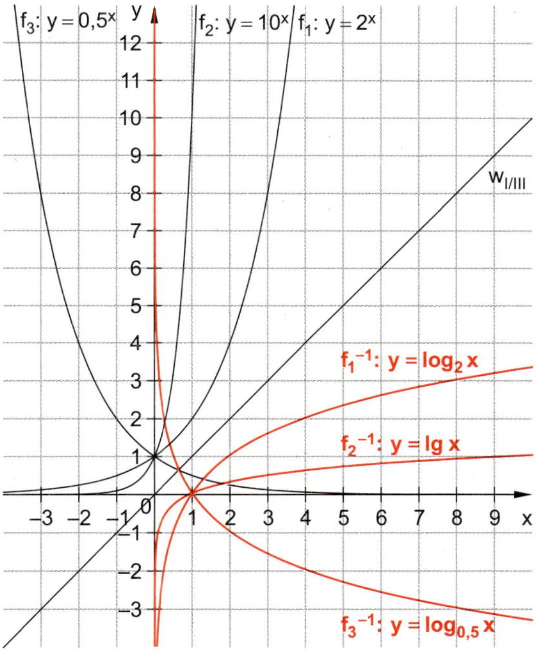

Die Graphen der Logarithmusfunktionen erhält man durch Spiegelung der Graphen der Exponentialfunktionen an der Winkelhalbierenden $w_{I/III}$ des I. und III. Quadranten.

Exponentialfunktion:

$f\colon y = a^x$

$D = \mathbb{R}$

$W = \mathbb{R}^+$

Logarithmusfunktion:

$f^{-1}\colon \quad x = a^y$

$\Leftrightarrow \quad y = \log_a x$

$D = \mathbb{R}^+$

$W = \mathbb{R}$

Die Graphen der Logarithmusfunktionen verlaufen im I. und IV. Quadranten und schneiden die x-Achse im Punkt $P(1\,|\,0)$.
Alle Graphen von Logarithmusfunktionen haben die Nullstelle $x_0 = 1$ und die y-Achse als Asymptote.

Aufgaben

233 Bestimme zu der gegebenen Gleichung der Exponentialfunktion f die Gleichung der Umkehrfunktion f^{-1}. Zeichne die Graphen zu f und f^{-1} in ein Koordinatensystem und gib Definitions- und Wertemenge sowie die Asymptotengleichung zu f und f^{-1} an.

a) f: $y = 5^x$

b) f: $y = 2{,}8^x$

234 Gegeben ist die Funktion f mit der Gleichung $y = 5^{4x-3} - 2$.

a) Gib die Definitions- und Wertemenge sowie die Gleichung der Asymptote a an.

b) Berechne die Nullstelle von f.

c) Bestimme die Gleichung der Umkehrfunktion von f.

d) Zeichne die Graphen zu f und f^{-1} in ein Koordinatensystem.
Platzbedarf: $-3 \le x \le 6$; $-2 \le y \le 8$

Interaktive Aufgabe

10. Logarithmusfunktion bestimmen

Logarithmusfunktionen der Form $y = k \cdot \log_a x$

Merke

Bei Logarithmusfunktionen mit Gleichungen der Form $y = k \cdot \log_a x$ mit $k \neq 0$ und $a \in \mathbb{R}^+ \setminus \{1\}$ beeinflusst das Vorzeichen des Faktors **k** die **Form** und die **Steigung** des Graphen.

- **Definitionsmenge:** $D = \mathbb{R}^+$
- **Wertemenge:** $W = \mathbb{R}$
- **gemeinsamer Punkt:** $(1 \mid 0)$
- **Form:**
  $|k| > 1$: Streckung des Graphen gegenüber $y = \log_a x$ (in Richtung der y-Achse)
  $|k| < 1$: Stauchung des Graphen gegenüber $y = \log_a x$ (in Richtung der y-Achse)
- **Verlauf des Graphen – Einfluss von k:**
  Ein Vorzeichenwechsel von k entspricht der Spiegelung des Graphen an der x-Achse. In allen Fällen kommt der Funktionsgraph der y-Achse für abnehmende Werte von x beliebig nahe, ohne sie aber zu berühren. **Vertikale Asymptote: x = 0** (y-Achse)

Beispiele

$k = 2;\ a = 3 \quad f_1\colon y = 2 \cdot \log_3 x$

$k = -2;\ a = 3 \quad f_2\colon y = -2 \cdot \log_3 x$

$k = \frac{1}{4};\ a = \frac{1}{2} \quad f_3\colon y = \frac{1}{4} \cdot \log_{\frac{1}{2}} x$

$k = -\frac{1}{4};\ a = \frac{1}{2} \quad f_4\colon y = -\frac{1}{4} \cdot \log_{\frac{1}{2}} x$

Graphen

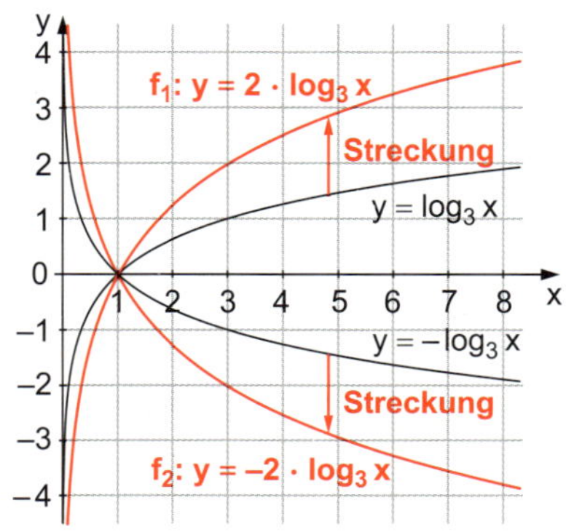

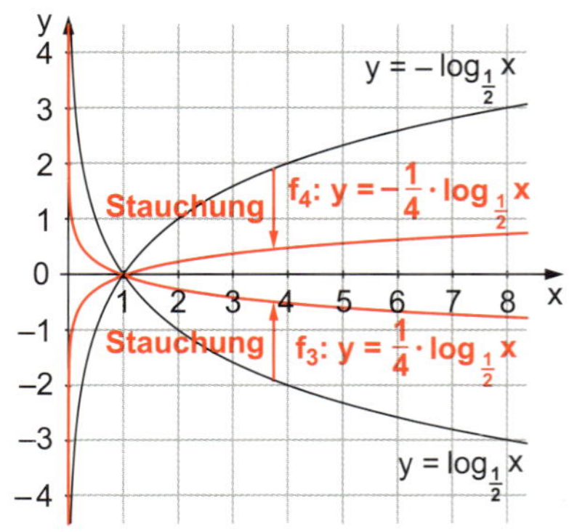

Abbildung durch Parallelverschiebung

Merke

Wird der Graph einer Logarithmusfunktion f: $y = k \cdot \log_a x$ durch Parallelverschiebung mit dem Vektor $\vec{v} = \begin{pmatrix} v_x \\ v_y \end{pmatrix}$ auf den Graphen der Bildfunktion f' abgebildet, so gilt:

$$f\colon y = k \cdot \log_a x \xmapsto{\vec{v} = \begin{pmatrix} v_x \\ v_y \end{pmatrix}} f'\colon y = k \cdot \log_a (x - v_x) + v_y$$

Hinweis: Verschiebt man den Graphen einer beliebigen Funktion f mit einem Vektor $\vec{v} = \begin{pmatrix} v_x \\ v_y \end{pmatrix}$, so erhält man die Gleichung der zugehörigen Bildfunktion f', indem man in der ursprünglichen Funktionsgleichung x durch $(x - v_x)$ und y durch $(y - v_y)$ ersetzt.

Beispiel

Der Graph der Funktion mit der Gleichung $y = \log_5 x$ wird durch Parallelverschiebung mit dem Vekor $\vec{v} = \begin{pmatrix} 3 \\ -2 \end{pmatrix}$ abgebildet. Berechne die Gleichung der Bildfunktion f'.

Lösung:

Es gilt:

$$f\colon y = \log_5 x \xmapsto{\vec{v} = \begin{pmatrix} 3 \\ -2 \end{pmatrix}} f'$$

$$P(x \mid \log_5 x) \xmapsto{\vec{v} = \begin{pmatrix} 3 \\ -2 \end{pmatrix}} P'(x' \mid y')$$

- Ausführliche Berechnung mithilfe des Parameterverfahrens:

$$\begin{pmatrix} x' \\ y' \end{pmatrix} = \begin{pmatrix} x \\ \log_5 x \end{pmatrix} \oplus \begin{pmatrix} 3 \\ -2 \end{pmatrix}$$

$$\Leftrightarrow \quad \begin{array}{|l} x' = x + 3 \\ \wedge \ y' = \log_5 x - 2 \end{array}$$

$$\Leftrightarrow \quad \begin{array}{|l} x = x' - 3 \\ \wedge \ y' = \log_5 (x' - 3) - 2 \end{array}$$

also: f': $y = \log_5 (x - 3) - 2$

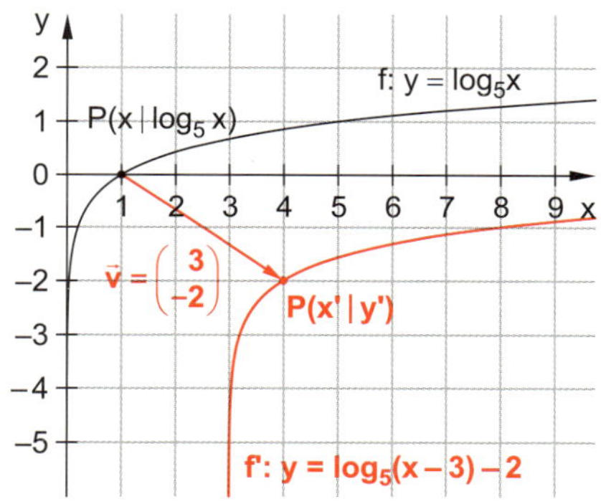

- Berechnung mithilfe der Formel:

$$f\colon y = \log_5 x \xmapsto{\vec{v} = \begin{pmatrix} 3 \\ -2 \end{pmatrix}} f'\colon \ y = \log_5 (x - v_x) + v_y$$

$$\Leftrightarrow \quad y = \log_5 (x - 3) + (-2)$$

$$\Leftrightarrow \quad y = \log_5 (x - 3) - 2$$

$D_f = \mathbb{R}^+$	$W_f = \mathbb{R}$	Vertikale Asymptote: a: $x = 0$
$D_{f'} = \{x \mid x > 3\}$	$W_{f'} = \mathbb{R}$	Vertikale Asymptote: a: $x = 3$

Aufgabe 235

bis auf Zeichnung

Bilde die Graphen nachfolgender Funktionen mit dem angegebenen Vektor ab. Zeichne Graph und Bildgraph in ein gemeinsames Koordinatensystem und gib die Eigenschaften von f und f' an $(x, y \in \mathbb{R})$.

a) f: $y = -3 \cdot \log_{1,5} x$; $\vec{v} = \begin{pmatrix} -4 \\ 5 \end{pmatrix}$

b) f: $y = \frac{1}{2} \cdot \log_{12} 4x$; $\vec{v} = \begin{pmatrix} -2,5 \\ -1,5 \end{pmatrix}$

c) f: $y = \lg\left(x + \frac{3}{4}\right)$; $\vec{v} = \begin{pmatrix} 7 \\ 5\frac{1}{2} \end{pmatrix}$

Interaktive Aufgabe

11. Verschobene Logarithmusfunktion

Bestimmung von Umkehrfunktionen

Merke

Die Umkehrfunktionen von Exponentialfunktionen sind Logarithmusfunktionen und die Umkehrfunktionen von Logarithmusfunktionen sind Exponentialfunktionen.
Die Gleichung der Umkehrfunktion f^{-1} einer Exponential- bzw. Logarithmusfunktion f erhält man folgendermaßen:

- **f ist eine Exponentialfunktion:** Man vertauscht die Variablen x und y und stellt die Funktionsgleichung so um, dass die Potenz isoliert steht. Dann logarithmiert man, indem man auf beiden Seiten den Logarithmus anwendet, der als Basis die Basis der Potenz hat. Anschließend wird nach y aufgelöst.
- **f ist eine Logarithmusfunktion:** Man vertauscht die Variablen x und y und stellt die Funktionsgleichung so um, dass der Logarithmus isoliert steht. Dann potenziert man, indem Links- und Rechtsterm jeweils in den Exponenten der Basis des Logarithmus geschrieben werden (Logarithmus fällt weg). Anschließend wird nach y aufgelöst.

Den Graphen der Umkehrfunktion f^{-1} erhält man durch Spiegelung des Graphen von f an der Winkelhalbierenden $w_{I/III}$ des I. und III. Quadranten.
Die Definitions- und Wertemenge der Umkehrfunktion f^{-1} erhält man, indem man Definitions- und Wertemenge der Funktion f miteinander vertauscht.

Beispiele

1. Bestimme die Gleichung der Umkehrfunktion f^{-1} zur Funktion f mit $y=5\cdot 2^{x-3}+1$ $(x, y \in \mathbb{R})$ und gib die Definitions- und Wertemengen sowie die Asymptotengleichungen an.

Lösung:

$D_f=\mathbb{R};\quad W_f=\{x\,|\,x>1\}$

Asymptotengleichung: a: $y=1$

Für abnehmende Werte von x geht 2^{x-3} gegen 0 und somit f gegen 1.

f: $y=5\cdot 2^{x-3}+1$

f^{-1}: $x=5\cdot 2^{y-3}+1 \quad |-1$ — Vertauschen von x und y bzgl. der Gleichung von f

$\Leftrightarrow \quad 5\cdot 2^{y-3}=x-1 \quad |\cdot\frac{1}{5}$ — Nach y auflösen

$\Leftrightarrow \quad 2^{y-3}=\frac{1}{5}(x-1)$

$\Leftrightarrow \quad y-3=\log_2\frac{1}{5}(x-1) \quad |+3$ — Logarithmieren

$\Leftrightarrow \quad y=\log_2\frac{1}{5}(x-1)+3$ — Gleichung von f^{-1}

$D_{f^{-1}}=\{x\,|\,x>1\}\; W_{f^{-1}}=\mathbb{R}$

Asymptotengleichung: a: $x=1$

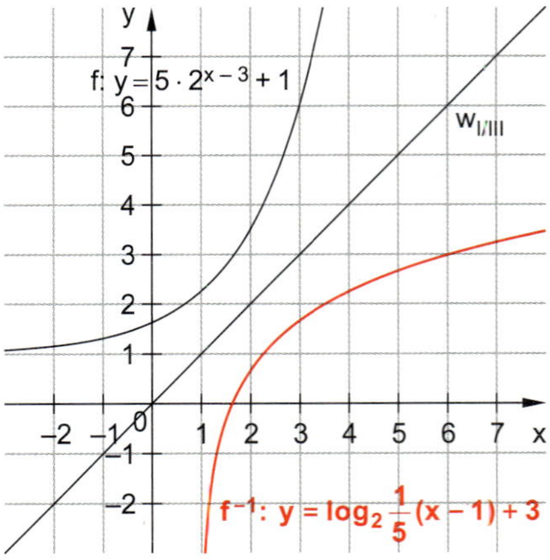

2. Bestimme die Gleichung der Umkehrfunktion f^{-1} zur Funktion f mit $y = \frac{1}{2}\log_3(x+4) - 5$ $(x, y \in \mathbb{R})$ und gib die Definitions- und Wertemengen sowie die Asymptotengleichungen an.

Lösung:

$D_f = \{x \mid x > -4\}$; $W_f = \mathbb{R}$

Asymptotengleichung: a: $x = -4$

Da der Numerus des Logarithmus stets positiv sein muss, muss gelten: $x + 4 > 0 \Leftrightarrow x > -4$

f: $y = \frac{1}{2}\log_3(x+4) - 5$

f^{-1}: $x = \frac{1}{2}\log_3(y+4) - 5 \quad | +5$ — Vertauschen von x und y bzgl. der Gleichung von f

$\Leftrightarrow \frac{1}{2}\log_3(y+4) = x + 5 \quad | \cdot 2$ — Nach y auflösen

$\Leftrightarrow \log_3(y+4) = 2(x+5)$ — Potenzieren

$\Leftrightarrow y + 4 = 3^{2(x+5)} \quad | -4$ — Es gilt: $3^{\log_3(y+4)} = y + 4$

$\Leftrightarrow y = 3^{2x+10} - 4$ — Gleichung von f^{-1}

$D_{f^{-1}} = \mathbb{R}$

$W_{f^{-1}} = \{y \mid y > -4\}$

Asymptotengleichung: a: $y = -4$

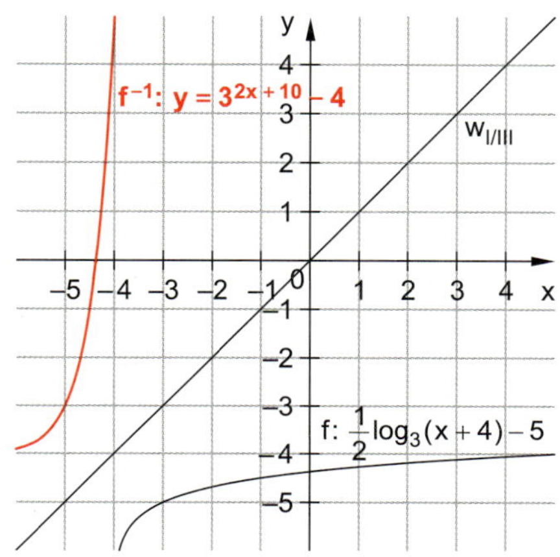

Aufgaben

236

bis auf Zeichnung

Bestimme die Gleichung der Umkehrfunktion f^{-1} zu f und zeichne die Graphen zu f und f^{-1} in ein gemeinsames Koordinatensystem $(x, y \in \mathbb{R})$.
Bestimme ferner die Definitions- und Wertemenge.

a) f: $y = 2^{x+3}$

b) f: $y = \frac{2}{3} \cdot \log_4 x$

c) f: $y = \log_2(x + 1{,}5) + 3$

d) f: $y = \frac{1}{3} \cdot 7^{x-5} - 4$

Interaktive Aufgabe

12. Umkehrfunktion bestimmen

Vermischte Aufgaben

237 Gegeben ist die Funktion: f: $y = \frac{1}{4} \cdot 3^{x+1} + 2$ $(x, y \in \mathbb{R})$.

a) Gib zu f die Definitionsmenge, die Wertemenge und die Gleichung der Asymptote a an.

b) Berechne die Gleichung der Umkehrfunktion f^{-1}.

c) Die Funktion f wird mit dem Vektor $\vec{v} = \begin{pmatrix} 2 \\ -4 \end{pmatrix}$ verschoben.
Gib die Funktionsgleichung für die Bildfunktion f' an.

238 Gegeben sind die Funktionen f_1: $y = -\log_2(x+4) - 3$ und f_2: $y = \log_2(x+5) - 1$ $(x, y \in \mathbb{R})$.

a) Zeichne die Graphen zu f_1 und f_2 in ein Koordinatensystem.
Platzbedarf: $-5 \le x \le 10$; $-7 \le y \le 3$

b) Gib für die Funktion f_1 die Definitionsmenge, die Wertemenge und die Gleichung der Asymptote an.

c) Die Graphen zu f_1 und f_2 schneiden sich im Punkt S. Berechne die Koordinaten des Schnittpunktes S.

d) Die Punkte A_n der gleichseitigen Dreiecke $A_nB_nC_n$ liegen auf dem Graphen von f_1. Die Punkte C_n auf dem Graphen von f_2 haben die gleiche Abszisse x wie die Punkte A_n. Zeichne das Dreieck $A_1B_1C_1$ für $x_1 = 3$ in das Koordinatensystem ein.

e) Berechne den Umfang u der Dreiecke $A_nB_nC_n$ in Abhängigkeit von x und gib die Definitionsmenge des Umfangsterms an.

f) Berechne den Wert für x so, dass sich ein Dreieck mit einem Umfang von 15 LE ergibt.

239 Gegeben ist die Funktion f mit der Gleichung $y = -\log_4(-x+5) + 1{,}5$ $(x, y \in \mathbb{R})$.

a) Tabellarisiere f (auf zwei Stellen nach dem Komma gerundet) für $-7 \le x \le 5$ $(\Delta x = 1)$ und zeichne den Graphen zu f in ein Koordinatensystem.

b) Berechne die Gleichung der Umkehrfunktion f^{-1}.
[Ergebnis: f^{-1}: $y = -4^{-x+1{,}5} + 5$]

c) Gib die Definitions- und Wertemenge von f^{-1} an und berechne die Nullstelle von f^{-1}.

d) Die Eckpunkte $D_n(x \mid -\log_4(-x+5) + 1{,}5)$ von Parallelogrammen AB_nCD_n mit $A(-6 \mid -4)$ und $C(10 \mid 2)$ liegen auf dem Graphen zu f. Zeichne das Parallelogramm AB_1CD_1 für $x = 4$ in das Koordinatensystem ein.

e) Berechne die Gleichung des Trägergraphen t_{B_n} der Punkte B_n.

Wachstums- und Abklingprozesse

Merke

Exponentialfunktionen der Form $y = k \cdot a^x$ mit $x, y \in \mathbb{R}$, $k \neq 0$, $k > 0$ und $a > 0$ beschreiben **Wachstums-** bzw. **Abklingprozesse**.

- Für $\mathbf{a > 1}$ steigt der Graph: **exponentielles Wachstum**
  Beispiel: Der Zusammenhang von Kapital und Zeit wird in einer Exponentialgleichung beschrieben. Da mit wachsender Zeit auch das Kapital anwächst, spricht man von einem **Wachstumsprozess**.
- Für $\mathbf{0 < a < 1}$ fällt der Graph: **exponentielles Abklingen**
  Beispiel: Der Zusammenhang von radioaktivem Zerfall und Zeit wird in einer Exponentialgleichung beschrieben. Da mit wachsender Zeit die Masse abnimmt, spricht man von einem **Abklingprozess**.

Beispiele

1. Ein Kapital $K_0 = 12\,500$ € wird mit einem Zinssatz von 3 % pro Jahr und einer Laufzeit von 12 Jahren angelegt. Für das neue Kapital gilt die Gleichung:

$$K_n = K_0 \cdot \left(1 + \frac{p}{100}\right)^n$$

K_0 = Startkapital vor der Verzinsung
K_n = Kapital nach n Jahren
p = Zinssatz
n = Anzahl der Zinsjahre

a) Berechne das Kapital nach 5 Jahren bzw. nach der Gesamtlaufzeit von 12 Jahren.

b) Berechne, nach wie vielen Monaten (auf Ganze runden) sich das Guthaben auf 16 000 € beläuft.

c) Berechne, welchen Betrag man bei einem Zinssatz von 3 % anlegen müsste, um nach 12 Jahren ein Kapital von 20 000 € zu besitzen.

d) Nach 5 Jahren macht die Bank eine neues Angebot. Für die restliche Laufzeit kann das bereits angesparte Kapital mit einem Zinssatz von 4,5 % angelegt werden. Berechne den Betrag, der sich nach Beendigung der Gesamtlaufzeit ergäbe.

e) Berechne den Zinssatz, mit dem die ursprünglichen 12 500 € über 12 Jahre hätten angelegt werden müssen, um den Endbetrag aus Teilaufgabe d zu erhalten.

Lösung:

a) Gegeben: Startkapital: $K_0 = 12\,500$ €
Zinssatz: $p = 3$
Anzahl der Zinsjahre: $n = 5$ bzw. $n = 12$
Gesucht: Kapital nach 5 bzw. 12 Jahren: K_5 bzw. K_{12}

Berechnung für 5 Jahre:

$$K_n = K_0 \cdot \left(1 + \frac{p}{100}\right)^n$$

$$K_5 = 12\,500\text{ €} \cdot \left(1 + \frac{3}{100}\right)^5$$

$$K_5 = 12\,500 \cdot 1{,}03^5\text{ €}$$

$$K_5 = 14\,490{,}93\text{ €}$$

Berechnung für 12 Jahre:

$$K_n = K_0 \cdot \left(1 + \frac{p}{100}\right)^n \quad \text{Gegebene Werte einsetzen}$$

$$K_{12} = 12\,500\text{ €} \cdot \left(1 + \frac{3}{100}\right)^{12} \quad \text{Vereinfachen}$$

$$K_{12} = 12\,500 \cdot 1{,}03^{12}\text{ €}$$

$$K_{12} = 17\,822{,}01\text{ €}$$

A: Nach 5 Jahren beläuft sich das Guthaben auf 14 490,93 €, nach der Gesamtlaufzeit von 12 Jahren auf 17 822,01 €.

b) Gegeben: Startkapital: $K_0 = 12\,500$ €
Zinssatz: $p = 3$
Kapital nach n Jahren: $K_n = 16\,000$ €
Gesucht: Anzahl der Zinsjahre: n

$$K_n = K_0 \cdot \left(1 + \frac{p}{100}\right)^n$$ Gegebene Werte einsetzen

$$\Leftrightarrow \quad 16\,000\,€ = 12\,500\,€ \cdot \left(1 + \frac{3}{100}\right)^n \quad |:12\,500\,€$$ Vereinfachen

$$\Leftrightarrow \quad 1{,}28 = 1{,}03^n$$ Logarithmieren

$$\Leftrightarrow \quad \log_{1{,}03} 1{,}28 = n$$

$$\Leftrightarrow \quad n = 8{,}35$$

$L = \{8{,}35\}$

A: Nach etwa 8,35 Jahren beläuft sich das Vermögen auf 16 000 €. Bis dahin vergehen also 101 Monate ($8{,}35 \cdot 12 = 100{,}2$).

c) Gegeben: Kapital nach 12 Jahren: $K_{12} = 20\,000$ €
Zinssatz: $p = 3$
Anzahl der Zinsjahre: $n = 12$
Gesucht: Startkapital: K_0

$$K_n = K_0 \cdot \left(1 + \frac{p}{100}\right)^n$$ Gegebene Werte einsetzen

$$\Leftrightarrow \quad 20\,000\,€ = K_0 \cdot \left(1 + \frac{3}{100}\right)^{12} €$$ Vereinfachen

$$\Leftrightarrow \quad 20\,000\,€ = 1{,}03^{12} \cdot K_0 \quad |:1{,}03^{12}$$

$$\Leftrightarrow \quad K_0 = 14\,027{,}60\,€$$

$L = \{14\,027{,}60\,€\}$

A: Man müsste 14 027,60 € anlegen, um nach 12 Jahren bei 3 % Zins ein Kapital von 20 000 € zu besitzen.

d) Gegeben: Startkapital: $K_0 = 14\,490{,}93$ € (siehe Teilaufgabe a)
neuer Zinssatz: $p = 4{,}5$
Anzahl der restlichen Zinsjahre: $n = 7$
Gesucht: Kapital nach 7 Jahren: K_7

Das Startkapital wird für weitere 7 Jahre mit 4,5 % verzinst:

$$K_n = K_0 \cdot \left(1 + \frac{p}{100}\right)^n$$

$$K_7 = 14\,490{,}93 \cdot \left(1 + \frac{4{,}5}{100}\right)^7 €$$

$$K_7 = 14\,490{,}93 \cdot 1{,}045^7\,€$$

$$K_7 = 19\,720{,}15\,€$$

A: Nach Beendigung der Gesamtlaufzeit beträgt das Kapital 19 720,15 €.

e) Gegeben: Startkapital: $K_0 = 12\,500$ €
Kapital nach 12 Jahren: $K_{12} = 19\,720{,}15$ €
Anzahl der Zinsjahre: $n = 12$
Gesucht: Zinssatz: p

$$K_n = K_0 \cdot \left(1+\frac{p}{100}\right)^n$$

$$\Leftrightarrow \quad 19\,720{,}15\text{ €} = 12\,500 \cdot \left(1+\frac{p}{100}\right)^{12} \text{ €} \qquad |:12\,500\text{ €}$$

$$\Leftrightarrow \quad 1{,}578 = \left(1+\frac{p}{100}\right)^{12} \qquad |\sqrt[12]{}$$

$$\Leftrightarrow \quad 1{,}039 = 1+\frac{p}{100} \qquad |-1$$

$$\Leftrightarrow \quad \frac{p}{100} = 0{,}039 \qquad |\cdot 100$$

$$\Leftrightarrow \quad p = 3{,}9$$

$L = \{3{,}9\}$

A: Der Zinssatz hätte 3,9 % betragen müssen.

2. Nach dem Reaktorunfall in Fukushima (2011) wurden an der Küste vor Fukushima deutlich erhöhte Grenzwerte von Cäsium-137 (Cs-137) gemessen.

Das Isotop Cs-137 zerfällt mit einer Halbwertszeit von ca. 30 Jahren, d. h., nach ca. 30 Jahren ist von einer bestimmten Anfangsmasse dieses Isotops nur noch die Hälfte an Cs-137 vorhanden. Bei einer Anfangsmasse von N_0 lässt sich die noch vorhandene Masse N(t) an Cs-137 für den Zerfallszeitraum t in Jahren mithilfe der Gleichung $N(t) = N_0 \cdot 0{,}5^{\frac{t}{T}}$ berechnen. Dabei gibt T den Wert der Halbwertszeit in Jahren an.

a) Tabellarisiere den Abklingprozess bei einer Anfangsmasse N_0 von 1 g für $t \in [0; 60]$ mit $\Delta t = 5$ auf zwei Stellen nach dem Komma gerundet und zeichne den Graphen in ein Koordinatensystem.
Für die Zeichnung: Auf der x-Achse: 0,5 cm für 5 Jahre; $0 \leq t \leq 60$
Auf der y-Achse: 0,5 cm für 0,1 g; $0 \leq N(t) \leq 1$

b) Berechne, wie viel Gramm an strahlendem Material von ursprünglich 1 g Cs-137 nach 100 Jahren noch vorhanden ist.

c) Berechne die Zeit, nach der noch 1 mg von dem strahlenden Material vorhanden ist.

d) Berechne die Zeit, nach der 25 % von 1 g Cs-137 zerfallen sind.

e) Neben Cs-137 gibt es noch das Cäsiumisotop Cs-134.
Welche Halbwertszeit hat Cäsium-134, wenn von 500 mg dieses Isotops nach einem Jahr noch 357,42 mg vorhanden sind? Berechne ohne Zwischenrundungen.

Lösung:

a)

t	0	5	10	15	20	25	30	35	40	45	50	55	60
$N(t)=1\cdot 0{,}5^{\frac{t}{30}}$	1	0,89	0,79	0,71	0,63	0,56	0,5	0,45	0,40	0,35	0,31	0,28	0,25

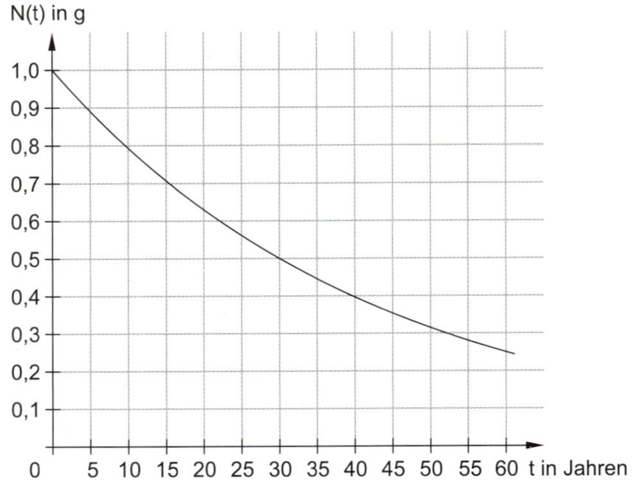

b) Berechnung der noch vorhandenen Masse nach 100 Jahren:
Gegeben: Anfangsmasse: $N_0 = 1$ g
Halbwertszeit in Jahren: $T = 30$
Zerfallszeitraum in Jahren: $t = 100$
Gesucht: Noch vorhandene Masse zum Zeitpunkt $t = 100$: $N(100)$

$$N(t) = N_0 \cdot 0{,}5^{\frac{x}{T}} \quad \text{Gegebene Werte einsetzen}$$
$$\Leftrightarrow \; N(100) = 1\,\text{g} \cdot 0{,}5^{\frac{100}{30}}$$
$$\Leftrightarrow \; N(100) = 0{,}5^{\frac{100}{30}}\,\text{g}$$
$$\Leftrightarrow \; N(100) = 0{,}10\,\text{g}$$
$L = \{0{,}10\}$

A: Nach 100 Jahren sind noch 0,10 g strahlendes Material vorhanden.

c) Berechnung der Zeit, nach der noch 0,001 g (1 mg) Cs-137 vorhanden sind:
Gegeben: Anfangsmasse: $N_0 = 1$ g
Halbwertszeit in Jahren: $T = 30$
Noch vorhandene Masse zum Zeitpunkt t: $N(t) = 0{,}001$ g
Gesucht: Zerfallszeitraum in Jahren: t

$$N(t) = N_0 \cdot 0{,}5^{\frac{t}{T}} \quad \text{Gegebene Werte einsetzen}$$
$$\Leftrightarrow \; 0{,}001\,\text{g} = 1\,\text{g} \cdot 0{,}5^{\frac{t}{30}} \quad |:1\,\text{g}$$
$$\Leftrightarrow \; 0{,}001 = 0{,}5^{\frac{t}{30}} \quad \text{Logarithmieren}$$
$$\Leftrightarrow \; \log_{0{,}5} 0{,}001 = \frac{t}{30} \quad |\cdot 30$$
$$\Leftrightarrow \; t = 30 \cdot \log_{0{,}5} 0{,}001$$
$$\Leftrightarrow \; t = 298{,}97$$
$L = \{298{,}97\}$

A: Nach ca. 299 Jahren ist noch 1 mg vorhanden.

d) Berechnung des Zeitraums, nach dem 25 % von 1 g Cs-137 zerfallen sind:
Gegeben: Anfangsmasse: $N_0 = 1$ g
Halbwertszeit in Jahren: $T = 30$
Noch vorhandene Masse zum Zeitpunkt t:
75 % von N_0: $N(t) = 0{,}75 \cdot 1\text{ g} = 0{,}75$ g
Gesucht: Zerfallszeitraum: t

$$N(t) = N_0 \cdot 0{,}5^{\frac{t}{T}} \qquad \text{Gegebene Werte einsetzen}$$
$$\Leftrightarrow \quad 0{,}75\text{ g} = 1\text{ g} \cdot 0{,}5^{\frac{t}{30}} \quad |:1\text{ g} \qquad \text{75 \% des radioaktiven Materials sind noch nicht zerfallen.}$$
$$\Leftrightarrow \quad 0{,}75 = 0{,}5^{\frac{t}{30}} \qquad \text{Logarithmieren}$$
$$\Leftrightarrow \quad \log_{0,5} 0{,}75 = \frac{t}{30} \quad |\cdot 30$$
$$\Leftrightarrow \quad t = 30 \cdot \log_{0,5} 0{,}75$$
$$\Leftrightarrow \quad t = 12{,}45$$
$L = \{12{,}45\}$

A: Nach ca. 12,5 Jahren sind 25 % von 1 g Cs-137 zerfallen.

e) Berechnung der Halbwertszeit von Cs-134:
Gegeben: Anfangsmasse: $N_0 = 500$ mg
Zerfallszeitraum in Jahren: $t = 1$
Noch vorhandene Masse zum Zeitpunkt t: $N(1) = 357{,}42$ mg
Gesucht: Halbwertszeit in Jahren: T

$$N(t) = N_0 \cdot 0{,}5^{\frac{t}{T}} \qquad \text{Gegebene Werte einsetzen}$$
$$\Leftrightarrow \quad 357{,}42\text{ mg} = 500\text{ mg} \cdot 0{,}5^{\frac{1}{T}} \quad \left|\cdot \frac{1}{500\text{ mg}}\right.$$
$$\Leftrightarrow \quad \frac{357{,}42}{500} = 0{,}5^{\frac{1}{T}} \qquad \text{Logarithmieren}$$
$$\Leftrightarrow \quad \log_{0,5}\frac{357{,}42}{500} = \frac{1}{T} \quad \left|\cdot \frac{T}{\log_{0,5}\frac{357{,}42}{500}}\right.$$
$$\Leftrightarrow \quad T = 2{,}06$$
$L = \{2{,}06\}$

A: Die Halbwertszeit von Cs-134 beträgt ca. 2,06 Jahre.

Aufgaben
240

Herr Ludolf hat Anfang 2012 als Hochzeitsgeschenk für seine Tochter Laura ein Kapital von 2 500 € angelegt. Die Bank bietet einen jährlichen Zinssatz von 5 % an. Die Kapitalentwicklung kann durch die Gleichung $y = 2\,500 \cdot 1{,}05^x$ beschrieben werden.

a) Erstelle eine Wertetabelle, die die Kapitalentwicklung für die ersten 10 Jahre nach Anlage des Kapitals beschreibt.
b) Entnimm der Tabelle, ab welchem Jahr Laura über ein Kapital von 3 500 € verfügt.
c) Berechne das Guthaben, über das Laura zur goldenen Hochzeit nach 50 Ehejahren verfügen würde.
d) Für die Schlussrate ihres Autos benötigt Laura 4 500 €. Dieses Geld will sie von ihrem Sparkonto abheben. Berechne, nach wie vielen Jahren sie über diese Summe verfügt.

241 Ein Waldbestand von 52 000 fm (Festmeter) wächst mit einer jährlichen Zuwachsrate von 3,5 %. Dieser Wachstumsvorgang kann durch die Gleichung $V(x) = 52\,000 \cdot 1{,}035^x$ beschrieben werden.

a) Zeichne den Graphen der Funktion für $x \in [0; 50]$ mit $\Delta x = 5$ Jahre.
(x-Achse: 1 cm $\hat{=}$ 5 Jahre; y-Achse: 1 cm $\hat{=}$ 25 000 fm)

b) Bestimme aus der Zeichnung, nach wie vielen Jahren sich der Waldbestand vervierfacht hat. Überprüfe dein Ergebnis rechnerisch.

c) Berechne, nach wie vielen Jahren sich der Waldbestand um 25 % bezüglich des ursprünglichen Bestandes vergrößert hat.

242 Einem populären Diätratgeber folgend beschließt Herr Hochholzer, mit einem aktuellen Gewicht von 120 kg, wöchentlich um 1,5 % abzunehmen.

a) Stelle sein aktuelles Gewicht m in kg in Abhängigkeit der vergehenden x Wochen durch eine entsprechende Gleichung dar. [Ergebnis: $m(x) = 120 \cdot 0{,}985^x$]

b) Berechne, welches Gewicht er nach 15 Wochen hätte.

c) Stelle den Zusammenhang grafisch dar. Wähle zunächst sinnvolle Einteilungen für die Achsen.

d) Entnimm dem Graphen, wann Herr Hochholzer sein Wunschgewicht von 82 kg erreicht hätte.

e) Der gefürchtete Jo-Jo-Effekt tritt ein. 5 Monate nachdem Herr Hochholzer sein Wunschgewicht von 82 kg erreicht hatte, wiegt er wieder 106 kg.
Berechne mithilfe der Gleichung $m(x) = m_0 \cdot \left(1 + \frac{p}{100}\right)^x$ die prozentuale wöchentliche Gewichtszunahme (1 Monat $\hat{=}$ 4 Wochen).

243 Im Jahr 1950 lebten etwa 2,5 Milliarden Menschen auf der Welt. Man ging damals von einer durchschnittlichen Wachstumsrate von ca. 1,8 % aus.

a) Stelle die Höhe der Weltbevölkerung y in Abhängigkeit von der Anzahl x der vergangenen Jahre dar und berechne anschließend, wie viele Menschen im Jahr 2012 auf der Erde gelebt hätten, wenn die Wachstumsrate p % von 1,8 % konstant geblieben wäre. [Ergebnis: $y = 2{,}5 \cdot 1{,}018^x$]

b) Im Jahr 2011 lebten etwa 7 Milliarden Menschen auf der Welt. Berechne das Jahr, in dem die Weltbevölkerung diesen Wert erreicht hätte, wäre die prognostizierte Wachstumsrate von 1,8 % konstant geblieben.

c) Heute geht man davon aus, dass die Welt im Jahr 2050 von 10 Milliarden Menschen bevölkert sein wird. Berechne die angenommene Wachstumsrate ausgehend von einer Bevölkerung von 7 Milliarden Menschen im Jahr 2011.

244 Ein Kapital von 12 000 € wird als Festgeld mit 4,5 % verzinst. Die Zinsen werden am Ende jedes Jahres zum Kapital hinzugeschlagen. Für das Kapital K_n, das sich aus dem Startkapital K_0 bei einer Verzinsung von p % ($p \in \mathbb{R}^+$) nach n Jahren angesammelt hat, gilt die Gleichung $K_n = K_0 \cdot \left(1 + \frac{p}{100}\right)^n$.

a) Berechne, nach wie vielen Jahren sich das Kapital verdoppelt hat.
b) Berechne, wie hoch der Zinssatz sein müsste, damit sich das Kapital bereits nach acht Jahren verdoppelt.
c) Zeige, dass das Ergebnis aus Teilaufgabe b unabhängig vom Anfangskapital ist.

245 In der Medizin (Radioiodtherapie) wird das radioaktive Iod-131 medikamentös eingesetzt. Der Patient muss eine Kapsel einnehmen, die radioaktives Iod enthält. Dieses reichert sich in der Schilddrüse an und führt dort zu einer Radioaktivitätsdosis, die überschüssiges und übermäßig hormonproduzierendes Gewebe zerstört.
Der Abbauprozess lässt sich durch die Funktionsgleichung $N(t) = N_0 \cdot 0{,}5^{\frac{t}{T}}$ darstellen. Dabei steht N(t) für die noch vorhandene Masse zum Zeitpunkt t, N_0 für die Anfangsmasse des verabreichten Iods, t für den Zerfallszeitraum in Tagen und T für die Halbwertszeit in Tagen.

a) Berechne die Halbwertszeit von Iod-131 in ganzen Tagen, wenn nach einer Woche von ursprünglich 50,00 mg noch 27,31 mg vorhanden sind.
b) Berechne, wie viel Iod-131 nach 28 Tagen noch vorhanden ist.
c) Nach wie viel Tagen sind 75 % der Ausgangsmenge zerfallen? Folgere zunächst die Lösung logisch und bestätige diese anschließend rechnerisch.

246 Das radioaktive Bleiisotop Pb-214 hat eine Halbwertszeit von nur 27 Minuten, d. h., nach dieser Zeit ist von einer bestimmten Anfangsmasse N_0 dieses Isotops nur noch die Hälfte vorhanden.
Bei gegebener Anfangsmasse N_0 lässt sich die noch vorhandene Masse N(t) an Pb-214 für den Zerfallszeitraum t (in Minuten) mithilfe der folgenden Gleichung berechnen:
$N(t) = N_0 \cdot 0{,}5^{\frac{t}{T}}$. Dabei gibt T den Wert der Halbwertszeit in Minuten an.

a) Berechne, nach wie vielen Minuten man von anfangs 1 250 g noch 200 g radioaktives Material hat.
b) Berechne, in wie vielen Minuten Pb-214 auf 5 % seiner Anfangsmasse zerfällt.

247 Zwei verschiedene Bakterienkulturen werden mit energiereicher Strahlung behandelt. Die erste Bakterienkultur, die anfangs 25 mg wog, wird pro Tag um 5 % schwerer, die zweite Kultur, welche anfangs 42 mg wog, wird pro Tag um 12 % leichter.

a) Bestimme die Funktionsgleichungen f_1 und f_2, mit der die Wachstums- bzw. Abklingprozesse beschrieben werden können (x: Anzahl der Tage; y: Masse in mg).
b) Tabellarisiere f_1 und f_2 für $x \in [0; 10]$ mit $\Delta x = 1$ und zeichne die zugehörigen Graphen. (x-Achse: 1 cm $\mathrel{\hat{=}}$ 1 Tag; y-Achse: 1 cm $\mathrel{\hat{=}}$ 5 mg).
c) Berechne die Masse der ersten Bakterienkultur nach 18 Tagen.
d) Ermittle rechnerisch, nach welcher Zeit sich die Masse der zweiten Kultur auf 5 mg beläuft.
e) Berechne, nach wie vielen Tagen die beiden Kulturen gleich schwer sind.

Interaktive Aufgaben

13. Zinssatz bestimmen
14. Erbe
15. Radioaktiver Zerfall
16. Seerosen

3.3 Trigonometrie

Sinus, Kosinus und Tangens am Einheitskreis

Merke

Die Koordinaten eines Punktes P auf dem **Einheitskreis** (mit Radius 1 LE) hängen ab vom Winkel $\alpha \in [0°; 360°[$, den der **Einheitsvektor** $\overrightarrow{OP}$ mit der x-Achse einschließt. Man verwendet folgende Bezeichnungen:

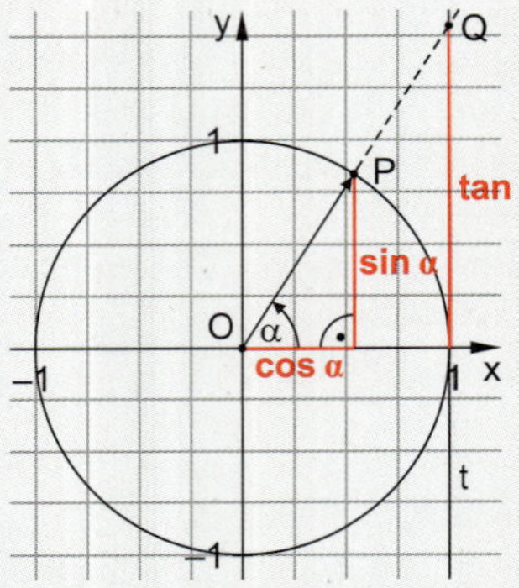

- Die **x-Koordinate** von P nennt man **cos α (Kosinus)**.
- Die **y-Koordinate** von P nennt man **sin α (Sinus)**. Die Werte von cos α und sin α liegen zwischen –1 und 1. (Das sind die Extremwerte der Koordinaten der Punkte auf dem Einheitskreis.)
- Das Verhältnis $\tan\alpha = \frac{\sin\alpha}{\cos\alpha}$ $(\alpha \in [0°; 360°[\setminus\{90°; 270°\})$ nennt man **tan α (Tangens)**. Der Tangens kann auf der Tangente t an den Einheitskreis durch den Punkt $(1\,|\,0)$ dargestellt werden. Durch Verlängern der Strecke [OP] mit $P(\cos\alpha\,|\,\sin\alpha)$ erhält man den Schnittpunkt $Q(1\,|\,\tan\alpha)$ mit der Tangente t.
  (Aus den Strahlensätzen folgt: $\frac{y_P}{x_P} = \frac{y_Q}{x_Q} \Rightarrow \frac{\sin\alpha}{\cos\alpha} = \tan\alpha = \frac{y_Q}{1}$)

Beispiel

In der nebenstehenden Zeichnung gilt:
$\alpha = 60°$, $P(0{,}5\,|\,0{,}87)$ und $Q(1\,|\,1{,}73)$.
Es folgt:
$\cos 60° = 0{,}5$
$\sin 60° = 0{,}87$ (gerundet)
$\tan 60° = 1{,}73$ (gerundet)

Überprüfe die Werte mit dem Taschenrechner.

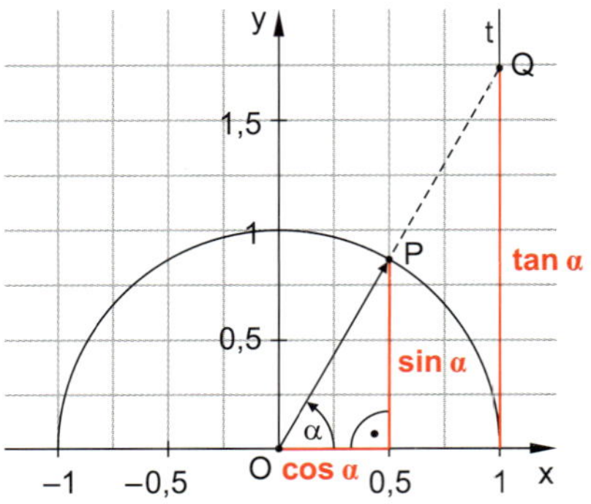

Merke

- Aus dem Satz des Pythagoras folgt (ohne Einschränkung für das Winkelmaß α):
  $\mathbf{\sin^2\alpha + \cos^2\alpha = 1}$
- Aufgelöst erhält man (ohne Einschränkung für das Winkelmaß α):
  $|\sin\alpha| = \sqrt{1-\cos^2\alpha}$ $\qquad$ $|\cos\alpha| = \sqrt{1-\sin^2\alpha}$
- Für Winkelmaße mit $\sin\alpha \in \mathbb{R}^+$ bzw. $\cos\alpha \in \mathbb{R}^+$ gilt:
  $\sin\alpha = \sqrt{1-\cos^2\alpha}$ $\qquad$ $\cos\alpha = \sqrt{1-\sin^2\alpha}$

Beispiel

$$\sin 60° = \sqrt{1-\cos^2 60°} = \sqrt{1-\left(\frac{1}{2}\right)^2} = \sqrt{\frac{3}{4}} = \frac{1}{2}\sqrt{3}$$

$$\sqrt{\frac{3}{4}} = \sqrt{\frac{1}{4}\cdot 3} = \sqrt{\left(\frac{1}{2}\right)^2}\cdot\sqrt{3} = \frac{1}{2}\sqrt{3}$$

Es ist für zahlreiche Aufgaben von großem Vorteil, die Werte der Terme cos α und sin α für spezielle Winkelmaße von α (auswendig!) zu kennen.

Merke

Zusammenfassung wichtiger spezieller Werte von sin α und cos α:

α	0°	30°	45°	60°	90°	180°	270°	360°
sin α	0	$\frac{1}{2}$	$\frac{1}{2}\sqrt{2}$	$\frac{1}{2}\sqrt{3}$	1	0	–1	0
cos α	1	$\frac{1}{2}\sqrt{3}$	$\frac{1}{2}\sqrt{2}$	$\frac{1}{2}$	0	–1	0	1

Beispiele

1.

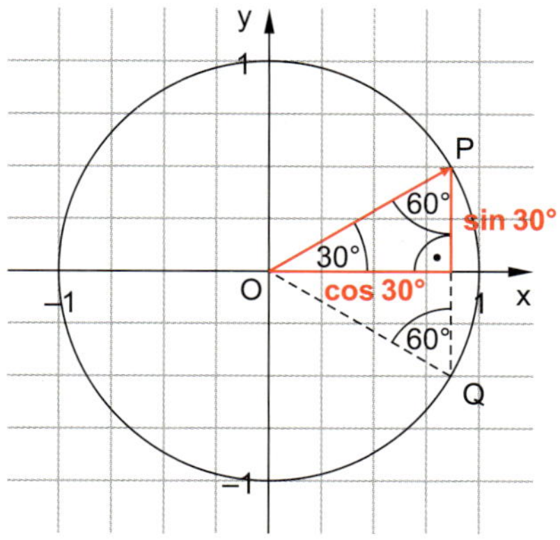

α = 30°:
Das Dreieck OQP ist ein gleichseitiges Dreieck mit der Seitenlänge 1 LE und der Höhe $h = \frac{1}{2}\sqrt{3}$ LE.

Es gilt also:

$$\overrightarrow{OP} = \begin{pmatrix} \cos 30° \\ \sin 30° \end{pmatrix} = \begin{pmatrix} \frac{1}{2}\sqrt{3} \\ \frac{1}{2} \end{pmatrix}$$

$$|\overrightarrow{OP}| = \sqrt{\left(\frac{1}{2}\sqrt{3}\right)^2 + \left(\frac{1}{2}\right)^2}\ \text{LE} = \sqrt{\frac{3}{4}+\frac{1}{4}}\ \text{LE} = 1\ \text{LE}$$

2.

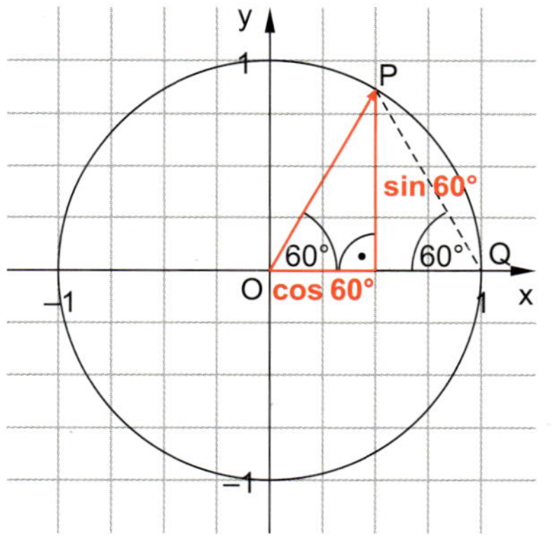

α = 60°:
Das Dreieck OQP ist ein gleichseitiges Dreieck mit der Seitenlänge 1 LE und der Höhe $h = \frac{1}{2}\sqrt{3}$ LE.

Es gilt also:

$$\overrightarrow{OP} = \begin{pmatrix} \cos 60° \\ \sin 60° \end{pmatrix} = \begin{pmatrix} \frac{1}{2} \\ \frac{1}{2}\sqrt{3} \end{pmatrix}$$

$$|\overrightarrow{OP}| = \sqrt{\left(\frac{1}{2}\right)^2 + \left(\frac{1}{2}\sqrt{3}\right)^2}\ \text{LE} = \sqrt{\frac{1}{4}+\frac{3}{4}}\ \text{LE} = 1\ \text{LE}$$

Aufgabe 248

Bestimme zeichnerisch (wie in den obigen Beispielen) die zugehörigen Werte von sin α und cos α.

a) α = 0°
b) α = 90°
c) α = 180°
d) α = 270°
e) α = 120°
f) α = 150°

Sinus- und Kosinuswerte negativer Winkelmaße

Merke

- **Positive Winkelmaße:**
Man misst von der positiven x-Achse **entgegen dem Uhrzeigersinn**. Vergleiche mit der Skizze: Der Pfeil $\overrightarrow{OP}$ schließt mit der positiven x-Achse den Winkel mit dem Maß α ein.
- **Negative Winkelmaße:**
Man misst von der positiven x-Achse **im Uhrzeigersinn**. Vergleiche mit der Skizze: Der Pfeil $\overrightarrow{OQ}$ schließt mit der positiven x-Achse den Winkel mit dem Maß $-\alpha$ ein.
- Für $\alpha \in [0°; 360°[$ gilt:
$\cos(-\alpha) = \cos\alpha$
$\sin(-\alpha) = -\sin\alpha$
$\tan(-\alpha) = -\tan\alpha \quad (\alpha \notin \{90°; 270°\})$

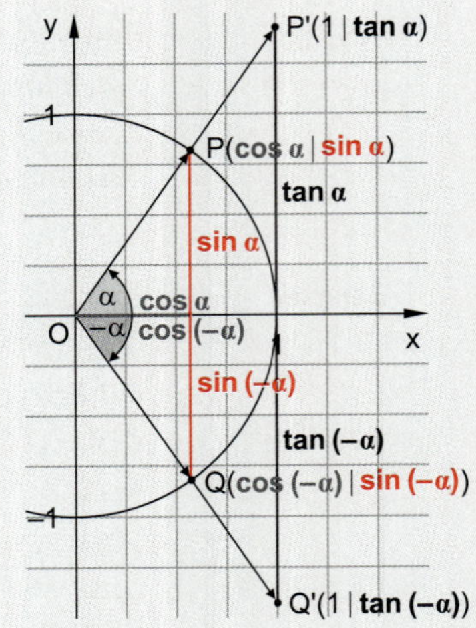

Beispiel

$$\tan(-60°) = \frac{\sin(-60°)}{\cos(-60°)} = \frac{-\sin 60°}{\cos 60°} = \frac{-\frac{1}{2}\sqrt{3}}{\frac{1}{2}} = -\sqrt{3} = -\frac{\frac{1}{2}\sqrt{3}}{\frac{1}{2}} = -\frac{\sin 60°}{\cos 60°} = -\tan(60°)$$

Aufgabe 249

Überprüfe auf Korrektheit, verbessere Fehler.

a)
$\cos 30° = \frac{1}{2}\sqrt{3}$
$-\sin 30° = \frac{1}{2}$
$\sin(-30°) = -\frac{1}{2}$
$\cos(-30°) = -\frac{1}{2}\sqrt{3}$

b)
$\cos 90° = 0$
$-\sin 90° = -1$
$\sin(-90°) = 1$
$-\cos(-90°) = 1$

c)
$\cos 60° = \frac{1}{2}\sqrt{2}$
$-\sin 60° = -\frac{1}{2}\sqrt{2}$
$\sin 60° = \frac{1}{2}$
$\cos(-60°) = -\frac{1}{2}$

d)
$\cos(2 \cdot 22{,}5°) = -\frac{1}{2}\sqrt{2}$
$\sin(2 \cdot 22{,}5°) = \frac{1}{2}\sqrt{2}$
$\sin(-2 \cdot 22{,}5°) = -\frac{1}{2}\sqrt{2}$
$-\cos(2 \cdot 22{,}5°) = \frac{1}{2}\sqrt{2}$

e)
$\cos(-30°) = -\frac{1}{2}\sqrt{3}$
$-\sin(-30°) = \frac{1}{2}$
$\sin(-30°) = \frac{1}{2}$
$-\cos 30° = -\frac{1}{2}\sqrt{3}$

f)
$\cos(-270°) = 0$
$-\sin(-270°) = 1$
$\sin(-270°) = 1$
$\cos(-270°) = 1$

Interaktive Aufgabe

1. Werte bestimmen

Die Supplementbeziehungen

Merke

Supplementbeziehungen
Zwei Winkel, deren Maße sich zu 180° ergänzen, nennt man **Supplementwinkel**.
Für sie gelten die **Supplementbeziehungen**:
$\mathbf{\sin(180° - \alpha) = \sin\alpha}$ und $\mathbf{\cos(180° - \alpha) = -\cos\alpha}$ für $\alpha \in [0°, 180°]$.

Beispiel

Wird der Pfeil $\overrightarrow{OP}$ mit P(cos 28° | sin 28°) durch Achsenspiegelung an der y-Achse auf den Bildpfeil $\overrightarrow{OP'}$ abgebildet, so gilt:
P'(cos (180° – 28°) | sin (180° – 28°))

Da sich Punkt und Bildpunkt bei einer Achsenspiegelung an der y-Achse nur im Vorzeichen der x-Koordinate unterscheiden und sie in der y-Koordinate übereinstimmen, gilt:

$\cos(180° - 28°) = x_{P'} = -x_P = -\cos 28°$

$\sin(180° - 28°) = y_{P'} = y_P = \sin 28°$

kurz:

$\cos 152° = -\cos 28°$ und $\sin 152° = \sin 28°$

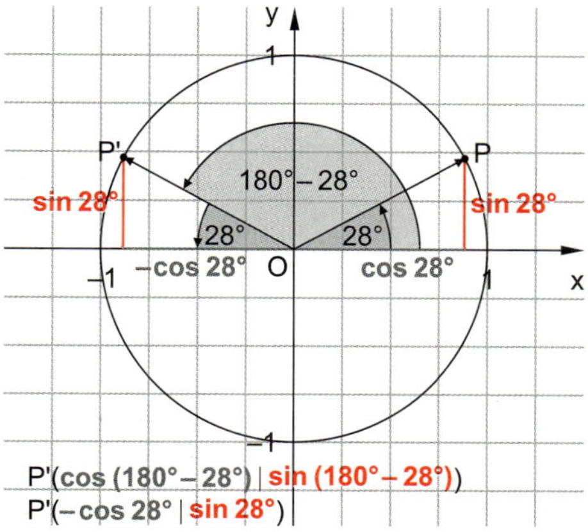

Die Winkel mit den Maßen 28° und 152° ergänzen sich zu 180°. Sie sind somit Supplementwinkel.

Wird ein Punkt P(cos α | sin α) auf dem Einheitskreis durch Spiegelung an der y-Achse/am Ursprung/an der x-Achse auf den Punkt P'/P''/P''' abgebildet, so lassen sich daraus die folgenden allgemeineren Beziehungen für beliebige Winkel in nebeneinander/gegenüber/übereinander liegenden Quadranten ableiten:

Merke

Erweiterte Supplementbeziehungen

$\mathbf{\cos(180° - \alpha) = -\cos\alpha}$ $\mathbf{\sin(180° - \alpha) = \sin\alpha}$	$\mathbf{\cos(180° + \alpha) = -\cos\alpha}$ $\mathbf{\sin(180° + \alpha) = -\sin\alpha}$	$\mathbf{\cos(360° - \alpha) = \cos\alpha}$ $\mathbf{\sin(360° - \alpha) = -\sin\alpha}$
I. und II. Quadrant bzw. III. und IV. Quadrant	I. und III. Quadrant bzw. II. und IV. Quadrant	I. und IV. Quadrant bzw. II. und III. Quadrant

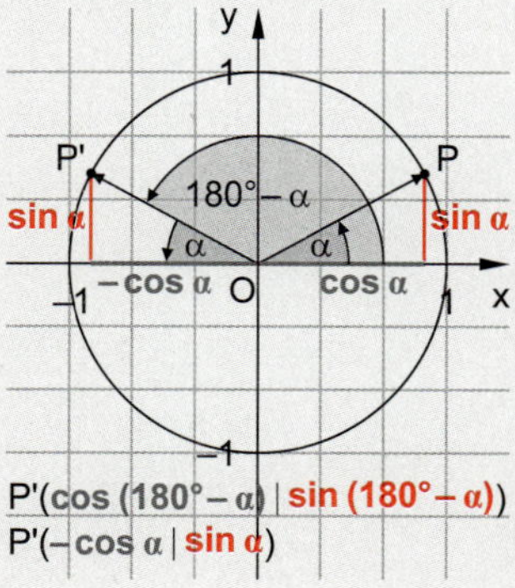

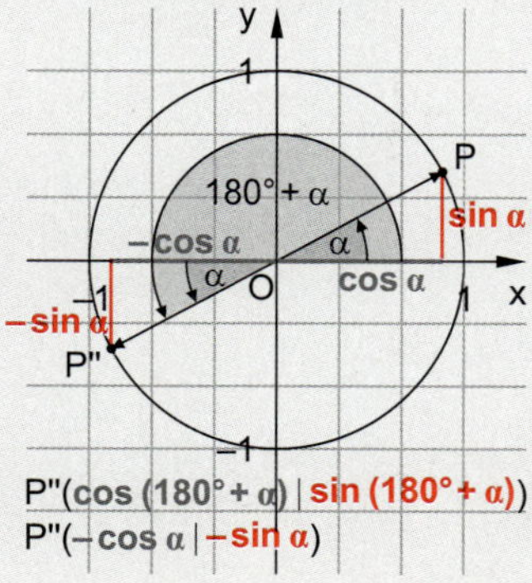

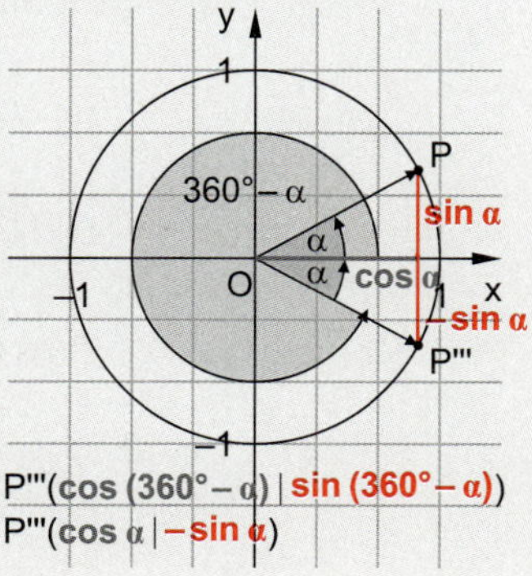

Aufgabe 250

Gib jeweils ein weiteres Winkelmaß $\alpha \in [0°, 180°]$ an, sodass die Gleichung stimmt.

a) $\sin 35° = \sin\alpha$
b) $\sin 106° = \sin\alpha$
c) $\sin 237° = -\sin\alpha$
d) $\sin 348° = -\sin\alpha$
e) $\cos 41° = -\cos\alpha$
f) $\cos 112° = -\cos\alpha$
g) $\cos 243° = -\cos\alpha$
h) $\cos 314° = \cos\alpha$

Die Komplementbeziehungen

Merke

Komplementbeziehungen
Winkel, deren Maße sich zu 90° ergänzen, heißen **Komplementwinkel**.
Für sie gelten die **Komplementbeziehungen**:
$\sin(90° - \alpha) = \cos\alpha$
$\cos(90° - \alpha) = \sin\alpha$
für $\alpha \in [0°; 90°]$

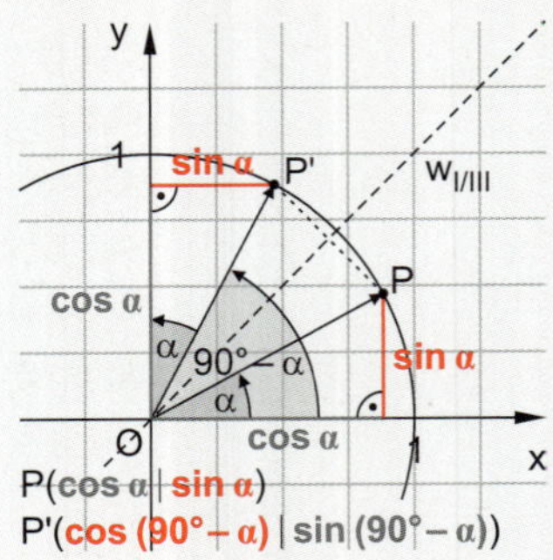

Beispiel

Wird der Pfeil $\overrightarrow{OP}$ mit $P(\cos 28° \mid \sin 28°)$ durch Achsenspiegelung an der Winkelhalbierenden des I. und III. Quadranten auf den Bildpfeil $\overrightarrow{OP'}$ abgebildet, so gilt:
$P'(\cos(90° - 28°) \mid \sin(90° - 28°))$

Da sich Punkt und Bildpunkt bei einer Achsenspiegelung an der Winkelhalbierenden des I. und III. Quadranten durch Vertauschen der Koordinaten ergeben, gilt:
$\cos(90° - 28°) = x_{P'} = y_P = \sin 28°$
$\sin(90° - 28°) = y_{P'} = x_P = \cos 28°$

kurz:
$\cos 62° = \sin 28°$ und $\sin 62° = \cos 28°$

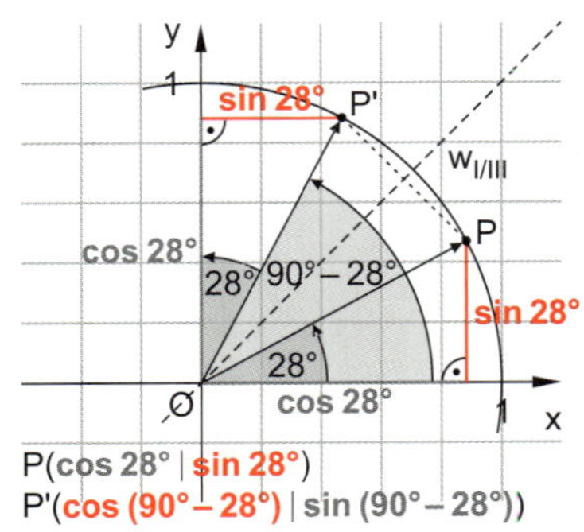

Die Winkel mit den Maßen 28° und 62° ergänzen sich zu 90°. Sie sind somit Komplementwinkel.

Aufgabe 251

Bestimme mithilfe der Komplementbeziehungen das Winkelmaß $\alpha \in [0°; 90°]$.

a) $\cos\alpha = \sin 24°$
b) $\sin\alpha = \cos 78°$
c) $\cos 325° - \sin\alpha = 0$
d) $\sin 123° - \cos\alpha = 0$

Interaktive Aufgabe

2. Supplement- und Komplementbeziehungen

Bestimmung von Winkelmaßen

Merke

Zu jedem **Sinus-, Kosinus bzw. Tangenswert** $y \neq 0$ gibt es jeweils **2 Winkelmaße** $\alpha_1, \alpha_2 \in [0°; 360°]$ mit:

$\sin \alpha_1 = \sin \alpha_2 = y$ bzw. $\cos \alpha_1 = \cos \alpha_2 = y$ bzw. $\tan \alpha_1 = \tan \alpha_2 = y$

Hinweis: Für den Sinus-/Tangenswert $y = 0$ gibt es sogar 3 Winkelmaße.

Sinus

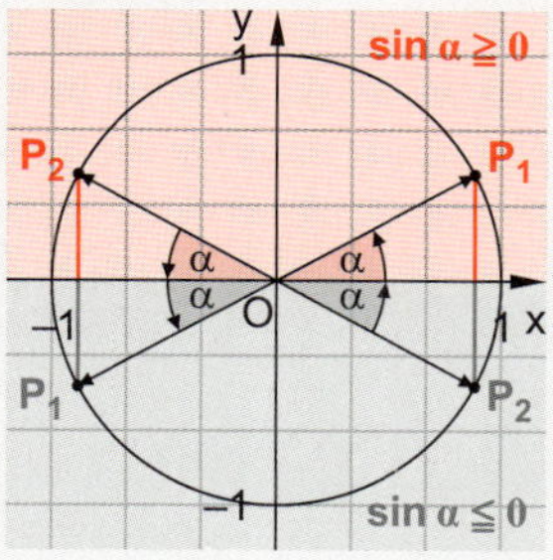

P_1 und P_2 liegen in nebeneinander liegenden Quadranten.

Kosinus

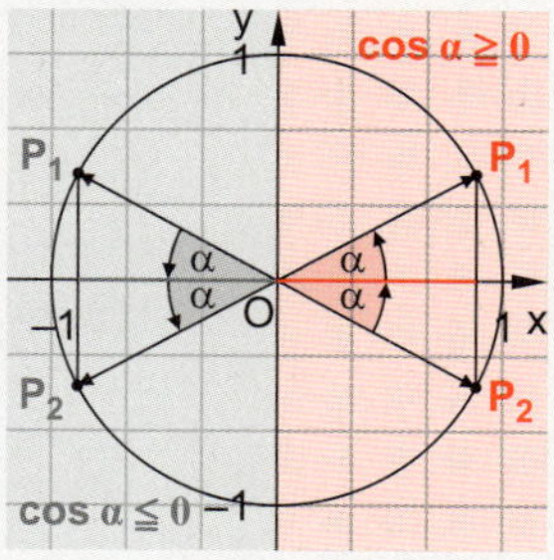

P_1 und P_2 liegen in übereinander liegenden Quadranten.

Tangens

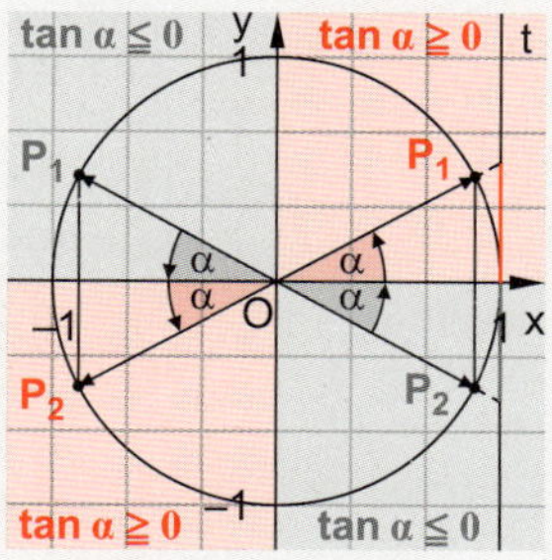

P_1 und P_2 liegen in gegenüber liegenden Quadranten.

Beispiele

1. Bestimme $\alpha \in [0°; 360°]$, sodass gilt $\sin \alpha = 0{,}5$.

Lösung:

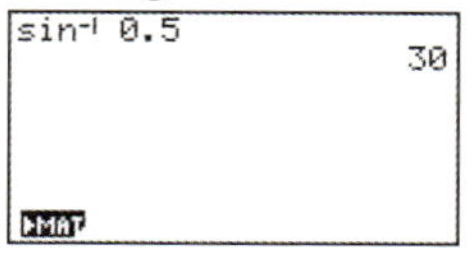

Der gegebene Wert des Terms sin x ist positiv und kleiner als 1.

Damit gibt es zwei Winkelmaße $\alpha_1 \in]0°; 90°[$ und $\alpha_2 \in]90°; 180°[$.

$\alpha_1 = 30°$

Der Taschenrechner zeigt das Winkelmaß α_1 an.

$\boldsymbol{\alpha_2 = 180° - \alpha_1}$

$\alpha_2 = 180° - 30°$

$\alpha_2 = 150°$

Für das Winkelmaß α_2 gilt: $\alpha_2 = 180° - \alpha_1$

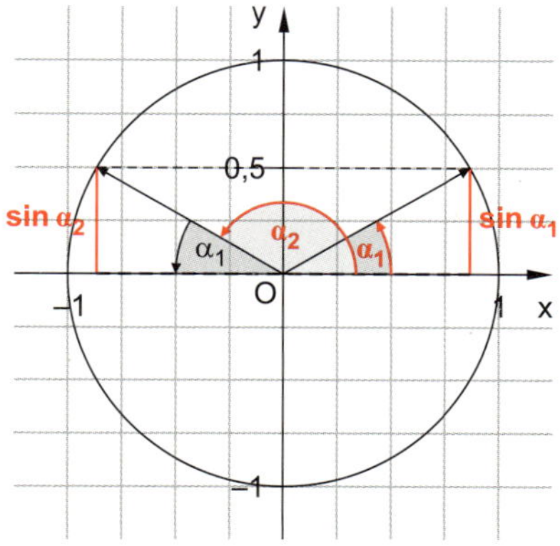

2. Bestimme $\alpha \in [0°; 360°]$, sodass gilt $\sin \alpha = -0{,}45$.

Lösung:

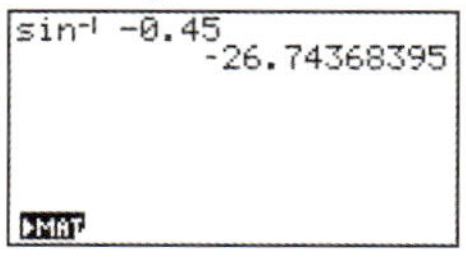

Der gegebene Wert des Terms sin x ist negativ und größer als –1.

Damit gibt es zwei Winkelmaße $\alpha_1 \in]180°; 270°[$ und $\alpha_2 \in]270°; 360°[$.

$\alpha_1 = 180° + \alpha^*$

$\alpha_1 = 180° + 26{,}74°$

$\alpha_1 = 206{,}74°$

Der Taschenrechner zeigt das Winkelmaß $-\alpha^*$ an.

Für das Winkelmaß α_1 gilt: $\alpha_1 = 180° + \alpha^*$

$\alpha_2 = 360° - \alpha^*$

$\alpha_2 = 360° - 26{,}74°$

$\alpha_2 = 333{,}26°$

Für das Winkelmaß α_2 gilt: $\alpha_2 = 360° - \alpha^*$

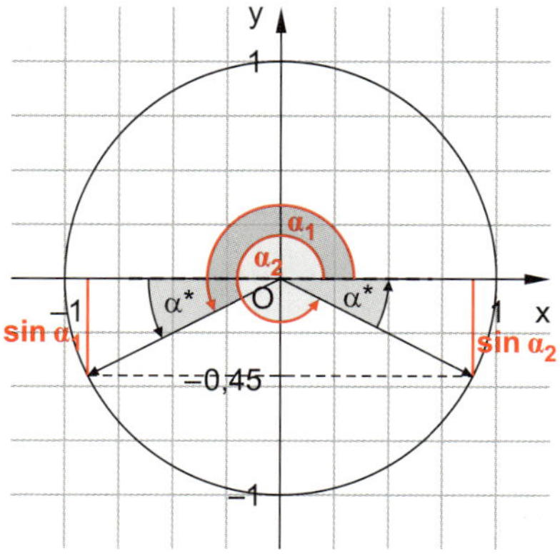

3. Bestimme $\alpha \in [0°; 360°[$, sodass gilt $\cos \alpha = 0{,}6$.

Lösung:

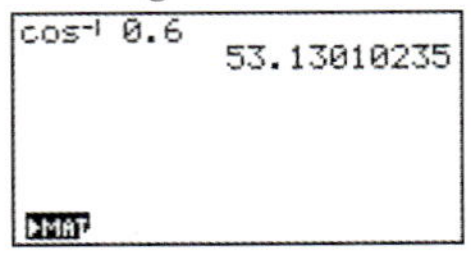

Der gegebene Wert des Terms cos x ist positiv und kleiner als 1.

Damit gibt es zwei Winkelmaße $\alpha_1 \in]0°; 90°[$ und $\alpha_2 \in]270°; 360°[$.

$\alpha_1 = 53{,}13°$

Der Taschenrechner zeigt das Winkelmaß α_1 an.

$\alpha_2 = 360° - \alpha_1$

$\alpha_2 = 360° - 53{,}13°$

$\alpha_2 = 306{,}87°$

Für das Winkelmaß α_2 gilt: $\alpha_2 = 360° - \alpha_1$

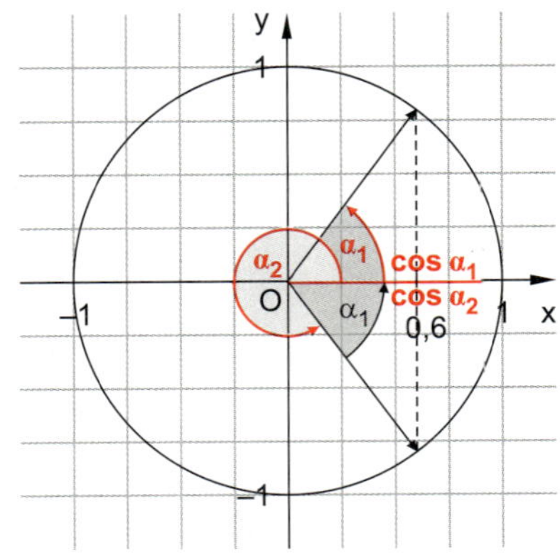

4. Bestimme $\alpha \in [0°; 360°[$, sodass gilt $\cos \alpha = -0{,}75$.

Lösung:

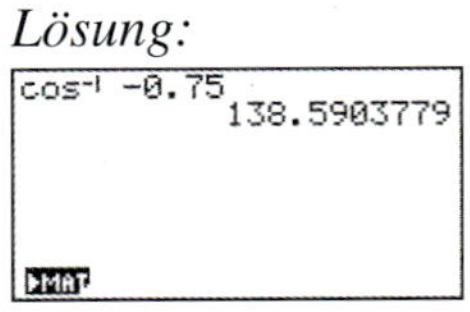

Der gegebene Wert des Terms cos x ist negativ und größer als –1.

Damit gibt es zwei Winkelmaße $\alpha_1 \in]90°; 180°[$ und $\alpha_2 \in]180°; 270°[$.

$\alpha_1 = 138{,}59°$

Der Taschenrechner zeigt das Winkelmaß α_1 an.

$\alpha_2 = 360° - \alpha_1$

$\alpha_2 = 360° - 138{,}59°$

$\alpha_2 = 221{,}41°$

Für das Winkelmaß α_2 gilt: $\alpha_2 = 360° - \alpha_1$

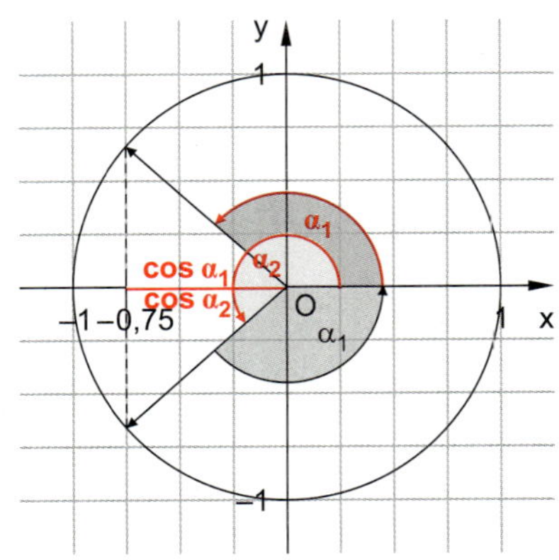

5. Bestimme $\alpha \in [0°; 360°[$, sodass gilt $\tan \alpha = 2{,}5$.

Lösung:

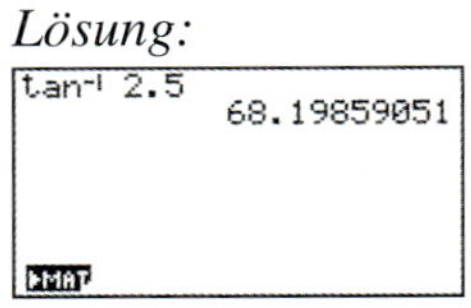

Der gegebene Wert des Terms tan x ist positiv.

Damit gibt es zwei Winkelmaße $\alpha_1 \in]0°; 90°[$ und $\alpha_2 \in]180°; 270°[$.

$\alpha_1 = 68{,}20°$

Der Taschenrechner zeigt das Winkelmaß α_1 an.

$\alpha_2 = 180° + \alpha_1$

$\alpha_2 = 180° + 68{,}20°$

$\alpha_2 = 248{,}20°$

Für das Winkelmaß α_2 gilt: $\alpha_2 = 180° + \alpha_1$

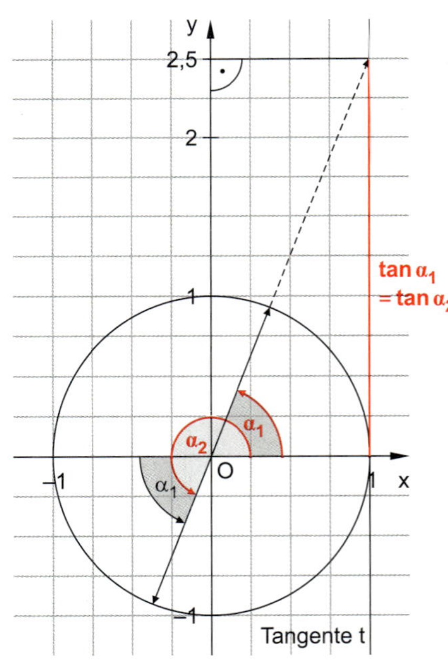

6. Bestimme $\alpha \in [0°; 360°[$, sodass gilt $\tan \alpha = -1{,}4$.

Lösung:

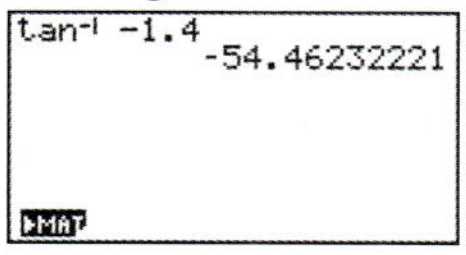

$\alpha_1 = 180° - \alpha^*$
$\alpha_1 = 180° - 54{,}46°$
$\alpha_1 = 125{,}54°$

$\alpha_2 = 360° - \alpha^*$
$\alpha_2 = 360° - 54{,}46°$
$\alpha_2 = 305{,}54°$

Der gegebene Wert des Terms tan x ist negativ.

Damit gibt es zwei Winkelmaße $\alpha_1 \in]90°; 180°[$ und $\alpha_2 \in]270°; 360°[$.

Der Taschenrechner zeigt das Winkelmaß $-\alpha^*$ an.
Für das Winkelmaß α_1 gilt:
$\alpha_1 = 180° - \alpha^*$

Für das Winkelmaß α_2 gilt:
$\alpha_2 = 360° - \alpha^*$

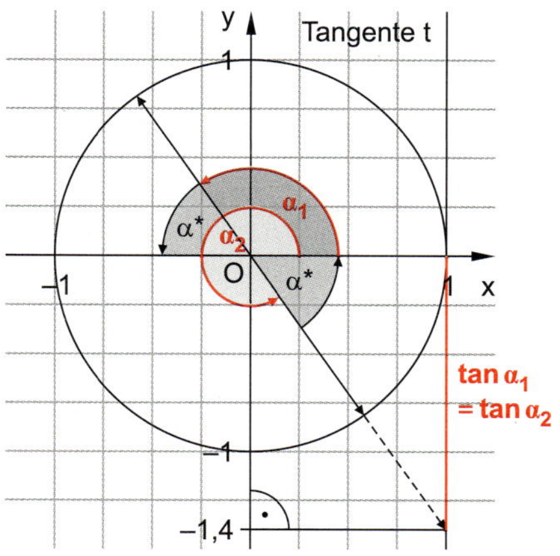

Aufgabe 252

Bestimme $\alpha \in [0°; 360°]$, sodass die Gleichung erfüllt ist.

a) $\sin \alpha = 0{,}8$
b) $\sin \alpha = -0{,}71$
c) $\cos \alpha = 0{,}9$
d) $\cos \alpha = -0{,}5$
e) $\tan \alpha = 0{,}75$
f) $\cos \alpha = -0{,}4$

Interaktive Aufgabe

3. Winkelmaß bestimmen

Die Sinus-, Kosinus- und Tangensfunktion

Merke

Die Funktion mit der Gleichung $\mathbf{y = \sin \alpha}$ heißt **Sinusfunktion**. Sie ist für alle Winkel α definiert und besitzt die Wertemenge $W = [-1; 1]$.

Wertetabelle

α	0°	30°	45°	60°	75°	90°	135°	180°	225°	270°	315°	360°
$\sin \alpha$	0	$\frac{1}{2}$	$\frac{1}{2}\sqrt{2}$	$\frac{1}{2}\sqrt{3}$	0,97	1	$\frac{1}{2}\sqrt{2}$	0	$-\frac{1}{2}\sqrt{2}$	–1	$-\frac{1}{2}\sqrt{2}$	0

Graph

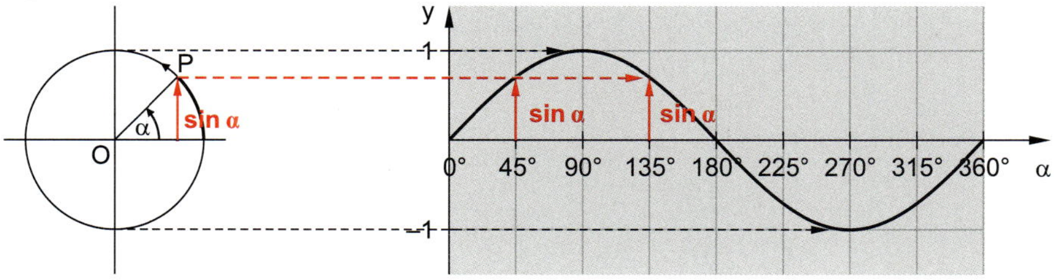

Merke

Die Funktion mit der Gleichung $\mathbf{y = \cos \alpha}$ heißt **Kosinusfunktion**. Sie ist für alle Winkel α definiert und besitzt die Wertemenge $W = [-1; 1]$.

Wertetabelle

α	0°	30°	45°	60°	75°	90°	135°	180°	225°	270°	315°	360°
$\cos \alpha$	1	$\frac{1}{2}\sqrt{3}$	$\frac{1}{2}\sqrt{2}$	$\frac{1}{2}$	0,26	0	$-\frac{1}{2}\sqrt{2}$	–1	$-\frac{1}{2}\sqrt{2}$	0	$\frac{1}{2}\sqrt{2}$	1

Graph

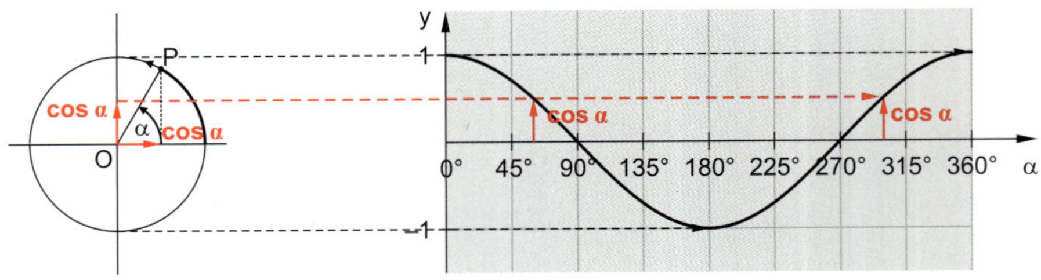

Merke

Da sich die Werte der Terme sin α und cos α jeweils nach 360° wiederholen, nennt man diese Funktionen **periodische Funktionen** mit der **Periode 360°**. Es gelten:
$\sin(\alpha + k \cdot 360°) = \sin\alpha \;\; (k \in \mathbb{Z})$ bzw. $\cos(\alpha + k \cdot 360°) = \cos\alpha \;\; (k \in \mathbb{Z})$

Graphen

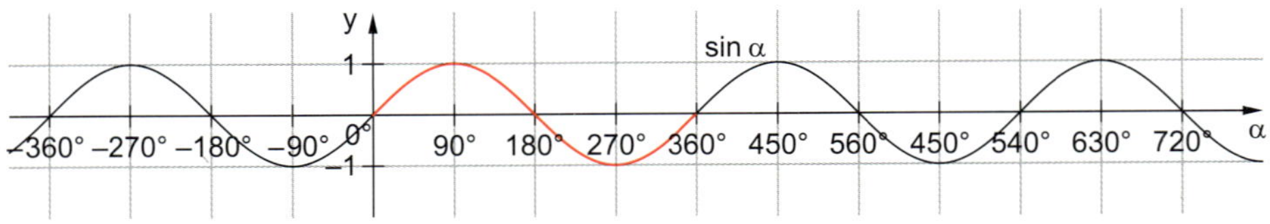

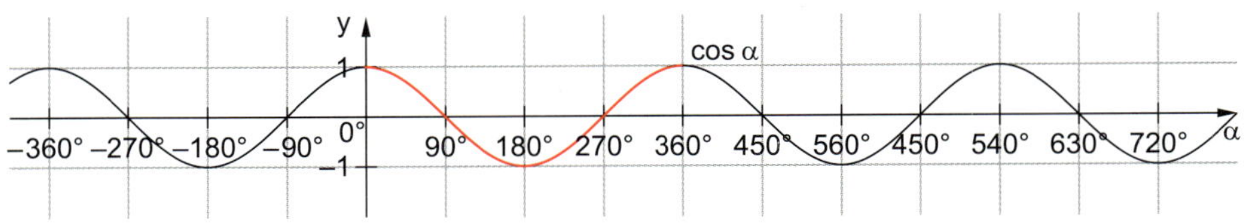

Merke

Die Funktion mit der Gleichung **y = tan α** heißt **Tangensfunktion**. Sie ist für alle Winkel $\alpha \neq 90° + k \cdot 180°$ mit $k \in \mathbb{Z}$ definiert und besitzt die Wertemenge $W = \mathbb{R}$.

Wertetabelle

α	0°	30°	45°	60°	75°	90°	135°	180°	225°	270°	315°	360°
tan α	0	$\frac{1}{3}\sqrt{3}$	1	$\sqrt{3}$	3,73	n. d.	–1	0	1	n. d.	–1	0

Graph

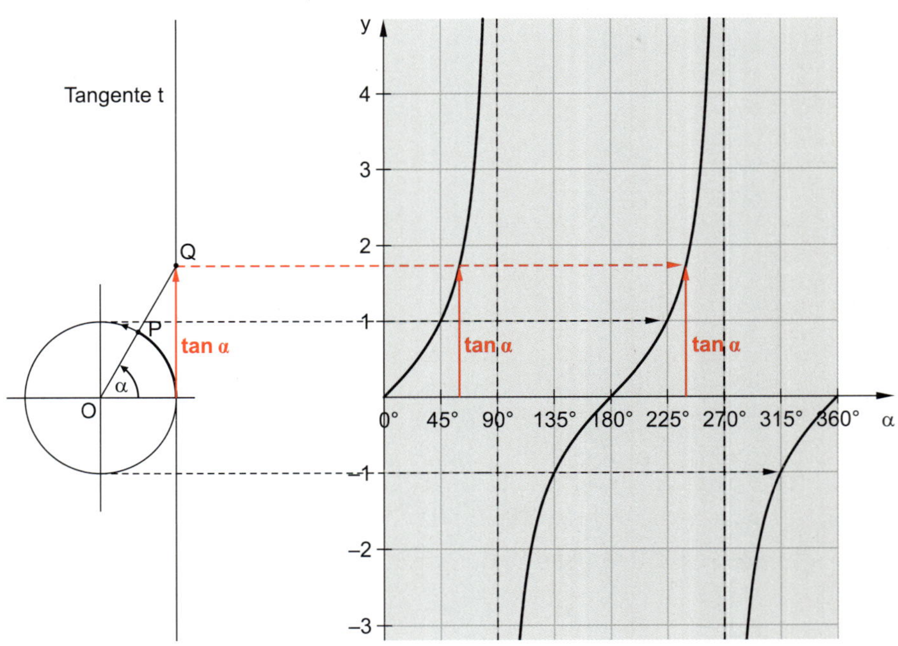

Merke

Da sich die Werte des Terms $\tan\alpha$ jeweils nach 180° wiederholen, nennt man die Tangensfunktion **periodische Funktion** mit der **Periode 180°**. Es gilt:
$\tan(\alpha + k \cdot 180°) = \tan\alpha \quad (k \in \mathbb{Z})$

Graph

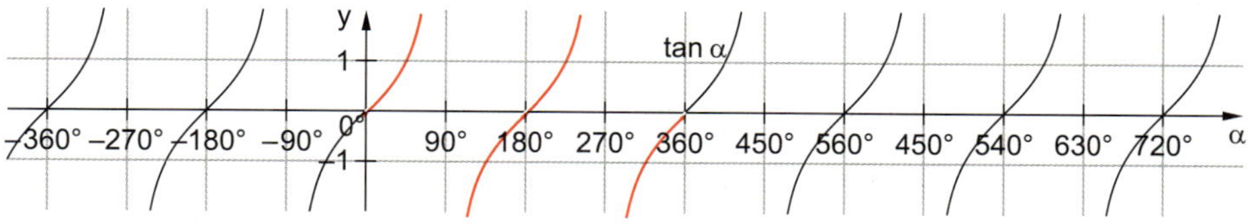

Steigungswinkel einer Geraden

Merke

Der **Steigungswinkel** einer Geraden g ist der Winkel ∢(x-Achse; g), den die Gerade mit jeder Parallelen zur x-Achse rechts vom gemeinsamen Schnittpunkt einschließt.
Die Steigung m einer Geraden g: $y = mx + t$ ist gleich dem Tangens des Steigungswinkels α der Geraden:
$\mathbf{\tan\alpha = m}$

Beispiel

Die abgebildete Gerade g hat die Gleichung $y = 2x + 2$. Also ist ihre Steigung $m = 2$.
In allen Steigungsdreiecken der Geraden g hat das Verhältnis $\tan\alpha = \frac{\text{Länge der Gegenkathete von } \alpha}{\text{Länge der Ankathete von } \alpha}$ den Wert 2, etwa im rechtwinkligen Dreieck AFC:

$\tan\alpha = \frac{4\,\text{LE}}{2\,\text{LE}}$

$\tan\alpha = 2$

$\alpha = 63{,}43°$

Der Taschenrechner liefert das Winkelmaß α zum Tangenswert 2 mit der Taste [TAN⁻¹]:
$\alpha =$ [TAN⁻¹] $2 \approx 63{,}43°$

$\alpha = 63{,}43°$ ist der Steigungswinkel der Geraden g.

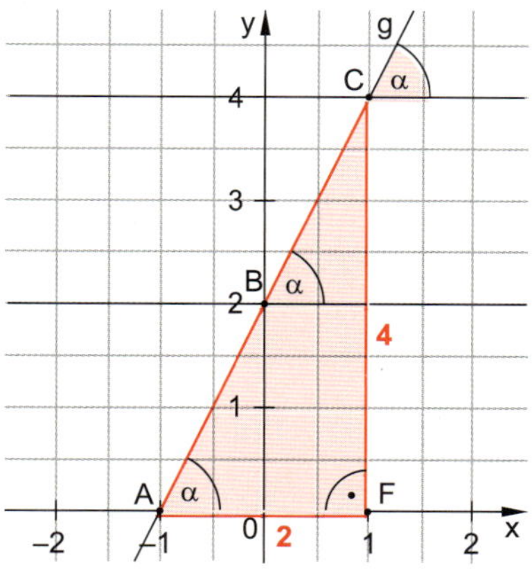

Aufgaben

253 Gegeben sind die beiden Geraden g: $y = x + 1$ und h: $y = 0{,}5x + 1$.
Berechne die Schnittwinkelmaße γ_1 und γ_2 der Winkel ∢(h; g) und ∢(g; h).

Tipp Berechne zuerst die beiden Steigungswinkelmaße der Geraden und erschließe dann die Schnittwinkelmaße (mithilfe einer Zeichnung).

254 Die Gerade g schneidet die x-Achse im P(2 | 0). Sie schließt mit der x-Achse einen Winkel mit einem Maß von 30° ein. Stelle die Gleichung der Geraden auf. Runde dabei die Steigung auf zwei Stellen nach dem Komma.

Interaktive Aufgaben

4. Steigungswinkel
5. Wanderung

Flächeninhalt eines Dreiecks

Du hast im Grundwissen 5. – 8. Klasse schon zwei Methoden kennengelernt, um den Flächeninhalt eines **beliebigen** Dreiecks zu bestimmen:

- Flächeninhaltsformel:

$$A_\Delta = \frac{1}{2} \cdot g \cdot h$$

- Determinante mit aufspannenden Vektoren:

$$A_\Delta = \frac{1}{2} \cdot \begin{vmatrix} v_x & w_x \\ v_y & w_y \end{vmatrix} = \frac{1}{2} \cdot (v_x \cdot w_y - v_y \cdot w_x)\ \text{FE}$$

Durch Anwendung der Sinusbeziehung $\sin\alpha = \frac{\text{Länge der Gegenkathete von } \alpha}{\text{Länge der Hypotenuse}}$ kommt nun noch eine weitere Methode hinzu.

Merke

Der Flächeninhalt eines **beliebigen** Dreiecks lässt sich aus den Längen zweier Seiten und dem Maß des von ihnen eingeschlossenen Winkels berechnen:

$$A_\Delta = \frac{1}{2} \cdot a \cdot b \cdot \sin\gamma$$

$$A_\Delta = \frac{1}{2} \cdot a \cdot c \cdot \sin\beta$$

$$A_\Delta = \frac{1}{2} \cdot b \cdot c \cdot \sin\alpha$$

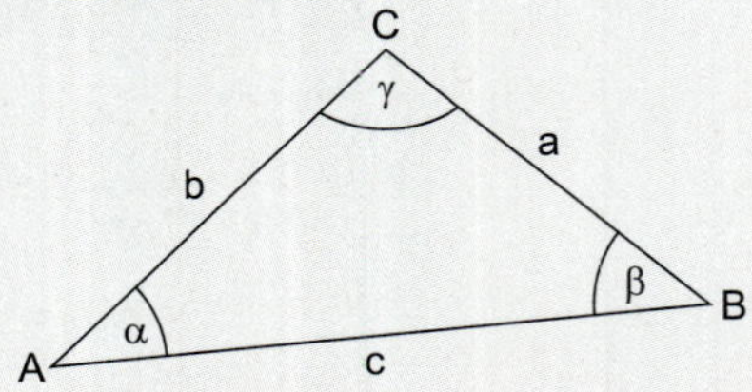

Beispiel

Im rechtwinkligen Teildreieck AHC gilt:

$$\sin\alpha = \frac{h}{b} \quad \Rightarrow \quad h = b \cdot \sin\alpha$$

Eingesetzt in die Flächeninhaltsformel erhält man:

$$A_{\Delta ABC} = \frac{1}{2} \cdot c \cdot h$$

$$A_{\Delta ABC} = \frac{1}{2} \cdot c \cdot b \cdot \sin\alpha$$

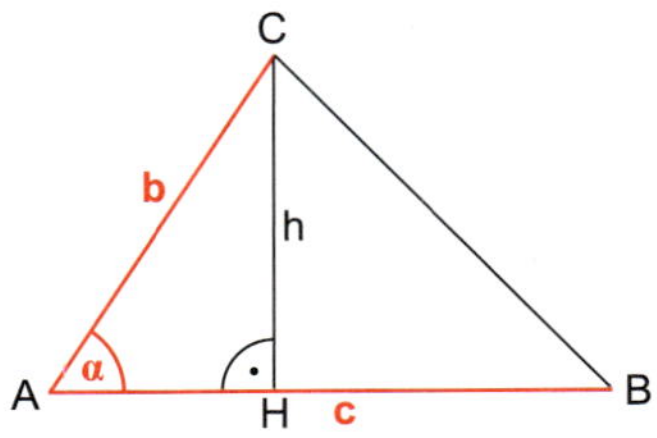

Aufgaben

255 Gegeben ist das Dreieck ABC mit a = 5 cm, b = 6 cm und γ = 80°.
Berechne zunächst den Flächeninhalt des Dreiecks ABC und bestimme anschließend die Abstände der Punkte A und B von der jeweils gegenüberliegenden Seite.

256 Ein Dach soll mit rautenförmigen Blechen verkleidet werden. Die einzelnen Bleche haben eine Fläche von 10 dm². Ein Innenwinkel beträgt 50°.
Berechne die Seitenlänge der Rauten.

Interaktive Aufgabe

6. Fläche berechnen

Sinussatz und Kosinussatz

Merke

Sinussatz

Die Quotienten aus der Länge einer Seite und dem Sinuswert ihres Gegenwinkels sind in jedem beliebigen Dreieck jeweils gleich. Es lassen sich also drei Verhältnisgleichungen aufstellen:

- $\frac{a}{\sin\alpha} = \frac{b}{\sin\beta}$
- $\frac{a}{\sin\alpha} = \frac{c}{\sin\gamma}$
- $\frac{b}{\sin\beta} = \frac{c}{\sin\gamma}$

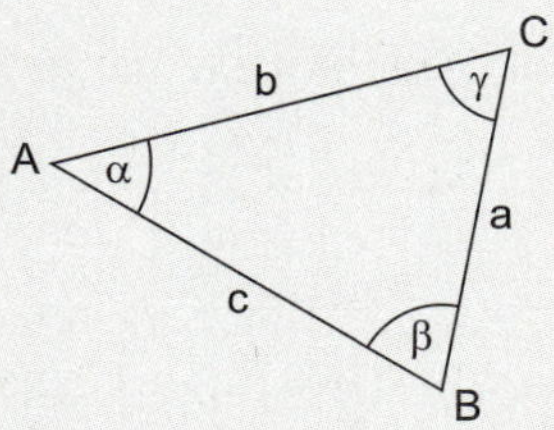

(α ist Gegenwinkel von a, β ist Gegenwinkel von b, γ ist Gegenwinkel von c)

Der Taschenrechner liefert bei der Berechnung von Winkelmaßen in Dreiecken über die Sinusfunktion immer einen Wert kleiner 90°. Bei der Berechnung von Winkelmaßen in rechtwinkligen Dreiecken führt das zu keinen Problemen, da alle unbekannten Winkelmaße kleiner 90° sind (Winkelsumme). In beliebigen nicht rechtwinkligen Dreiecken ist allerdings die bekannte **Supplementbeziehung** des Sinus zu berücksichtigen:

Merke

Für alle α mit $0° < \alpha < 90°$ gilt:
$\sin\alpha = \sin(180° - \alpha)$

Beispiel

Es existieren zwei Winkelmaße im Intervall $]0°; 180°[$ mit dem Sinuswert 0,705.
Der Taschenrechner liefert α aus [SIN⁻¹] $0{,}705 = 44{,}83°$. Das zweite Winkelmaß erhält man aus der Beziehung $180° - \alpha = 180° - 44{,}83° = 135{,}17°$.

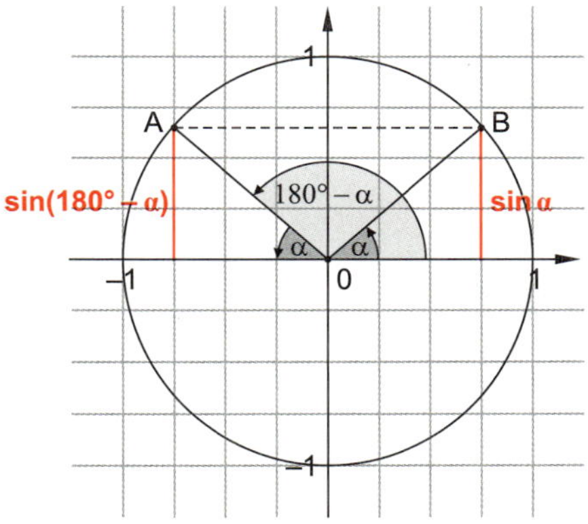

Bei der Berechnung von Winkelmaßen in beliebigen Dreiecken mithilfe des Sinussatzes ist daher anhand der Winkelsumme zu überprüfen, welche der beiden Lösungen α bzw. $180° - \alpha$ die richtige ist. Lässt sich so keine der beiden Lösungen ausschließen, rechnet man mit dem Kosinussatz nach.

Merke

Kosinussatz

In jedem beliebigen Dreieck ist das Quadrat der Länge einer Seite gleich der Summe der Quadrate der Länge der anderen beiden Seiten vermindert um das doppelte Produkt der Längen dieser Seiten mit dem Kosinuswert des von ihnen eingeschlossenen Winkels:

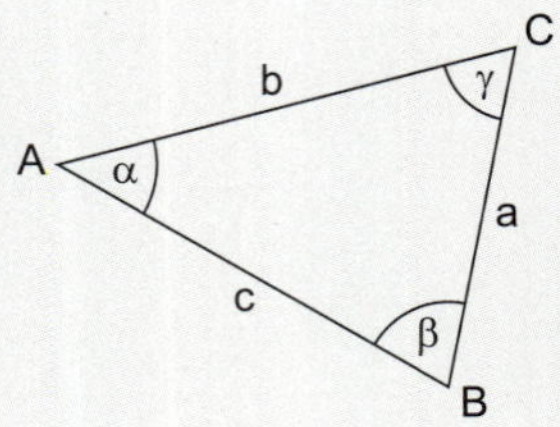

- $a^2 = b^2 + c^2 - 2 \cdot b \cdot c \cdot \cos\alpha$
- $b^2 = a^2 + c^2 - 2 \cdot a \cdot c \cdot \cos\beta$
- $c^2 = a^2 + b^2 - 2 \cdot a \cdot b \cdot \cos\gamma$

Ferner gilt für die Kosinuswerte der Innenwinkelmaße:

- $\cos\alpha = \dfrac{b^2 + c^2 - a^2}{2 \cdot b \cdot c}$
- $\cos\beta = \dfrac{a^2 + c^2 - b^2}{2 \cdot a \cdot c}$
- $\cos\gamma = \dfrac{a^2 + b^2 - c^2}{2 \cdot a \cdot b}$

Merkregel: Zwei Seiten a und b schließen einen Winkel γ ein.
Dann gilt für die Gegenseite c des Winkels γ:

Schenkel des Winkels

$$c^2 = a^2 + b^2 - 2 \cdot a \cdot b \cdot \cos\gamma$$

Gegenseite des Winkels

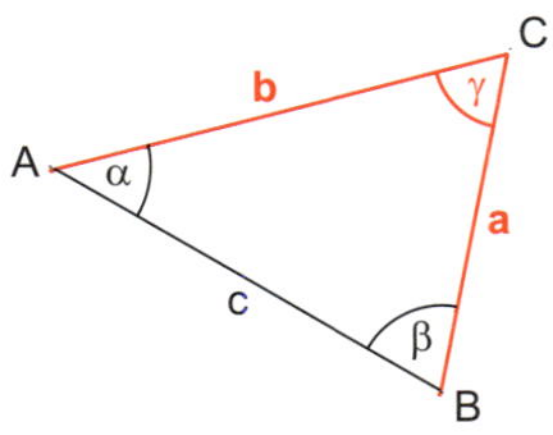

Berechnungen in beliebigen Dreiecken

Merke

Sind von einem beliebigen Dreieck 3 Größen bekannt, so ist es vor der Berechnung einer weiteren Größe von Vorteil, sich zunächst zu überlegen, welcher Fall vorliegt:

Fall SWS:	Man kennt 2 Seiten und den eingeschlossenen Winkel.	Nur Kosinussatz möglich!
Fall SSS:	Man kennt 3 Seiten.	

In **allen anderen Fällen** verwendet man den Sinussatz (evtl. mithilfe der Winkelsumme).

Beispiele

1. Streckenberechnung mit dem Sinussatz:
   Gegeben: $c = 4$ cm, $\alpha = 30°$, $\gamma = 80°$
   Gesucht: a

   Lösung:
   Nicht SWS und nicht SSS
   → Sinussatz

   Sinussatz:

   $$\frac{a}{\sin\alpha} = \frac{c}{\sin\gamma}$$

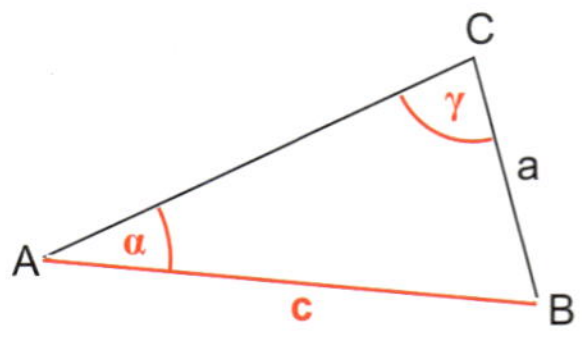

a ist die Gegenseite von α.
c ist die Gegenseite von γ.

$$\frac{a}{\sin 30^\circ} = \frac{4\text{ cm}}{\sin 80^\circ} \qquad |\cdot \sin 30^\circ$$

$$a = \frac{4\text{ cm}}{\sin 80^\circ} \cdot \sin 30^\circ$$

$$a = 2{,}03\text{ cm}$$

2. Streckenberechnung mit dem Kosinussatz:
   Gegeben: $a=5$ cm, $b=4$ cm, $\gamma=40^\circ$
   Gesucht: c

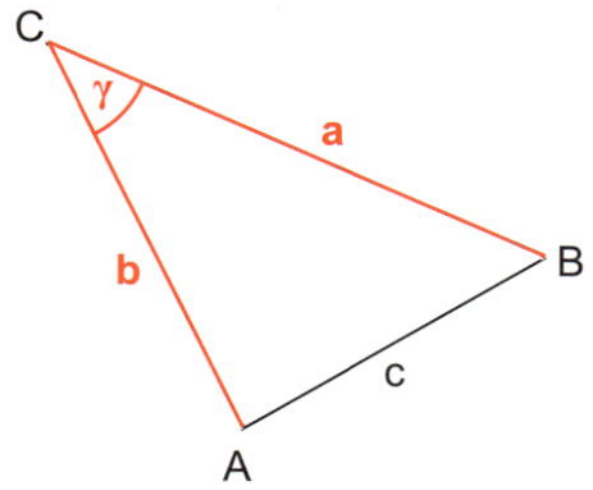

   Lösung:
   Es sind zwei Seiten und der von ihnen eingeschlossene Winkel bekannt
   → Fall SWS → Kosinussatz

   Kosinussatz:

   $c^2 = a^2 + b^2 - 2 \cdot a \cdot b \cdot \cos\gamma$ — c ist die Gegenseite von γ.

   $c = \sqrt{5^2 + 4^2 - 2 \cdot 5 \cdot 4 \cdot \cos 40^\circ}$ cm

   $c = 3{,}22$ cm

3. Winkelberechnung mit dem Sinussatz:
   Gegeben: $a=6$ cm, $b=8$ cm, $\beta=110^\circ$
   Gesucht: α

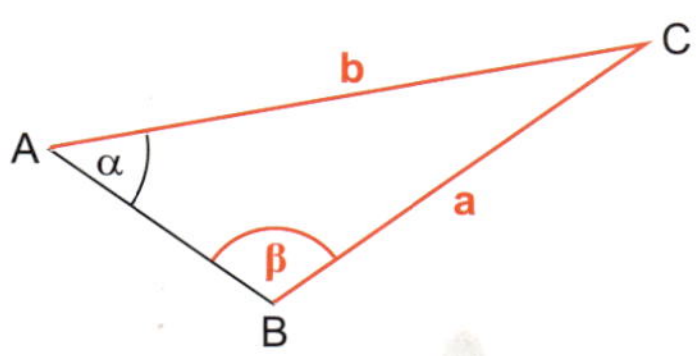

   Lösung:
   Nicht SWS und nicht SSS → Sinussatz

   Sinussatz:

   $$\frac{a}{\sin\alpha} = \frac{b}{\sin\beta}$$

   b ist die Gegenseite von β.
   a ist die Gegenseite von α.

   $$\frac{\sin\alpha}{a} = \frac{\sin\beta}{b}$$

   Bildet man auf beiden Seiten den Kehrbruch, bleibt das Gleichheitszeichen richtig.

   $$\frac{\sin\alpha}{6\text{ cm}} = \frac{\sin 110^\circ}{8\text{ cm}} \qquad |\cdot 6\text{ cm}$$

   $$\sin\alpha = \frac{\sin 110^\circ}{8\text{ cm}} \cdot 6\text{ cm}$$

   $$\sin\alpha = 0{,}7047\ldots$$

   Mit [SIN⁻¹] 0,7047 … ≈ 44,81° aus dem Taschenrechner

   $$\alpha_1 = 44{,}81^\circ \quad (\vee \quad \alpha_2 = 180^\circ - 44{,}81^\circ = 135{,}19^\circ)$$

   Da $\beta = 110^\circ$, folgt aus der Winkelsumme im Dreieck ABC, dass α_1 die richtige Lösung ist.

4. Winkelberechnung mit dem Kosinussatz:
   Gegeben: $a=4$ cm, $b=2{,}5$ cm, $c=3{,}5$ cm
   Gesucht: α

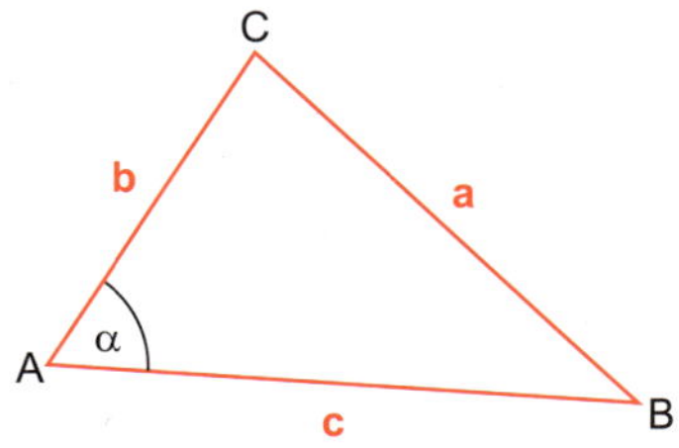

   Lösung:
   Fall SSS → nur Kosinussatz möglich

   Kosinussatz:

   $a^2 = b^2 + c^2 - 2 \cdot b \cdot c \cdot \cos\alpha$ — a ist die Gegenseite von α.

   Gegenseite

$$a^2 = b^2 + c^2 - 2 \cdot b \cdot c \cdot \cos\alpha \qquad |+2 \cdot b \cdot c \cdot \cos\alpha$$

$$a^2 + 2 \cdot b \cdot c \cdot \cos\alpha = b^2 + c^2 \qquad |-a^2$$

$$2bc \cdot \cos\alpha = b^2 + c^2 - a^2 \qquad |:(2bc)$$

$$\cos\alpha = \frac{b^2 + c^2 - a^2}{2bc}$$

$$\cos\alpha = \frac{2{,}5^2 + 3{,}5^2 - 4^2}{2 \cdot 2{,}5 \cdot 3{,}5}$$

$$\cos\alpha = 0{,}1428\ldots$$

$$\alpha = 81{,}79°$$

Setze beim Eintippen in den Taschenrechner Klammern um Zähler und Nenner.

Hinweis: Sinussatz und Kosinussatz gelten in allen Dreiecken, also insbesondere auch in rechtwinkligen Dreiecken! Alle Beispiele und Übungen des vorhergehenden Abschnitts „Sinus, Kosinus und Tangens im rechtwinkligen Dreieck“ lassen sich also auch mithilfe von Sinussatz und Kosinussatz lösen, wobei dies in der Regel nicht empfehlenswert ist.

Aufgaben

257 Gegeben ist das Dreieck ABC mit $a = 5$ cm, $b = 7$ cm und $\beta = 70°$.
Zeichne das Dreieck. Berechne dann alle fehlenden Seitenlängen, Winkelmaße und den Flächeninhalt des Dreiecks.

258 Ein Parallelogramm ABCD hat folgende Maße: $|\overline{AB}| = 8$ cm, $|\overline{BC}| = 6$ cm, $\sphericalangle CBA = 40°$
Zeichne das Parallelogramm und berechne die Längen der Diagonalen und das Maß ε des Winkels BMC (M ist der Diagonalenschnittpunkt).

259 Der Punkt P ist von den Punkten A und B durch eine Schlucht getrennt. Für einen Brückenbau soll die Entfernung von P zu A und zu B bestimmt werden. Dazu misst man die 30 m lange Strecke $\overline{AB}$. Von A aus peilt man den Punkt P auf der anderen Seite der Schlucht an und misst den Winkel BAP. Er beträgt 40°. Der Punkt P wird anschließend von B aus angepeilt. Der Winkel PBA beträgt 70°.
Ermittle daraus die Entfernungen $|\overline{AP}|$ und $|\overline{BP}|$.

Tipp Erstelle eine Planfigur.

260 Die Länge einer nicht direkt messbaren Strecke $\overline{AB}$ soll bestimmt werden:
- Eine Hilfslinie $\overline{EF}$ wird festgelegt und ihre Länge gemessen: $|\overline{EF}| = 20$ m
- Mit einem Peilgerät werden von E und F aus folgende Winkel gemessen: $\sphericalangle FEA = 100°$, $\sphericalangle FEB = 30°$, $\sphericalangle BFE = 80°$, $\sphericalangle AFE = 25°$

Berechne aus diesen Angaben die Länge von $\overline{AB}$.

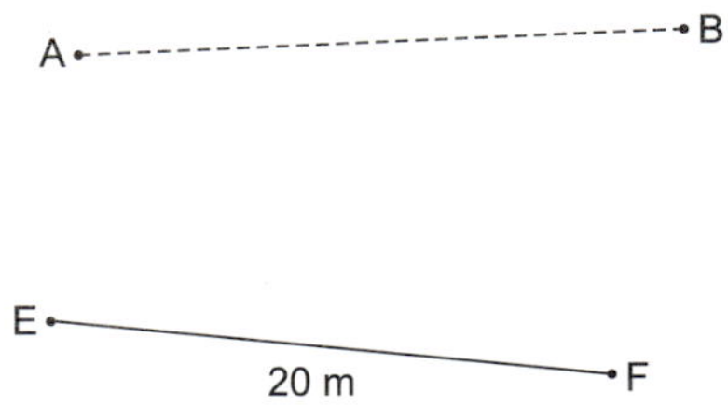

Tipp Betrachte verschiedene Dreiecke und berechne alle Strecken und Winkel in der Figur, bis du ein Dreieck zur Verfügung hast, in dem die Strecke $\overline{AB}$ enthalten ist und von dem du drei Bestimmungsstücke kennst.

261 Betrachte das nebenstehende Trapez ABCD. Berechne die Länge der beiden Diagonalen und die Länge von $\overline{CD}$.

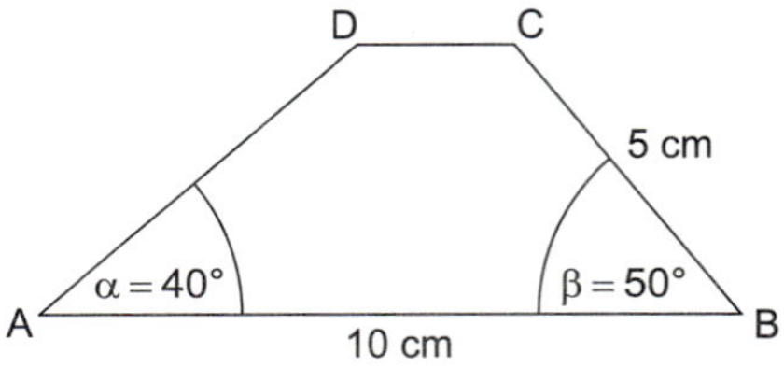

262 Ein viereckiges Grundstück ABCD hat folgende Maße:
$|\overline{AB}| = 60$ m, $|\overline{DA}| = 80$ m; $\sphericalangle CBA = 130°$; $\sphericalangle BAD = 60°$; $\sphericalangle ADC = 80°$

a) Zeichne das Grundstück im Maßstab 1 : 1 000.
b) Berechne alle fehlenden Winkel und Seitenlängen des Grundstücks.

Tipp Berechne zuerst die Diagonalenlänge $|\overline{BD}|$ und versuche dann im Dreieck ABD weitere Winkel zu berechnen, die dir weiterhelfen.

263 Gegeben sind die Punkte A(1 | 1), B(4 | 2) und C(3 | 5).
Berechne die Seitenlängen und Innenwinkelmaße des Dreiecks ABC.

Tipp Formel für die Länge einer Strecke im Koordinatensystem.

264 Ein Turm hat einen Innendurchmesser von 2,40 m. Eine Wendeltreppe füllt den Innenraum komplett aus. Die Stufen der Wendeltreppe sind in einen Rahmen eingepasst, der die Form eines Kreissektors mit Radius 1,20 m und Mittelpunktswinkel 40° besitzt. Die Strecken $\overline{AB}$ und $\overline{AE}$ sind 20 cm lang.

a) Zeichne die Stufe BCDE im Maßstab 1 : 20.
b) Berechne den Flächeninhalt der Stufe BCDE und die Länge der Streben $\overline{BE}$ und $\overline{CD}$. Rechne auf mm genau.

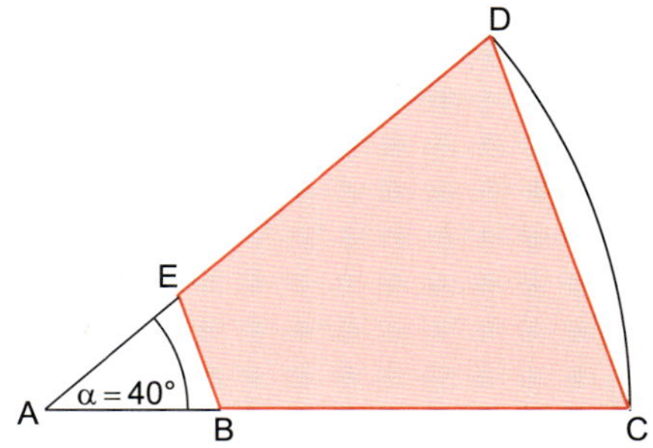

265 Ein Drachenviereck hat folgende Maße:
$|\overline{AB}| = |\overline{AT}| = |\overline{AD}| = 40$ cm
$\sphericalangle BAD = 80°$
$|\overline{BC}| = |\overline{CD}| = 80$ cm
Fertige eine Zeichnung im Maßstab 1 : 20 an und berechne die Länge der Streben $\overline{TB}$, $\overline{TD}$ und $\overline{AC}$ sowie die Maße der Winkel DCB und DTB.

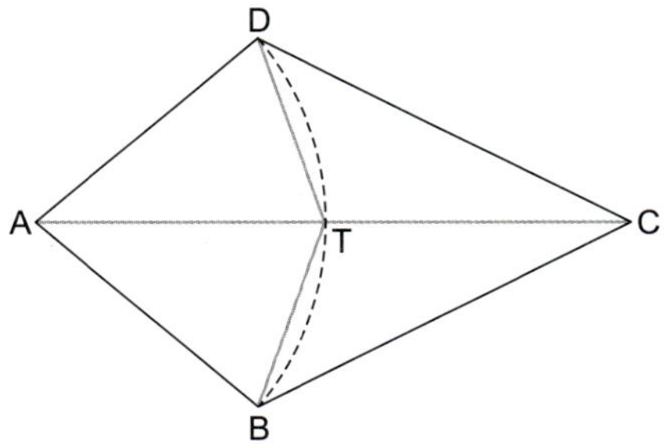

266 Das Drachenviereck ABCD mit Diagonalenschnittpunkt M und $|\overline{AC}| = 8$ cm, $|\overline{BD}| = 6$ cm und $|\overline{CM}| = 3$ cm ist Grundfläche eines Prismas ABCDEFGH mit der Höhe $|\overline{AE}| = 5$ cm.

a) Zeichne ein Schrägbild mit $\overline{BD}$ auf der Schrägbildachse und $q = \frac{1}{2}$ sowie $\omega = 45°$.
b) Berechne das Volumen und die Mantelfläche.
c) Berechne das Maß ε des Winkels EMF.

Tipp Bei **Winkelberechnungen** lautet das Grundprinzip: Suche nach Dreiecken, von denen du drei Bestimmungsstücke kennst. Beachte dabei, dass im Schrägbild nicht alle Strecken und Winkel in wahrer Größe erscheinen.

267 Das Dreieck ABC mit a = 5 cm, b = 6 cm und c = 7 cm rotiert um die Seite c. Dabei entsteht ein Doppelkegel.
Berechne Volumen und Oberfläche des Doppelkegels und zeichne den Axialschnitt dazu.

Interaktive Aufgaben

7. Winkel berechnen
8. Seite berechnen
9. Seite berechnen
10. Winkel berechnen
11. Winkel berechnen in zwei Schritten
12. Feuer

Funktionale Abhängigkeiten und Extremwertberechnungen

Beispiel

Die Pyramide ABCDS hat als Grundfläche das Rechteck ABCD mit $|\overline{AB}| = 8$ cm und $|\overline{BC}| = 6$ cm. Die Spitze S liegt senkrecht über dem Diagonalenschnittpunkt M der Grundfläche, wobei $|\overline{MS}| = 5$ cm gilt.
Die Punkte P_n liegen auf der Strecke $\overline{QS}$ in x cm Entfernung von Q, wobei Q der Mittelpunkt der Strecke $\overline{BC}$ ist. Die Punkte P_n sind die Spitzen von Pyramiden $ABCDP_n$.

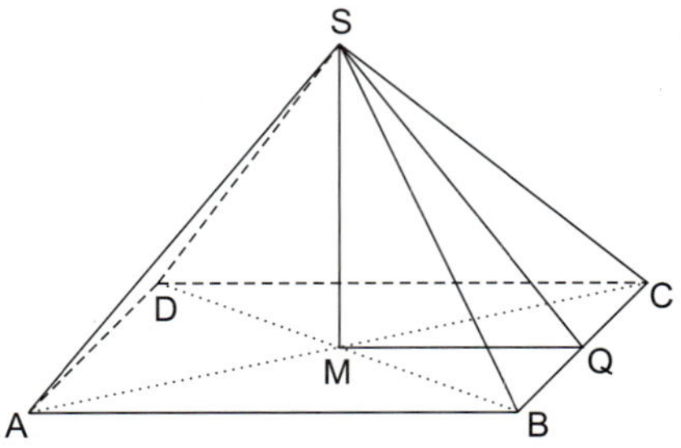

a) Zeichne die Pyramide $ABCDP_1$ für $x = 4$ mit ihrer Höhe h_1 ein.
b) Berechne anschließend das Volumen der Pyramiden $ABCDP_n$ in Abhängigkeit von x.
c) Berechne die Länge der Strecke $\overline{P_1M}$ und das Maß ω des Winkels MP_1Q.
d) Betrachte nun die Seitendreiecke DAP_n der einbeschriebenen Pyramiden. Für welchen x-Wert besitzt das Seitendreieck DAP_n den kleinsten Flächeninhalt?

Lösung:

a)

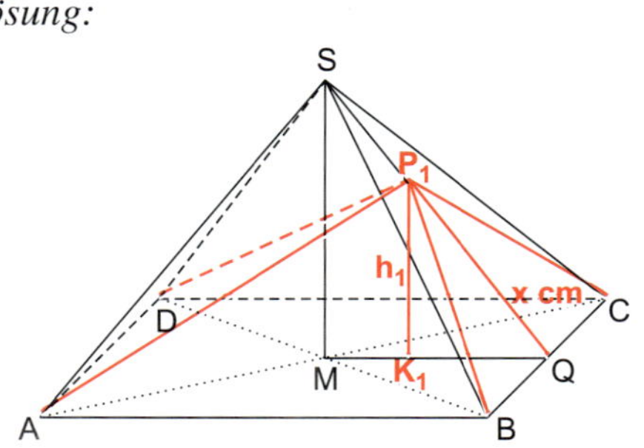

(Zeichnung im Maßstab 1 : 2)

Die Strecke h_1 ist der Abstand des Punktes P_1 von der Grundfläche G. Der Fußpunkt des Lotes von P_1 auf G ist der Punkt K_1. Er liegt auf $\overline{MQ}$.

b) Formel:

$$V = \frac{1}{3} \cdot A_G \cdot h_n$$

Überlege, welche Streckenlängen in der Formel von x abhängig sind. Hier ist $h_n = |\overline{P_nK_n}|$ veränderlich, während die Grundfläche unverändert bleibt.

Die Höhe h_n ist das Lot von P_n auf die Grundfläche. 2. Strahlensatz:

$$\frac{h_n}{|\overline{MS}|} = \frac{|\overline{QP_n}|}{|\overline{QS}|} \qquad | \cdot |\overline{MS}|$$

$$h_n = \frac{|\overline{QP_n}|}{|\overline{QS}|} \cdot |\overline{MS}|$$

$$h(x) = \frac{x \text{ cm}}{6{,}40 \text{ cm}} \cdot 5 \text{ cm}$$

$$h(x) = 0{,}78x \text{ cm}$$

Einsetzen in die Formel:

$$V(x) = \frac{1}{3} \cdot 8 \text{ cm} \cdot 6 \text{ cm} \cdot 0{,}78x \text{ cm}$$

$$V(x) = 12{,}48x \text{ cm}^3$$

Die Höhe h_n lässt sich mit dem 2. Strahlensatz im Dreieck MQS berechnen, da $h_n = \overline{P_nK_n}$ stets parallel zu $\overline{SM}$ ist.

$|\overline{QS}| = \sqrt{4^2 + 5^2}$ cm $= 6{,}40$ cm

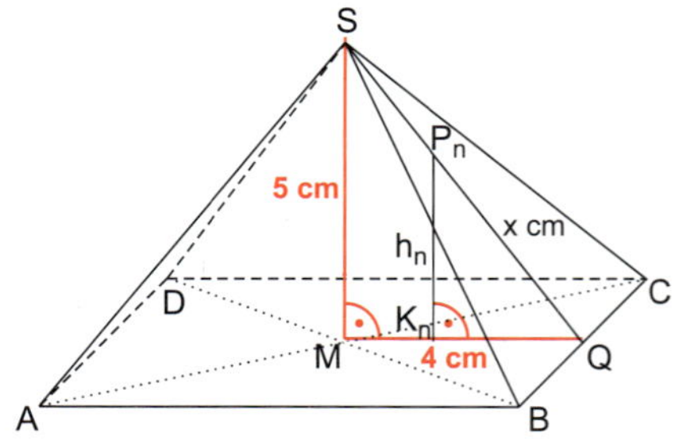

c) Der Neigungswinkel α ist der Winkel, den die Höhe des Dreiecks BCS mit der Grundfläche einschließt: $\alpha = \sphericalangle SQM$

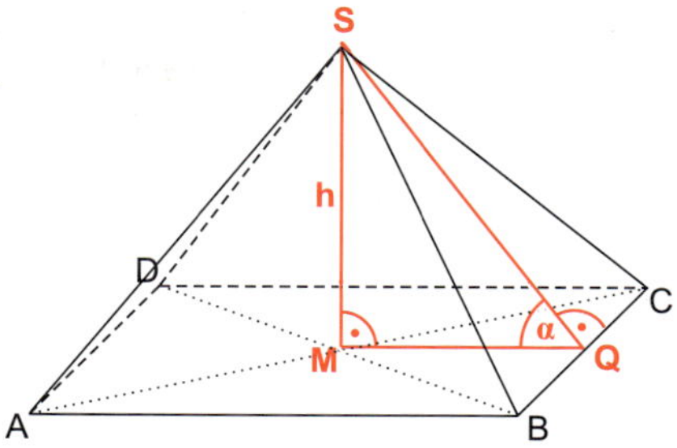

$$\tan\alpha = \frac{|\overline{SM}|}{|\overline{MQ}|}$$

$$\tan\alpha = \frac{5\text{ cm}}{4\text{ cm}}$$

$$\tan\alpha = 1{,}25$$

$$\alpha = 51{,}34°$$

Im Dreieck MQP_1 gilt:

$|\overline{QP_1}| = 4\text{ cm}$

$|\overline{MQ}| = 4\text{ cm}$

$\alpha = 51{,}34°$

Suche ein Dreieck, von dem drei Bestimmungsstücke bekannt sind, und wende den Kosinussatz oder den Sinussatz an.

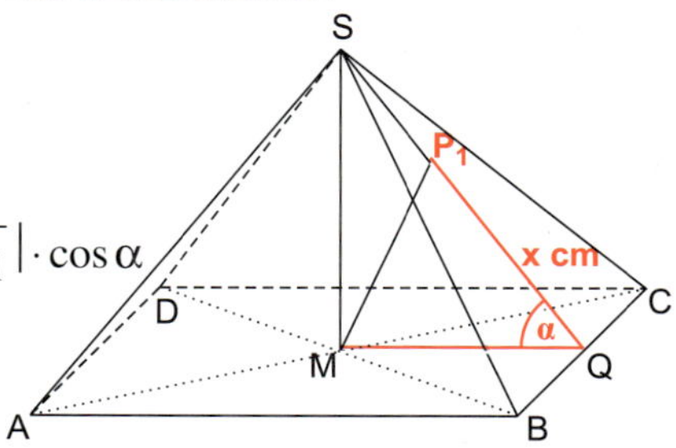

Kosinussatz im Dreieck MQP_1:

$$|\overline{P_1M}|^2 = |\overline{MQ}|^2 + |\overline{QP_1}|^2 - 2\cdot|\overline{MQ}|\cdot|\overline{QP_1}|\cdot\cos\alpha$$

$$|\overline{P_1M}| = \sqrt{4^2 + 4^2 - 2\cdot 4\cdot 4\cdot\cos 51{,}34°}\text{ cm}$$

$$|\overline{P_1M}| = 3{,}47\text{ cm}$$

Sinussatz im Dreieck MQP_1:

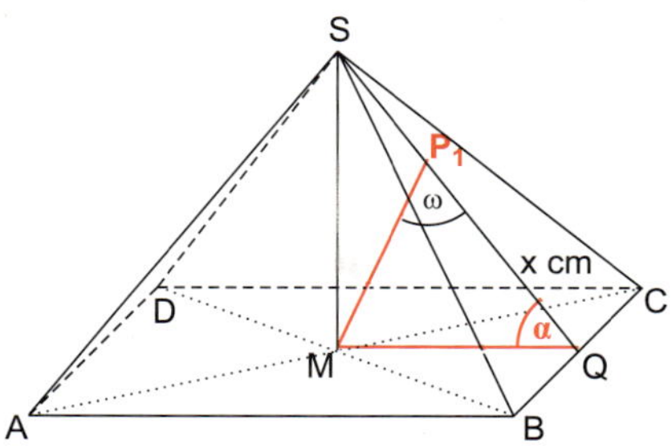

$$\frac{\sin\omega}{|\overline{MQ}|} = \frac{\sin\alpha}{|\overline{P_1M}|}$$

$$\frac{\sin\omega}{4\text{ cm}} = \frac{\sin 51{,}34°}{3{,}47\text{ cm}} \quad |\cdot 4\text{ cm}$$

$$\sin\omega = \frac{\sin 51{,}34°}{3{,}47\text{ cm}}\cdot 4\text{ cm}$$

$$\sin\omega = 0{,}9001\ldots$$

$$\omega_1 = 64{,}18° \quad (\vee \quad \omega_2 = 180° - 64{,}18° = 115{,}82°)$$

Wegen $|\overline{QP_1}| = 4\text{ cm} = |\overline{MQ}|$ ist das Dreieck MQP_1 gleichschenklig. Weil $\alpha + 2\omega_2 > 180°$, kann die zweite Lösung ausgeschlossen werden.

oder:

Wegen $|\overline{QP_1}| = 4\text{ cm} = |\overline{MQ}|$ ist das Dreieck MQP_1 gleichschenklig. Es folgt:

$$\omega = (180° - \alpha) : 2$$

$$\omega = (180° - 51{,}34°) : 2$$

$$\omega = 64{,}33°$$

Der Unterschied zum Ergebnis des vorherigen Lösungswegs erklärt sich durch Rundungsungenauigkeiten.

d) Formel für den Flächeninhalt:

$$A = \frac{1}{2}\cdot g\cdot h$$

$$A = \frac{1}{2}\cdot|\overline{DA}|\cdot|\overline{HP_n}|$$

Nur die Höhe $\overline{HP_n}$ ist abhängig von x. Also hat das Dreieck den kleinsten Flächeninhalt, wenn die Höhe $\overline{HP_n}$ am kürzesten ist.

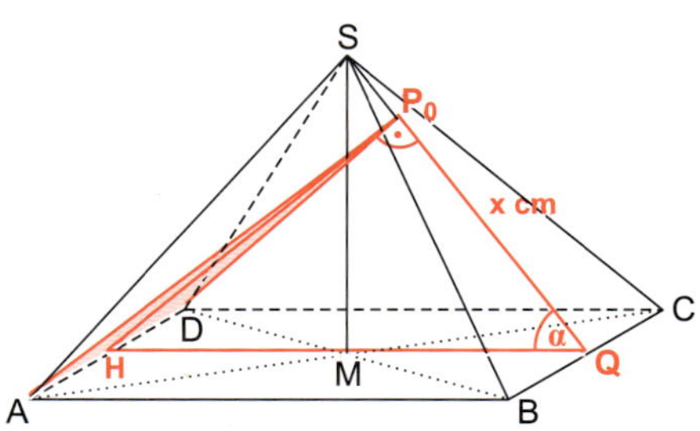

Damit das Dreieck DAP_0 besser sichtbar ist, wurde in der obigen Darstellung ein kleinerer Verzerrungswinkel gewählt.

Die kürzeste Strecke ist das Lot $\overline{HP_0}$ von H auf $\overline{QS}$:

$h_{min} = |\overline{HP_0}|$

Berechnung des zugehörigen x-Wertes ($x\text{ cm} = |\overline{QP_0}|$) im rechtwinkligen Dreieck HQP_0:

$$\cos\alpha = \frac{x\text{ cm}}{|\overline{HQ}|} \qquad |\cdot|\overline{HQ}|$$

$$x\text{ cm} = \cos\alpha \cdot |\overline{HQ}|$$

$$x\text{ cm} = \cos 51{,}34° \cdot 8\text{ cm} \qquad |:\text{cm}$$

$$x = 5{,}00$$

Aufgabe 268

Im Drachenviereck ABCD liegt die Diagonale $\overline{AC}$ auf der Symmetrieachse und ist 10 cm lang. Die Diagonale $\overline{BD}$ mit $|\overline{BD}| = 8$ cm schneidet die Diagonale $\overline{AC}$ im Punkt M mit $|\overline{AM}| = 3$ cm. Das Drachenviereck ABCD ist die Grundfläche einer Pyramide ABCDS, deren Spitze S 9 cm senkrecht über dem Punkt A liegt.

a) Zeichne ein Schrägbild mit $\overline{AC}$ auf der Schrägbildachse mit $q = 0{,}5$ und $\omega = 45°$ und berechne die Länge der Strecke $\overline{CS}$ sowie das Maß γ des Winkels SCA.

b) Die Punkte P_n auf der Kante $\overline{CS}$ legen neue Pyramiden $BCDP_n$ fest. Dabei ist $|\overline{CP_n}| = x$ cm lang.
Zeichne die Pyramide $BCDP_1$ für $x = 4$ cm ein und berechne ihre Höhe (Strahlensatz!) sowie die Länge der Strecke $\overline{P_1M}$ und das Maß ω des Winkels P_1MS.

c) Berechne zunächst die Höhe der Pyramiden $BCDP_n$ in Abhängigkeit von x und anschließend ihr Volumen in Abhängigkeit von x.

d) Für welchen x-Wert entsteht eine Pyramide mit dem Volumen 20 cm^3? Berechne diesen.

e) Das Volumen der Pyramide $BCDP_3$ beträgt 80 % des Volumens der Pyramide $BCDP_1$. Berechne ihre Höhe.

f) Für welchen Wert von x hat das Dreieck DBP_n den kleinsten Flächeninhalt? Berechne diesen.

Interaktive Aufgabe

13. Pyramide

Trigonometrische Gleichungen

Merke

Gleichungen, die trigonometrische Terme als Variable enthalten, bezeichnet man als **trigonometrische Gleichungen**. (gonia {griech.}: Winkel)

Beispiele

1. Bestimme die Lösungsmenge über der angegebenen Grundmenge.

a)	$4 \cdot \sin\varphi = 3$	$G = [0°; 180°]$
b)	$\sin 2\varphi = 0{,}5$	$G = [0°; 180°]$
c)	$\cos(\varphi + 60°) = -0{,}8$	$G = [0°; 180°]$
d)	$3 \cdot (2\sin\varphi - 1{,}5) = -4\sin\varphi + 5{,}5$	$G = [0°; 180°]$
e)	$2\sin\varphi = \cos^2\varphi - 1$	$G = [0°; 360°]$
f)	$2 \cdot \sin\varphi = 3 \cdot \cos\varphi$	$G = [0°; 360°]$

Lösung:

a) $4 \cdot \sin\varphi = 3 \quad \left| \cdot \frac{1}{4} \right. \qquad G = [0°; 180°]$

Auflösen der Gleichung nach $\sin\varphi$

$\Leftrightarrow \quad \sin\varphi = \frac{3}{4}$

Die Sinusfunktion besitzt im I. und II. Quadranten positive Funktionswerte.

$\Leftrightarrow \quad \varphi_1 = 48{,}59° \vee \varphi_2 = 180° - \varphi_1$

Beachte: $\sin\varphi = \sin(180° - \varphi)$

$\Leftrightarrow \quad \varphi_1 = 48{,}59° \vee \varphi_2 = 180° - 48{,}59°$

$\Leftrightarrow \quad \varphi_1 = 48{,}59° \vee \varphi_2 = 131{,}41°$

$L = \{48{,}59°; 131{,}41°\}$

b) $\sin 2\varphi = 0{,}5 \qquad G = [0°; 180°]$

Bestimme zunächst die infrage kommenden Werte für 2φ.

$\Leftrightarrow \quad 2\varphi_1 = 30° \vee 2\varphi_2 = 180° - 30°$

Beachte: $\sin\varphi = \sin(180° - \varphi)$

$\Leftrightarrow \quad 2\varphi_1 = 30° \vee 2\varphi_2 = 150°$

$\Leftrightarrow \quad \varphi_1 = 15° \vee \varphi_2 = 75°$

$L = \{15°; 75°\}$

c) $\cos(\varphi + 60°) = -0{,}8 \qquad G = [0°; 180°]$

Bestimme zunächst die infrage kommenden Werte für $\varphi + 60°$.

$\Leftrightarrow \quad \varphi_1 + 60° = 143{,}13° \vee \varphi_2 + 60° = 360° - 143{,}13°$

Beachte: $\cos\varphi = \cos(360° - \varphi)$

$\Leftrightarrow \quad \varphi_1 = 83{,}13° \vee \varphi_2 + 60° = 216{,}87°$

$\Leftrightarrow \quad \varphi_1 = 83{,}13° \vee \varphi_2 = 156{,}87°$

$L = \{83{,}13°; 156{,}87°\}$

d) $3 \cdot (2\sin\varphi - 1{,}5) = -4\sin\varphi + 5{,}5 \qquad G = [0°; 180°]$

$\Leftrightarrow \quad 6\sin\varphi - 4{,}5 = -4\sin\varphi + 5{,}5 \quad |+4\sin\varphi + 4{,}5$

Zusammenfassen gleichartiger Summanden

$\Leftrightarrow \quad 10\sin\varphi = 10 \quad \left| \cdot \frac{1}{10} \right.$

$\Leftrightarrow \quad \sin\varphi = 1$

$\Leftrightarrow \quad \varphi = 90°$

$L = \{90°\}$

e) $2\sin\varphi = \cos^2\varphi - 1 \qquad G = [0°; 360°]$

Wegen $\sin^2\varphi + \cos^2\varphi = 1$ gilt: $\cos^2\varphi = 1 - \sin^2\varphi$

$\Leftrightarrow \quad 2\sin\varphi = 1 - \sin^2\varphi - 1$

$\Leftrightarrow \quad 2\sin\varphi = -\sin^2\varphi \quad |+\sin^2\varphi$

$\Leftrightarrow \quad \sin^2\varphi + 2\sin\varphi = 0$

$\Leftrightarrow \quad \sin\varphi \cdot (\sin\varphi + 2) = 0$

Das Produkt $\sin\varphi \cdot (\sin\varphi + 2)$ ist null, wenn mindestens einer der Faktoren null ist.

$\Leftrightarrow \quad \sin\varphi_{1/2} = 0 \vee \sin\varphi_{3/4} + 2 = 0$

$\Leftrightarrow \quad \sin\varphi_{1/2} = 0 \;(\vee \;\sin\varphi_{3/4} = -2)$

Beachte: $\sin\varphi \in [-1; 1]$

$\Leftrightarrow \quad \varphi_1 = 0° \vee \varphi_2 = 180°$

Beachte: $\sin\varphi = \sin(180° - \varphi)$

$L = \{0°; 180°\}$

f) $2 \cdot \sin\varphi = 3 \cdot \cos\varphi \quad \left| \cdot \frac{1}{2} \right. \qquad G = [0°; 360°]$

$\Leftrightarrow \quad \sin\varphi = \frac{3}{2}\cos\varphi$

Hier ist eine Fallunterscheidung notwendig!

1. Fall:

$\cos\varphi = 0 \;\Rightarrow\; \varphi_1 = 90° \vee \varphi_2 = 270°$

Probe:

$$\sin 90° = \frac{3}{2}\cos 90° \qquad \sin 270° = \frac{3}{2}\cos 270°$$

$$\Leftrightarrow \quad 1 = 0 \ (\text{f}) \qquad \Leftrightarrow \quad -1 = 0 \ (\text{f})$$

2. Fall:

$\cos\varphi \neq 0$

$$\Rightarrow \frac{\sin\varphi}{\cos\varphi} = \frac{3}{2}$$

Es gilt: $\frac{\sin\varphi}{\cos\varphi} = \tan\varphi$

$$\Leftrightarrow \tan\varphi = \frac{3}{2}$$

$$\Leftrightarrow \varphi_1 = 56{,}31° \ \vee \ \varphi_2 = 180° + \varphi_1$$

Beachte: $\tan\varphi = \tan(180° + \varphi)$

$$\Leftrightarrow \varphi_1 = 56{,}31° \ \vee \ \varphi_2 = 180° + 56{,}31°$$

$$\Leftrightarrow \varphi_1 = 56{,}31° \ \vee \ \varphi_2 = 236{,}31°$$

$L = \{56{,}31°; 236{,}31°\}$

2. Gegeben ist das gleichschenklige Dreieck ABC. Für die Basis $\overline{AB}$ gilt $|\overline{AB}| = 4$ cm. Das Maß $\alpha \in\ ]0°; 90°[$ des Basiswinkels ist variabel.
   a) Bestimme den Flächeninhalt A des Dreiecks ABC in Abhängigkeit vom Basiswinkel α.
   b) Berechne das Maß α, für das ein Dreieck ABC mit einem Flächeninhalt von 10 cm^2 entsteht.

Lösung:

a) Bestimmung der Höhe h_c in Abhängigkeit von α:

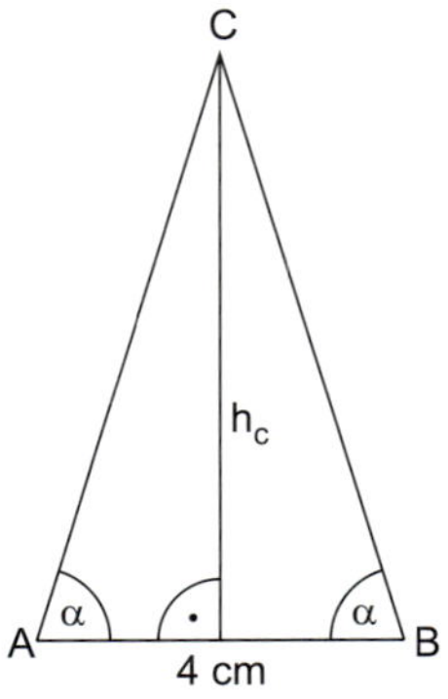

$$\tan\alpha = \frac{h_c}{\frac{1}{2}\cdot|\overline{AB}|} \qquad \Big|\cdot\frac{1}{2}|\overline{AB}|$$

$$\Leftrightarrow h_c(\alpha) = \frac{1}{2}\cdot|\overline{AB}|\cdot\tan\alpha$$

$$\Leftrightarrow h_c(\alpha) = \frac{1}{2}\cdot 4\text{ cm}\cdot\tan\alpha$$

$$\Leftrightarrow h_c(\alpha) = 2\cdot\tan\alpha\text{ cm}$$

Somit:

$$A(\alpha) = \frac{1}{2}\cdot|\overline{AB}|\cdot h_c(\alpha)$$

$$A(\alpha) = \frac{1}{2}\cdot 4\text{ cm}\cdot 2\cdot\tan\alpha\text{ cm}$$

$$A(\alpha) = 4\cdot\tan\alpha\text{ cm}^2$$

b)

$$\begin{array}{|ll} & A(\alpha) = 4\cdot\tan\alpha\text{ cm}^2 \\ \wedge & A = 10\text{ cm}^2 \\ \hline \end{array}$$

$$\Rightarrow 4\cdot\tan\alpha = 10 \qquad (\text{I} = \text{II}) \quad |:4$$

Trigonometrische Gleichung

$$\Leftrightarrow \tan\alpha = 2{,}5$$

$$\Leftrightarrow \alpha = 68{,}20°$$

$L = \{68{,}20°\}$

Aufgaben

269 a – c

Löse die trigonometrischen Gleichungen über der Grundmenge $G = [0°; 180°]$.

a) $\cos\varphi = -0{,}5$

b) $3 \cdot (2\sin\varphi - 1{,}5) = -4\sin\varphi + 5{,}5$

c) $5\cos^2\varphi + 2 = 6 - 3\sin^2\varphi$

d) $-8 \cdot |\cos\varphi| = -6$

e) $6 \cdot (1 + \sin\varphi) = 12 \cdot 2 \cdot (1 - \sin\varphi)$

f) $-2{,}5 \cdot \sin\varphi - 5 = 3 \cdot \sin\varphi$

g) $4\sin\varphi = 3\sin\varphi + 2\cos\varphi$

h) $\cos^2\varphi = 8\sin^2\varphi$

i) $4\sin\varphi - 2 = 6\cos\varphi$

j) $1{,}5\cos\varphi = 3 - 3\sin\varphi$

270 a – e

Löse die trigonometrischen Gleichungen über der Grundmenge $G = [0°; 360°]$.

a) $\sin^2\alpha = \frac{1}{4}$

b) $\cos^2\alpha - \frac{1}{4} = 0$

c) $\tan^2\alpha - 3 = 0$

d) $\cos^2\varphi - 1 = 2\sin\varphi$

e) $5\cos^2\varphi - \sin^2\varphi = 5$

f) $\tan\varphi = 12$

g) $\cos 5\varphi = -0{,}2$

h) $5 \cdot \frac{\sin\varphi}{\cos\varphi} = 150$

i) $\cos^2\varphi + 2 = 9 - 3\sin^2\varphi$

j) $0{,}4\cos\varphi + \cos^2\varphi = 0$

k) $2\sin^2\varphi = \sin\varphi + 2$

l) $8\cos^2\alpha - 12 = -14\sin^2\alpha$

271

Die Pfeile $\overrightarrow{AB_n} = \begin{pmatrix} 8\sin^2\alpha \\ -\cos^2\alpha - 1 \end{pmatrix}$ und $\overrightarrow{AC_n} = \begin{pmatrix} 4\sin^2\alpha \\ 2\cos^2\alpha + 2 \end{pmatrix}$ mit $A(0\,|\,0)$ spannen für $\alpha \in\ ]0°; 180°[$ die Dreiecksschar AB_nC_n auf.

a) Zeichne das Schardreieck AB_0C_0 für $\alpha = 45°$ in ein Koordinatensystem.
Für die Zeichnung: Längeneinheit 1 cm; $-1 \le x \le 5$; $-2 \le y \le 3$

b) Stelle den Flächeninhalt A der Dreiecke AB_nC_n in Abhängigkeit von α dar.

c) Berechne den Wert von α_1, sodass ein Dreieck AB_1C_1 mit einem Flächeninhalt von 10 FE entsteht.

d) Überprüfe rechnerisch, ob es ein Schardreieck mit einem Flächeninhalt von 15 FE gibt.

272

Gegeben sind die Pfeile $\overrightarrow{AB_n} = \begin{pmatrix} 2\sin\alpha \\ 2\cos\alpha + 2 \end{pmatrix}$ und $\overrightarrow{AC_n} = \begin{pmatrix} 5\sin\alpha \\ 5\cos\alpha - 5 \end{pmatrix}$ mit $A(0\,|\,0)$.
Bestimme die Werte von α, sodass die Pfeile gleich lang sind, wobei $G = [0°; 180°]$.

273

Für die Streckenlänge $|\overline{PQ}|$ gilt: $|\overline{PQ}| = \sqrt{\frac{9}{4\cos(\varphi + 24°)}}$ LE

Berechne den Wert von $\varphi \in [0°; 360°]$, sodass $|\overline{PQ}| = 3$ LE.

Interaktive Aufgabe

14. Kein Dreieck

Additionstheoreme des Sinus und Kosinus

Merke

Für alle Winkelmaße gelten folgende Regeln, die **Additionstheoreme**:

$\sin(\alpha+\beta)=\sin\alpha\cdot\cos\beta+\cos\alpha\cdot\sin\beta$ $\quad$ $\cos(\alpha+\beta)=\cos\alpha\cdot\cos\beta-\sin\alpha\cdot\sin\beta$

$\sin(\alpha-\beta)=\sin\alpha\cdot\cos\beta-\cos\alpha\cdot\sin\beta$ $\quad$ $\cos(\alpha-\beta)=\cos\alpha\cdot\cos\beta+\sin\alpha\cdot\sin\beta$

Beispiel

Zeige mithilfe der Additionstheoreme, dass folgende Beziehungen gelten:

a) $\cos(90°-\varphi)=\sin\varphi$

b) $\sin(180°+\varphi)=-\sin\varphi$

Lösung:

a) $\cos(90°-\varphi)$ $\qquad$ $\cos(\alpha-\beta)=\cos\alpha\cdot\cos\beta+\sin\alpha\cdot\sin\beta$

$=\cos 90°\cdot\cos\varphi+\sin 90°\cdot\sin\varphi$

$=0\cdot\cos\varphi+1\cdot\sin\varphi$

$=\sin\varphi$

b) $\sin(180°+\varphi)$ $\qquad$ $\sin(\alpha+\beta)=\sin\alpha\cdot\cos\beta+\cos\alpha\cdot\sin\beta$

$=\sin 180°\cdot\cos\varphi+\cos 180°\cdot\sin\varphi$

$=0\cdot\cos\varphi+(-1)\cdot\sin\varphi$

$=-\sin\varphi$

Aufgaben

274 Zeige mithilfe der Additionstheoreme, dass folgende Beziehungen gelten:

a) $\cos(360°+\varphi)=\cos\varphi$

b) $\sin(180°-\varphi)=\sin\varphi$

c) $\cos(90°-\varphi)=\sin\varphi$

d) $\sin(90°+\varphi)=\cos\varphi$

e) $\cos(180°+\varphi)=-\cos\varphi$

f) $\sin(360°-\varphi)=-\sin\varphi$

275 Berechne mithilfe der Tabellenwerte

sin 0°	sin 30°	sin 45°	sin 60°	sin 90°	sin 180°	cos 0°	cos 30°	cos 45°	cos 60°	cos 90°	cos 180°
0	$\frac{1}{2}$	$\frac{1}{2}\sqrt{2}$	$\frac{1}{2}\sqrt{3}$	1	0	1	$\frac{1}{2}\sqrt{3}$	$\frac{1}{2}\sqrt{2}$	$\frac{1}{2}$	0	–1

folgende Termwerte:

a) $\cos 120°$

b) $\sin 150°$

c) $\sin 75°$

d) $\cos 15°$

e) $\sin 15°$

f) $\cos 75°$

276 Bestimme mithilfe der Ergebnisse von obiger Aufgabe die zugehörigen Werte von:

a) $\tan 15°$

b) $\tan 75°$

Trigonometrische Gleichungen – Lösung mit den Additionstheoremen

Merke

Trigonometrische Gleichungen, in denen die Variable mehrfach vorkommt, lassen sich durch Anwendung der Additionstheoreme in eine Gleichung mit nur einer Variablen umformen und anschließend wie gewöhnlich lösen.

Beispiele

1. $\frac{10 \cdot \sin\alpha}{\sin(60° + \alpha)} = 15 \quad \left| \cdot \sin(60° + \alpha) \right. \quad \alpha \in [0°; 90°[$

$\Leftrightarrow \quad 10 \cdot \sin\alpha = 15 \cdot \sin(60° + \alpha) \quad \left| \cdot \frac{1}{15} \right.$

$\Leftrightarrow \quad \frac{2}{3} \cdot \sin\alpha = \sin(60° + \alpha)$ — Additionstheorem anwenden

$\Leftrightarrow \quad \frac{2}{3} \cdot \sin\alpha = \sin 60° \cdot \cos\alpha + \cos 60° \cdot \sin\alpha$

$\Leftrightarrow \quad \frac{2}{3} \cdot \sin\alpha = \frac{1}{2}\sqrt{3} \cdot \cos\alpha + \frac{1}{2} \cdot \sin\alpha \quad \left| -\frac{1}{2}\sin\alpha \right.$

$\Leftrightarrow \quad \frac{1}{6} \cdot \sin\alpha = \frac{1}{2}\sqrt{3} \cdot \cos\alpha \quad \left| \cdot \frac{6}{\cos\alpha} \right.$ — Wegen $90° \notin G$ gilt: $\cos\alpha \neq 0$

$\Leftrightarrow \quad \frac{\sin\alpha}{\cos\alpha} = 3\sqrt{3}$ — Ersetze: $\frac{\sin\alpha}{\cos\alpha} = \tan\alpha$

$\Leftrightarrow \quad \tan\alpha = 3\sqrt{3}$

$\Leftrightarrow \quad \alpha = 79{,}11°$ — Keine Fallunterscheidung notwendig: $\alpha \pm 180° \notin G$

$L = \{79{,}11°\}$

2. $6 \cdot \sin\alpha - 4\cos\alpha = 1 \quad \alpha \in [0°; 360°]$ — Klammere den Faktor 6 aus.

$\Leftrightarrow \quad 6 \cdot \left(\sin\alpha - \frac{2}{3}\cos\alpha\right) = 1$ — Ersetze $\frac{2}{3}$ durch $\tan\alpha = \frac{\sin\alpha}{\cos\alpha}$, wobei $\alpha = \tan^{-1}\left(\frac{2}{3}\right) = 33{,}69°$ ist.

$\Leftrightarrow \quad 6 \cdot \left(\sin\alpha - \frac{\sin 33{,}69°}{\cos 33{,}69°}\cos\alpha\right) = 1$ — Klammere $\frac{1}{\cos 33{,}69°}$ aus.

$\Leftrightarrow \quad 6 \cdot \left(\sin\alpha \cdot \underbrace{\frac{\cos 33{,}69°}{\cos 33{,}69°}}_{=1} - \frac{\sin 33{,}69° \cdot \cos\alpha}{\cos 33{,}69°}\right) = 1$ — Dieser Zwischenschritt dient der Veranschaulichung und kann bei genügend Übung weggelassen werden.

$\Leftrightarrow \quad \frac{6}{\cos 33{,}69°} \cdot (\sin\alpha \cdot \cos 33{,}69° - \sin 33{,}69° \cdot \cos\alpha) = 1$ — Vereinfache: $\frac{6}{\cos 33{,}69°} = 7{,}21$

$\Leftrightarrow \quad 7{,}21 \cdot (\sin\alpha \cdot \cos 33{,}69° - \cos\alpha \cdot \sin 33{,}69°) = 1$ — Additionstheorem anwenden

$\Leftrightarrow \quad 7{,}21 \cdot \sin(\alpha - 33{,}69°) = 1 \quad |:7{,}21$

$\Leftrightarrow \quad \sin(\alpha - 33{,}69°) = 0{,}14$ — Bestimme die infrage kommenden Werte für $\alpha - 33{,}69°$.

$\Leftrightarrow \quad \alpha_1 - 33{,}69° = 8{,}05° \quad \vee \quad \alpha_2 - 33{,}69° = 180° - 8{,}05°$

$\Leftrightarrow \quad \alpha_1 = 41{,}74° \quad \vee \quad \alpha_2 - 33{,}69° = 171{,}95°$

$\Leftrightarrow \quad \alpha_1 = 41{,}74° \quad \vee \quad \alpha_2 = 205{,}64°$

$L = \{41{,}74°; 205{,}64°\}$

Aufgaben

277 Löse die trigonometrischen Gleichungen über der Grundmenge $G = [0°; 180°]$.

a) $\sin(\beta + 30°) = \frac{1}{2}\sin\beta$

b) $\cos(120° - \varphi) = \cos\varphi$

c) $4{,}25 = \frac{6 \cdot \sin\varphi}{\sin(48{,}60° + \varphi)}$

278 Löse die trigonometrischen Gleichungen über der Grundmenge $G = [0°; 360°]$.

a) $\cos(60° + \varphi) = \sqrt{3}\sin\varphi$

b) $\sin(45° + \varphi) = \frac{1}{2}\sqrt{2}\cos\varphi$

c) $4\sin\alpha = 1 - 6\cos\alpha$

Interaktive Aufgabe 15. Dreiecksfläche

Extremwertbestimmung bei trigonometrischen Termen

Beispiele

1. Die Pfeile $\overrightarrow{OA} = \begin{pmatrix} 2 \\ -4 \end{pmatrix}$ und $\overrightarrow{OB_n} = \begin{pmatrix} 1 + 3\cos\varphi \\ 2 - 2\cos\varphi \end{pmatrix}$ mit $O(0|0)$ legen für $\varphi \in [0°; 180°[$ die Eckpunkte von Schardreiecken OAB_n fest.
   a) Zeichne das Schardreieck OAB_1 für $\varphi = 60°$.
   b) Bestimme den Flächeninhalt A der Dreiecke OAB_n in Abhängigkeit von φ.
   c) Gib den Wert von φ an, für den das Dreieck OAB den größten Flächeninhalt hat.

   Lösung:

   a) $\overrightarrow{OB_1} = \begin{pmatrix} 1 + 3\cos 60° \\ 2 - 2\cos 60° \end{pmatrix} = \begin{pmatrix} 1 + 3 \cdot \frac{1}{2} \\ 2 - 2 \cdot \frac{1}{2} \end{pmatrix} = \begin{pmatrix} 2{,}5 \\ 1 \end{pmatrix}$

   also: $B_1(2{,}5\,|\,1)$

   Zeichnung:

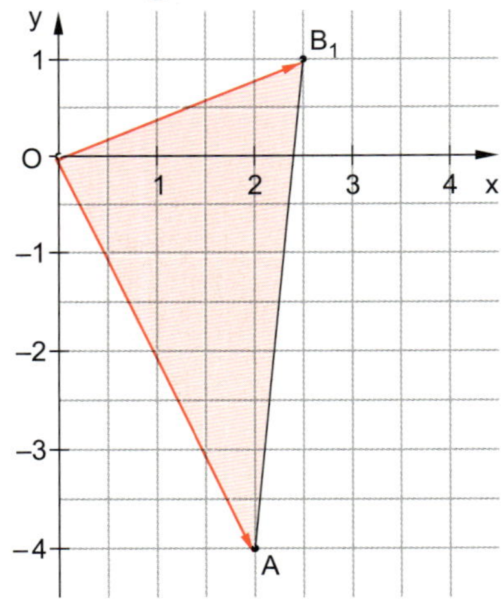

b) Berechnung des Flächeninhalts der Dreiecke OAB_n:

$$A = \frac{1}{2} \cdot \left| \overrightarrow{OA} \quad \overrightarrow{OB_n} \right|$$

$$A(\varphi) = \frac{1}{2} \cdot \begin{vmatrix} 2 & 1+3\cos\varphi \\ -4 & 2-2\cos\varphi \end{vmatrix} \text{ FE}$$

$$A(\varphi) = \frac{1}{2}[2 \cdot (2-2\cos\varphi) - (-4) \cdot (1+3\cos\varphi)] \text{ FE}$$ Klammern setzen

$$A(\varphi) = \frac{1}{2}[4-4\cos\varphi+4+12\cos\varphi] \text{ FE}$$

$$A(\varphi) = \frac{1}{2}(8\cos\varphi+8) \text{ FE}$$

$$A(\varphi) = (4\cos\varphi+4) \text{ FE}$$

c) $A(\varphi)$ wird maximal, wenn $\cos\varphi$ den größten Wert (+1) annimmt.
Dies ist für $\varphi = 0°$ der Fall:
$A(0°) = (4 \cdot \cos 0° + 4)$ FE
$A(0°) = (4 \cdot 1 + 4)$ FE
$A(0°) = 8$ FE
also: $A_{max} = 8$ FE für $\varphi = 0°$

Wegen $\varphi \in [0°; 180°[$ ist $\varphi = 0°$ der einzige Wert, für den $\cos\varphi = 1$ gilt.

2. Der Flächeninhalt A eines Dreiecks ABC lässt sich, abhängig vom Winkelmaß α, wie folgt darstellen:

$$A(\alpha) = \frac{1}{2} \cdot 8 \cdot \frac{10}{\sin(\alpha+30°)} \text{ FE}$$

Gib das Winkelmaß $\alpha^* \in G =]-30°; 150°[$ an, für den das flächenkleinste Dreieck entsteht.

Lösung:

$$A(\alpha) = \frac{1}{2} \cdot 8 \cdot \frac{10}{\sin(\alpha+30°)} \text{ FE}$$

$$A(\alpha) = \frac{40}{\sin(\alpha+30°)} \text{ FE}$$

Der Flächeninhalt $A(\alpha)$ wird dann **minimal**, wenn der **Nenner maximal** wird.
Dies ist der Fall für:

$$\sin(\alpha^* + 30°) = 1$$

$\alpha^* \in G$
$\Leftrightarrow \quad \alpha^* + 30° = 90° \quad |-30°$
$\Leftrightarrow \quad \alpha^* = 60°$

Die Äquivalenz gilt, da $\alpha^* + 30°$ von den Werten $90° + k \cdot 360°$ ($k \in \mathbb{Z}$), für die der Sinus maximal wird, für $\alpha^* \in]-30°; 150°[$ nur den Wert 90° annehmen kann.

$L = \{60°\}$

A: Das flächenkleinste Dreieck entsteht für $\alpha^* = 60°$. (Es hat einen Flächeninhalt von 40 FE.)

Aufgaben

279 Gib die Extremwerte nachfolgender Terme an, wenn $G = [0°; 360°[$.

a) $T(\alpha) = 5\sin\alpha + 1{,}5$
b) $T(\beta) = \cos\beta + 4$
c) $T(\gamma) = 8 - \sin\gamma$
d) $T(\delta) = 10 - \cos 2\delta$

280 Die Parallelogramme ABC_nD_n mit $A(0|0)$ werden durch die Pfeile $\overrightarrow{AB} = \begin{pmatrix} 8 \\ -4 \end{pmatrix}$ und $\overrightarrow{AD_n} = \begin{pmatrix} 2 + 3\cos\alpha \\ 4 - 2\cos\alpha \end{pmatrix}$ aufgespannt.

Bestimme den Flächeninhalt der Parallelogramme in Abhängigkeit von $\alpha \in \,]0°; 360°[$.
Gib α^* für das Parallelogramm mit dem größten Flächeninhalt an und berechne diesen.

Interaktive Aufgabe

16. Maximale Dreiecksfläche

Extremwertbestimmung mithilfe der quadratischen Ergänzung

Die quadratische Ergänzung trigonometrischer Terme unterscheidet sich grundsätzlich nicht vom üblichen, bekannten Vorgehen.

Merke

> Bei der Extremwertbestimmung von trigonometrischen Termen ist es empfehlenswert, diese gegebenenfalls so umzuformen, dass nur der Sinus oder nur der Kosinus oder nur der Tangens eines Winkels vorkommt.

Beispiel

Die Terme

$T(x) = x^2 - \frac{1}{2}x + 2 \quad x \in \mathbb{R}$ und $T(\varphi) = \cos^2\varphi - \frac{1}{2}\cos\varphi + 2 \quad \varphi \in [0°; 180°]$

weisen die gleiche Struktur auf. Zur Extremwertbestimmung kann daher auch analog vorgegangen werden:

$$T(x) = x^2 - \frac{1}{2}x + 2 \quad x \in \mathbb{R}$$

$$T(x) = x^2 - \frac{1}{2}x + \left(\frac{1}{4}\right)^2 - \left(\frac{1}{4}\right)^2 + 2$$

$$T(x) = \left(x - \frac{1}{4}\right)^2 - \frac{1}{16} + 2$$

$$T(x) = \left(x - \frac{1}{4}\right)^2 + 1\frac{15}{16}$$

- Der Term T(x) hat ein Minimum, wenn $\left(x - \frac{1}{4}\right)^2 = 0$.
  Dies ist der Fall für $x = \frac{1}{4}$.

  Also: $T_{min} = 1\frac{15}{16}$ für $x = \frac{1}{4}$

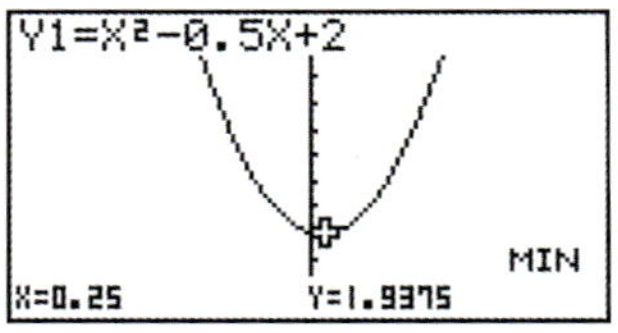

$$T(\varphi) = \cos^2\varphi - \frac{1}{2}\cos\varphi + 2 \quad \varphi \in [0°; 180°]$$

$$T(\varphi) = \cos^2\varphi - \frac{1}{2}\cos\varphi + \left(\frac{1}{4}\right)^2 - \left(\frac{1}{4}\right)^2 + 2$$

$$T(\varphi) = \left(\cos\varphi - \frac{1}{4}\right)^2 - \frac{1}{16} + 2$$

$$T(\varphi) = \left(\cos\varphi - \frac{1}{4}\right)^2 + 1\frac{15}{16}$$

- Der Term T(φ) hat ein Minimum, wenn $\left(\cos\varphi - \frac{1}{4}\right)^2 = 0$.
  Dies ist der Fall für $\cos\varphi = \frac{1}{4}$, also für $\varphi = 75{,}52°$. (Beachte: $284{,}48° \notin G$)

  Also: $T_{min} = 1\frac{15}{16}$ für $\varphi = 75{,}52°$

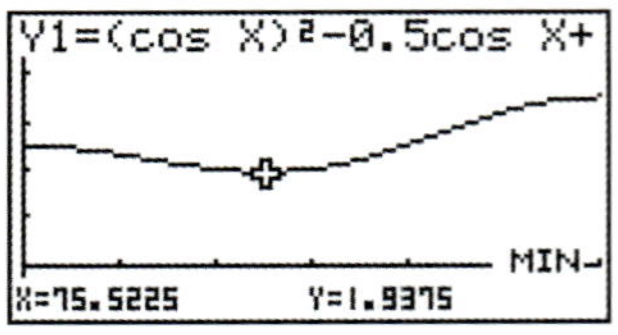

- Der Term T(x) hat kein Maximum.

- Der Term $T(\varphi)$ hat ein Maximum, wenn $\left(\cos\varphi - \frac{1}{4}\right)^2$ am größten ist.
  Dies ist der Fall für $\cos\varphi = -1$, also für $\varphi = 180°$. (Beachte: $-1 \le \cos\varphi \le 1$)
  Also: $T_{max} = 3\frac{1}{2}$ für $\varphi = 180°$

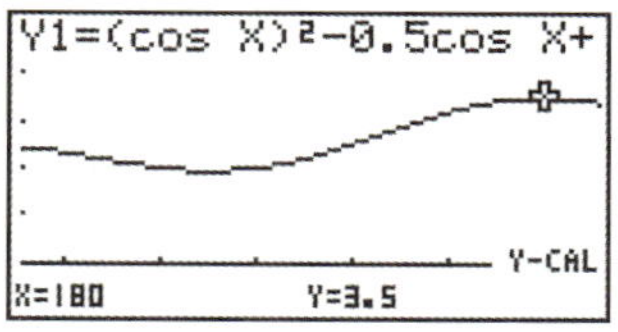

Aufgaben

281 Die Pfeile $\overrightarrow{AB_n} = \begin{pmatrix} 6\cos\alpha \\ -8\sin\alpha \end{pmatrix}$ und $\overrightarrow{AC_n} = \begin{pmatrix} 5 \\ 10\cos\alpha \end{pmatrix}$ mit $A(0|0)$ legen für $\alpha \in]0°; 180°]$ Dreiecke AB_nC_n fest.
Bestimme den Flächeninhalt $A(\alpha)$ der Dreiecke AB_nC_n in Abhängigkeit von α und ermittle sodann die Winkelmaße α, für die $A(\alpha)$ seine Extremwerte annimmt. Berechne A_{min} und A_{max}.

282 Berechne für $\alpha \in [0°; 180°]$ die Extremwerte des Terms $T(\alpha) = 15\cos^2\alpha + 10\sin\alpha$ mittels quadratischer Ergänzung.

283 Berechne die Extremwerte folgender Terme auf zwei Stellen nach dem Komma gerundet.

a) $T(\varphi) = 2\cos^2\varphi + 3\cos\varphi - 4$ für $0° \le \varphi \le 180°$
b) $T(\varphi) = 4\sin^2\varphi + 6\cos\varphi - 8$ für $0° \le \varphi \le 180°$
c) $T(\varphi) = -0{,}5\cos^2\varphi + 4\cos\varphi + 1$ für $0° \le \varphi \le 180°$

Interaktive Aufgabe

17. Extremwert bestimmen

Extremwertbestimmung mithilfe der Additionstheoreme

Beispiel

Bestimme die Extremwerte, die der Term $T(\varphi) = 3\cos\varphi + 2\sin\varphi$ im Bereich $0 \le \varphi \le 360°$ annimmt.

Lösung:

$T(\varphi) = 3\cos\varphi + 2\sin\varphi$

$T(\varphi) = 3\left(\cos\varphi + \frac{2}{3}\sin\varphi\right)$ — Ersetze $\frac{2}{3}$ durch $\tan\varphi = \frac{\sin\varphi}{\cos\varphi}$, wobei $\varphi = \tan^{-1}\left(\frac{2}{3}\right) = 33{,}69°$ ist.

$T(\varphi) = 3\left(\cos\varphi + \frac{\sin 33{,}69°}{\cos 33{,}69°} \cdot \sin\varphi\right)$ — Klammere $\frac{1}{\cos 33{,}69°}$ aus.

$T(\varphi) = \frac{3}{\cos 33{,}69°}(\cos\varphi \cdot \cos 33{,}69° + \sin\varphi \cdot \sin 33{,}69°)$ — Vereinfache: $\frac{3}{\cos 33{,}69°} = 3{,}61$

$T(\varphi) = 3{,}61 \cdot (\cos\varphi \cdot \cos 33{,}69° + \sin\varphi \cdot \sin 33{,}69°)$ — Additionstheorem anwenden

$T(\varphi) = 3{,}61 \cdot \cos(\varphi - 33{,}69°)$

- Der Term $T(\varphi)$ hat ein Minimum, wenn $\cos(\varphi - 33{,}69°) = -1$, also für $\varphi - 33{,}69° = 180°$ bzw. $\varphi = 213{,}69°$:
  also: $T_{min} = -3{,}61$ für $\varphi = 213{,}69°$

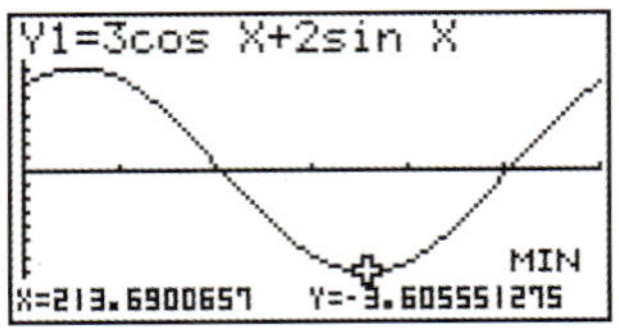

- Der Term $T(\varphi)$ hat ein Maximum, wenn $\cos(\varphi - 33{,}69°) = 1$, also für $\varphi - 33{,}69° = 0°$ bzw. $\varphi = 33{,}69°$:
  also: $T_{max} = 3{,}61$ für $\varphi = 33{,}69°$

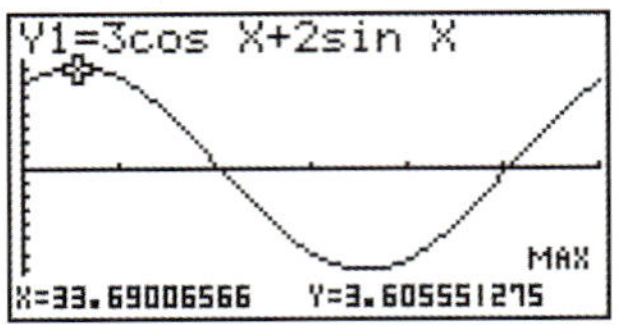

Aufgaben

284 Bestimme die Extremwerte nachfolgender Terme im jeweils angegebenen Bereich.

a) $T(\varphi) = 0{,}5\sin\varphi + 4\cos\varphi \qquad 0° \le \varphi \le 270°$

b) $T(\varphi) = \cos(\varphi - 60°) + \sin(\varphi + 30°) \qquad 0° \le \varphi \le 360°$

c) $T(\varphi) = \sin\varphi - \cos(30° + \varphi) + 5 \qquad 0° \le \varphi \le 360°$

285 Für den Flächeninhalt A einer Dreiecksschar ABC_n gilt in Abhängigkeit von einem Innenwinkel φ des Dreiecks:

$$A(\varphi) = \frac{5\sqrt{2}}{3\sin(\varphi - 30°)}\ \text{cm}^2$$

Bestimme, für welches Winkelmaß das flächenkleinste Dreieck entsteht.
Gib zunächst eine sinnvolle Grundmenge an.

286 Die Pfeile $\overrightarrow{AB} = \begin{pmatrix} 5 \\ -1 \end{pmatrix}$ und $\overrightarrow{AC_n} = \begin{pmatrix} 6 + 3\sin\alpha \\ 5\cos^2\alpha \end{pmatrix}$ mit $A(0\,|\,0)$ spannen Dreiecke ABC_n auf.

a) Berechne die Koordinaten der Pfeile $\overrightarrow{AC_n}$ für $\alpha \in \{100°; 150°; 240°\}$ auf zwei Stellen nach dem Komma gerundet und zeichne sodann die zugehörigen Dreiecke in ein Koordinatensystem ein.
Platzbedarf: $0 \le x \le 10$; $-3 \le y \le 5$

b) Ermittle rechnerisch die Gleichung des Trägergraphen t der Punkte C_n und zeichne t in das Koordinatensystem.

c) Bestimme den Flächeninhalt A der Dreiecke ABC_n in Abhängigkeit von α.
Berechne sodann das Winkelmaß α, für das man das Dreieck ABC_1 mit dem größten Flächeninhalt A_{max} erhält, und gib diesen an.

3.4 Skalarprodukt von Vektoren

Skalarprodukt von orthogonalen Vektoren

Die Vektoren $\overrightarrow{SA}$ und $\overrightarrow{SB}$ stehen senkrecht aufeinander, d. h., sie sind **orthogonal**. Dreht man den Vektor $\overrightarrow{SA}$ um 90° um das Drehzentrum S, so liegen $\overrightarrow{SA'}$ und $\overrightarrow{SB}$ aufeinander und haben folglich die gleiche Steigung. Es gilt also:

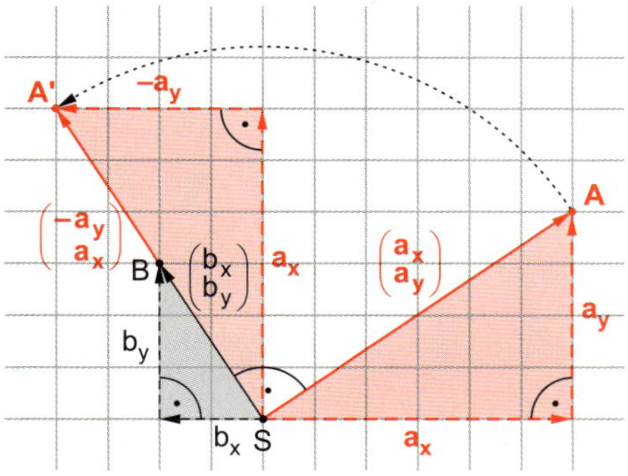

$$m_{SA'} = m_{SB}$$

$$\Leftrightarrow \quad \frac{a_x}{-a_y} = \frac{b_y}{b_x}$$

$$\Leftrightarrow \quad a_x \cdot b_x = -a_y \cdot b_y$$

$$\Leftrightarrow \quad a_x b_x + a_y b_y = 0$$

Merke

Der Term $a_x b_x + a_y b_y$ heißt **Skalarprodukt** der Vektoren $\vec{a} = \begin{pmatrix} a_x \\ a_y \end{pmatrix}$ und $\vec{b} = \begin{pmatrix} b_x \\ b_y \end{pmatrix}$.

Man schreibt:

$$\mathbf{\vec{a} \odot \vec{b} = \begin{pmatrix} a_x \\ a_y \end{pmatrix} \odot \begin{pmatrix} b_x \\ b_y \end{pmatrix} = a_x b_x + a_y b_y}$$ Produkt der x-Koordinaten + Produkt der y-Koordinaten

Vektor mal Vektor = Zahl (Skalar)

Es gelten folgende Aussagen, wobei die eine die Umkehrung der anderen ist:

- Sind zwei Vektoren orthogonal, hat ihr Skalarprodukt den Wert 0. $(\vec{a} \perp \vec{b} \Rightarrow \vec{a} \odot \vec{b} = 0)$
- Hat das Skalarprodukt zweier Vektoren den Wert 0, sind sie orthogonal. $(\vec{a} \odot \vec{b} = 0 \Rightarrow \vec{a} \perp \vec{b})$

Demnach gilt zusammenfassend für alle Vektoren:

$$\mathbf{\vec{a} \perp \vec{b} \Leftrightarrow \vec{a} \odot \vec{b} = 0}$$

Beispiele

1. Berechne den Wert des Skalarprodukts der Vektoren $\vec{a} = \begin{pmatrix} 5 \\ 6 \end{pmatrix}$ und $\vec{b} = \begin{pmatrix} 7 \\ -8 \end{pmatrix}$.

   Lösung:

   $\vec{a} \odot \vec{b} = \begin{pmatrix} 5 \\ 6 \end{pmatrix} \odot \begin{pmatrix} 7 \\ -8 \end{pmatrix}$ Skalarprodukt bilden: **Produkt der x-Koordinaten** + **Produkt der y-Koordinaten**

   $= 5 \cdot 7 + 6 \cdot (-8)$ Zusammenfassen

   $= 35 - 48$

   $= -13$

2. Prüfe, ob die Vektoren $\vec{a} = \begin{pmatrix} 4 \\ 16 \end{pmatrix}$ und $\vec{b} = \begin{pmatrix} 8 \\ -2 \end{pmatrix}$ aufeinander senkrecht stehen.

   Lösung:

   $\vec{a} \odot \vec{b} = \begin{pmatrix} 4 \\ 16 \end{pmatrix} \odot \begin{pmatrix} 8 \\ -2 \end{pmatrix}$ Skalarprodukt

   $= 4 \cdot 8 + 16 \cdot (-2)$ Zusammenfassen

   $= 32 - 32$

   $= 0$

   Da $\vec{a} \odot \vec{b} = 0$, gilt: $\vec{a} \perp \vec{b}$ Der Wert des Skalarprodukts ist gleich null, somit sind beide Vektoren orthogonal.

3. Gegeben sind die Vektoren $\vec{a}=\begin{pmatrix}\frac{1}{2}\\3\end{pmatrix}$ und $\vec{b}=\begin{pmatrix}5\\b_y\end{pmatrix}$.

   Berechne die fehlende Vektorkoordinate b_y so, dass gilt: $\vec{a}\perp\vec{b}$

   Lösung:

   Wegen $\vec{a}\perp\vec{b}$ muss gelten:

$$\vec{a}\odot\vec{b}=0 \qquad \text{Skalarprodukt}$$

$$\Leftrightarrow \begin{pmatrix}\frac{1}{2}\\3\end{pmatrix}\odot\begin{pmatrix}5\\b_y\end{pmatrix}=0 \qquad \text{Produkt der x-Koordinaten + Produkt der y-Koordinaten}$$

$$\Leftrightarrow \frac{1}{2}\cdot 5+3\cdot b_y=0 \qquad \text{Nach } b_y \text{ auflösen}$$

$$\Leftrightarrow \frac{5}{2}+3b_y=0 \qquad \left|-\frac{5}{2}\right.$$

$$\Leftrightarrow 3b_y=-\frac{5}{2} \qquad \left|\cdot\frac{1}{3}\right.$$

$$\Leftrightarrow b_y=-\frac{5}{6}$$

Für $b_y=-\frac{5}{6}$ stehen die Vektoren $\vec{a}$ und $\vec{b}$ aufeinander senkrecht: $\frac{1}{2}\cdot 5+3\cdot\left(-\frac{5}{6}\right)=0$

$$L=\left\{-\frac{5}{6}\right\}$$

Verknüpfungsgesetze für das Skalarprodukt

Merke

Für beliebige Vektoren $\vec{a}$, $\vec{b}$ und $\vec{c}$ gelten folgende Gesetze:

- **Kommutativgesetz:** $\vec{a}\odot\vec{b}=\vec{b}\odot\vec{a}$
- **Assoziativgesetz:** $(\mathbf{k}\cdot\vec{a})\odot\vec{b}=\mathbf{k}\cdot(\vec{a}\odot\vec{b})$ $\quad k\in\mathbb{R}$
- **Distributivgesetz:** $\vec{a}\odot(\vec{b}\oplus\vec{c})=\vec{a}\odot\vec{b}+\vec{a}\odot\vec{c}$

Beispiele

1. Kommutativgesetz:

$$\begin{pmatrix}-5\\6\end{pmatrix}\odot\begin{pmatrix}7\\-8\end{pmatrix}=(-5)\cdot 7+6\cdot(-8)=-35-48=-83$$

$$\begin{pmatrix}7\\-8\end{pmatrix}\odot\begin{pmatrix}-5\\6\end{pmatrix}=7\cdot(-5)+(-8)\cdot 6=-35-48=-83$$

2. Assoziativgesetz:

$$\left[\frac{1}{2}\cdot\begin{pmatrix}8\\5\end{pmatrix}\right]\odot\begin{pmatrix}-10\\4\end{pmatrix}=\begin{pmatrix}4\\2{,}5\end{pmatrix}\odot\begin{pmatrix}-10\\4\end{pmatrix}=4\cdot(-10)+2{,}5\cdot 4=-40+10=-30$$

$$\frac{1}{2}\cdot\left[\begin{pmatrix}8\\5\end{pmatrix}\odot\begin{pmatrix}-10\\4\end{pmatrix}\right]=\frac{1}{2}\cdot[8\cdot(-10)+5\cdot 4]=\frac{1}{2}[-80+20]=\frac{1}{2}\cdot[-60]=-30$$

3. Distributivgesetz:

$$\begin{pmatrix}-3\\6\end{pmatrix}\odot\left[\begin{pmatrix}7\\-9\end{pmatrix}\oplus\begin{pmatrix}-2\\5\end{pmatrix}\right]=\begin{pmatrix}-3\\6\end{pmatrix}\odot\begin{pmatrix}5\\-4\end{pmatrix}=(-3)\cdot 5+6\cdot(-4)=-15-24=-39$$

$$\begin{pmatrix}-3\\6\end{pmatrix}\odot\begin{pmatrix}7\\-9\end{pmatrix}+\begin{pmatrix}-3\\6\end{pmatrix}\odot\begin{pmatrix}-2\\5\end{pmatrix}=(-3)\cdot 7+6\cdot(-9)+(-3)\cdot(-2)+6\cdot 5=-21-54+6+30=-39$$

Aufgaben

287

Berechne jeweils den Wert des Skalarprodukts $\vec{a} \odot \vec{b}$.

a) $\vec{a} = \begin{pmatrix} 2 \\ 1 \end{pmatrix}$; $\vec{b} = \begin{pmatrix} 3 \\ 4 \end{pmatrix}$ b) $\vec{a} = \begin{pmatrix} -6 \\ 9 \end{pmatrix}$; $\vec{b} = \begin{pmatrix} 10 \\ -5 \end{pmatrix}$

c) $\vec{a} = \begin{pmatrix} -\frac{1}{2} \\ -\frac{1}{3} \end{pmatrix}$; $\vec{b} = \begin{pmatrix} \frac{3}{4} \\ -\frac{9}{8} \end{pmatrix}$ d) $\vec{a} = \begin{pmatrix} 5\sqrt{3} \\ -\sqrt{7} \end{pmatrix}$; $\vec{b} = \begin{pmatrix} -\sqrt{3} \\ 2\sqrt{7} \end{pmatrix}$

288

Berechne die fehlende Vektorkoordinate so, dass gilt: $\overrightarrow{AB} \perp \overrightarrow{AC}$

a) $\overrightarrow{AB} = \begin{pmatrix} 12 \\ x \end{pmatrix}$; $\overrightarrow{AC} = \begin{pmatrix} 0{,}5 \\ -3 \end{pmatrix}$ b) $\overrightarrow{AB} = \begin{pmatrix} x+1 \\ 2x \end{pmatrix}$; $\overrightarrow{AC} = \begin{pmatrix} 4 \\ 5 \end{pmatrix}$

c) $\overrightarrow{AB} = \begin{pmatrix} 3 \\ \frac{1}{x} \end{pmatrix}$; $\overrightarrow{AC} = \begin{pmatrix} -\frac{1}{4}x \\ 3 \end{pmatrix}$ d) $\overrightarrow{AB} = \begin{pmatrix} \frac{1}{2}x^2+1 \\ -3x \end{pmatrix}$; $\overrightarrow{AC} = \begin{pmatrix} 12 \\ 2x-1 \end{pmatrix}$

289
a

a) Die Pfeile $\overrightarrow{OB} = \begin{pmatrix} 5 \\ -2 \end{pmatrix}$ und $\overrightarrow{OD_n} = \begin{pmatrix} x \\ -0{,}5x+3 \end{pmatrix}$ mit O(0|0) spannen für $x \in \mathbb{R}$ Parallelogramme OBC_nD_n auf. Unter den Parallelogrammen gibt es das Rechteck OBC_0D_0. Berechne den zugehörigen Wert von x sowie die Koordinaten des Punktes D_0.

b) Die Pfeile $\overrightarrow{OB} = \begin{pmatrix} 5 \\ -2 \end{pmatrix}$ und $\overrightarrow{OD_n} = \begin{pmatrix} 6\cos\varphi \\ 3\cos\varphi+2 \end{pmatrix}$ mit O(0|0) spannen für $\varphi \in [0°; 111{,}74°[$ Parallelogramme OBC_nD_n auf. Unter den Parallelogrammen gibt es das Rechteck OBC_1D_1.
Berechne den zugehörigen Wert von φ sowie die Koordinaten des Punktes D_1.

290

Gegeben sind die Pfeile $\overrightarrow{OA_n} = \begin{pmatrix} \frac{1}{4}x \\ -4 \end{pmatrix}$ und $\overrightarrow{OB_n} = \begin{pmatrix} x \\ (x-3)^2 \end{pmatrix}$ mit $x \in \mathbb{R}^+$ und O(0|0).
Die Punkte A_n liegen auf der Geraden g mit der Gleichung $y = -4$, die Punkte B_n auf der Parabel p mit der Gleichung $y = (x-3)^2$.

a) Zeichne die Pfeile $\overrightarrow{OA_1}$ und $\overrightarrow{OB_1}$ für $x = 2$ sowie die Gerade g und die Parabel p in ein Koordinatensystem.
Für die Zeichnung: Längeneinheit 0,5 cm; $-1 \le x \le 7$; $-4 \le y \le 6$

b) Die Pfeile $\overrightarrow{OA_n}$ und $\overrightarrow{OB_n}$ spannen Dreiecke OA_nB_n auf. Unter den Schardreiecken gibt es in O rechtwinklige Dreiecke. Berechne die zugehörigen Werte von x.

291

Das in C rechtwinklige Dreieck ABC mit B(4|−1) und C(6|4) hat einen Flächeninhalt von A = 14,5 FE.
Berechne die Koordinaten des Punktes A. Überlege dir dazu zuerst, wo sich der Punkt A befinden muss, sodass ein Dreieck ABC entsteht. (Fertige gegebenenfalls eine Skizze an.)

Anwendungen des Skalarprodukts orthogonaler Vektoren

Abstand eines Punktes von einer Geraden

Merke

Der **Abstand** eines Punktes P von einer Geraden g ist die **kürzeste Entfernung** von P zu g. Um den Abstand von P zu g zu bestimmen, berechnet man zunächst die Koordinaten des Lotfußpunktes Q des Lotes von P auf g und bestimmt dann die Länge der Strecke $\overline{PQ}$.

- Berechnung der Koordinaten des Lotfußpunktes Q:
  Ist $\overrightarrow{m}_g$ ein Steigungspfeil der Geraden g, folgt aus $PQ \perp g$:
  $\overrightarrow{PQ} \odot \overrightarrow{m}_g = 0$
- Berechnung des Abstands des Punktes P von g:
  $d(P; g) = |\overrightarrow{PQ}|$

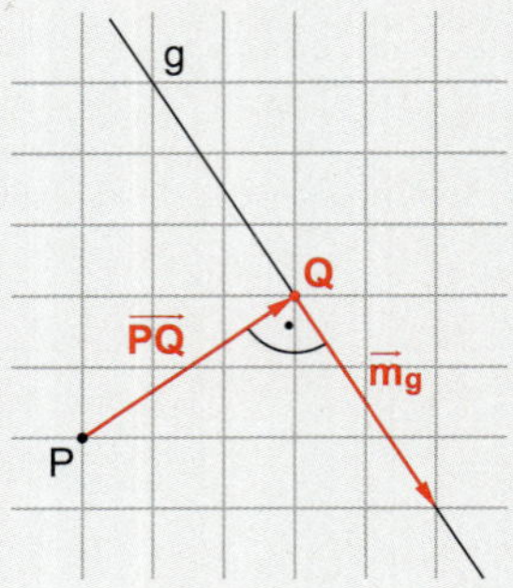

Beispiel

Gegeben ist die Gerade g mit der Gleichung $y = \frac{1}{2}x - 4$ und der Punkt $P(2|2)$.
Berechne den Abstand d(P; g) des Punktes P von der Geraden g.

Lösung:

- Berechnung der Koordinaten des Lotfußpunktes Q des Lotes von P auf g:

Koordinaten des Pfeils $\overrightarrow{PQ}$ in Abhängigkeit von x:

Setze Q mit den Koordinaten $\left(x \middle| \frac{1}{2}x - 4\right)$ des allgemeinen Geradenpunkts auf g an.

$$\overrightarrow{PQ}(x) = \begin{pmatrix} x-2 \\ \frac{1}{2}x - 4 - 2 \end{pmatrix} = \begin{pmatrix} x-2 \\ \frac{1}{2}x - 6 \end{pmatrix}$$

„Spitze minus Fuß“: Koordinaten des Pfeils $\overrightarrow{PQ}(x)$

Bestimmung von $\overrightarrow{m}_g$:

$$m_g = \frac{1}{2} \quad \Rightarrow \quad \overrightarrow{m}_g = \begin{pmatrix} 2 \\ 1 \end{pmatrix}$$

Aus dem Steigungsfaktor m_g lassen sich die Koordinaten eines Steigungspfeils $\overrightarrow{m}_g$ von g direkt ableiten.

Wegen $PQ \perp g$ gilt:

$$\overrightarrow{PQ} \odot \overrightarrow{m}_g = 0$$

Da PQ und g aufeinander senkrecht stehen, steht auch der Pfeil $\overrightarrow{PQ}$ senkrecht auf dem Steigungspfeil $\overrightarrow{m}_g$ der Geraden g. Das Skalarprodukt der zugehörigen Vektoren hat somit den Wert 0.

$$\Leftrightarrow \quad \begin{pmatrix} x-2 \\ \frac{1}{2}x - 6 \end{pmatrix} \odot \begin{pmatrix} 2 \\ 1 \end{pmatrix} = 0$$

$$\Leftrightarrow \quad (x-2) \cdot 2 + \left(\frac{1}{2}x - 6\right) \cdot 1 = 0$$

Zusammenfassen

$$\Leftrightarrow \quad 2x - 4 + \frac{1}{2}x - 6 = 0$$

$$\Leftrightarrow \quad \frac{5}{2}x - 10 = 0 \quad |+10$$

Auflösen nach x

$$\Leftrightarrow \quad \frac{5}{2}x = 10 \quad \left|\cdot \frac{2}{5}\right.$$

$$\Leftrightarrow \quad x = 4$$

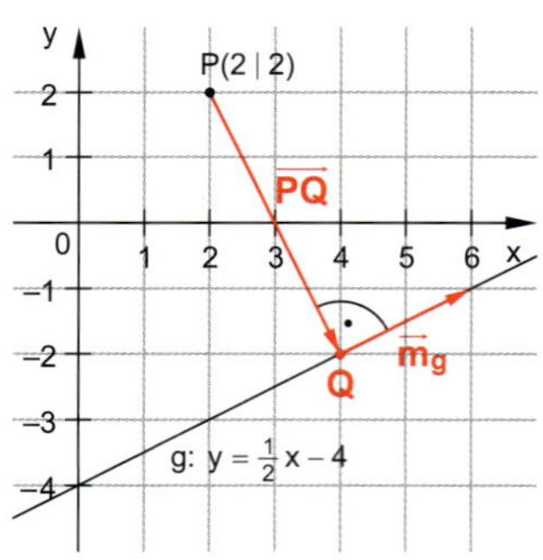

$L = \{4\}$

$$Q\left(4 \middle| \frac{1}{2} \cdot 4 - 4\right) = Q(4|-2)$$

Einsetzen der x-Koordinate in die Gleichung $y = \frac{1}{2}x - 4$ der Geraden g

- Berechnung der Streckenlänge $|\overline{PQ}|$:
  Koordinaten des Pfeils $\overrightarrow{PQ}$:

$$\overrightarrow{PQ} = \begin{pmatrix} 4-2 \\ -2-2 \end{pmatrix} = \begin{pmatrix} 2 \\ -4 \end{pmatrix}$$

Einsetzen der Koordinaten von Q und P. Alternativ kann der Wert x = 4 in $\overrightarrow{PQ}(x)$ eingesetzt werden.

Für die Länge der Strecke $\overline{PQ}$ gilt:

$$|\overline{PQ}| = \sqrt{2^2 + (-4)^2} \text{ LE}$$

$$|\overline{PQ}| = \sqrt{20} \text{ LE}$$

$$|\overline{PQ}| = 2\sqrt{5} \text{ LE}$$

$\overrightarrow{PQ} = \begin{pmatrix} v_x \\ v_y \end{pmatrix} \Rightarrow |\overline{PQ}| = \sqrt{v_x{}^2 + v_y{}^2}$ LE

Der Abstand des Punktes P zur Geraden g beträgt $2\sqrt{5}$ LE ($\approx 4{,}47$ LE).

Aufgabe 292

Berechne den Abstand des Punktes P von der Geraden g.

a) $P(8\,|\,5)$; g: $y = -2x + 5$

b) $P(3\,|\,-2)$; g: $y = \frac{3}{2}x + 9$

Interaktive Aufgabe

1. Abstand Punkt zu Gerade

Rechtwinklige Dreiecke – Berechnung von Punktkoordinaten auf dem Thaleskreis

Merke

Ist ein Dreieck in einem Punkt rechtwinklig, so liegt dieser Punkt auf dem Thaleskreis über der dem Punkt gegenüberliegenden Dreiecksseite.
Da die an den Punkt anliegenden Seiten aufeinander senkrecht stehen, hat das Skalarprodukt der entsprechenden Vektoren den Wert 0.

Beispiel

Gegeben sind die Gerade g mit $y = \frac{1}{3}x + 2$ sowie die Punkte $A(-4\,|\,-1)$ und $B(5\,|\,-3)$. Berechne die Koordinaten von Punkten C_n auf g, die mit den Punkten A und B jeweils in C_n rechtwinklige Dreiecke ABC_n bilden.

Lösung:

Die Punkte C_n liegen auf der Geraden g und zugleich auf dem Thaleskreis über $\overline{AB}$.

1. Bedingung:

$$C_n \in g \;\Rightarrow\; C_n\left(x \,\middle|\, \frac{1}{3}x + 2\right)$$

Allgemeine Koordinaten der Punkte C_n auf der Geraden g

2. Bedingung:

$$\overline{AC_n} \perp \overline{BC_n} \;\Leftrightarrow\; \overrightarrow{AC_n} \odot \overrightarrow{BC_n} = 0$$

Orthogonalitätsbedingung

Berechnung der Koordinaten der Pfeile $\overrightarrow{AC_n}$ und $\overrightarrow{BC_n}$ in Abhängigkeit von x:

$$\overrightarrow{AC_n}(x) = \begin{pmatrix} x-(-4) \\ \frac{1}{3}x + 2 - (-1) \end{pmatrix} = \begin{pmatrix} x+4 \\ \frac{1}{3}x + 3 \end{pmatrix}$$

$$\overrightarrow{BC_n}(x) = \begin{pmatrix} x-5 \\ \frac{1}{3}x + 2 - (-3) \end{pmatrix} = \begin{pmatrix} x-5 \\ \frac{1}{3}x + 5 \end{pmatrix}$$

Bestimmung der Koordinaten der Punkte C_n:

Da die Pfeile $\overrightarrow{AC_n}$ und $\overrightarrow{BC_n}$ orthogonal sein müssen, hat das Skalarprodukt der zugehörigen Vektoren den Wert 0.

$$\overrightarrow{AC_n} \odot \overrightarrow{BC_n} = 0$$

$$\Leftrightarrow \quad \begin{pmatrix} x+4 \\ \frac{1}{3}x+3 \end{pmatrix} \odot \begin{pmatrix} x-5 \\ \frac{1}{3}x+5 \end{pmatrix} = 0$$

$$\Leftrightarrow \quad (x+4)\cdot(x-5)+\left(\frac{1}{3}x+3\right)\cdot\left(\frac{1}{3}x+5\right)=0$$

$$\Leftrightarrow \quad x^2-5x+4x-20+\frac{1}{9}x^2+\frac{5}{3}x+x+15=0$$

$$\Leftrightarrow \quad \frac{10}{9}x^2+\frac{5}{3}x-5=0 \quad \left|\cdot\frac{9}{10}\right.$$

$$\Leftrightarrow \quad x^2+\frac{3}{2}x-\frac{9}{2}=0$$

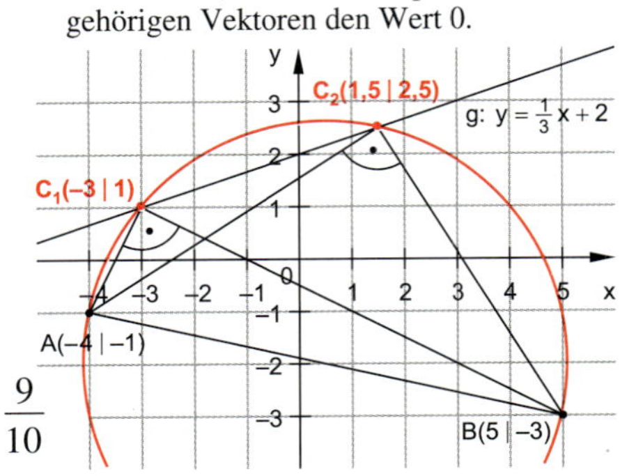

$D = b^2 - 4ac$ — Wert der Diskriminante berechnen

$$D = \left(\frac{3}{2}\right)^2 + 4\cdot 1\cdot\frac{9}{2}$$

$D = \frac{81}{4}$ — $D > 0$: 2 Schnittpunkte von g mit dem Thaleskreis

$$\Leftrightarrow \quad x_{1/2} = \frac{-b \pm \sqrt{D}}{2a}$$

Berechnung der x-Koordinaten der Schnittpunkte mit der Lösungsformel

$$\Leftrightarrow \quad x_{1/2} = \frac{-\frac{3}{2} \pm \sqrt{\frac{81}{4}}}{2\cdot 1}$$

$x_1 = 1\frac{1}{2} \vee x_2 = -3$ — x-Koordinaten der beiden Schnittpunkte

$$L = \left\{-3; 1\frac{1}{2}\right\}$$

$$C_1\left(-3 \,\middle|\, \frac{1}{3}\cdot(-3)+2\right) = C_1(-3\,|\,1)$$

$$C_2\left(\frac{3}{2} \,\middle|\, \frac{1}{3}\cdot\frac{3}{2}+2\right) = C_2\left(1\frac{1}{2} \,\middle|\, 2\frac{1}{2}\right)$$

Durch Einsetzen der x-Koordinaten $\frac{3}{2}$ bzw. −3 in die Geradengleichung $y = \frac{1}{3}x + 2$ erhält man die zugehörigen y-Koordinaten der Punkte C_1 bzw. C_2.

Aufgabe 293

Das Drachenviereck ABCD mit B(−3 | −1) und D(2 | 6,5) besitzt die Symmetrieachse BD. Das Maß γ des Winkels ∢DCB beträgt 90°. Der Eckpunkt C liegt auf der Geraden g mit $y = -0{,}25x + 3{,}5$.

a) Zeichne das Drachenviereck ABCD in ein Koordinatensystem.
Für die Zeichnung: Längeneinheit 1 cm; $-5 \le x \le 5$; $-2 \le y \le 8$

b) Berechne die Koordinaten des Eckpunktes C ($x_C > 0$).

Interaktive Aufgabe

✎ 2. Rechtwinklige Dreiecke

Skalarprodukt beliebiger Vektoren

Merke

Für das Skalarprodukt zweier beliebiger Vektoren $\vec{a} = \begin{pmatrix} a_x \\ a_y \end{pmatrix}$ und $\vec{b} = \begin{pmatrix} b_x \\ b_y \end{pmatrix}$ gilt:

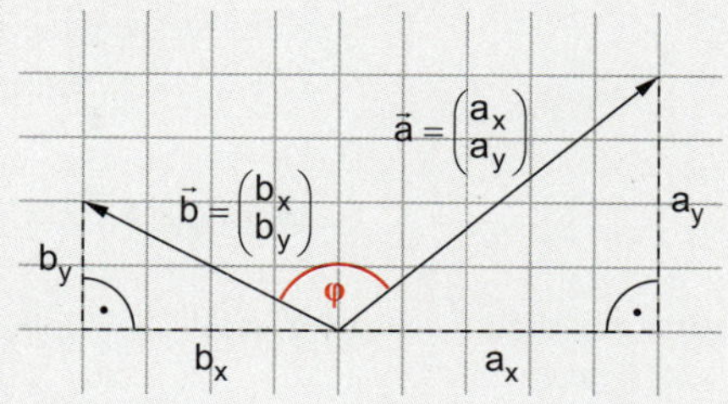

$$\vec{a} \odot \vec{b} = |\vec{a}| \cdot |\vec{b}| \cdot \cos\varphi$$

Dabei ist φ das Maß des von den Vektoren $\vec{a}$ und $\vec{b}$ eingeschlossenen Winkels $\sphericalangle(\vec{a}; \vec{b})$.

Aufgelöst nach cos φ ergeben sich folgende Darstellungen:

$$\cos\varphi = \frac{\vec{a} \odot \vec{b}}{|\vec{a}| \cdot |\vec{b}|} \quad \text{bzw.} \quad \cos\varphi = \frac{\begin{pmatrix} a_x \\ a_y \end{pmatrix} \odot \begin{pmatrix} b_x \\ b_y \end{pmatrix}}{\sqrt{a_x^2 + a_y^2} \cdot \sqrt{b_x^2 + b_y^2}}$$

Beachte: Beide Vektoren müssen einen gemeinsamen Fußpunkt haben.

Beispiel

Gegeben sind die beiden Vektoren $\vec{a} = \begin{pmatrix} 6 \\ 4 \end{pmatrix}$ und $\vec{b} = \begin{pmatrix} -4 \\ 2 \end{pmatrix}$.

Berechne das Maß φ des von $\vec{a}$ und $\vec{b}$ eingeschlossenen Winkels $\sphericalangle(\vec{a}; \vec{b})$.

Lösung:

$$\cos\varphi = \frac{\vec{a} \odot \vec{b}}{|\vec{a}| \cdot |\vec{b}|}$$

Einsetzen der Vektorkoordinaten

$$\cos\varphi = \frac{\begin{pmatrix} 6 \\ 4 \end{pmatrix} \odot \begin{pmatrix} -4 \\ 2 \end{pmatrix}}{\sqrt{6^2 + 4^2} \cdot \sqrt{(-4)^2 + 2^2}}$$

$$\cos\varphi = \frac{6 \cdot (-4) + 4 \cdot 2}{\sqrt{52} \cdot \sqrt{20}}$$

$$\cos\varphi = \frac{-24 + 8}{2\sqrt{13} \cdot 2\sqrt{5}}$$

$$\cos\varphi = \frac{-16}{4\sqrt{65}}$$

$$\cos\varphi = -\frac{4}{\sqrt{65}}$$

$$\varphi = 119{,}74°$$

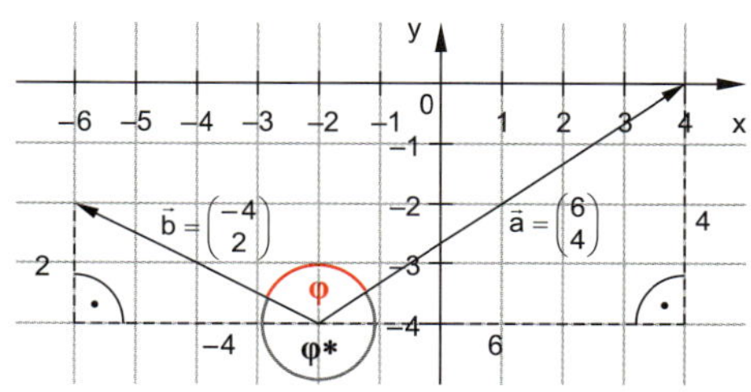

Die Lage der Repräsentanten der beiden Vektoren im Koordinatensystem ist für das Winkelmaß φ unerheblich.

Für das Maß φ des Winkels $\sphericalangle(\vec{a}; \vec{b})$ gilt: $\varphi = 119{,}74°$

Für das Maß φ* des Winkels $\sphericalangle(\vec{b}; \vec{a})$ gilt: $\varphi^* = 360° - 119{,}74° = 240{,}26°$

Aufgaben

294 Berechne die Maße φ und φ*der beiden Winkel $\sphericalangle(\vec{a}; \vec{b})$ und $\sphericalangle(\vec{b}; \vec{a})$.

a) $\vec{a} = \begin{pmatrix} 8 \\ 10 \end{pmatrix}$; $\vec{b} = \begin{pmatrix} -3 \\ 5 \end{pmatrix}$

b) $\vec{a} = \begin{pmatrix} -5 \\ 1 \end{pmatrix}$; $\vec{b} = \begin{pmatrix} -2 \\ -4 \end{pmatrix}$

295 Gegeben ist das Dreieck ABC mit A(2 | 1), B(3 | 5) und C(–1 | 2).
Fertige eine Zeichnung an und berechne die Maße α, β und γ der Innenwinkel.

296 Gegeben sind das Dreieck ABC mit A(0 | 0), B(6 | y_B) und C(5 | 4) sowie γ = 60,80°.
Fertige eine Zeichnung an und berechne die y-Koordinate y_B von B sowie die Maße α und β der fehlenden Innenwinkel. Runde auf zwei Stellen nach dem Komma.

297 Die Punkte O(0|0) und A(6|1) bilden mit den Punkten $B_n(x|x+2)$ die Dreiecke OAB_n. Die Gerade g: $y=x+2$ ist der Trägergraph der Eckpunkte B_n.

a) Zeichne das Dreieck OAB_1 für $x=2$ in ein Koordinatensystem ein. Für die Zeichnung: Längeneinheit 1 cm; $-1\leq x\leq 6$; $0\leq y\leq 4$.

b) Berechne die Werte für x, sodass Dreiecke OAB_2 entstehen, für die das Maß φ des Winkels AOB_2 genau 60° beträgt.

Interaktive Aufgabe 3. Winkel zwischen zwei Vektoren

Anwendung des Skalarprodukts beliebiger Vektoren

Schnittwinkel zwischen zwei Geraden

Merke

Um einen der Schnittwinkel zweier Geraden g_1 und g_2 zu berechnen, bestimmt man zunächst aus den Steigungsfaktoren der Geraden die Steigungsvektoren $\overrightarrow{m}_{g_1}$ und $\overrightarrow{m}_{g_2}$ und berechnet mithilfe des Skalarprodukts das Maß des von ihnen eingeschlossenen Winkels.

Beachte: Für die Ergänzungswinkel $\sphericalangle(g_1; g_2)$ und $\sphericalangle(g_2; g_1)$ gilt die bekannte Beziehung: $\sphericalangle(g_1; g_2)+\sphericalangle(g_2; g_1)=180°$

Beispiel

Berechne das Maß φ des Schnittwinkels $\sphericalangle(g; h)$ der beiden Geraden g mit $y=-\frac{1}{4}x-3$ und h mit $y=3x-1$.

Lösung:

$$\text{g: } y=-\frac{1}{4}x-3:\ m_g=-\frac{1}{4}\ \Rightarrow\ \overrightarrow{m}_g=\begin{pmatrix}4\\-1\end{pmatrix}$$

$$\text{h: } y=3x-1:\quad m_h=3\ \Rightarrow\ \overrightarrow{m}_h=\begin{pmatrix}1\\3\end{pmatrix}$$

$$\cos\varphi=\frac{\overrightarrow{m}_g\odot\overrightarrow{m}_h}{|\overrightarrow{m}_g|\cdot|\overrightarrow{m}_h|}$$

$$\cos\varphi=\frac{\begin{pmatrix}4\\-1\end{pmatrix}\odot\begin{pmatrix}1\\3\end{pmatrix}}{\sqrt{4^2+(-1)^2}\cdot\sqrt{1^2+3^2}}$$

$$\cos\varphi=\frac{4\cdot1+(-1)\cdot3}{\sqrt{17}\cdot\sqrt{10}}$$

$$\cos\varphi=\frac{1}{\sqrt{170}}$$

$$\cos\varphi=0{,}077$$

$$\varphi=85{,}60°$$

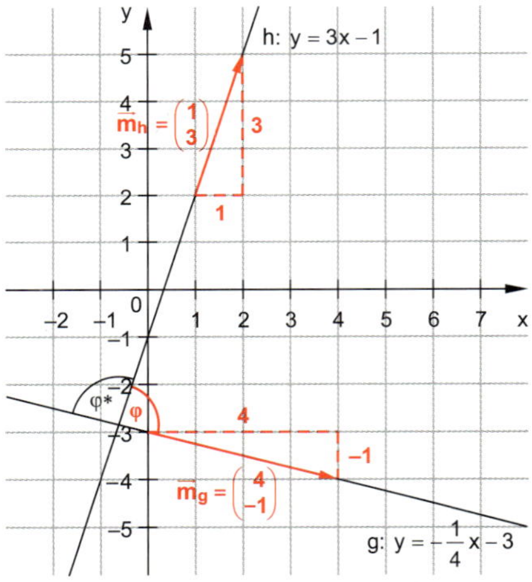

Für das Maß φ* des Schnittwinkels $\sphericalangle(h; g)$ gilt: $\varphi^*=180°-\varphi=180°-85{,}60°=94{,}40°$

Aufgaben

298 Berechne das Maß ε des Schnittwinkels $\sphericalangle(g; h)$ der Geraden g: $y=-\frac{1}{2}x+3$ und h: $y=\frac{3}{4}x-2$. Bestimme ferner das Maß ε* des Schnittwinkels $\sphericalangle(h; g)$.

299 a) Berechne das Maß ε des Schnittwinkels $\sphericalangle(g; h)$ der Geraden g: $2y - x = -3$ und h: $4y - 6x + 8 = 0$. Bestimme ferner das Maß ε* des Schnittwinkels $\sphericalangle(h; g)$.

b) Berechne die Koordinaten des Schnittpunktes S der Geraden g und h. Bestimme sodann die Gleichung der Winkelhalbierenden w des Winkels aus Teilaufgabe a.

Vermischte Aufgaben

300 Die Pfeile $\overrightarrow{AB_n}(\varphi) = \begin{pmatrix} 4 \cdot \tan\varphi \\ -\frac{1}{\tan\varphi} \end{pmatrix}$ und $\overrightarrow{AD_n}(\varphi) = \begin{pmatrix} 5 \cdot \tan\varphi \\ \frac{3}{\tan\varphi} \end{pmatrix}$ mit $A(0|0)$ spannen für $\varphi \in]0°; 90°[$ Parallelogramme $AB_nC_nD_n$ auf.

a) Berechne die Koordinaten der Pfeile für $\varphi_1 = 30°$ und $\varphi_2 = 45°$ auf zwei Stellen nach dem Komma gerundet und zeichne die zugehörigen Parallelogramme in ein Koordinatensystem.
Für die Zeichnung: Längeneinheit 1 cm; $0 \leq x \leq 12$; $-2 \leq y \leq 6$

b) Berechne die Gleichung des Trägergraphen t_{C_n} der Eckpunkte C_n und zeichne den Graphen zu t_{C_n} in das Koordinatensystem ein.

c) Das Parallelogramm $AB_3C_3D_3$ ist ein Rechteck.
Berechne den zugehörigen Wert für φ.

301 Die Pfeile $\overrightarrow{AB} = \begin{pmatrix} 6 \\ -3 \end{pmatrix}$ und $\overrightarrow{AD_n}(\varphi) = \begin{pmatrix} 5 \cdot \cos\varphi \\ 6 \cdot \sin^2\varphi \end{pmatrix}$ mit $A(0|0)$ spannen für $\varphi \in [0°; 144{,}39°[$ Parallelogramme ABC_nD_n auf.

a) Berechne die Koordinaten der Pfeile $\overrightarrow{AD_1}$ für $\varphi_1 = 30°$ und $\overrightarrow{AD_2}$ für $\varphi_2 = 120°$ auf zwei Stellen nach dem Komma gerundet und zeichne die zugehörigen Parallelogramme ABC_1D_1 und ABC_2D_2 in ein Koordinatensystem.
Für die Zeichnung: Längeneinheit 1 cm; $-3 \leq x \leq 11$; $-4 \leq y \leq 5$

b) Das Parallelogramm ABC_3D_3 ist ein Rechteck.
Berechne den zugehörigen Wert von φ.

c) Berechne den Flächeninhalt der Parallelogramme ABC_nD_n in Abhängigkeit von φ.
[Ergebnis: $A_{ABC_nD_n}(\varphi) = (-36\cos^2\varphi + 15\cos\varphi + 36)$ FE]

d) Überprüfe rechnerisch, ob es Parallelogramme ABC_nD_n mit einem Flächeninhalt von 40 FE gibt.

e) Ermittle φ, sodass das zugehörige Parallelogramm ABC_nD_n einen möglichst großen Flächeninhalt besitzt.

f) Berechne die Gleichung des Trägergraphen t_{C_n} der Punkte C_n und zeichne den Graphen zu t_{C_n} in das Koordinatensystem ein.

g) Bestätige rechnerisch die obere Intervallgrenze für φ, damit Parallelogramme ABC_nD_n existieren. (Runde auf drei Stellen nach dem Komma.)

Interaktive Aufgaben
4. Gleichschenklige Dreiecke
5. Steigung bestimmen

3.5 Abbildungen im Koordinatensystem

Bei einer (geometrischen) Abbildung (Achsenspiegelung, Punktspiegelung, Drehung, Parallelverschiebung, zentrische Streckung) wird jedem (Ur-)Punkt durch eine Abbildungsvorschrift genau ein Bildpunkt zugeordnet.

Abbildungsvorschriften mit Vektoren und Matrizen – Matrixschreibweise

Merke

- Ein Koeffizientenschema der Form $\begin{pmatrix} a & b \\ c & d \end{pmatrix}$ heißt **Matrix**.
- Die Verknüpfung $\odot$ einer Matrix mit einem Vektor ergibt wieder einen Vektor. Es gilt folgende Multiplikationsregel:

$$\begin{pmatrix} \mathbf{a} & \mathbf{b} \\ c & d \end{pmatrix} \odot \begin{pmatrix} x \\ y \end{pmatrix} = \begin{pmatrix} \mathbf{a} \cdot x + \mathbf{b} \cdot y \\ c \cdot x + \mathbf{d} \cdot y \end{pmatrix}$$

Matrix $\odot$ Vektor = Vektor

- Der Vektor mit den Koordinaten $\begin{pmatrix} x \\ y \end{pmatrix}$ wird durch die Matrix $\begin{pmatrix} a & b \\ c & d \end{pmatrix}$ somit auf den Vektor mit den Koordinaten $\begin{pmatrix} ax + by \\ cx + dy \end{pmatrix}$ abgebildet.

Beispiel

$$\begin{pmatrix} -4 & 10 \\ \frac{1}{2} & 7 \end{pmatrix} \odot \begin{pmatrix} 2 \\ 5 \end{pmatrix} = \begin{pmatrix} (-4) \cdot 2 + 10 \cdot 5 \\ \frac{1}{2} \cdot 2 + 7 \cdot 5 \end{pmatrix} = \begin{pmatrix} 42 \\ 36 \end{pmatrix}$$

Zeile mal Spalte gleich (Vektor-)Koordinate

Der Vektor $\begin{pmatrix} 2 \\ 5 \end{pmatrix}$ wird durch die Matrix auf den Vektor $\begin{pmatrix} 42 \\ 36 \end{pmatrix}$ abgebildet.

Aufgabe 302

Berechne wie im obigen Beispiel.

a) $\begin{pmatrix} 3 & 5 \\ 4 & 6 \end{pmatrix} \odot \begin{pmatrix} 2 \\ 7 \end{pmatrix}$

b) $\begin{pmatrix} 3 & -6 \\ -8 & 1 \end{pmatrix} \odot \begin{pmatrix} 9 \\ 4 \end{pmatrix}$

c) $\begin{pmatrix} 0 & -2 \\ 1 & 1 \end{pmatrix} \odot \begin{pmatrix} 2 \\ 0 \end{pmatrix}$

d) $\begin{pmatrix} -\frac{1}{2}\sqrt{2} & \frac{1}{2}\sqrt{2} \\ \frac{1}{2}\sqrt{2} & -\frac{1}{2}\sqrt{2} \end{pmatrix} \odot \begin{pmatrix} -\sqrt{2} \\ \sqrt{2} \end{pmatrix}$

Interaktive Aufgabe

1. Verknüpfung Matrix und Vektor

Achsenspiegelung an einer Ursprungsgeraden

Merke

Wird bei einer **Achsenspiegelung an einer Ursprungsgeraden g: $y = m \cdot x$**, die mit der positiven x-Achse den Winkel mit dem Maß α einschließt, der (Ur-)Punkt $P(x \mid y)$ auf den Bildpunkt $P'(x' \mid y')$ abgebildet, so schreibt man:

$P(x \mid y) \xmapsto{g:\, y = m \cdot x} P'(x' \mid y')$

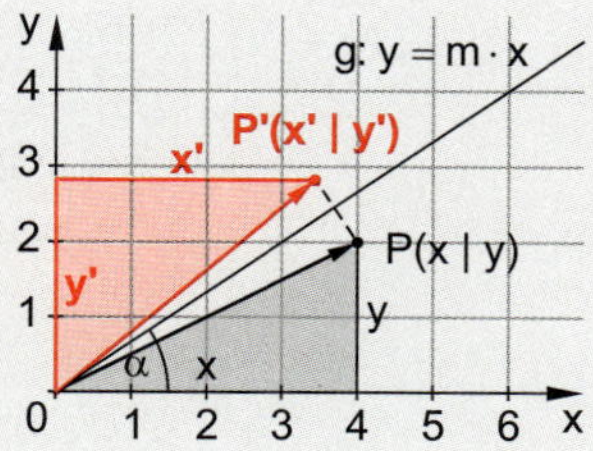

- **Abbildungsgleichung der Achsenspiegelung:**

$$\begin{pmatrix} x' \\ y' \end{pmatrix} = \begin{pmatrix} \cos 2\alpha & \sin 2\alpha \\ \sin 2\alpha & -\cos 2\alpha \end{pmatrix} \odot \begin{pmatrix} x \\ y \end{pmatrix}$$

Matrixform

$$\left| \begin{array}{l} x' = \cos 2\alpha \cdot x + \sin 2\alpha \cdot y \\ \wedge\ y' = \sin 2\alpha \cdot x - \cos 2\alpha \cdot y \end{array} \right.$$

Koordinatenform

- Ist das Maß $\boldsymbol{\alpha}$ des Winkels, den die Ursprungsgerade mit der positiven x-Achse einschließt, nicht angegeben, kann es mithilfe der Beziehung $\mathbf{\tan \alpha = m}$ aus dem Steigungsfaktor **m** der Ursprungsgeraden berechnet werden.

- Wird der Graph einer Funktion f an einer Ursprungsgeraden g: $y = m \cdot x$ gespiegelt, schreibt man:

  $f \xmapsto{g:\, y = m \cdot x} f'$

  Um die Gleichung f' des Bildgraphen zum (Ur-)graphen von f zu erhalten, setzt man den **allgemeinen Punkt** $(x \mid f(x))$ der Funktion f in die Abbildungsvorschrift ein.

Beispiele

1. Eine Ursprungsgerade g schließt mit der positiven x-Achse einen Winkel mit dem Maß $\alpha = 30°$ ein. Gib die zugehörige Abbildungsgleichung einer Achsenspiegelung in Matrix- und Koordinatenform an.

   Lösung:

   $$\begin{pmatrix} x' \\ y' \end{pmatrix} = \begin{pmatrix} \cos 2\alpha & \sin 2\alpha \\ \sin 2\alpha & -\cos 2\alpha \end{pmatrix} \odot \begin{pmatrix} x \\ y \end{pmatrix}$$ Setze $\alpha = 30°$ ein.

   $$\Leftrightarrow \begin{pmatrix} x' \\ y' \end{pmatrix} = \begin{pmatrix} \cos 2 \cdot 30° & \sin 2 \cdot 30° \\ \sin 2 \cdot 30° & -\cos 2 \cdot 30° \end{pmatrix} \odot \begin{pmatrix} x \\ y \end{pmatrix}$$

   $$\Leftrightarrow \begin{pmatrix} x' \\ y' \end{pmatrix} = \begin{pmatrix} \cos 60° & \sin 60° \\ \sin 60° & -\cos 60° \end{pmatrix} \odot \begin{pmatrix} x \\ y \end{pmatrix}$$

   $$\Leftrightarrow \begin{pmatrix} x' \\ y' \end{pmatrix} = \begin{pmatrix} \frac{1}{2} & \frac{1}{2}\sqrt{3} \\ \frac{1}{2}\sqrt{3} & -\frac{1}{2} \end{pmatrix} \odot \begin{pmatrix} x \\ y \end{pmatrix}$$ Abbildungsgleichung in Matrixform

   $$\Leftrightarrow \left| \begin{array}{l} x' = \frac{1}{2}x + \frac{1}{2}\sqrt{3}y \\ \wedge\ y' = \frac{1}{2}\sqrt{3}x - \frac{1}{2}y \end{array} \right.$$ Abbildungsgleichung in Koordinatenform

2. Gegeben sind die Gerade h mit $y = 3x + 2$ und die Spiegelachse g mit $y = \frac{1}{2}x$. Bestimme die Gleichung der Bildgeraden h' bei Spiegelung von h an g.

   Lösung:

   h: $y = 3x + 2 \xmapsto{g:\, y = \frac{1}{2}x} h'$

   Berechnung des Winkelmaßes α:

   $$\tan \alpha = \frac{1}{2}$$ Berechne α mithilfe der Beziehung $\tan \alpha = m$.

   $$\Rightarrow \quad \alpha = 26{,}57°$$

$\Rightarrow \quad 2\alpha = 53{,}14°$

$\Rightarrow \quad \cos 2\alpha = 0{,}60 \ \wedge \ \sin 2\alpha = 0{,}80$

Für die Punkte $P(x\,|\,3x+2)$ auf h und die Bildpunkte $P'(x'\,|\,y')$ auf h' gilt:

$P(x\,|\,3x+2) \xmapsto{g:\ y=\frac{1}{2}x} P'(x'\,|\,y')$ — Abbildung eines allgemeinen Punktes $P \in h$

$\begin{pmatrix} x' \\ y' \end{pmatrix} = \begin{pmatrix} \cos 2\alpha & \sin 2\alpha \\ \sin 2\alpha & -\cos 2\alpha \end{pmatrix} \odot \begin{pmatrix} x \\ 3x+2 \end{pmatrix}$ — Abbildungsgleichung der Achsenspiegelung in Matrixform

$\Leftrightarrow \begin{pmatrix} x' \\ y' \end{pmatrix} = \begin{pmatrix} 0{,}6 & 0{,}8 \\ 0{,}8 & -0{,}6 \end{pmatrix} \odot \begin{pmatrix} x \\ 3x+2 \end{pmatrix}$ — Zeile · Spalte = Koordinate

$\Leftrightarrow \begin{pmatrix} x' \\ y' \end{pmatrix} = \begin{pmatrix} 0{,}6 \cdot x + 0{,}8 \cdot (3x+2) \\ 0{,}8 \cdot x - 0{,}6 \cdot (3x+2) \end{pmatrix}$

$\Leftrightarrow \begin{pmatrix} x' \\ y' \end{pmatrix} = \begin{pmatrix} 0{,}6x + 2{,}4x + 1{,}6 \\ 0{,}8x - 1{,}8x - 1{,}2 \end{pmatrix}$

$\Leftrightarrow \begin{pmatrix} x' \\ y' \end{pmatrix} = \begin{pmatrix} 3x + 1{,}6 \\ -x - 1{,}2 \end{pmatrix}$

$\Leftrightarrow \left| \begin{array}{l} x' = 3x + 1{,}6 \\ \wedge \ y' = -x - 1{,}2 \end{array} \right. \quad \big| -1{,}6$

$\Leftrightarrow \left| \begin{array}{l} x' - 1{,}6 = 3x \\ \wedge \ y' = -x - 1{,}2 \end{array} \right. \quad \big| \cdot \frac{1}{3}$

$\Leftrightarrow \left| \begin{array}{l} x = \frac{1}{3}x' - \frac{8}{15} \\ \wedge \ y' = -\left(\frac{1}{3}x' - \frac{8}{15}\right) - \frac{6}{5} \end{array} \right.$

also: $h': y = -\frac{1}{3}x - \frac{2}{3}$

Eliminierung der Variablen x (Parameter)

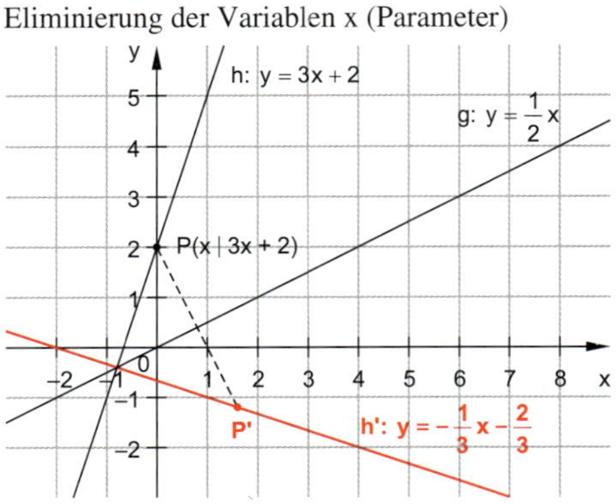

Aufgaben

303 Eine Ursprungsgerade g schließt mit der positiven x-Achse einen Winkel von $\alpha = 75°$ ein. Gib die zugehörige Abbildungsgleichung einer Achsenspiegelung an g in Matrix- und Koordinatenform an.

304 Gib die Abbildungsgleichung der Spiegelung an der Geraden g in Matrix- und Koordinatenform an.

a) $g_1: y = 2x$ b) $g_2: y = -\frac{1}{2}x$

305 Das Dreieck ABC mit $A(2\,|\,3)$, $B(8\,|\,0)$ und $C(10\,|\,4)$ wird an der Geraden g mit der Gleichung $y = \frac{3}{4}x$ gespiegelt. Zeichne das Dreieck ABC, die Gerade g und das Bilddreieck A'C'B' in ein Koordinatensystem und berechne die Koordinaten der Bildpunkte A', B' und C'.

306 Das Dreieck UVW mit $U(-2\,|\,2)$, $V(2\,|\,6)$ wurde durch Spiegelung an der Ursprungsgeraden g auf das Dreieck U'W'V' mit $V'(-5{,}2\,|\,3{,}6)$, $W'(-6{,}2\,|\,9{,}1)$ abgebildet.
Zeichne Ur- und Bilddreieck in ein Koordinatensystem. Berechne zunächst die Gleichung der Geraden g und anschließend die Koordinaten der Punkte U' und W.
Hinweis: Die Gerade g verläuft durch den Mittelpunkt der Strecke $\overline{VV'}$.

307 Die Gerade g wird an der Achse s gespiegelt. Berechne die Gleichung der Bildgeraden.

a) g: $y = -\frac{1}{4}x - 2$ s: $y = 2x$ b) g: $y = 2x + 1$ $s = OP$ mit $O(0|0)$, $P(3|4)$

Interaktive Aufgabe

2. Achsenspiegelung

Sonderfälle der Achsenspiegelung

Merke

Mit den Koordinatenachsen und den Winkelhalbierenden der Quadranten als Spiegelachsen ergeben sich besonders einfache Spiegelungsmatrizen $\begin{pmatrix} \cos 2\alpha & \sin 2\alpha \\ \sin 2\alpha & -\cos 2\alpha \end{pmatrix}$:

- **Spiegelung an der x-Achse**
  Für das Maß α des Winkels zwischen der positiven x-Achse und der Spiegelachse (x-Achse) gilt:
  $\boldsymbol{\alpha = 0° \Rightarrow \cos 2\alpha = 1 \wedge \sin 2\alpha = 0}$
  Somit:
  $\begin{pmatrix} x' \\ y' \end{pmatrix} = \begin{pmatrix} 1 & 0 \\ 0 & -1 \end{pmatrix} \odot \begin{pmatrix} x \\ y \end{pmatrix}$ $\begin{array}{l} x' = x \\ \wedge\ y' = -y \end{array}$
  Matrixform **Koordinatenform**

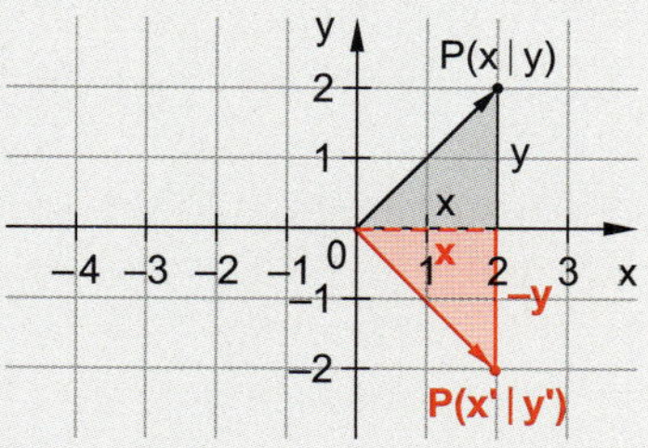

- **Spiegelung an der y-Achse**
  Für das Maß α des Winkels zwischen der positiven x-Achse und der Spiegelachse (y-Achse) gilt:
  $\boldsymbol{\alpha = 90° \Rightarrow \cos 2\alpha = -1 \wedge \sin 2\alpha = 0}$
  Somit:
  $\begin{pmatrix} x' \\ y' \end{pmatrix} = \begin{pmatrix} -1 & 0 \\ 0 & 1 \end{pmatrix} \odot \begin{pmatrix} x \\ y \end{pmatrix}$ $\begin{array}{l} x' = -x \\ \wedge\ y' = y \end{array}$
  Matrixform **Koordinatenform**

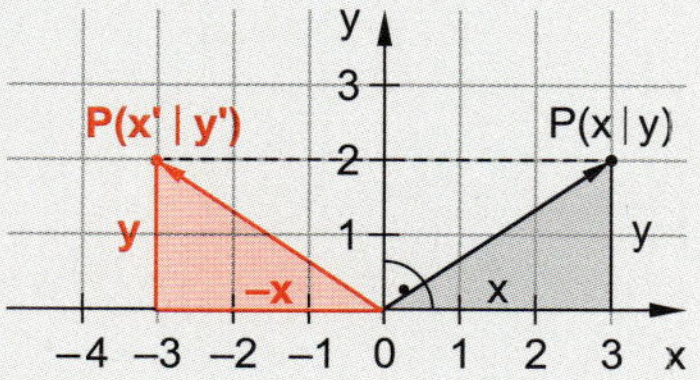

- **Spiegelung an der Winkelhalbierenden $w_{I/III}$**
  Für das Maß α des Winkels zwischen der positiven x-Achse und der Spiegelachse ($w_{I/III}$) gilt:
  $\boldsymbol{\alpha = 45° \Rightarrow \cos 2\alpha = 0 \wedge \sin 2\alpha = 1}$
  Somit:
  $\begin{pmatrix} x' \\ y' \end{pmatrix} = \begin{pmatrix} 0 & 1 \\ 1 & 0 \end{pmatrix} \odot \begin{pmatrix} x \\ y \end{pmatrix}$ $\begin{array}{l} x' = y \\ \wedge\ y' = x \end{array}$
  Matrixform **Koordinatenform**

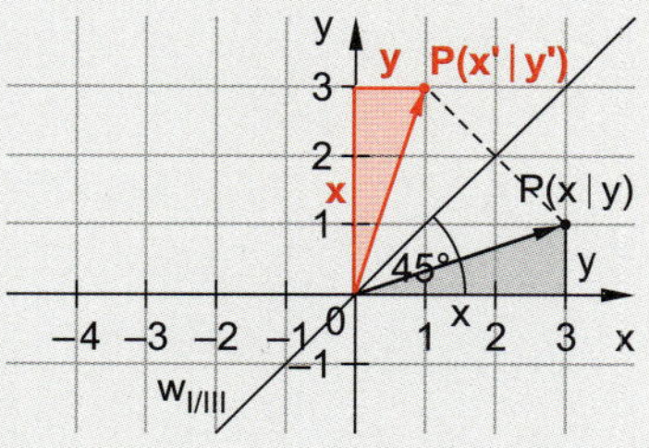

- **Spiegelung an der Winkelhalbierenden $w_{II/IV}$**
  Für das Maß α des Winkels zwischen der positiven x-Achse und der Spiegelachse ($w_{II/IV}$) gilt:
  $\boldsymbol{\alpha = 135° \Rightarrow \cos 2\alpha = 0 \wedge \sin 2\alpha = -1}$
  Somit:
  $\begin{pmatrix} x' \\ y' \end{pmatrix} = \begin{pmatrix} 0 & -1 \\ -1 & 0 \end{pmatrix} \odot \begin{pmatrix} x \\ y \end{pmatrix}$ $\begin{array}{l} x' = -y \\ \wedge\ y' = -x \end{array}$
  Matrixform **Koordinatenform**

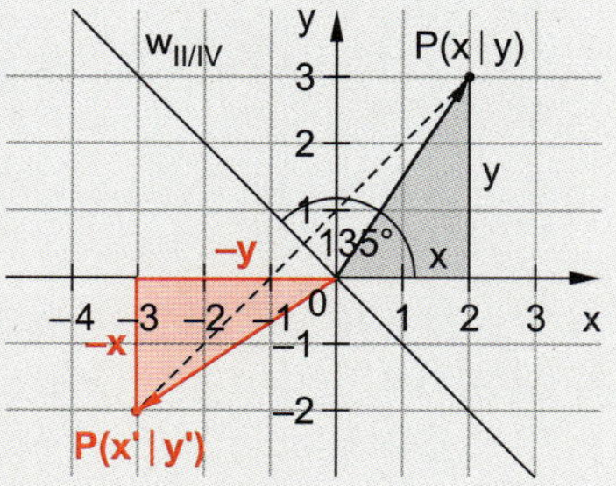

Beispiel

Die Gerade g mit $y=-2x+5$ wird an der Winkelhalbierenden $w_{I/III}$ gespiegelt. Bestimme die Gleichung der Bildgeraden g'.

Lösung:

$$g\colon y=-2x+5 \xmapsto{w_{I/III}} g'$$

Für die Punkte $P(x\,|-2x+5)$ auf g und die Bildpunkte $P'(x'\,|\,y')$ auf g' gilt:

$$P(x\,|-2x+5) \xmapsto{w_{I/III}} P'(x'\,|\,y')$$ Abbildung eines allgemeinen Punktes $P \in g$

$$\begin{pmatrix} x' \\ y' \end{pmatrix} = \begin{pmatrix} 0 & 1 \\ 1 & 0 \end{pmatrix} \odot \begin{pmatrix} x \\ -2x+5 \end{pmatrix}$$ Matrixform

$$\Leftrightarrow \begin{pmatrix} x' \\ y' \end{pmatrix} = \begin{pmatrix} 0\cdot x+1\cdot(-2x+5) \\ 1\cdot x+0\cdot(-2x+5) \end{pmatrix}$$ Vektorform

$$\Leftrightarrow \begin{pmatrix} x' \\ y' \end{pmatrix} = \begin{pmatrix} -2x+5 \\ x \end{pmatrix}$$

$$\Leftrightarrow \left|\begin{array}{l} x'=-2x+5 \quad |-5 \\ \wedge\ y'=x \end{array}\right.$$ Koordinatenform

$$\Leftrightarrow \left|\begin{array}{l} x'-5=-2x \quad |:(-2) \\ \wedge\ y'=x \end{array}\right.$$ Gleichung I nach x auflösen

$$\Leftrightarrow \left|\begin{array}{l} x=-\frac{1}{2}x'+\frac{5}{2} \\ \wedge\ y'=x \end{array}\right.$$ Setze $-\frac{1}{2}x'+\frac{5}{2}$ für x in Gleichung II ein.

$$\Leftrightarrow \left|\begin{array}{l} x=-\frac{1}{2}x'+\frac{5}{2} \\ \wedge\ y'=-\frac{1}{2}x'+\frac{5}{2} \end{array}\right.$$

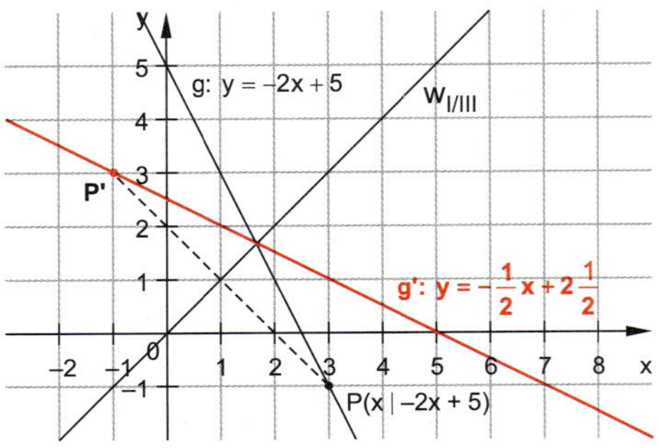

also: $g'\colon y=-\frac{1}{2}x+2\frac{1}{2}$ Gleichung der Bildgeraden

Aufgabe 308

Die Graphen der angegebenen Funktionen f werden jeweils an der angegebenen Achse gespiegelt. Bestimme die Gleichung der Bildgraphen.

a) $f\colon y=\frac{2}{3}x+4 \xmapsto{\text{y-Achse}} f'$

b) $f\colon y=\frac{2}{x} \xmapsto{\text{x-Achse}} f'$

c) $f\colon y=2^{x+1} \xmapsto{w_{I/III}} f'$

Interaktive Aufgabe

3. Spiegelung an den Winkelhalbierenden
4. Spiegelung an den Koordinatenachsen

Drehung

Merke

Wird bei einer Drehung um das **Drehzentrum $Z = O(0|0)$** mit dem **Drehwinkelmaß α** der (Ur-)Punkt $P(x|y)$ auf den Bildpunkt $P'(x'|y')$ abgebildet, so schreibt man:

$P(x|y) \xmapsto{O(0|0);\,\alpha} P'(x'|y')$

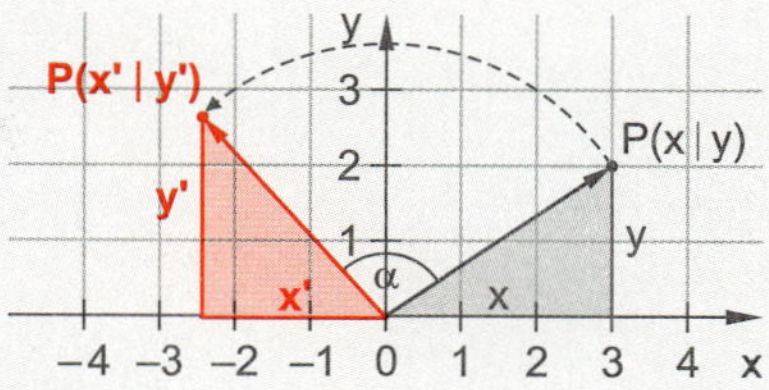

- **Abbildungsgleichung der Drehung um $Z = O(0|0)$ mit α:**

$$\begin{pmatrix} x' \\ y' \end{pmatrix} = \begin{pmatrix} \cos\alpha & -\sin\alpha \\ \sin\alpha & \cos\alpha \end{pmatrix} \odot \begin{pmatrix} x \\ y \end{pmatrix} \qquad \left| \begin{array}{l} x' = \cos\alpha \cdot x - \sin\alpha \cdot y \\ \wedge \; y' = \sin\alpha \cdot x + \cos\alpha \cdot y \end{array} \right.$$

Matrixform **Koordinatenform**

- Wird der Graph einer Funktion f um das Drehzentrum $Z = O(0|0)$ mit dem Drehwinkelmaß α gedreht, schreibt man:

  $f \xmapsto{O(0|0);\,\alpha} f'$

  Um die Gleichung f' des Bildgraphen zum (Ur-)graphen von f zu erhalten, setzt man den **allgemeinen Punkt** $(x|f(x))$ der Funktion f in die Abbildungsvorschrift ein.

Beispiele

1. Durch eine Drehung um das Drehzentrum $Z(0|0)$ mit dem Drehwinkelmaß $\alpha = 60°$ wird der Punkt $P(8|2)$ auf den Bildpunkt P' abgebildet.
   Berechne die Koordinaten des Bildpunktes P'.

   Lösung:

   $P(8|2) \xmapsto{O(0|0);\,\alpha} P'(x'|y')$

   $$\begin{pmatrix} x' \\ y' \end{pmatrix} = \begin{pmatrix} \cos 60° & -\sin 60° \\ \sin 60° & \cos 60° \end{pmatrix} \odot \begin{pmatrix} 8 \\ 2 \end{pmatrix}$$

   Einsetzen der Koordinaten des Urpunktes $P(8|2)$ und des Drehwinkelmaßes $\alpha = 60°$ in die Matrixform

   $$\Leftrightarrow \begin{pmatrix} x' \\ y' \end{pmatrix} = \begin{pmatrix} \frac{1}{2} & -\frac{1}{2}\sqrt{3} \\ \frac{1}{2}\sqrt{3} & \frac{1}{2} \end{pmatrix} \odot \begin{pmatrix} 8 \\ 2 \end{pmatrix}$$

   $$\Leftrightarrow \begin{pmatrix} x' \\ y' \end{pmatrix} = \begin{pmatrix} \frac{1}{2} \cdot 8 + \left(-\frac{1}{2}\sqrt{3}\right) \cdot 2 \\ \frac{1}{2}\sqrt{3} \cdot 8 + \frac{1}{2} \cdot 2 \end{pmatrix}$$

   $$\Leftrightarrow \begin{pmatrix} x' \\ y' \end{pmatrix} = \begin{pmatrix} 4 - \sqrt{3} \\ 4\sqrt{3} + 1 \end{pmatrix}$$

   $$\Leftrightarrow \begin{pmatrix} x' \\ y' \end{pmatrix} = \begin{pmatrix} 2{,}27 \\ 7{,}93 \end{pmatrix}$$

   also: $P'(2{,}27|7{,}93)$

   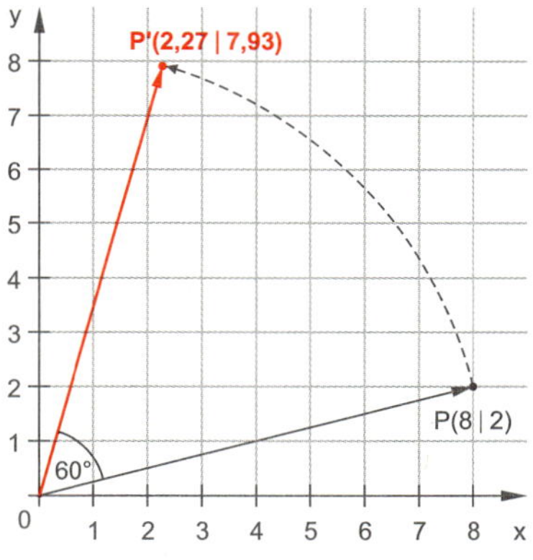

   Koordinaten des Bildpunktes P'

2. Die Gerade $g: y = 0{,}5x - 4$ wird durch Drehung mit $O(0|0)$ als Zentrum und dem Drehwinkelmaß $\alpha = 126{,}8°$ abgebildet. Bestimme die Gleichung der Bildgeraden g'.

   Lösung:

   $g: y = 0{,}5x - 4 \xmapsto{O(0|0);\,\alpha = 126{,}8°} g'$

   $P(x|0{,}5x - 4) \xmapsto{O(0|0);\,\alpha = 126{,}8°} P'(x'|y')$

   Abbildung eines allgemeinen Punktes $P \in g$

   $$\begin{pmatrix} x' \\ y' \end{pmatrix} = \begin{pmatrix} \cos 126{,}8° & -\sin 126{,}8° \\ \sin 126{,}8° & \cos 126{,}8° \end{pmatrix} \odot \begin{pmatrix} x \\ 0{,}5x - 4 \end{pmatrix}$$

   Koordinaten von $P(x|0{,}5x - 4)$ in die Abbildungsgleichung einsetzen

$$\Leftrightarrow \begin{pmatrix} x' \\ y' \end{pmatrix} = \begin{pmatrix} -0{,}60 & -0{,}80 \\ 0{,}80 & -0{,}60 \end{pmatrix} \odot \begin{pmatrix} x \\ 0{,}5x-4 \end{pmatrix}$$

Zeile · Spalte = Koordinate

$$\Leftrightarrow \begin{pmatrix} x' \\ y' \end{pmatrix} = \begin{pmatrix} -0{,}6 \cdot x - 0{,}8 \cdot (0{,}5x-4) \\ 0{,}8 \cdot x - 0{,}6 \cdot (0{,}5x-4) \end{pmatrix}$$

Minuszeichen vor der Klammer beachten

$$\Leftrightarrow \begin{pmatrix} x' \\ y' \end{pmatrix} = \begin{pmatrix} -0{,}6x - 0{,}4x + 3{,}2 \\ 0{,}8x - 0{,}3x + 2{,}4 \end{pmatrix}$$

$$\Leftrightarrow \begin{pmatrix} x' \\ y' \end{pmatrix} = \begin{pmatrix} -x + 3{,}2 \\ 0{,}5x + 2{,}4 \end{pmatrix}$$

$$\Leftrightarrow \left| \begin{array}{l} x' = -x + 3{,}2 \qquad |+x-x' \\ \wedge\ y' = 0{,}5x + 2{,}4 \end{array} \right.$$

Gleichung I nach x auflösen

$$\Leftrightarrow \left| \begin{array}{l} x = -x' + 3{,}2 \\ \wedge\ y' = 0{,}5x + 2{,}4 \end{array} \right.$$

Setze $-x' + 3{,}2$ für x in Gleichung II ein.

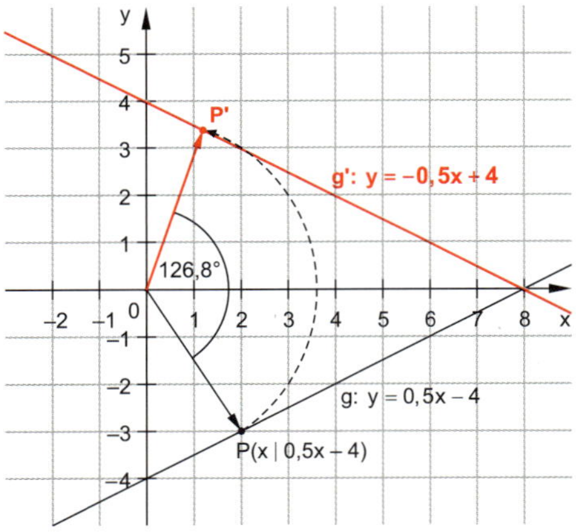

$$\Leftrightarrow \left| \begin{array}{l} x = -x' + 3{,}2 \\ \wedge\ y' = 0{,}5 \cdot (-x' + 3{,}2) + 2{,}4 \end{array} \right.$$

$$\Leftrightarrow \left| \begin{array}{l} x = -x' + 3{,}2 \\ \wedge\ y' = -0{,}5x' + 1{,}6 + 2{,}4 \end{array} \right.$$

$$\Leftrightarrow \left| \begin{array}{l} x = -x' + 3{,}2 \\ \wedge\ y' = -0{,}5x' + 4 \end{array} \right.$$

also: $g'\colon y = -0{,}5x + 4$

Aufgaben

309 a

Der Punkt P wird durch Drehung um O(0|0) mit dem Drehwinkelmaß α auf P' abgebildet. Berechne die Koordinaten des Bildpunktes P' und überprüfe das Ergebnis anhand einer Zeichnung.

a) $P(6|-4)$; $\alpha = 270°$

b) $P(-1|5)$; $\alpha = -60°$

310

Der Punkt P wird durch Drehung um O(0|0) mit dem Drehwinkelmaß α auf P' abgebildet. Berechne die Koordinaten des Urpunktes P.

a) $P'(-7|2)$; $\alpha = 110°$

b) $P'(5|-5)$; $\alpha = -60°$

311

Das Dreieck ABC mit A(2|−3), B(6|3) und C(−1|5) soll um den Ursprung O(0|0) als Drehzentrum mit dem Drehwinkelmaß $\alpha = 150°$ gedreht werden.
Berechne die Koordinaten der Eckpunkte des Bilddreiecks A'B'C' und fertige eine Zeichnung an.

312

Die Gerade g mit $y = 2{,}5x + 5$ wird durch Drehung um O(0|0) mit dem Drehwinkelmaß $\alpha = 323{,}13°$ auf die Bildgerade g' abgebildet.
Berechne die Gleichung der Bildgeraden g'. Führe die Abbildung auch zeichnerisch aus.

313 Die Strecke $\overline{PQ}$ mit $P(-2|-5)$ und $Q(4|1)$ wird durch Drehung um $O(0|0)$ mit dem Drehwinkelmaß $\alpha = 80°$ auf die Bildstrecke $\overline{P'Q'}$ abgebildet.
Berechne die Koordinaten von P' und Q' und bestätige die Längentreue der Abbildung, indem du die Länge von Ur- und Bildstrecke berechnest.

314 Der Punkt $P(10|0)$ wird durch Drehung mit $O(0|0)$ als Drehzentrum auf den Punkt $P'(-8|6)$ abgebildet.
Bestimme das Maß α des Drehwinkels.

Interaktive Aufgabe

5. Drehung eines Punktes

Sonderfälle der Drehung

Merke

Für die Drehwinkelmaße $\alpha = 90°$ und $\alpha = 180°$ ergeben sich besonders einfache Drehmatrizen $\begin{pmatrix} \cos\alpha & -\sin\alpha \\ \sin\alpha & \cos\alpha \end{pmatrix}$:

- **Drehung um 90°**
  $\alpha = 90° \Rightarrow \cos\alpha = 0 \wedge \sin\alpha = 1$
  Somit:
  $\begin{pmatrix} x' \\ y' \end{pmatrix} = \begin{pmatrix} 0 & -1 \\ 1 & 0 \end{pmatrix} \odot \begin{pmatrix} x \\ y \end{pmatrix}$ **Matrixform**
  $\begin{vmatrix} x' = -y \\ \wedge\ y' = x \end{vmatrix}$ **Koordinatenform**

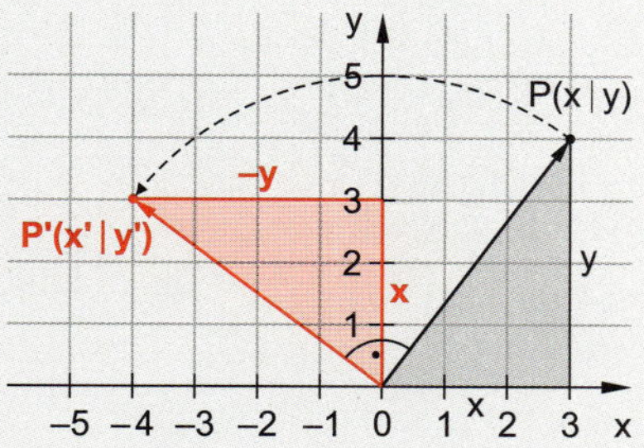

- **Drehung um 180° (Punktspiegelung)**
  $\alpha = 180° \Rightarrow \cos\alpha = -1 \wedge \sin\alpha = 0$
  Somit:
  $\begin{pmatrix} x' \\ y' \end{pmatrix} = \begin{pmatrix} -1 & 0 \\ 0 & -1 \end{pmatrix} \odot \begin{pmatrix} x \\ y \end{pmatrix}$ **Matrixform**
  $\begin{vmatrix} x' = -x \\ \wedge\ y' = -y \end{vmatrix}$ **Koordinatenform**

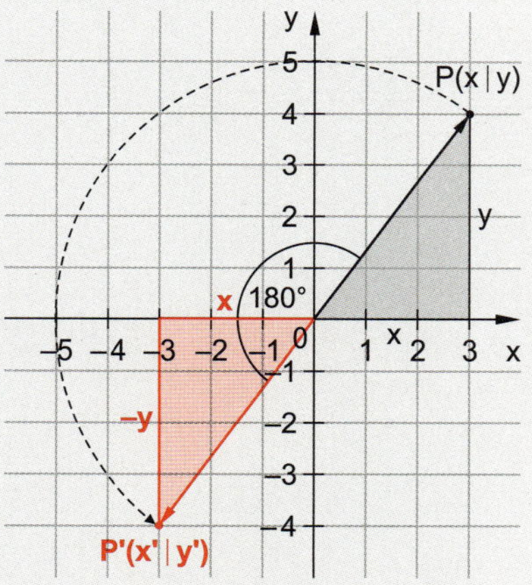

Beispiel

Die Gerade g mit $y = 2x + 3$ wird durch Drehung um $O(0|0)$ und dem Drehwinkelmaß $\alpha_1 = 90°$ auf die Bildgerade g' abgebildet. Bestimme die Gleichung von g'.

Lösung:

$g\colon y = 2x + 3 \xmapsto{O(0|0);\ \alpha = 90°} g'$

$P(x\,|\,2x+3) \xmapsto{O(0|0);\ \alpha = 90°} P'(x'\,|\,y')$ — Abbildung eines allgemeinen Punktes $P \in g$

$\begin{pmatrix} x' \\ y' \end{pmatrix} = \begin{pmatrix} 0 & -1 \\ 1 & 0 \end{pmatrix} \odot \begin{pmatrix} x \\ 2x+3 \end{pmatrix}$ — Koordinaten von $P(x\,|\,2x+3)$ in die Abbildungsgleichung eingesetzt

$\Leftrightarrow \begin{pmatrix} x' \\ y' \end{pmatrix} = \begin{pmatrix} 0 \cdot x - 1 \cdot (2x+3) \\ 1 \cdot x + 0 \cdot (2x+3) \end{pmatrix}$ — Minuszeichen vor der Klammer beachten

$\Leftrightarrow \begin{pmatrix} x' \\ y' \end{pmatrix} = \begin{pmatrix} -2x-3 \\ x \end{pmatrix}$

$$\Leftrightarrow \quad \begin{vmatrix} x' = -2x - 3 \\ \wedge \ y' = x \end{vmatrix} \quad | + 2x - x'$$

Eliminierung des Parameters x

$$\Leftrightarrow \quad \begin{vmatrix} 2x = -x' - 3 \\ \wedge \ y' = x \end{vmatrix} \quad | \cdot \frac{1}{2}$$

Gleichung I nach x auflösen

$$\Leftrightarrow \quad \begin{vmatrix} x = -\frac{1}{2}x' - \frac{3}{2} \\ \wedge \ y' = x \end{vmatrix}$$

Setze $-\frac{1}{2}x' - \frac{3}{2}$ für x in Gleichung II ein.

$$\Leftrightarrow \quad \begin{vmatrix} x = -\frac{1}{2}x' - \frac{3}{2} \\ \wedge \ y' = -\frac{1}{2}x' - \frac{3}{2} \end{vmatrix}$$

also: $g'\colon y = -\frac{1}{2}x - 1\frac{1}{2}$

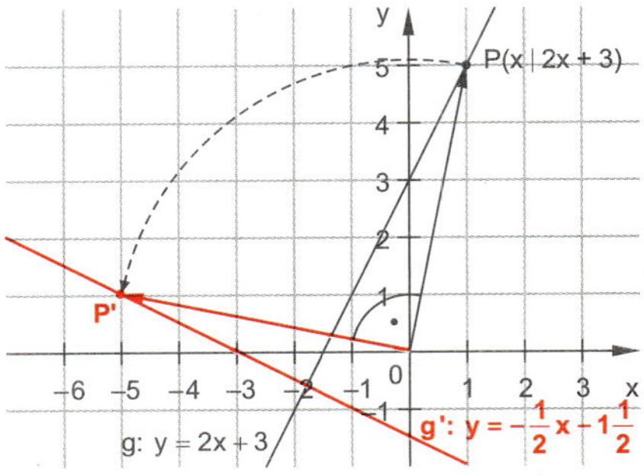

Aufgabe 315

Die Gerade g: $y = -3x + 4$ wird durch Drehung um $O(0|0)$ mit den Drehwinkelmaßen $\alpha_1 = 90°$ und $\alpha_2 = 180°$ zweimal abgebildet. Bestimme die Gleichung der Bildgeraden.

Drehung von Vektoren

Dreht man die Repräsentanten eines Vektors bei festem Drehwinkelmaß um beliebige Drehzentren, erhält man stets Repräsentanten ein- und desselben Bildvektors.

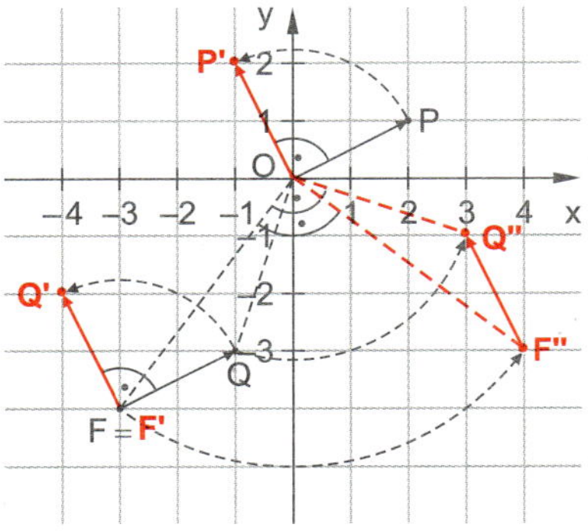

Die Pfeile $\overrightarrow{OP}$ und $\overrightarrow{FQ}$ sind Repräsentanten des Vektors $\vec{v} = \begin{pmatrix} 2 \\ 1 \end{pmatrix}$.

Die Bildpfeile $\overrightarrow{OP'}$, $\overrightarrow{F'Q'}$ und $\overrightarrow{F''Q''}$, die bei der Drehung mit Drehwinkelmaß 90° um den Fußpunkt der Pfeile bzw. den Ursprung entstehen, sind alle Repräsentanten des Bildvektors $\vec{v}' = \begin{pmatrix} -1 \\ 2 \end{pmatrix}$.

Merke

Wird der Pfeil $\overrightarrow{ZP}$ um das Drehzentrum Z mit dem Drehwinkelmaß α gedreht, so schreibt man:

$\overrightarrow{ZP} \xmapsto{Z;\,\alpha} \overrightarrow{ZP'}$ (Gleichzeitig gilt dann auch: $P(x\,|\,y) \xmapsto{Z;\,\alpha} P'(x'\,|\,y')$)

Abbildungsgleichung der Drehung um Z mit α:

$$\overrightarrow{ZP'} = \begin{pmatrix} \cos\alpha & -\sin\alpha \\ \sin\alpha & \cos\alpha \end{pmatrix} \odot \overrightarrow{ZP}$$

Beispiele

1. Der Vektor $\vec{v} = \overrightarrow{AB}$ mit A(2|–1) und B(6|4) wird um den Ursprung O(0|0) mit dem Drehwinkel $\alpha = 120°$ gedreht und auf den Vektor $\vec{v}\,' = \overrightarrow{A'B'}$ abgebildet. Berechne die Koordinaten des Bildvektors.

Lösung:

$$\vec{v} = \overrightarrow{AB} = \begin{pmatrix} 6-2 \\ 4-(-1) \end{pmatrix} = \begin{pmatrix} 4 \\ 5 \end{pmatrix}$$

$$\vec{v} \xmapsto{O(0|0);\,\alpha} \vec{v}\,'$$

$$\vec{v}\,' = \begin{pmatrix} \cos\alpha & -\sin\alpha \\ \sin\alpha & \cos\alpha \end{pmatrix} \odot \vec{v}$$

Setze $\alpha = 120°$ in die Matrix ein.

$$\vec{v}\,' = \begin{pmatrix} \cos 120° & -\sin 120° \\ \sin 120° & \cos 120° \end{pmatrix} \odot \begin{pmatrix} 4 \\ 5 \end{pmatrix}$$

$$\vec{v}\,' = \begin{pmatrix} -\frac{1}{2} & -\frac{1}{2}\sqrt{3} \\ \frac{1}{2}\sqrt{3} & -\frac{1}{2} \end{pmatrix} \odot \begin{pmatrix} 4 \\ 5 \end{pmatrix}$$

$$\vec{v}\,' = \begin{pmatrix} -\frac{1}{2}\cdot 4 - \frac{1}{2}\sqrt{3}\cdot 5 \\ \frac{1}{2}\sqrt{3}\cdot 4 - \frac{1}{2}\cdot 5 \end{pmatrix}$$

$$\vec{v}\,' = \begin{pmatrix} -2 - \frac{5}{2}\sqrt{3} \\ 2\sqrt{3} - \frac{5}{2} \end{pmatrix}$$

$$\vec{v}\,' = \begin{pmatrix} -6{,}33 \\ 0{,}96 \end{pmatrix}$$

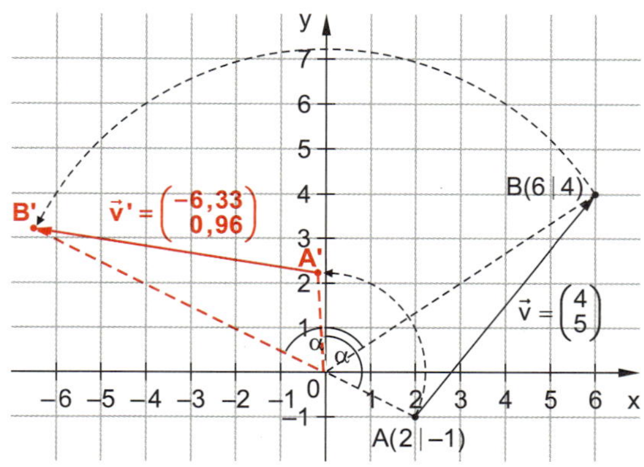

2. Berechne die Koordinaten des Eckpunktes B des gleichschenkligen Dreiecks ABC mit A(–4|–2), C(–1|5) und $\overline{AB}$ als Basis sowie $\sphericalangle ACB = \gamma = 62°$.

Lösung:

Der Pfeil $\overrightarrow{CA}$ wird durch Drehung um das Zentrum C(–1|5) mit dem Drehwinkelmaß $\gamma = 62°$ auf den Pfeil $\overrightarrow{CB}$ abgebildet.

$$\overrightarrow{CA} = \begin{pmatrix} -4-(-1) \\ -2-5 \end{pmatrix} = \begin{pmatrix} -3 \\ -7 \end{pmatrix}$$

Das Zentrum C liegt nicht im Ursprung.

$$\overrightarrow{CA} \xmapsto{C;\,\gamma = 62°} \overrightarrow{CB}$$

$$\overrightarrow{CB} = \begin{pmatrix} \cos\gamma & -\sin\gamma \\ \sin\gamma & \cos\gamma \end{pmatrix} \odot \overrightarrow{CA}$$

$$\Leftrightarrow \begin{pmatrix} x_B - x_C \\ y_B - y_C \end{pmatrix} = \begin{pmatrix} \cos 62° & -\sin 62° \\ \sin 62° & \cos 62° \end{pmatrix} \odot \begin{pmatrix} -3 \\ -7 \end{pmatrix}$$

$$\Leftrightarrow \begin{pmatrix} x_B - (-1) \\ y_B - 5 \end{pmatrix} = \begin{pmatrix} \cos 62° \cdot (-3) - \sin 62° \cdot (-7) \\ \sin 62° \cdot (-3) + \cos 62° \cdot (-7) \end{pmatrix}$$

$$\Leftrightarrow \begin{pmatrix} x_B + 1 \\ y_B - 5 \end{pmatrix} = \begin{pmatrix} 4{,}77 \\ -5{,}94 \end{pmatrix}$$

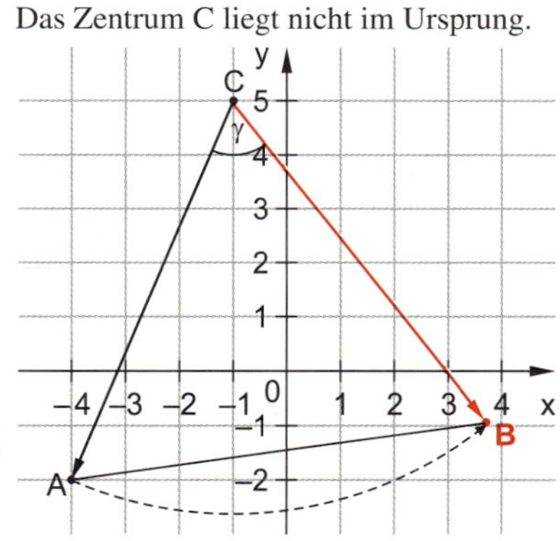

$$\Leftrightarrow \left| \begin{array}{l} x_B + 1 = 4{,}77 \\ \wedge\ y_B - 5 = -5{,}94 \end{array} \right. \quad \begin{array}{l} |-1 \\ |+5 \end{array}$$

$$\Leftrightarrow \left| \begin{array}{l} x_B = 3{,}77 \\ \wedge\ y_B = -0{,}94 \end{array} \right.$$

also: B(3,77|–0,94)

Aufgaben

316

Die Eckpunkte $B_n(x\,|\,0{,}5x-1)$ von gleichseitigen Dreiecken AB_nC_n mit $A(-3\,|\,1)$ liegen auf der Geraden g mit $y=0{,}5x-1$ $(x, y \in \mathbb{R})$.

a) Zeichne das Dreieck AB_1C_1 für $x=5$ in ein Koordinatensystem.

b) Berechne zunächst die Koordinaten der Punkte C_n in Abhängigkeit von der Abszisse x der Punkte B_n.
Berechne anschließend die Gleichung des Trägergraphen t_{C_n} der Punkte C_n und zeichne ihn in das Koordinatensystem ein.

317

Der Punkt $A(-5\,|\,-1)$ ist gemeinsamer Eckpunkt von Rauten $AB_nC_nD_n$. Die Punkte $B_n\left(x\,\middle|\,\frac{1}{4}x-1\right)$ liegen auf der Geraden g mit der Gleichung $y=\frac{1}{4}x-1$ und es gilt $\alpha=\sphericalangle B_nAD_n=45°$.

a) Zeichne die Raute $AB_1C_1D_1$ für $x=3$ in ein Koordinatensystem.

b) Berechne zunächst die Koordinaten der Punkte D_n in Abhängigkeit von der Abszisse x der Punkte B_n.
Berechne anschließend die Gleichung des Trägergraphen t_{D_n} der Punkte D_n und zeichne ihn in das Koordinatensystem ein.

318

Die Punkte $A(4\,|\,1)$, B auf g mit $y=-\frac{1}{4}x+3\frac{1}{2}$ und C auf h mit $y=\frac{1}{2}x-2$ bilden ein gleichschenkliges Dreieck ABC, das in A rechtwinklig ist.

a) Zeichne den Punkt A sowie die Graphen zu g und h in ein Koordinatensystem.
Für die Zeichnung: Längeneinheit 1 cm; $-1 \le x \le 8$; $-1 \le y \le 4$

b) Berechne die Koordinaten von B und C mithilfe der Vorschrift:
$\overrightarrow{AC} \xmapsto{A(4|1);\ \alpha=-90°} \overrightarrow{AB}$ mit $B\left(x_B\,\middle|\,-\frac{1}{4}x_B+3\frac{1}{2}\right)$ und $C\left(x_C\,\middle|\,\frac{1}{2}x_C-2\right)$
und ergänze B und C in der Zeichnung.

Interaktive Aufgabe

6. Drehung eines Vektors

Parallelverschiebung

Merke

Wird bei einer Parallelverschiebung mit dem **Verschiebungsvektor $\vec{v} = \begin{pmatrix} v_x \\ v_y \end{pmatrix}$** der (Ur-)Punkt P(x | y) auf den Bildpunkt P'(x' | y') abgebildet, so schreibt man:

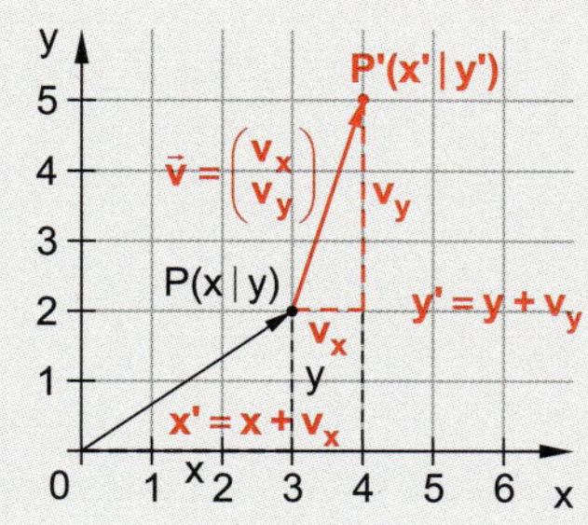

$P(x \mid y) \xmapsto{\vec{v} = \begin{pmatrix} v_x \\ v_y \end{pmatrix}} P'(x' \mid y')$ wobei gilt: $\overrightarrow{PP'} = \vec{v}$

- **Abbildungsgleichung der Parallelverschiebung mit $\vec{v}$:**

  $\overrightarrow{OP'} = \overrightarrow{OP} \oplus \vec{v}$ **Vektorkette**

  $\begin{pmatrix} x' \\ y' \end{pmatrix} = \begin{pmatrix} x \\ y \end{pmatrix} \oplus \begin{pmatrix} v_x \\ v_y \end{pmatrix}$ **Vektorform**

  $\left| \begin{array}{l} x' = x + v_x \\ \wedge \ y' = y + v_y \end{array} \right.$ **Koordinatenform**

- Wird der Graph einer Funktion f mit dem Vektor $\vec{v} = \begin{pmatrix} v_x \\ v_y \end{pmatrix}$ parallel verschoben, so schreibt man:

  $f \xmapsto{\vec{v} = \begin{pmatrix} v_x \\ v_y \end{pmatrix}} f'$

  Um die Gleichung f' des Bildgraphen zum (Ur-)Graphen von f zu erhalten, setzt man den **allgemeinen Punkt** (x | f(x)) der Funktion f in die Abbildungsvorschrift ein.

Beispiele

1. Die Gerade g mit $y = \frac{1}{2}x + 3$ wird durch Parallelverschiebung mit dem Vektor $\vec{v} = \begin{pmatrix} 5 \\ -4 \end{pmatrix}$ auf die Bildgerade g' abgebildet. Berechne die Gleichung der Bildgeraden g'.

   Lösung:

   $g\colon y = \frac{1}{2}x + 3 \xmapsto{\vec{v} = \begin{pmatrix} 5 \\ -4 \end{pmatrix}} g'$

   $P\left(x \,\middle|\, \frac{1}{2}x + 3\right) \xmapsto{\vec{v} = \begin{pmatrix} 5 \\ -4 \end{pmatrix}} P'(x' \mid y')$ Abbildung eines allgemeinen Punktes $P \in g$

   $\begin{pmatrix} x' \\ y' \end{pmatrix} = \begin{pmatrix} x \\ \frac{1}{2}x + 3 \end{pmatrix} \oplus \begin{pmatrix} 5 \\ -4 \end{pmatrix}$ Einsetzen der Koordinaten von $P\left(x \,\middle|\, \frac{1}{2}x + 3\right)$ in die Abbildungsgleichung der Parallelverschiebung in Vektorform

   $\Leftrightarrow \begin{pmatrix} x' \\ y' \end{pmatrix} = \begin{pmatrix} x + 5 \\ \frac{1}{2}x + 3 - 4 \end{pmatrix}$ Zusammenfassen

   $\Leftrightarrow \begin{pmatrix} x' \\ y' \end{pmatrix} = \begin{pmatrix} x + 5 \\ \frac{1}{2}x - 1 \end{pmatrix}$ Übergang von der Vektorform zur Koordinatenform

   $\Leftrightarrow \left| \begin{array}{l} x' = x + 5 \quad | -5 \\ \wedge \ y' = \frac{1}{2}x - 1 \end{array} \right.$ Gleichung I nach x auflösen

   $\Leftrightarrow \left| \begin{array}{l} x = x' - 5 \\ \wedge \ y' = \frac{1}{2}x - 1 \end{array} \right.$ Ersetze den Parameter x durch den Term $x' - 5$ in Gleichung II.

$$\Leftrightarrow \left| \begin{array}{l} x = x' - 5 \\ \wedge\ y' = \frac{1}{2}(x' - 5) - 1 \end{array} \right.$$

$$\Leftrightarrow \left| \begin{array}{l} x = x' - 5 \\ \wedge\ y' = \frac{1}{2}x' - \frac{5}{2} - 1 \end{array} \right.$$

$$\Leftrightarrow \left| \begin{array}{l} x = x' - 5 \\ \wedge\ y' = \frac{1}{2}x' - 3\frac{1}{2} \end{array} \right.$$

also: g': $y = \frac{1}{2}x - 3\frac{1}{2}$

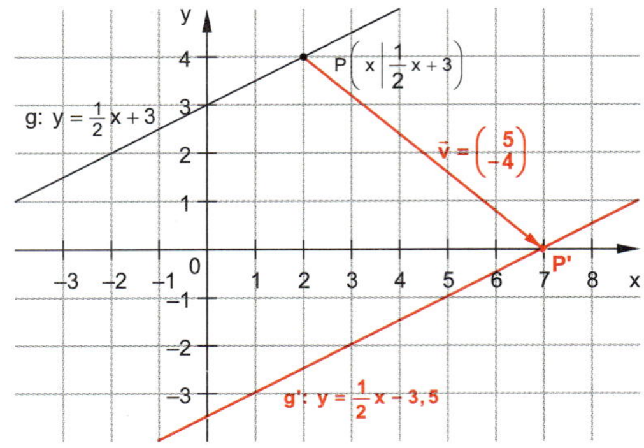

2. Gegeben ist die Funktion f mit der Gleichung $y = 1{,}5^{x-2} + 3$. Die Eckpunkte $C_n(x \,|\, 1{,}5^{x-2} + 3)$ von Parallelogrammen ABC_nD_n mit $A(-3 \,|\, -2)$ und $B(2 \,|\, 1)$ liegen auf dem Graphen zu f.
Zeichne das Parallelogramm ABC_1D_1 für $x = 5$ in ein Koordinatensystem.
Bestimme anschließend die Gleichung des Trägergraphen t_{D_n} der Punkte D_n und zeichne ihn in das Koordinatensystem ein.

Lösung:

$C_1(5 \,|\, 1{,}5^{5-2} + 3) = C_1(5 \,|\, 6{,}375)$

Zeichnung:

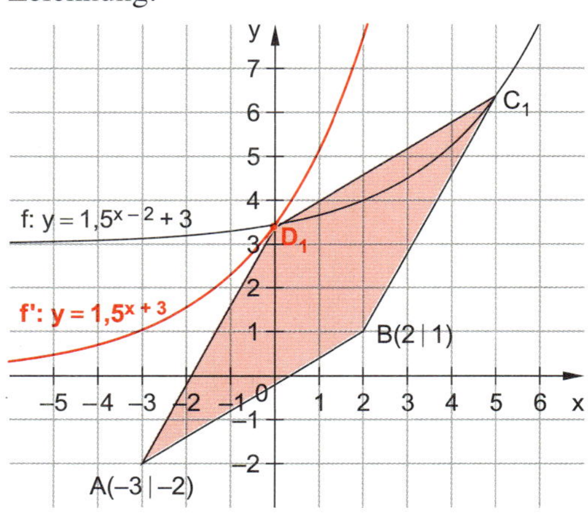

In den Parallelogrammen ABC_nD_n gilt:
$\overrightarrow{C_nD_n} = \overrightarrow{BA} = \begin{pmatrix} -3-2 \\ -2-1 \end{pmatrix} = \begin{pmatrix} -5 \\ -3 \end{pmatrix}$

Berechnung der Gleichung des Trägergraphen t_{D_n} der Punkte D_n:

Vektorkette:

$$\overrightarrow{OD_n} = \overrightarrow{OC_n} \oplus \overrightarrow{C_nD_n}$$

Vektorkette mit $D_n(x' \,|\, y')$ und $C_n(x \,|\, 1{,}5^{x-2} + 3)$

$$\Leftrightarrow \begin{pmatrix} x' \\ y' \end{pmatrix} = \begin{pmatrix} x \\ 1{,}5^{x-2} + 3 \end{pmatrix} \oplus \begin{pmatrix} -3-2 \\ -2-1 \end{pmatrix}$$

Beachte: $\overrightarrow{C_nD_n} = \overrightarrow{BA}$

$$\Leftrightarrow \begin{pmatrix} x' \\ y' \end{pmatrix} = \begin{pmatrix} x \\ 1{,}5^{x-2} + 3 \end{pmatrix} \oplus \begin{pmatrix} -5 \\ -3 \end{pmatrix}$$

$$\Leftrightarrow \begin{pmatrix} x' \\ y' \end{pmatrix} = \begin{pmatrix} x - 5 \\ 1{,}5^{x-2} + 3 - 3 \end{pmatrix}$$

$$\Leftrightarrow \begin{pmatrix} x' \\ y' \end{pmatrix} = \begin{pmatrix} x - 5 \\ 1{,}5^{x-2} \end{pmatrix}$$

$$\Leftrightarrow \left| \begin{array}{l} x' = x - 5 \\ \wedge\ y' = 1{,}5^{x-2} \end{array} \right. \quad |+5$$ Gleichung I nach x auflösen

$$\Leftrightarrow \left| \begin{array}{l} x = x' + 5 \\ \wedge\ y' = 1{,}5^{x-2} \end{array} \right.$$ Setze x' + 5 für x in Gleichung II ein.

$$\Leftrightarrow \left| \begin{array}{l} x = x' + 5 \\ \wedge\ y' = 1{,}5^{x'+5-2} \end{array} \right.$$

$$\Leftrightarrow \left| \begin{array}{l} x = x' + 5 \\ \wedge\ y' = 1{,}5^{x'+3} \end{array} \right.$$

also: $t_{D_n}: y = 1{,}5^{x+3}$ Gleichung des Trägergraphen der Punkte D_n

Aufgabe 319
bis auf Zeichnung

Berechne die Gleichung des Bildgraphen der Funktion f bei Parallelverschiebung mit $\vec{v}$ ($x, y \in \mathbb{R}$). Überprüfe die Rechnung zeichnerisch.

a) $f\colon y = \log(x+2) + 1;\quad \vec{v} = \begin{pmatrix} -2 \\ 3 \end{pmatrix}$

b) $f\colon y = -x^2 + 2x + 1;\quad \vec{v} = \begin{pmatrix} 5 \\ 1 \end{pmatrix}$

c) $f\colon y = 2^{x-3} + 4;\quad \vec{v} = \begin{pmatrix} -2 \\ -2 \end{pmatrix}$

Interaktive Aufgabe

7. Parallelverschiebung

Abbildung durch zentrische Streckung

Merke

Wird bei einer zentrischen Streckung mit dem **Streckungszentrum Z** und dem **Streckungsfaktor k** ($k \neq 0$) der (Ur-)Punkt P(x | y) auf den Bildpunkt P'(x' | y') abgebildet, so schreibt man:

$$P(x \mid y) \xmapsto{Z;\,k} P'(x' \mid y')$$

- **Abbildungsgleichung der zentrischen Streckung:**

  $$\overrightarrow{ZP} \xmapsto{Z(x_Z \mid y_Z);\,k} \overrightarrow{ZP'} = k \cdot \overrightarrow{ZP}$$

  $$\begin{pmatrix} x' - x_Z \\ y' - y_Z \end{pmatrix} = k \cdot \begin{pmatrix} x - x_Z \\ y - y_Z \end{pmatrix}$$ **Vektorform**

  $$\left| \begin{array}{l} x' - x_Z = kx - kx_Z \\ \wedge\ y' - y_Z = ky - ky_Z \end{array} \right.$$ **Koordinatenform**

- Wird der Graph einer Funktion f mit dem **Streckungszentrum Z** und dem **Streckungsfaktor k** ($k \neq 0$) zentrisch gestreckt, schreibt man:

  $$f \xmapsto{Z;\,k} f'$$

  Um die Gleichung f' des Bildgraphen zum (Ur-)graphen von f zu erhalten, setzt man den **allgemeinen Punkt** (x | f(x)) der Funktion f in die Abbildungsvorschrift ein.

Streckungszentrum Z(0 | 0)

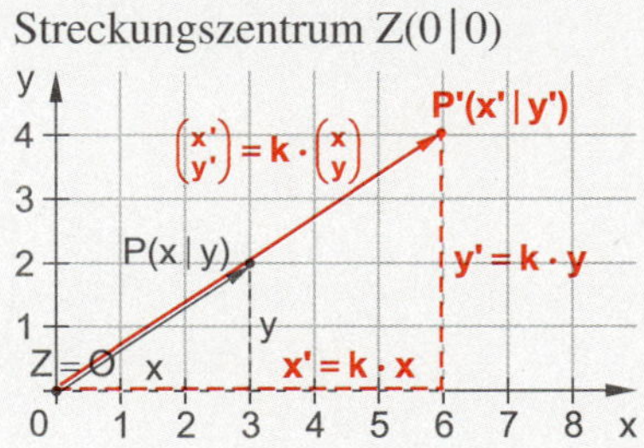

Streckungszentrum $Z(x_Z \mid y_Z)$

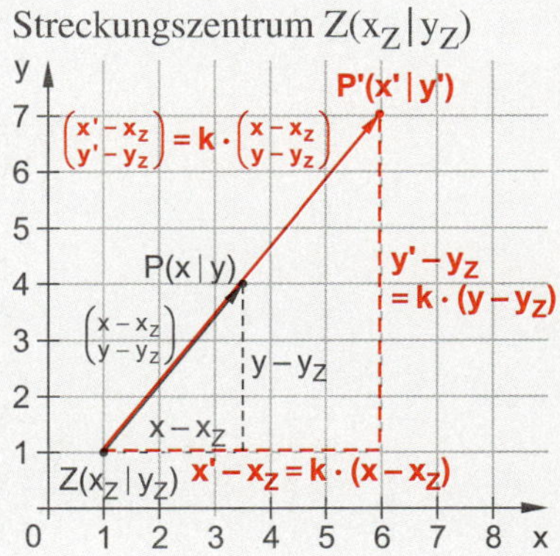

Beispiele

1. Das Dreieck ABC mit A(3 | 2), B(5 | 0) und C(3 | 5) wird durch zentrische Streckung mit Z(0 | 0) und k = 2 auf das Dreieck A'B'C' mit B'(10 | 0) und C'(6 | 10) abgebildet. Ermittle die Koordinaten des Bildpunktes A'.

   Lösung:

   $$\Delta ABC \xmapsto{Z(0|0);\ k=2} \Delta A'B'C'$$

   Das Streckungszentrum Z liegt im Ursprung.

   Berechnung der Koordinaten von A':

   $$\begin{pmatrix} x' \\ y' \end{pmatrix} = k \cdot \begin{pmatrix} x \\ y \end{pmatrix}$$

   Einsetzen der Koordinaten des Urpunktes A(3 | 2) in die Abbildungsgleichung

   $$\Leftrightarrow \begin{pmatrix} x' \\ y' \end{pmatrix} = 2 \cdot \begin{pmatrix} 3 \\ 2 \end{pmatrix}$$

   $$\Leftrightarrow \begin{pmatrix} x' \\ y' \end{pmatrix} = \begin{pmatrix} 2 \cdot 3 \\ 2 \cdot 2 \end{pmatrix}$$

   Multiplikation mit dem Streckungsfaktor k = 2

   $$\Leftrightarrow \begin{pmatrix} x' \\ y' \end{pmatrix} = \begin{pmatrix} 6 \\ 4 \end{pmatrix}$$

   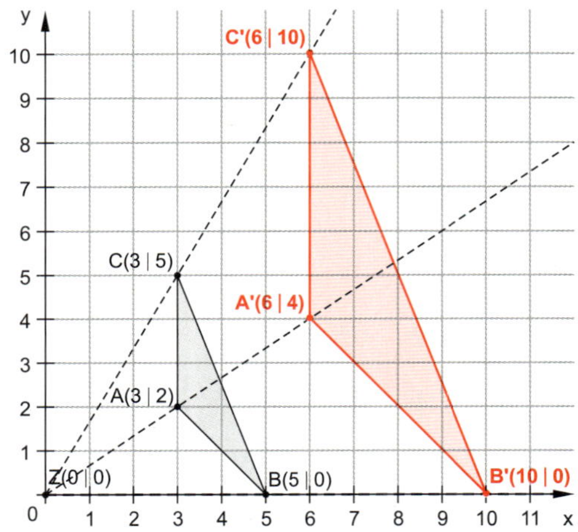

   also: A'(6 | 4) Koordinaten des Bildpunktes

2. Die Parabel p mit der Gleichung $y = \frac{1}{3}x^2 - 5$ wird durch zentrische Streckung mit dem Streckungszentrum Z(2 | 1) und dem Streckungsfaktor $k = -\frac{3}{2}$ abgebildet. Bestimme die Gleichung der Bildparabel p'.

   Lösung:

   $$p\colon y = \frac{1}{3}x^2 - 5 \xmapsto{Z(2|1);\ k=-\frac{3}{2}} p'$$

   Das Zentrum Z liegt nicht im Ursprung.

   $$\overrightarrow{ZP'} \xmapsto{Z(2|1);\ k=-\frac{3}{2}} \overrightarrow{ZP} \text{ mit } P'(x' | y')$$

   $$\begin{pmatrix} x' - x_Z \\ y' - y_Z \end{pmatrix} = k \cdot \begin{pmatrix} x - x_Z \\ y - y_Z \end{pmatrix}$$

   Abbildungsgleichung der zentrischen Streckung in Vektorform

   $$\Leftrightarrow \begin{pmatrix} x' - 2 \\ y' - 1 \end{pmatrix} = -\frac{3}{2} \cdot \begin{pmatrix} x - 2 \\ \frac{1}{3}x^2 - 5 - 1 \end{pmatrix}$$

   Einsetzen der allgemeinen Koordinaten des Urpunktes $P\left(x \,\middle|\, \frac{1}{3}x^2 - 5\right)$ und der Koordinaten des Zentrums Z(2 | 1) in die Abbildungsgleichung

   $$\Leftrightarrow \begin{pmatrix} x' - 2 \\ y' - 1 \end{pmatrix} = -\frac{3}{2} \cdot \begin{pmatrix} x - 2 \\ \frac{1}{3}x^2 - 6 \end{pmatrix}$$

   Multipliziere mit dem Streckungsfaktor $k = -\frac{3}{2}$.

   $$\Leftrightarrow \begin{pmatrix} x' - 2 \\ y' - 1 \end{pmatrix} = \begin{pmatrix} -\frac{3}{2} \cdot (x - 2) \\ -\frac{3}{2} \cdot \left(\frac{1}{3}x^2 - 6\right) \end{pmatrix}$$

   $$\Leftrightarrow \begin{pmatrix} x' - 2 \\ y' - 1 \end{pmatrix} = \begin{pmatrix} -\frac{3}{2}x + 3 \\ -\frac{1}{2}x^2 + 9 \end{pmatrix}$$

   Gehe zur Koordinatenform über.

   $$\Leftrightarrow \left| \begin{array}{ll} x' - 2 = -\frac{3}{2}x + 3 & |-3 \\ \wedge\ y' - 1 = -\frac{1}{2}x^2 + 9 & |+1 \end{array} \right.$$

   Gleichung I nach x auflösen

   Gleichung II nach y' auflösen

$$\Leftrightarrow \left| \begin{array}{l} x' - 5 = -\frac{3}{2}x \\ \wedge \quad y' = -\frac{1}{2}x^2 + 10 \end{array} \right. \qquad \left| \cdot \left(-\frac{2}{3}\right) \right.$$

$$\Leftrightarrow \left| \begin{array}{l} x = -\frac{2}{3}x' + \frac{10}{3} \\ \wedge \quad y' = -\frac{1}{2}x^2 + 10 \end{array} \right.$$

Setze $-\frac{2}{3}x' + \frac{10}{3}$ für x in Gleichung II ein.

$$\Leftrightarrow \left| \begin{array}{l} x = -\frac{2}{3}x' + \frac{10}{3} \\ \wedge \quad y' = -\frac{1}{2}\left(-\frac{2}{3}x' + \frac{10}{3}\right)^2 + 10 \end{array} \right.$$

$$\Leftrightarrow \left| \begin{array}{l} x = -\frac{2}{3}x' + \frac{10}{3} \\ \wedge \quad y' = -\frac{1}{2}\left(\frac{4}{9}x'^2 - \frac{40}{9}x' + \frac{100}{9}\right) + 10 \end{array} \right.$$

$$\Leftrightarrow \left| \begin{array}{l} x = -\frac{2}{3}x' + \frac{10}{3} \\ \wedge \quad y' = -\frac{2}{9}x'^2 + \frac{20}{9}x' - \frac{50}{9} + 10 \end{array} \right.$$

$$\Leftrightarrow \left| \begin{array}{l} x = -\frac{2}{3}x' + \frac{10}{3} \\ \wedge \quad y' = -\frac{2}{9}x'^2 + 2\frac{2}{9}x' + 4\frac{4}{9} \end{array} \right.$$

also: $p'\colon y = -\frac{2}{9}x^2 + 2\frac{2}{9}x + 4\frac{4}{9}$

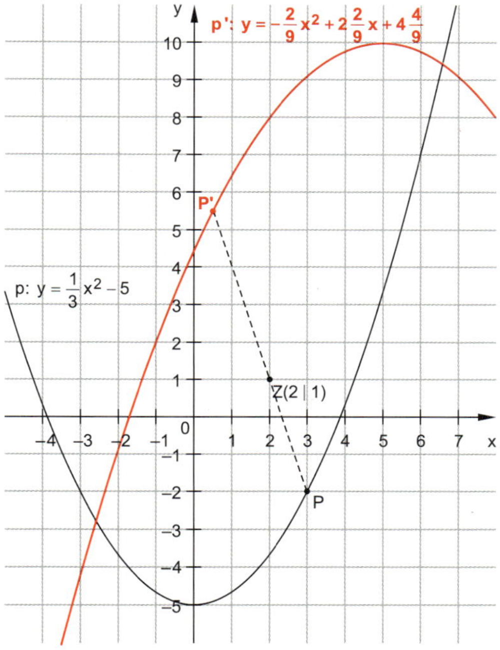

Aufgabe 320

bis auf Zeichnung

Bilde den Graphen der Funktion f durch zentrische Streckung am Streckungszentrum Z mit dem Streckungsfaktor k ab und berechne die Gleichung des Bildgraphen. Überprüfe die Rechnung zeichnerisch.

a) $f\colon y = -\frac{3}{4}x + 2 \xmapsto{Z(0|0);\ k=-3} f'$

b) $f\colon y = -x^3 - 1 \xmapsto{Z(-5|3);\ k=2} f'$

c) $f\colon y = 3x^{-2} + 4 \xmapsto{Z(-1|-1);\ k=\frac{1}{4}} f'$

Interaktive Aufgabe

8. Zentrische Streckung

Verknüpfung von Abbildungen

Merke

Die Verknüpfung von Abbildungen ermöglicht es, **zwei (oder mehrere)** aufeinanderfolgende Abbildungen durch **eine Ersatzabbildung** zu ersetzen:

$$\underbrace{P(x|y) \xmapsto{\text{1. Abbildung}} P'(x'|y') \xmapsto{\text{2. Abbildung}} P''(x''|y'') \xmapsto{\text{3. Abbildung}} P(x'''|y''')}\ldots$$

$$P(x|y) \xmapsto{\text{Ersatzabbildung}} P(x'''|y''')$$

Hinweis: Wird bei einer Verknüpfung von Abbildungen die Reihenfolge der Abbildungen verändert, so kann sich auch die Ersatzabbildung ändern.

Beispiele

1. Der Punkt P(3|2) wird durch eine Drehung um Z(0|0) mit $\alpha = 120°$ auf den Bildpunkt P' abgebildet. Dieser wird durch eine zentrische Streckung mit Z(0|0) und $k = 4$ weiter auf den Bildpunkt P'' abgebildet. Bestimme die Gleichung der Ersatzabbildung und die Koordinaten von P''.

   Lösung:

   1. Abbildung: Drehung

   $$\begin{pmatrix} x' \\ y' \end{pmatrix} = \begin{pmatrix} \cos 120° & -\sin 120° \\ \sin 120° & \cos 120° \end{pmatrix} \odot \begin{pmatrix} x \\ y \end{pmatrix}$$

   2. Abbildung: Zentrische Streckung

   $$\begin{pmatrix} x'' \\ y'' \end{pmatrix} = 4 \cdot \begin{pmatrix} x' \\ y' \end{pmatrix}$$

   Ersatzabbildung (Verknüpfung beider Abbildungen):

   $$\begin{pmatrix} x'' \\ y'' \end{pmatrix} = \begin{pmatrix} x' \\ y' \end{pmatrix} = \underbrace{4 \cdot \left[\underbrace{\begin{pmatrix} \cos 120° & -\sin 120° \\ \sin 120° & \cos 120° \end{pmatrix} \odot \begin{pmatrix} x \\ y \end{pmatrix}}_{\text{1. Abbildung: Drehung}} \right]}_{\text{2. Abbildung: Zentrische Streckung}}$$

   Da nur die endgültige Gleichung zu berechnen ist, kann in der Ersatzabbildung für $\begin{pmatrix} x'' \\ y'' \end{pmatrix}$ auch $\begin{pmatrix} x' \\ y' \end{pmatrix}$ verwendet werden.

   Berechnung der Koordinaten von P'':

   Setze die Koordinaten von P(3|2) in die Gleichung der Ersatzabbildung ein.

   Berechne zuerst die eckige Klammer.

   $$\begin{pmatrix} x_{P''} \\ y_{P''} \end{pmatrix} = 4 \cdot \left[\begin{pmatrix} \cos 120° & -\sin 120° \\ \sin 120° & \cos 120° \end{pmatrix} \odot \begin{pmatrix} x_P \\ y_P \end{pmatrix} \right]$$

   $$\begin{pmatrix} x_{P''} \\ y_{P''} \end{pmatrix} = 4 \cdot \left[\begin{pmatrix} \cos 120° & -\sin 120° \\ \sin 120° & \cos 120° \end{pmatrix} \odot \begin{pmatrix} 3 \\ 2 \end{pmatrix} \right]$$

   $$\begin{pmatrix} x_{P''} \\ y_{P''} \end{pmatrix} = 4 \cdot \begin{pmatrix} 3 \cdot \cos 120° - 2 \cdot \sin 120° \\ 3 \cdot \sin 120° + 2 \cdot \cos 120° \end{pmatrix}$$

   $$\begin{pmatrix} x_{P''} \\ y_{P''} \end{pmatrix} = 4 \cdot \begin{pmatrix} -3{,}23 \\ 1{,}60 \end{pmatrix}$$

   $$\begin{pmatrix} x_{P''} \\ y_{P''} \end{pmatrix} = \begin{pmatrix} -12{,}92 \\ 6{,}40 \end{pmatrix}$$

   also: P''(−12,92 | 6,40)

2. Gegeben ist die Parabel p mit der Gleichung $y = x^2 + 4x$ $(x, y \in \mathbb{R})$. Zeichne den Graphen zu p in ein Koordinatensystem. Die Parabel p wird durch Spiegelung an der x-Achse und anschließend durch Parallelverschiebung mit dem Vektor $\vec{v} = \begin{pmatrix} 6 \\ -2{,}5 \end{pmatrix}$ auf den Graphen p'' abgebildet. Ermittle rechnerisch die Funktionsgleichung von p'' und zeichne den Graphen p'' in das Koordinatensystem ein.

Lösung:

1. Abbildung: Achsenspiegelung

Spiegelung an der x-Achse:

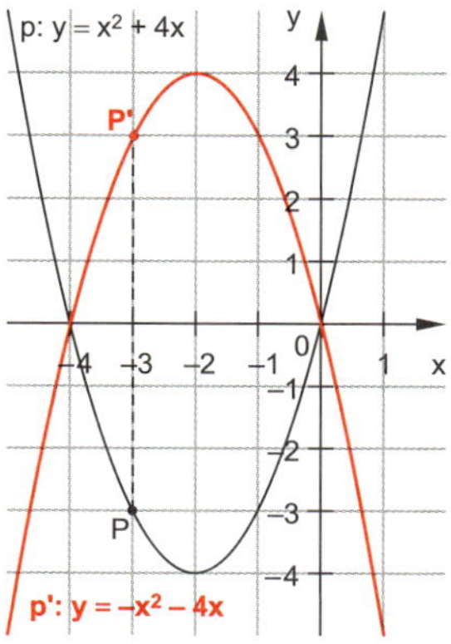

$$p\colon y = x^2 + 4x \xmapsto{\text{x-Achse}} p'$$

$$P(x \mid x^2 + 4x) \xmapsto{\text{x-Achse}} P'(x' \mid y')$$

$$\begin{pmatrix} x' \\ y' \end{pmatrix} = \begin{pmatrix} 1 & 0 \\ 0 & -1 \end{pmatrix} \odot \begin{pmatrix} x \\ x^2 + 4x \end{pmatrix}$$

$$\Leftrightarrow \begin{pmatrix} x' \\ y' \end{pmatrix} = \begin{pmatrix} 1 \cdot x + 0 \cdot (x^2 + 4x) \\ 0 \cdot x + (-1) \cdot (x^2 + 4x) \end{pmatrix}$$

$$\Leftrightarrow \begin{pmatrix} x' \\ y' \end{pmatrix} = \begin{pmatrix} x \\ -x^2 - 4x \end{pmatrix}$$

$$\Leftrightarrow \begin{vmatrix} x' = x \\ \wedge\ y' = -x^2 - 4x \end{vmatrix}$$

$$\Leftrightarrow \begin{vmatrix} x = x' \\ \wedge\ y' = -x'^2 - 4x' \end{vmatrix}$$

also: $p'\colon y = -x^2 - 4x$

2. Abbildung: Parallelverschiebung

Parallelverschiebung mit $\vec{v} = \begin{pmatrix} 6 \\ -2{,}5 \end{pmatrix}$:

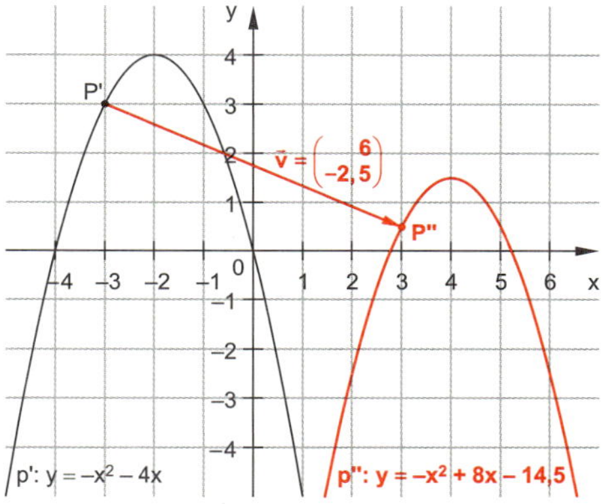

$$p'\colon y = -x^2 - 4x \xmapsto{\vec{v} = \begin{pmatrix} 6 \\ -2{,}5 \end{pmatrix}} p''$$

$$P'(x \mid -x^2 - 4x) \xmapsto{\vec{v} = \begin{pmatrix} 6 \\ -2{,}5 \end{pmatrix}} P''(x'' \mid y'')$$

$$\overrightarrow{OP''} = \overrightarrow{OP'} \oplus \vec{v}$$

$$\Leftrightarrow \begin{pmatrix} x'' \\ y'' \end{pmatrix} = \begin{pmatrix} x \\ -x^2 - 4x \end{pmatrix} \oplus \begin{pmatrix} 6 \\ -2{,}5 \end{pmatrix}$$

$$\Leftrightarrow \begin{vmatrix} x'' = x + 6 \\ \wedge\ y'' = -x^2 - 4x - 2{,}5 \end{vmatrix} \quad |-6$$

Gleichung I nach x auflösen

$$\Leftrightarrow \begin{vmatrix} x = x'' - 6 \\ \wedge\ y'' = -x^2 - 4x - 2{,}5 \end{vmatrix}$$

Setze x'' – 6 für x in Gleichung II ein.

$$\Leftrightarrow \begin{vmatrix} x = x'' - 6 \\ \wedge\ y'' = -(x'' - 6)^2 - 4(x'' - 6) - 2{,}5 \end{vmatrix}$$

Wende die 2. binomischen Formel an.

$$\Leftrightarrow \begin{vmatrix} x = x'' - 6 \\ \wedge\ y'' = -(x''^2 - 12x'' + 36) - 4x'' + 24 - 2{,}5 \end{vmatrix}$$

Zusammenfassen

$$\Leftrightarrow \begin{vmatrix} x = x'' - 6 \\ \wedge\ y'' = -x''^2 + 12x'' - 36 - 4x'' + 21{,}5 \end{vmatrix}$$

$$\Leftrightarrow \begin{vmatrix} x = x'' - 6 \\ \wedge\ y'' = -x''^2 + 8x'' - 14{,}5 \end{vmatrix}$$

also: $p''\colon y = -x^2 + 8x - 14{,}5$

Umbenennen von x'' und y'' in x und y

oder:

Verknüpfung beider Abbildungen

$$p\colon y = x^2 + 4x \xmapsto{\text{x-Achse}} p' \xmapsto{\vec{v}=\binom{6}{2,5}} p''$$

$$P(x \mid x^2+4x) \xmapsto{\text{x-Achse}} P'(x' \mid y') \xmapsto{\vec{v}=\binom{6}{-2,5}} P''(x'' \mid y'')$$

1. Abbildung: Achsenspiegelung an der x-Achse:

$$\begin{pmatrix} x' \\ y' \end{pmatrix} = \begin{pmatrix} 1 & 0 \\ 0 & -1 \end{pmatrix} \odot \begin{pmatrix} x \\ y \end{pmatrix}$$

2. Abbildung: Parallelverschiebung mit dem Vektor $\vec{v} = \begin{pmatrix} 6 \\ -2,5 \end{pmatrix}$:

$$\begin{pmatrix} x'' \\ y'' \end{pmatrix} = \begin{pmatrix} x' \\ y' \end{pmatrix} \oplus \begin{pmatrix} 6 \\ -2,5 \end{pmatrix}$$

Verknüpfung beider Abbildungen (Ersatzabbildung):

$$\begin{pmatrix} x'' \\ y'' \end{pmatrix} = \begin{pmatrix} x' \\ y' \end{pmatrix} = \underbrace{\underbrace{\left[\begin{pmatrix} 1 & 0 \\ 0 & -1 \end{pmatrix} \odot \begin{pmatrix} x \\ y \end{pmatrix}\right]}_{\text{1. Abbildung: Achsenspiegelung an der x-Achse}} \oplus \begin{pmatrix} 6 \\ -2,5 \end{pmatrix}}_{\text{2. Abbildung: Parallelverschiebung}}$$

Da nur die endgültige Gleichung zu berechnen ist, kann in der Ersatzabbildung für $\begin{pmatrix} x'' \\ y'' \end{pmatrix}$ auch $\begin{pmatrix} x' \\ y' \end{pmatrix}$ verwendet werden.

Berechnung der Gleichung der Bildparabel:

$$\begin{pmatrix} x' \\ y' \end{pmatrix} = \underbrace{\underbrace{\left[\begin{pmatrix} 1 & 0 \\ 0 & -1 \end{pmatrix} \odot \begin{pmatrix} x \\ x^2+4x \end{pmatrix}\right]}_{\text{Achsenspiegelung an der x-Achse}} \oplus \begin{pmatrix} 6 \\ -2,5 \end{pmatrix}}_{\text{Parallelverschiebung}}$$

$$\Leftrightarrow \begin{pmatrix} x' \\ y' \end{pmatrix} = \begin{pmatrix} 1 \cdot x + 0 \cdot (x^2+4x) \\ 0 \cdot x + (-1) \cdot (x^2+4x) \end{pmatrix} \oplus \begin{pmatrix} 6 \\ -2,5 \end{pmatrix}$$

$$\Leftrightarrow \begin{pmatrix} x' \\ y' \end{pmatrix} = \begin{pmatrix} x \\ -x^2-4x \end{pmatrix} \oplus \begin{pmatrix} 6 \\ -2,5 \end{pmatrix}$$

$$\Leftrightarrow \begin{pmatrix} x' \\ y' \end{pmatrix} = \begin{pmatrix} x+6 \\ -x^2-4x-2,5 \end{pmatrix}$$

$$\Leftrightarrow \begin{array}{|l} x' = x+6 \qquad \mid -6 \\ \wedge\ y' = -x^2-4x-2,5 \end{array}$$

$$\Leftrightarrow \begin{array}{|l} x = x'-6 \\ \wedge\ y' = -x^2-4x-2,5 \end{array}$$

$$\Leftrightarrow \begin{array}{|l} x = x'-6 \\ \wedge\ y' = -(x'-6)^2-4(x'-6)-2,5 \end{array}$$

$$\Leftrightarrow \begin{array}{|l} x = x'-6 \\ \wedge\ y' = -(x'^2-12x'+36)-4x'+24-2,5 \end{array}$$

$$\Leftrightarrow \begin{array}{|l} x = x'-6 \\ \wedge\ y' = -x'^2+12x'-36-4x'+21,5 \end{array}$$

$$\Leftrightarrow \begin{array}{|l} x = x'-6 \\ \wedge\ y' = -x'^2+8x'-14,5 \end{array}$$

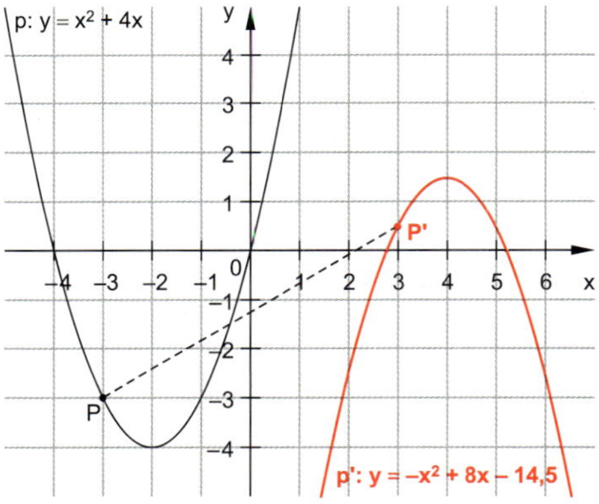

also: $p'\colon y = -x^2+8x-14,5$

Gleichung der Bildparabel

Aufgaben

321 Das Dreieck ABC mit A(3|−4), B(7|0) und C(5|2) wird wie folgt abgebildet:

$$\Delta ABC \xmapsto{\vec{v}=\begin{pmatrix}-10\\4\end{pmatrix}} \Delta A'B'C' \xmapsto{\text{x-Achse}} \Delta A''C''B''$$

Zeichne die Dreiecke ABC, A'B'C' und A"C"B" in ein Koordinatensystem und berechne die Koordinaten der Eckpunkte des Bilddreiecks A"C"B".

322 Der Punkt P(x|y) wird an der Geraden g mit $y=\frac{1}{2}x$ auf P* gespiegelt. Dieser wird anschließend durch Drehung mit O(0|0) als Zentrum und dem Drehwinkelmaß $\varphi=30°$ auf P'(x'|y') abgebildet.
Berechne die allgemeinen Koordinaten von P' in Abhängigkeit von x und y.

323 Die Gerade g mit $y=\frac{1}{3}x-1$ wird zunächst an der Achse s mit $y=2x$ gespiegelt. Die entstandene Bildgerade g* wird anschließend durch Drehung mit O(0|0) als Zentrum und dem Drehwinkelmaß $\varphi=60°$ auf die Gerade g' abgebildet.
Fertige eine Zeichnung an und bestimme die Gleichung der Geraden g'.

324 Der Punkt A(−4|−2) ist gemeinsamer Eckpunkt von Dreiecken AB_nC_n. Die Punkte $B_n(x|-0{,}5x-1)$ liegen auf der Geraden g mit der Gleichung $y=-0{,}5x-1$ und es gilt stets $\sphericalangle B_nAC_n=45°$ und zugleich $|\overline{AC_n}|=2\cdot|\overline{AB_n}|$.

a) Zeichne die Gerade g und das Dreieck AB_1C_1 für $x=-1$ in ein Koordinatensystem.
Für die Zeichnung: Längeneinheit 1 cm; $-5\leq x\leq 1$; $-2\leq y\leq 4{,}5$

b) Die Punkte B_n können auf die Punkte C_n abgebildet werden. Berechne die Koordinaten der Punkte C_n in Abhängigkeit von der Abszisse x der Punkte B_n.

325 Der Punkt A(0|0) ist gemeinsamer Eckpunkt von gleichschenkligen Dreiecken AB_nC_n mit der Basis $\overline{AB_n}$. Die Punkte B_n liegen auf der Geraden g mit der Gleichung $y=\frac{1}{2}x-1$ $(x, y\in\mathbb{R})$. Es gilt stets $|\overline{M_nC_n}|=2\cdot|\overline{AB_n}|$.

a) Zeichne das Dreieck AB_1C_1 für $x=5$ in ein Koordinatensystem.
Für die Zeichnung: Längeneinheit 1 cm; $-2\leq x\leq 6$; $-1\leq y\leq 11$

b) Die Punkte A_n können auf die Punkte C_n abgebildet werden. Berechne die Koordinaten der Punkte C_n in Abhängigkeit von der Abszisse der Punkte B_n.

c) Berechne die Gleichung des Trägergraphen t_{C_n} der Punkte C_n und zeichne den Graphen in das Koordinatensystem ein.

326 Der Punkt A(0|0) ist gemeinsamer Eckpunkt von Parallelogrammen $AB_nC_nD_n$.
Die Punkte B_n liegen auf dem Graphen zu g mit $y=0{,}25x-4$ $(x, y\in\mathbb{R})$.
Es gilt stets: $|\overline{AB_n}|:|\overline{AD_n}|=2:1$ und $\sphericalangle B_nAD_n=45°$.

a) Zeichne die Gerade g und die Parallelogramme $AB_1C_1D_1$ mit $B_1(3|y_1)$ und $AB_2C_2D_2$ mit $B_2(6|y_2)$ in ein Koordinatensystem.
Für die Zeichnung: Längeneinheit 1 cm; $-1\leq x\leq 9$; $-4{,}5\leq y\leq 1{,}5$

b) Ermittele rechnerisch die Koordinaten der Punkte D_n der Parallelogramme $AB_nC_nD_n$ in Abhängigkeit von der Abszisse x der Punkte B_n.

c) Bestimme die Gleichung des Trägergraphen t_{D_n} der Punkte D_n und zeichne sodann den Trägergraphen t_{D_n} in das Koordinatensystem ein.

Interaktive Aufgabe

9. Verknüpfung von Abbildungen

Fixelemente

Merke

Fixelemente einer Abbildung sind die geometrischen Objekte, die **auf sich selbst abgebildet** werden. Fixelemente sind z. B.:

- **Fixpunkt:** Ein Punkt P ist Fixpunkt einer Abbildung, wenn Bildpunkt $P'(x'|y')$ und Urpunkt $P(x|y)$ zusammenfallen: $P'(x'|y') = P(x|y)$
- **Fixgerade:** Eine Gerade g ist Fixgerade einer Abbildung, wenn sie auf sich selbst abgebildet wird: $g' = g$
- **Fixpunktgerade:** Eine Gerade g ist Fixpunktgerade einer Abbildung, wenn jeder Punkt der Geraden ein Fixpunkt ist und auf sich selbst abgebildet wird: Für alle $P \in g$ gilt: $P'(x'|y') = P(x|y)$

Hinweise:

- Zur Bestimmung von Fixpunkten sind die Koordinaten von Ur- und Bildpunkt gleichzusetzen: $\begin{pmatrix} x' \\ y' \end{pmatrix} = \begin{pmatrix} x \\ y \end{pmatrix}$
- Jede Fixpunktgerade ist auch eine Fixgerade. Umgekehrt ist jedoch nicht jede Fixgerade eine Fixpunktgerade. Während bei Fixpunktgeraden jeder einzelne Punkt auf sich selbst abgebildet wird, genügt bei Fixgeraden, dass sie als Ganzes auf sich abgebildet werden.

Beispiele

1. Untersuche die Abbildung mit $\begin{pmatrix} x' \\ y' \end{pmatrix} = 4 \cdot \begin{pmatrix} x \\ y \end{pmatrix} \oplus \begin{pmatrix} 2 \\ -3 \end{pmatrix}$ auf Fixpunkte ($x, y \in \mathbb{R}$).

Lösung:

Untersuchung auf Fixpunkte:

$$\begin{pmatrix} \mathbf{x'} \\ \mathbf{y'} \end{pmatrix} = 4 \cdot \begin{pmatrix} x \\ y \end{pmatrix} \oplus \begin{pmatrix} 2 \\ -3 \end{pmatrix}$$

Bei dieser Abbildung handelt es sich eine zentrische Streckung mit $Z = O(0|0)$ und $k = 4$ mit anschließender Parallelverschiebung mit dem Vektor $\begin{pmatrix} 2 \\ -3 \end{pmatrix}$.

Fixpunktbedingung $P(x'|y') = P(x|y)$:

$$\begin{pmatrix} \mathbf{x} \\ \mathbf{y} \end{pmatrix} = 4 \cdot \begin{pmatrix} x \\ y \end{pmatrix} \oplus \begin{pmatrix} 2 \\ -3 \end{pmatrix}$$

Ersetze $\begin{pmatrix} x' \\ y' \end{pmatrix}$ durch $\begin{pmatrix} x \\ y \end{pmatrix}$.

$$\Leftrightarrow \begin{pmatrix} x \\ y \end{pmatrix} = \begin{pmatrix} 4 \cdot x \\ 4 \cdot y \end{pmatrix} \oplus \begin{pmatrix} 2 \\ -3 \end{pmatrix}$$

$$\Leftrightarrow \begin{pmatrix} x \\ y \end{pmatrix} = \begin{pmatrix} 4x + 2 \\ 4y - 3 \end{pmatrix}$$

$$\Leftrightarrow \left| \begin{array}{l} x = 4x + 2 \quad |-4x \\ \wedge\ y = 4y - 3 \quad |-4y \end{array} \right.$$

Gleichung I nach x, Gleichung II nach y auflösen

$$\Leftrightarrow \left| \begin{array}{l} -3x = 2 \quad |:(-3) \\ \wedge\ -3y = -3 \quad |:(-3) \end{array} \right.$$

$$\Leftrightarrow \left| \begin{array}{l} x = -\frac{2}{3} \\ \wedge\ y = 1 \end{array} \right.$$

$$L = \left\{ \left(-\frac{2}{3} \middle| 1 \right) \right\}$$

Das Gleichungssystem besitzt genau ein Zahlenpaar als Lösung, also gibt es auch genau einen Fixpunkt.

also: $F\left(-\frac{2}{3} \middle| 1 \right)$

2. Bestätige, dass die Gerade g mit $y=-\frac{2}{3}x+5$ in Bezug auf die Abbildung mit $\begin{pmatrix}x'\\y'\end{pmatrix}=\begin{pmatrix}1&0\\0&1\end{pmatrix}\odot\begin{pmatrix}x\\y\end{pmatrix}\oplus\begin{pmatrix}6\\-4\end{pmatrix}$ eine Fixgerade ist $(x, y\in\mathbb{R})$.

Lösung:

Stimmen Ur- und Bildgerade in ihrer Gleichung überein, so ist g eine Fixgerade.

Berechnung der Gleichung der Bildgeraden g':

$$g\colon y=-\frac{2}{3}x+5 \longmapsto g'$$

$$P\left(x\,\middle|\,-\tfrac{2}{3}x+5\right)\longmapsto P'(x'\,|\,y')$$

$$\begin{pmatrix}x'\\y'\end{pmatrix}=\begin{pmatrix}1&0\\0&1\end{pmatrix}\odot\begin{pmatrix}x\\-\frac{2}{3}x+5\end{pmatrix}\oplus\begin{pmatrix}6\\-4\end{pmatrix}$$

Bei dieser Abbildung handelt es sich um die identische Abbildung mit anschließender Parallelverschiebung mit dem Vektor $\begin{pmatrix}6\\-4\end{pmatrix}$.

$$\Leftrightarrow\begin{pmatrix}x'\\y'\end{pmatrix}=\begin{pmatrix}1\cdot x+0\cdot\left(-\frac{2}{3}x+5\right)\\0\cdot x+1\cdot\left(-\frac{2}{3}x+5\right)\end{pmatrix}\oplus\begin{pmatrix}6\\-4\end{pmatrix}$$

$$\Leftrightarrow\begin{pmatrix}x'\\y'\end{pmatrix}=\begin{pmatrix}x\\-\frac{2}{3}x+5\end{pmatrix}\oplus\begin{pmatrix}6\\-4\end{pmatrix}$$

$$\Leftrightarrow\begin{pmatrix}x'\\y'\end{pmatrix}=\begin{pmatrix}x+6\\-\frac{2}{3}x+5-4\end{pmatrix}$$

$$\Leftrightarrow\left|\begin{array}{l}x'=x+6 \qquad |-6\\ \wedge\ y=-\frac{2}{3}x+1\end{array}\right.$$

Gleichung I nach x (Parameter) auflösen

$$\Leftrightarrow\left|\begin{array}{l}x=x'-6\\ \wedge\ y=-\frac{2}{3}x+1\end{array}\right.$$

Setze $x'-6$ für x in Gleichung II ein.

$$\Leftrightarrow\left|\begin{array}{l}x=x'-6\\ \wedge\ y=-\frac{2}{3}\cdot(x'-6)+1\end{array}\right.$$

$$\Leftrightarrow\left|\begin{array}{l}x=x'-6\\ \wedge\ y=-\frac{2}{3}x'+4+1\end{array}\right.$$

Die Bildgerade ist mit der Urgeraden identisch. Es handelt sich somit um eine Fixgerade.

also: $g'\colon y=-\frac{2}{3}x+5$

Jeder Punkt auf der Geraden g wird mit dem Vektor $\begin{pmatrix}6\\-4\end{pmatrix}$ parallel verschoben. Da dies einer der Steigungsvektoren von g ist $\left(m_g=-\frac{2}{3}\Rightarrow\vec{m}_g=\begin{pmatrix}3\\-2\end{pmatrix}\right)$, wird jeder Geradenpunkt auf einen anderen Geradenpunkt abgebildet. Somit ist g Fixgerade, aber keine Fixpunktgerade.

Wegen g' = g ist g also eine Fixgerade der Abbildung.

3. Untersuche die Abbildung mit $\begin{pmatrix}x'\\y'\end{pmatrix}=\begin{pmatrix}0{,}6&0{,}8\\0{,}8&-0{,}6\end{pmatrix}\odot\begin{pmatrix}x\\y\end{pmatrix}$ $(x, y\in\mathbb{R})$ auf Fixpunkte.

Lösung:

Untersuchung auf Fixpunkte:

$$\begin{pmatrix}x'\\y'\end{pmatrix}=\begin{pmatrix}0{,}6&0{,}8\\0{,}8&-0{,}6\end{pmatrix}\odot\begin{pmatrix}x\\y\end{pmatrix}$$

Bei dieser Abbildung handelt es sich um eine Achsenspiegelung an der Geraden mit $y=\frac{1}{2}x$ (vergleiche 2. Beispiel zur Achsenspiegelung an einer Ursprungsgeraden).

Fixpunktbedingung P(x'|y')=P(x|y):

$$\begin{pmatrix} x \\ y \end{pmatrix} = \begin{pmatrix} 0,6 & 0,8 \\ 0,8 & -0,6 \end{pmatrix} \odot \begin{pmatrix} x \\ y \end{pmatrix}$$ x' = x und y' = y setzen

$$\Leftrightarrow \begin{pmatrix} x \\ y \end{pmatrix} = \begin{pmatrix} 0,6x + 0,8y \\ 0,8x - 0,6y \end{pmatrix}$$

$$\Leftrightarrow \left| \begin{array}{ll} x = 0,6x + 0,8y & |-0,6x \\ \wedge\ y = 0,8x - 0,6y & |+0,6y \end{array} \right.$$ Löse beide Gleichungen nach y auf.

$$\Leftrightarrow \left| \begin{array}{ll} 0,4x = 0,8y & |:0,8 \\ \wedge\ 1,6y = 0,8x & |:1,6 \end{array} \right.$$

$$\Leftrightarrow \left| \begin{array}{l} y = \frac{1}{2}x \\ \wedge\ y = \frac{1}{2}x \end{array} \right.$$ Das Gleichungssystem besitzt unendliche viele Lösungen, die alle die Gleichung $y = \frac{1}{2}x$ erfüllen.

$$L = \left\{ (x\,|\,y) \,\middle|\, y = \frac{1}{2}x \right\}$$ Bei einer Achsenspiegelung bleibt jeder Punkt auf der Spiegelachse fix.

Alle Punkte, deren Koordinaten die Gleichung $y = \frac{1}{2}x$ erfüllen, sind Fixpunkte. Jeder Punkt der Geraden ist also Fixpunkt.

Die Gerade mit $y = \frac{1}{2}x$ ist somit eine Fixpunktgerade.

Aufgaben

327 Das Dreieck ABC mit A(1|–1), B(4|1) und C(0|3) wird durch zentrische Streckung mit Z(0|0) als Zentrum und dem Streckungsfaktor k=2 abgebildet. Das Bilddreieck wird sodann durch Parallelverschiebung mit $\vec{v} = \begin{pmatrix} 2 \\ -4 \end{pmatrix}$ auf das Dreieck A'B'C' mit B'(10|–2) und C'(2|2) abgebildet.

a) Fertige eine Zeichnung an und bestimme die Abbildungsvorschrift, mit der man das Dreieck ABC auf das Dreieck A'B'C' abbilden kann.

b) Berechne anschließend die Koordinaten der Punktes A'.

c) Berechne die Koordinaten des Fixpunktes F der Abbildung.

d) Bestätige rechnerisch, dass die Gerade BC eine Fixgerade bezüglich der Abbildung ist.

328 Das Dreieck ABC mit A(–5|1), B(–2|–4) und C(0|2) wird durch folgende Abbildungsvorschrift auf das Dreieck A'B'C mit $B'\left(4 \,\middle|\, 3\frac{1}{2}\right)$ und $C'\left(3 \,\middle|\, \frac{1}{2}\right)$ abgebildet:

$$\left| \begin{array}{l} x' = -\frac{1}{2}x + 3 \\ \wedge\ y' = -\frac{1}{2}y + 1\frac{1}{2} \end{array} \right.$$

a) Bestimme die Koordinaten des Fixpunktes der Abbildung.

b) Berechne die Koordinaten des Bildpunktes A'.

c) Überprüfe rechnerisch, ob die Gerade g mit der Gleichung $y = -\frac{1}{2}x + 2$ eine Fixgerade der gegebenen Abbildung ist.

d) Überprüfe die berechneten Ergebnisse zeichnerisch.

Interaktive Aufgabe

10. Fixelemente

Eigenschaften der Abbildungen im Koordinatensystem

Merke

Achsenspiegelung an einer Ursprungsgeraden

Bestimmungsstücke:

Maß $\alpha \in [0°; 180°[$ des Winkels, den die Spiegelachse g mit der positiven x-Achse einschließt

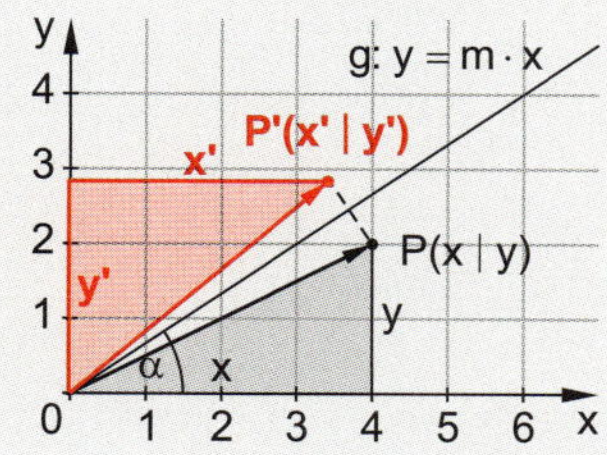

Abbildungsgleichung:

$$\begin{pmatrix} x' \\ y' \end{pmatrix} = \begin{pmatrix} \cos 2\alpha & \sin 2\alpha \\ \sin 2\alpha & -\cos 2\alpha \end{pmatrix} \odot \begin{pmatrix} x \\ y \end{pmatrix}$$ **Matrixform**

$$\begin{vmatrix} x' = \cos 2\alpha \cdot x + \sin 2\alpha \cdot y \\ \wedge\ y' = \sin 2\alpha \cdot x - \cos 2\alpha \cdot y \end{vmatrix}$$ **Koordinatenform**

Fixelemente:

- Fixpunkte: alle Punkte der Spiegelachse g (Fixpunktgerade)
- Fixgeraden: alle zu g senkrechte Geraden und g selbst

Sonderfälle:

- $\alpha = 0°$: Spiegelung an der x-Achse
- $\alpha = 45°$: Spiegelung an $w_{I/III}$
- $\alpha = 90°$: Spiegelung an der y-Achse
- $\alpha = 135°$: Spiegelung an $w_{II/IV}$

Merke

Drehung um den Ursprung

Bestimmungsstücke:

- Drehzentrum Z(0 | 0)
- Drehwinkelmaß $\alpha \in [0°; 360°[$

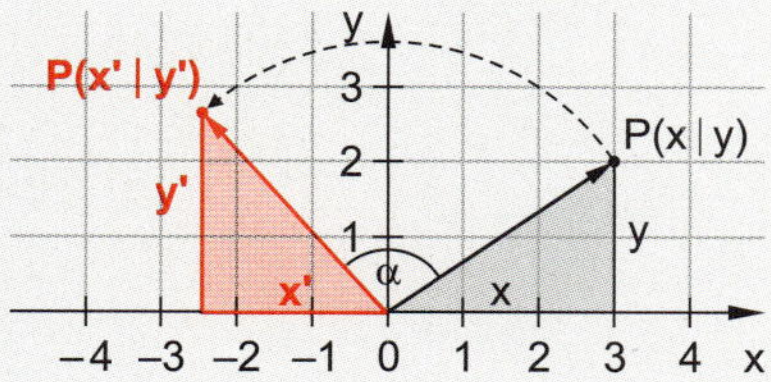

Abbildungsgleichung:

$$\begin{pmatrix} x' \\ y' \end{pmatrix} = \begin{pmatrix} \cos \alpha & -\sin \alpha \\ \sin \alpha & \cos \alpha \end{pmatrix} \odot \begin{pmatrix} x \\ y \end{pmatrix}$$ **Matrixform**

$$\begin{vmatrix} x' = \cos \alpha \cdot x - \sin \alpha \cdot y \\ \wedge\ y' = \sin \alpha \cdot x + \cos \alpha \cdot y \end{vmatrix}$$ **Koordinatenform**

Fixelemente für $\alpha \neq 0$:

- Fixpunkt: Z
- Fixgeraden: Für $\alpha = 180°$: alle Geraden durch Z
  Für $\alpha \neq 180°$: keine

Sonderfälle:

- $\alpha = 0°$: identische Abbildung
- $\alpha = 180°$: Punktspiegelung

Merke

Parallelverschiebung

Bestimmungsstücke:

Verschiebungsvektor $\vec{v} = \begin{pmatrix} v_x \\ v_y \end{pmatrix}$

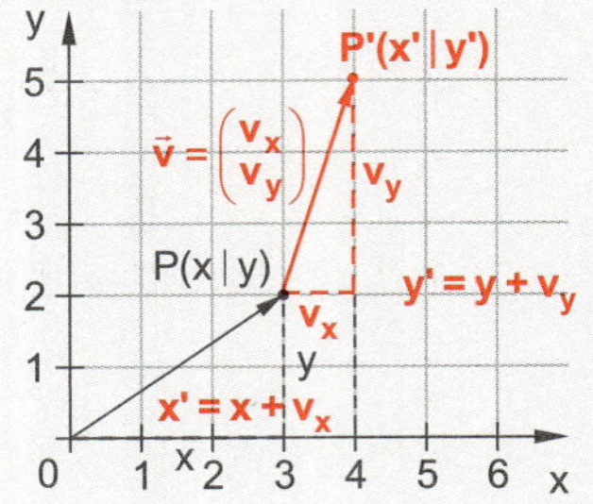

Abbildungsgleichung:

$$\begin{vmatrix} x' = x + v_x \\ \wedge \;\; y' = y + v_y \end{vmatrix}$$ **Koordinatenform**

Fixelemente für $\vec{v} \neq \begin{pmatrix} 0 \\ 0 \end{pmatrix}$:

- Fixpunkte: keine
- Fixgeraden: alle Geraden in Richtung von $\vec{v}$

Sonderfälle:

- $\vec{v} = \begin{pmatrix} 0 \\ 0 \end{pmatrix}$: identische Abbildung
- $\vec{v}^* = \begin{pmatrix} -v_x \\ -v_y \end{pmatrix}$: Umkehrabbildung zur Verschiebung mit $\vec{v} = \begin{pmatrix} v_x \\ v_y \end{pmatrix}$

Merke

Zentrische Streckung mit Zentrum Z(0 | 0)

Bestimmungsstücke:

- Streckungszentrum Z(0 | 0)
- Streckungsfaktor: $k \in \mathbb{R} \setminus \{0\}$

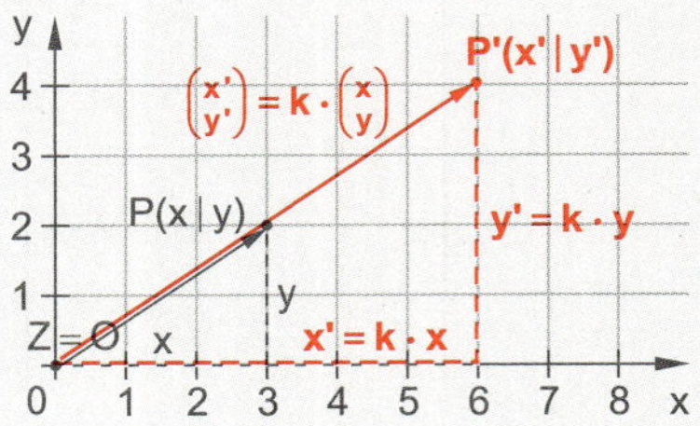

Abbildungsgleichung:

$$\begin{vmatrix} x' = k \cdot x \\ \wedge \;\; y' = k \cdot y \end{vmatrix}$$ **Koordinatenform**

Fixelemente für $k \neq 1$:

- Fixpunkt: Z
- Fixgeraden: alle Geraden durch Z

Sonderfälle:

- $k = 1$: identische Abbildung
- $k = -1$: Punktspiegelung

3.6 Pfadregeln in Baumdiagrammen

Pfad-Multiplikationsregel

Beispiel 2 b (Seite 122 in Abschnitt 2.9) führte zu einem umfangreichen Baumdiagramm. Dieses lässt sich wie folgt vereinfachen.

Merke

Pfad-Multiplikationsregel
Die Wahrscheinlichkeit eines Ergebnisses erhält man, wenn man die **Wahrscheinlichkeiten entlang seines Pfades** im Baumdiagramm **multipliziert**.

Beispiel

In einer Urne befinden sich 2 schwarze Kugeln (S) und eine weiße Kugel (W). Es werden 3 Kugeln gezogen. Dabei wird nach jedem Zug die gezogene Kugel wieder zurück in die Urne gelegt. Bestimme die Wahrscheinlichkeit, dass dreimal hintereinander eine schwarze Kugel gezogen wird, also P(SSS).

Lösung:

Bei dieser Aufgabe sind die Wahrscheinlichkeiten für Schwarz und Weiß nicht gleich. Bei jedem Zug ist:

$P(„Schwarz“) = \frac{2}{3}$ — Unter den 3 Kugeln sind 2 schwarze Kugeln.

$P(„Weiß“) = \frac{1}{3}$ — Unter den 3 Kugeln ist 1 weiße Kugel.

Darstellung im Baumdiagramm:

Man führt im Baumdiagramm pro Zug **jede Farbe nur einmal** auf, gibt aber dafür **die Wahrscheinlichkeit für jeden Pfad** an.
Dadurch reduziert sich der Umfang des Baumdiagramms.

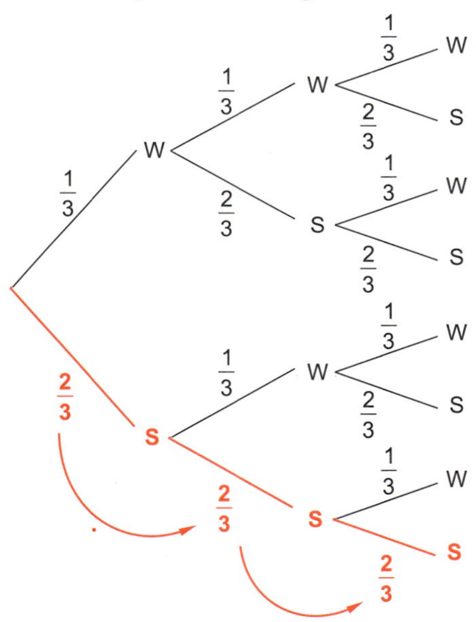

Die Wahrscheinlichkeit für das Ereignis **SSS** („dreimal Schwarz) erhält man nun, wenn man die Wahrscheinlichkeiten entlang des Pfades multipliziert:

$P(SSS) = \frac{2}{3} \cdot \frac{2}{3} \cdot \frac{2}{3} = \frac{8}{27}$ — Vgl. mit der Lösung auf Seite 122

Aufgabe 329

Löse Aufgabe 176 a (Seite 123) mithilfe eines Baumdiagramms und der Pfad-Multiplikationsregel:
Aus einem Schafkopfspiel nimmt man 2 Ober (O) und 2 Unter (U) heraus und legt sie verdeckt auf den Tisch. Du ziehst nacheinander 2 Karten, ohne die erste wieder zurückzulegen. Bestimme, wie hoch die Wahrscheinlichkeit ist, dass du 2 Ober hintereinander ziehst.

Tipp Nach dem ersten Zug ändern sich die Wahrscheinlichkeiten.

330 Schafkopf wird in Oberbayern mit 32 Karten gespielt. Beim Geben erhält jeder Spieler 8 Karten. Bestimme, mit welcher Wahrscheinlichkeit ein Spieler alle 4 Ober und alle 4 Unter, die im Kartenset vorkommen, erhält.

331 Moritz hat einen roten und 3 blaue Legosteine. Er möchte einen Turm bauen, der aus 3 aufeinanderliegenden Steinen besteht (z. B. rot-blau-blau).

a) Bestimme, wie viele verschiedene Farbkombinationen bei seinem Turm möglich sind.
b) Moritz zieht blind nacheinander 3 Steine und setzt die Steine in der Reihenfolge, mit der er sie zieht, aufeinander. Ermittle, mit welcher Wahrscheinlichkeit er einen Turm in der Reihenfolge blau-blau-rot baut.

Interaktive Aufgabe

1. Baumdiagramm
2. Multiplikationsregel (mit ZL)
3. Multiplikationsregel (ohne ZL)

Pfad-Additionsregel

Die Pfad-Additionsregel wird benötigt, wenn die günstigen Ergebnisse in mehreren Pfaden des Baumdiagramms vorkommen.

Merke

> **Pfad-Additionsregel**
> Die Wahrscheinlichkeit für ein Ereignis erhält man als Summe der Wahrscheinlichkeiten der einzelnen Ergebnisse dieses Ereignisses.
> Man **addiert** also die **Wahrscheinlichkeiten der einzelnen Pfade**.

Beispiel

Eine Münze wird dreimal hintereinander geworfen. Ermittle die Wahrscheinlichkeit, dass bei den 3 Würfen genau zweimal Zahl dabei ist.

Lösung:

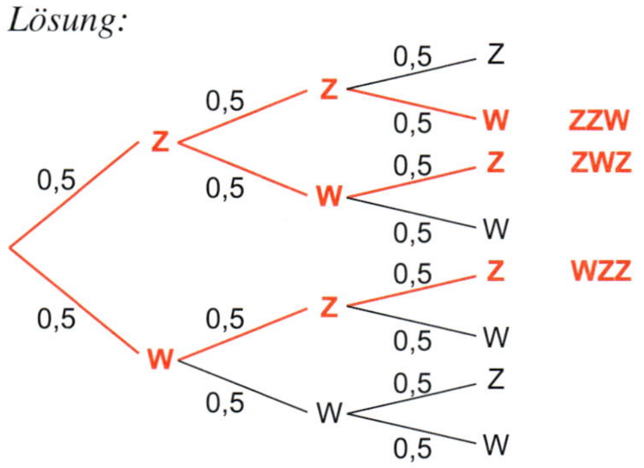

„Z" für Zahl und „W" für Wappen

Um die Wahrscheinlichkeit für das Ereignis „genau zweimal Zahl" zu bestimmen, zählt man die Pfade, die zu günstigen Ergebnissen führen. Das sind 3 Pfade:
ZZW, ZWZ, WZZ

Wahrscheinlichkeit für das Ergebnis ZZW:
P(ZZW) = $0{,}5 \cdot 0{,}5 \cdot 0{,}5 = 0{,}125 =$ **12,5 %**

Pfad-Multiplikationsregel für Pfad ZZW

Die Wahrscheinlichkeiten für die anderen beiden günstigen Ergebnisse ZWZ und WZZ betragen ebenfalls:
P(ZWZ) = 12,5 % bzw. **P(WZZ) = 12,5 %**

Pfad-Multiplikationsregeln für die Pfade ZWZ und WZZ

Um die Gesamtwahrscheinlichkeit für das Ereignis „Genau zweimal Zahl" zu erhalten, addiert man die Wahrscheinlichkeiten der Pfade ZZW, ZWZ und WZZ:
P(„Genau zweimal Zahl")
= **P(ZZW) + P(ZWZ) + P(WZZ)**
= 12,5 % + 12,5 % + 12,5 % = 37,5 %

Diese Regel nennt man die Pfad-Additionsregel.

Löse die folgenden Aufgaben mithilfe der beiden Pfadregeln.

Aufgaben

332 In einer Urne befinden sich 6 Kugeln. 3 davon sind rot (R), eine grün (G) und 2 blau (B). Nacheinander werden 2 Kugeln gezogen. Die erste Kugel wird nach dem Ziehen wieder **zurückgelegt**.

a) Bestimme, mit welcher Wahrscheinlichkeit zuerst eine rote und dann eine grüne Kugel gezogen wird.

b) Bestimme, mit welcher Wahrscheinlichkeit eine rote und eine grüne Kugel gezogen werden. Die Reihenfolge ist dabei egal.

333 In einer Urne befinden sich eine gelbe Kugel (G), 2 blaue Kugeln (B) und 3 rote Kugeln (R). Nacheinander werden 2 Kugeln gezogen. Die erste Kugel wird nach dem Ziehen **nicht zurückgelegt**.

a) Stelle dieses Zufallsexperiment in einem Baumdiagramm dar. Schreibe auf jeden Pfad die Wahrscheinlichkeiten.

Tipp Nach jedem Zug ändert sich die Anzahl der Kugeln in der Urne.

b) Gib anschließend die Wahrscheinlichkeiten für folgende Ereignisse an.
   i) Es wird zuerst Gelb und dann Blau gezogen.
   ii) Es werden 2 blaue Kugeln gezogen.
   iii) Es werden eine rote und eine gelbe Kugel gezogen. Die Reihenfolge ist dabei egal.

334 In einer Urne befinden sich 5 rote (R), 4 blaue (B) und 3 weiße Kugeln (W). Pythagoras zieht 2 Kugeln ohne Zurücklegen. Gib deine Ergebnisse im Folgenden in Prozent auf 2 Nachkommastellen gerundet an.

a) Bestimme, mit welcher Wahrscheinlichkeit Pythagoras 2 rote Kugeln zieht.

b) Bestimme, mit welcher Wahrscheinlichkeit Pythagoras zuerst eine rote und dann eine blaue Kugel zieht.

c) Bestimme, mit welcher Wahrscheinlichkeit Pythagoras eine rote und eine blaue Kugel zieht. Die Reihenfolge ist dabei egal.

d) Bestimme, mit welcher Wahrscheinlichkeit Pythagoras 2 Kugeln unterschiedlicher Farbe zieht. Verwende bei deiner Lösung das Gegenereignis.

335 In Deutschland sind 8 % der Männer farbenblind. Es werden 4 Männer zufällig ausgewählt. Gib deine Ergebnisse in Prozent auf ganze Zahlen gerundet an.

a) Bestimme, mit welcher Wahrscheinlichkeit keiner farbenblind ist.

b) Bestimme, mit welcher Wahrscheinlichkeit mindestens einer farbenblind ist.

336 Mit der App eines Burger-Restaurants kann man sich den Burger seiner Wahl zusammenstellen. Zuerst wählt man die Burgersemmel aus: entweder Weißmehl, Vollkorn oder Sesam. Anschließend wählt man die Art des Belages: entweder Tofu, Hühnchen, Rindfleisch oder Pute. Dann die Soße: entweder Barbecue, Ketchup, Senf oder Mayo. Und zum Schluss noch: mit Käse oder ohne Käse.

a) Stelle in einem Baumdiagramm-Ausschnitt alle Möglichkeiten dar, sich einen Vollkorn-Burger mit Pute zusammenzustellen.
b) Gib an, wie viele verschiedene Burger-Kombinationen insgesamt möglich sind.
c) Das Restaurant bietet den Random-Burger an. Dabei werden die Zutaten zufällig kombiniert. Bestimme, mit welcher Wahrscheinlichkeit man einen Burger mit Tofu, Ketchup und Käse erhält.
d) Bestimme, mit welcher Wahrscheinlichkeit der Random-Burger entweder ein Weißmehl-Burger mit Rindfleisch oder ein Hühnchen-Burger mit Senf ist.

337 Auf der Homepage eines Autohändlers kann man sich sein Wunschauto konfigurieren. Zuerst wählt man entweder Diesel, Benziner oder E-Motor, anschließend eine der Farben Blau, Orange, Schwarz oder Rot und schließlich noch eine der Ausstattungslinien Basic (Ba), Business (Bu) oder Exclusive (Ex).

a) Ermittle, wie viele Varianten es gibt.
b) Bestimme die Wahrscheinlichkeit dafür, dass beim zufälligen Klicken ein roter Diesel mit Business-Paket konfiguriert wird.
c) 20 % der Bestellungen fallen auf blaue Autos mit E-Motor. Entscheide, ob das der Wahrscheinlichkeit beim zufälligen Klicken entspricht.
d) Zeichne einen Ausschnitt des Baumdiagramms, aus dem man die Anzahl der Varianten mit E-Motor entnehmen kann.
e) Man kann das Fahrzeug zufällig konfigurieren lassen, wobei alle Konfigurationen gleich wahrscheinlich angeboten werden. Bestimme, mit welcher Wahrscheinlichkeit man ein schwarzes Fahrzeug mit Basic-Ausstattung oder einen orangen Diesel erhält.

338 Ein Impfstoff ist zu 95 % wirksam. 3 Personen werden mit diesem Impfstoff geimpft.

a) Bestimme, mit welcher Wahrscheinlichkeit der Impfstoff bei allen 3 Personen wirkt. Runde dein Ergebnis in Prozent auf eine Nachkommastelle.
b) Bestimme, mit welcher Wahrscheinlichkeit der Impfstoff bei keiner der 3 Personen wirkt. Runde dein Ergebnis in Prozent auf 2 Nachkommastellen.
c) Bestimme, mit welcher Wahrscheinlichkeit der Impfstoff bei mindestens einer der 3 Personen nicht wirkt. Runde dein Ergebnis in Prozent auf eine Nachkommastelle.

339 Bei einem Multiple-Choice-Test mit 4 Fragen gibt es jeweils 3 Antwortmöglichkeiten. Es ist bei jeder Frage immer nur genau eine Antwort richtig.
Gib deine Ergebnisse in Prozent auf eine Nachkommastelle gerundet an.

a) Bestimme die Wahrscheinlichkeit, dass man durch Raten alle 4 Fragen richtig beantwortet.
b) Bestimme die Wahrscheinlichkeit, dass durch Raten alle Antworten falsch sind.
c) Bestimme die Wahrscheinlichkeit, dass durch Raten genau eine Antwort richtig ist.

Tipp Erstelle ein Baumdiagramm.

d) Bestimme die Wahrscheinlichkeit dafür, dass durch Raten mindestens eine Antwort richtig ist.

Tipp Nutze hierzu das Gegenereignis.

Interaktive Aufgabe

4. Urne

5. Lose

Gleichungen erstellen mithilfe von Baumdiagrammen

Beispiel

Die 9. und 10. Klassen einer Realschule nehmen an einem Skikurs teil. Sie haben entweder wenig Ski-Erfahrung oder sind Fortgeschrittene. Aus den 9. Klassen haben 60 % wenig Ski-Erfahrung. Aus den 10. Klassen sind 70 % Fortgeschrittene. Der Gesamtanteil der am Skikurs Teilnehmenden aus den 9. Klassen beträgt x %.

a) Erstelle ein Baumdiagramm und trage die Anteile auf allen Ästen ein.

b) Insgesamt beträgt der Anteil derjenigen mit wenig Ski-Erfahrung 45 %. Zeige, dass genau 50 % der am Skikurs Teilnehmenden aus den 9. Klassen sind, also $x = 50$ ist.

Lösung:

a)

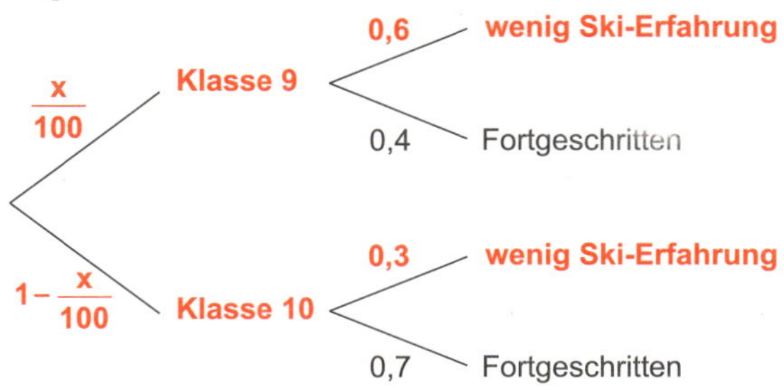

1. Stufe: Wenn der Anteil aus den 9. Klassen $\frac{x}{100}$ beträgt, dann ist der Anteil aus den 10. Klassen $1-\frac{x}{100}$.

2. Stufe oben: Wenn 60 % aus Klasse 9 wenig Ski-Erfahrung haben, sind 100 % − 60 % = 40 % aus Klasse 9 Fortgeschrittene.

2. Stufe unten: Wenn 70 % aus Klasse 10 Fortgeschrittene sind, haben 100 % − 70 % = 30 % aus Klasse 10 wenig Ski-Erfahrung.

b) Den rot markierten Pfaden entnimmt man mit der Pfad-Multiplikationsregel:

i) Anteil, der aus **Klasse 9** ist und **wenig Ski-Erfahrung** hat:

$\frac{x}{100} \cdot 0{,}6$

ii) Anteil, der aus **Klasse 10** ist und **wenig Ski-Erfahrung** hat:

$\left(1-\frac{x}{100}\right) \cdot 0{,}3$

Beide Anteile zusammen ergeben den **Gesamtanteil** der Teilnehmenden mit **wenig Ski-Erfahrung**. Dieser beträgt laut Angabe:

45 % = **0,45**

Das führt mit der Pfad-Additionsregel zu folgender Gleichung:

$$0{,}45 = \frac{x}{100} \cdot 0{,}6 + \left(1-\frac{x}{100}\right) \cdot 0{,}3$$

$$0{,}45 = 0{,}6 \cdot \frac{x}{100} + 0{,}3 - 0{,}3 \cdot \frac{x}{100} \quad \left| -0{,}3\right.$$

$$0{,}15 = 0{,}6 \cdot \frac{x}{100} - 0{,}3 \cdot \frac{x}{100} \quad \left| \cdot 100\right.$$

$$15 = 0{,}6x - 0{,}3x$$

$$15 = 0{,}3x \quad \left| :0{,}3\right.$$

$$x = 50$$

Also sind $\frac{50}{100} = 50\ \%$ der Teilnehmenden aus Klasse 9.

Aufgaben

340

Eine Maschine produziert Schrauben mit Gewinde M5 und Schrauben mit Gewinde M8. Der Anteil der M5-Schrauben sei x %. Bei der Produktion treten Fehler auf. Von den M8-Schrauben haben 6 % Gewindefehler und 8 % Fehler am Schraubenkopf. Bei den M5-Schrauben ist der Anteil der beiden Fehlerarten jeweils nur halb so groß.

a) Zeichne ein Baumdiagramm, das diese Anteile darstellt.

b) Bei einer Prüfung stellt man fest, dass 2 % aller Schrauben ein M5-Gewinde mit einem Gewindefehler oder einem Schraubenkopffehler besitzen. Berechne, wie groß der Anteil der M5-Schrauben an der Gesamtproduktion ist. Gib dein Ergebnis in Prozent auf 2 Nachkommastellen gerundet an.

Tipp

Betrachte den Teil des Baumdiagramms, der die fehlerhaften M5-Schrauben beschreibt, und gewinne daraus eine Gleichung, die den Anteil $x\,\% = \frac{x}{100}$ der M5-Schrauben enthält.

341

Auf einem Flohmarkt verkauft ein Händler Uhren. Er hat alle Uhren auf einem großen Tisch ausgelegt und ein Schild aufgestellt, auf dem steht: „Wertvolle Originale und günstige Imitate!“ Von den wertvollen Originalen funktionieren 70 %. Von den Imitaten sind 60 % defekt.

a) Zeichne das Baumdiagramm für die Auswahl einer Uhr auf dem Tisch. Bezeichne dabei den Anteil der wertvollen Originale mit p %.

b) Insgesamt beträgt der Anteil der funktionierenden Uhren 50 %.
Berechne den Anteil p % der Uhren, die wertvolle Originale sind.

Interaktive Aufgabe

6. Gleichung erstellen

Komplexe Aufgaben

Komplexe Aufgaben

Wenn du dich in den vorhergehenden Kapiteln fit fühlst, kannst du anhand folgender komplexer Aufgaben intensiv für die Abschlussprüfung trainieren. Alle Zwischen- und Endergebnisse sind auf **2 Nachkommastellen zu runden, sofern nicht anders angegeben**.

Exponential- und Logarithmusfunktionen

Aufgaben

342 Gegeben ist die Funktion f mit der Gleichung $y = 3^{x+1} - 2$ mit $x, y \in \mathbb{R}$.

a) Gib die Definitionsmenge und die Wertemenge der Funktion f an und zeichne den Graphen zu f in ein Koordinatensystem.
Für die Zeichnung: Längeneinheit 1 cm; $-2 \le x \le 8$; $-5 \le y \le 4$

b) Berechne die Gleichung der Umkehrfunktion zu f und gib die zugehörige Definitions- und Wertemenge an. Zeichne anschließend den Graphen der Umkehrfunktion in das Koordinatensystem ein.

c) Punkte $C_n(x \mid \log_3(x+2) - 1)$ auf dem Graphen zu f^{-1} bilden mit den Punkten $A(-1 \mid -5)$ und $B(8 \mid -5)$ Dreiecke ABC_n. Zeichne das Dreieck ABC_1 für $x = 2$ in das Koordinatensystem ein und berechne den Flächeninhalt der Dreiecke ABC_n in Abhängigkeit von der Abszisse x der Punkte C_n.
[Ergebnis: $A_{\Delta ABC_n}(x) = [4{,}5 \cdot \log_3(x+2) + 18]$ FE]

d) Berechne mithilfe der Formel aus Teilaufgabe c den Flächeninhalt des Dreiecks ABC_1 auf 3 Stellen nach dem Komma gerundet.

e) Das Dreieck ABC_2 hat einen Flächeninhalt von 30 FE.
Berechne die x-Koordinate von C_2.

f) Das Dreieck ABC_3 ist gleichschenklig mit Basis $\overline{AB}$ und Basismittelpunkt M.
Berechne das Maß φ des Winkels AC_3B.

343 Viele bekannte Energy-Drink-Produkte enthalten als Inhaltsstoff Koffein. So enthält das Produkt einer bekannten Herstellerfirma 80 Milligramm Koffein pro 250-mℓ-Dose. Nimmt man Koffein zu sich, setzen nach etwa einer Stunde die Wirkung und der Abbau des Koffeins im menschlichen Körper ein. Messungen zeigen, dass der Koffeingehalt im Blut exponentiell abnimmt. Nach x h beträgt die Masse des verbleibenden Koffeins im Körper y mg. Die Funktion f mit der Gleichung $y = y_0 \cdot 0{,}5^{\frac{x-1}{3}}$ $(x, y \in \mathbb{R};\ y_0 \in \mathbb{R}^+;\ x > 1)$ stellt diesen Abbauprozess annähernd dar. Dabei bedeutet y_0 mg die Anfangsmasse des Koffeins.

a) Ein Schüler trinkt um 18.00 Uhr eine Dose des Energy-Drinks. Berechne, welche Masse an Koffein sich um 20.00 Uhr noch in seinem Körper befindet.

b) Berechne, wie viel Prozent des Koffeins der Körper 10 Stunden nach Genuss des Getränks abgebaut hat.

c) Berechne die Uhrzeit, zu der sich nur noch 5 mg Koffein im Körper befinden.

d) Seit einiger Zeit sind Produkte auf dem Markt, die bei weniger Inhalt deutlich mehr Koffein enthalten. Berechne, wie viele mg Koffein sich in einer 100-mℓ-Dose eines solchen Produktes befinden, wenn 7 Stunden nach dessen Einnahme noch 33,25 mg Koffein im Körper nachweisbar sind.

344 Wird ein Startkapital K_0 mit Zinseszinsen angelegt, werden die jährlich anfallenden Zinsen dem Kapital zugeschlagen und mitverzinst. Die Kapitalentwicklung K_n nach n Jahren bei einem Zinssatz von p % ($p \in \mathbb{R}^+$) kann mithilfe der Gleichung $K_n = K_0 \cdot \left(1 + \frac{p}{100}\right)^n$ berechnet werden.

a) Herr Glückspilz will seinen Lottogewinn in Höhe von 250 000 € anlegen. Seine Bank bietet ihm dafür eine Zinseszinsanlage mit einem Zinssatz von 5 % an.
Zeige, dass die Gleichung $K_n = 250\,000\text{ €} \cdot 1{,}05^n$ diesen Wachstumsprozess beschreibt.

b) Tabellarisiere K_n für $n \in [0; 30]$ mit $\Delta n = 6$. Runde dabei auf Ganze.

c) Berechne, im Laufe des wievielten Jahres das angesparte Kapital die Millionengrenze überschreiten wird.

d) Das Ergebnis aus Teilaufgabe c enttäuscht Herrn Glückspilz, hatte er doch geplant, spätestens nach 20 Jahren zum „Club der Millionäre" gehören zu dürfen.
Berechne, um welche Summe er das Anfangskapital erhöhen müsste, um sein Ziel bei gleichbleibender Verzinsung erreichen zu können.

e) Weil Herr Glückspilz den zusätzlichen Betrag aus Teilaufgabe d nicht aufbringen kann, plant er stattdessen, nur noch so lange zu arbeiten, bis er von den Zinsen seines angesparten Kapitals leben kann. Dafür sieht er 40 000 € pro Jahr vor.
Berechne, nach wie vielen Jahren (auf Ganze runden) das angesparte Kapital einen so hohen Wert erreicht hätte, dass jährlich 40 000 € Zinsen anfallen.

f) Auch mit dem Ergebnis aus Teilaufgabe e ist Herr Glückspilz unzufrieden. Nach kurzer Recherche findet er im Internet eine Bank, die ihm bei Zahlung einer einmaligen Bearbeitungsgebühr in Höhe von 4 % des angelegten Kapitals (des Lottogewinns) einen Zinssatz von 6,5 % anbietet.
Bestimme die Gleichung der Funktion h, die durch dieses Angebot festgelegt wird.

g) Berechne, nach wie vielen Jahren das angesparte Kapital beim Internetangebot die Millionengrenze überschreiten würde.

h) Berechne, welchen Zinssatz Herr Glückspilz mit seiner Hausbank aushandeln müsste, damit er nach 23 Jahren 1 000 000 € angespart hätte.

i) Berechne, im Laufe des wievielten Jahres nach Vertragsabschluss Herr Glückspilz bei beiden Angeboten das gleiche Kapital angespart hätte.

Ebene Geometrie

Aufgaben

345 Die Pfeile $\overrightarrow{AB} = \begin{pmatrix} 5 \\ 1 \end{pmatrix}$ und $\overrightarrow{AD_n}(\varphi) = \begin{pmatrix} -8 \cdot \sin\varphi \\ 10 \cdot \cos^2\varphi \end{pmatrix}$ mit A(0|0) spannen für $\varphi \in [0°; 90°[$ Parallelogramme ABC_nD_n auf.

a) Berechne die Koordinaten des Pfeils $\overrightarrow{AD_1}$ für $\varphi = 30°$ und zeichne das Parallelogramm ABC_1D_1 in ein Koordinatensystem.
Für die Zeichnung: Längeneinheit 1 cm; $-5 \leq x \leq 7$; $0 \leq y \leq 11$

b) Berechne das Maß δ des Winkels AD_1C_1.

c) Berechne den Flächeninhalt der Parallelogramme ABC_nD_n in Abhängigkeit von φ.
[Ergebnis: $A_{ABC_nD_n}(\varphi) = (-50 \cdot \sin^2\varphi + 8 \cdot \sin\varphi + 50)$ FE]

d) Berechne das Maß φ des Winkels, für den das flächengrößte Parallelogramm entsteht.

e) Ermittle die Gleichung des Trägergraphen t_{C_n} der Punkte C_n.

f) Das Parallelogramm ABC_2D_2 ist ein Rechteck.
Berechne den zugehörigen Wert für φ.

346 Die Gerade g mit $y = \frac{1}{2}x + 3$ ist der Trägergraph der Eckpunkte $D_n\left(x \mid \frac{1}{2}x + 3\right)$ von Rauten $AB_nC_nD_n$ mit $A(-6 \mid -4)$. Die Eckpunkte C_n liegen auf der Ursprungsgeraden durch A. Es gilt: $x, y \in \mathbb{R}$.

a) Zeichne die Gerade g sowie die Raute $AB_1C_1D_1$ für $x = -2$ in ein Koordinatensystem. Für die Zeichnung: Längeneinheit 1 cm; $-7 \leq x \leq 6$; $-4 \leq y \leq 4$
b) Die Punkte D_n können auf die Punkte B_n abgebildet werden. Berechne die Koordinaten von B_n in Abhängigkeit von der Abszisse der Punkte D_n.
c) Zeige durch Rechnung, dass der Trägergraph t_{B_n} der Punkte B_n die Gleichung $y = 0{,}87x - 3{,}54$ besitzt. Zeichne den Trägergraphen t_{B_n} der Punkte B_n in das Koordinatensystem ein.
d) Berechne das Intervall der Werte von x, für die Rauten $AB_nC_nD_n$ existieren.
e) Die Raute $AB_0C_0D_0$ ist ein Quadrat. Berechne die zugehörigen Koordinaten des Punktes D_0.

347 Der Punkt $A(5 \mid 1)$ ist gemeinsamer Eckpunkt von Drachenvierecken $AB_nC_nD_n$ mit den Diagonalenschnittpunkten $M_n\left(x \mid \frac{1}{2}x + 1\right)$, wobei $x \in \mathbb{R}$. Es gilt außerdem $\left|\overline{AM_n}\right| = \frac{1}{2} \cdot \left|\overline{M_nC_n}\right|$ sowie $\sphericalangle D_nC_nB_n = 90°$.

a) Zeichne für $x = 6$ das Drachenviereck $AB_1C_1D_1$ in ein Koordinatensystem.
b) Zeige, dass alle Winkel B_nAD_n das gleiche Winkelmaß α haben und berechne dieses.
c) Berechne die Koordinaten der Punkte B_n in Abhängigkeit von der Abszisse x der Punkte M_n.
d) Berechne die Koordinaten des Punktes M_0 im flächenkleinsten Drachenviereck.
e) Berechne den Flächeninhalt des flächenkleinsten Drachenvierecks.

348 Der Punkt $A(1 \mid -2)$ legt zusammen mit den Pfeilen $\overrightarrow{AB_n} = \begin{pmatrix} 2 \cdot \sin\varphi + 1 \\ -4 \cdot \sin\varphi + 1 \end{pmatrix}$ die gleichseitigen Dreiecke AB_nC_n fest ($\varphi \in [0°; 360°]$).

a) Zeichne das Dreieck AB_1C_1 ein, das man für $\varphi = 30°$ erhält. Berechne dazu die Koordinaten des Pfeils $\overrightarrow{AB_1}$.

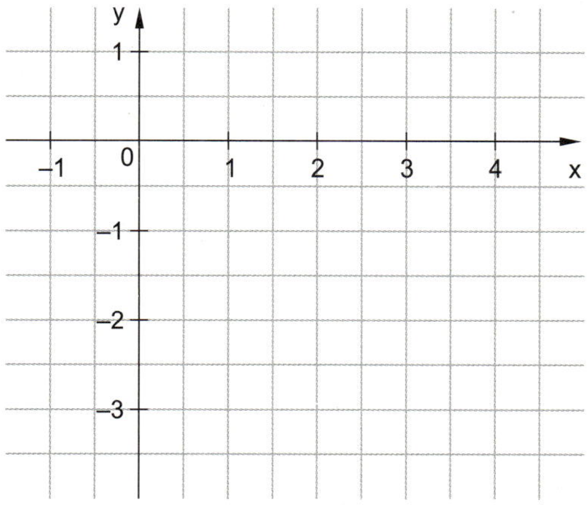

b) Berechne die Koordinaten der Eckpunkte C_n in Abhängigkeit von φ. [Ergebnis: $C_n(4{,}48 \cdot \sin\varphi + 0{,}63 \mid -0{,}26 \cdot \sin\varphi - 0{,}63)$]
c) Bestimme, für welchen Wert von φ die x-Koordinate von C_n am größten ist und berechne die größtmögliche x-Koordinate.
d) Zeigen, dass es unter den Punkten C_n keinen Punkt gibt, der auf der x-Achse liegt.

349

Gegeben sind die Funktionen f_1 mit der Gleichung $y = \log_2(x+4) - 1$ und f_2 mit $y = \frac{1}{2} \cdot 2^{x-4} - 3$ $(x, y \in \mathbb{R})$.

a) Gib jeweils die Definitions- und Wertemenge der Funktionen f_1 und f_2 an und zeichne die Graphen zu f_1 und f_2 für $x \in [-3; 9]$ in ein Koordinatensystem.
Für die Zeichnung: Längeneinheit 1 cm; $-3 \leq x \leq 9$; $-3 \leq y \leq 9$

b) Berechne die Gleichung der Umkehrfunktion f_2^{-1} zu f_2 und zeichne sodann den Graphen zu f_2^{-1} in das Koordinatensystem ein.
[Ergebnis: f_2^{-1}: $y = \log_2(x+3) + 5$]

c) Die Punkte A_n auf dem Graphen zu f_1 und die Punkte C_n auf dem Graphen zu f_2^{-1} haben jeweils dieselbe Abszisse x und sind zusammen mit Punkten B_n Eckpunkte von Dreiecken $A_nB_nC_n$. Es gilt: $\overrightarrow{A_nB_n} = \begin{pmatrix} 4 \\ 3 \end{pmatrix}$
Zeichne das Dreieck $A_1B_1C_1$ für $x = -1$ in das Koordinatensystem ein.

d) Unter den Dreiecken $A_nB_nC_n$ existiert das gleichschenklige Dreieck $A_2B_2C_2$ mit der Basis $\overline{B_2C_2}$. Berechne die Koordinaten des Punktes C_2.

e) Berechne die untere Intervallgrenze der Werte von x, für die Dreiecke $A_nB_nC_n$ existieren.

f) Berechne die Gleichung des Trägergraphen t_{B_n} der Punkte B_n.

g) Bestätige rechnerisch, dass die Winkel $\sphericalangle B_nA_nC_n$ stets maßgleich sind, und berechne dieses Maß.

Raumgeometrie

Aufgaben 350

Das gleichseitige Dreieck ABC mit der Seitenlänge 10 cm ist Grundfläche einer Pyramide ABCS. Die Spitze S liegt senkrecht über C, wobei $|\overline{CS}| = 6$ cm gilt. M ist der Mittelpunkt der Strecke $\overline{AB}$.

a) Zeichne ein Schrägbild der Pyramide ABCS. Dabei soll die Strecke $\overline{AC}$ auf der Schrägbildachse s liegen.
Für die Zeichnung: $q = \frac{1}{2}$; $\omega = 45°$

b) Berechne die Länge der Strecke $\overline{SM}$ sowie das Maß γ des Winkels CMS.

c) Punkte P_n auf der Kante $\overline{CS}$ bilden mit den Punkten A und B Dreiecke ABP_n.
Die Winkel P_nMS haben das Maß φ.
Zeige, dass für die Streckenlängen $|\overline{MP_n}|$ in Abhängigkeit von φ gilt:
$$|\overline{MP_n}|(\varphi) = \frac{8{,}66}{\sin(\varphi + 55{,}28°)} \text{ cm}$$

d) Berechne das Maß des Winkels φ so, dass gilt: $|\overline{MP_1}| = 9{,}5$ cm
Zeichne P_1 in das Schrägbild zu Teilaufgabe a ein.

e) Berechne für $\varphi = 10°$ das Maß ε des Winkels AP_2B im Dreieck ABP_2.

f) Berechne das Volumen der Pyramide $ABCP_3$ für $\varphi = 25°$.

351 Im Drachenviereck ABCD schneiden sich die Diagonalen $\overline{AC}$ und $\overline{BD}$ im Punkt M.
Es gilt: $|\overline{AC}| = 10$ cm, $|\overline{BD}| = 8$ cm und $|\overline{AM}| = 4$ cm
Das Drachenviereck ABCD ist die Grundfläche einer Pyramide ABCDS, deren Spitze S senkrecht über dem Diagonalenschnittpunkt M liegt. Die Pyramidenhöhe $|\overline{MS}|$ beträgt 10 cm.

a) Zeichne ein Schrägbild der Pyramide ABCDS, wobei $\overline{AC}$ auf der Schrägbildachse s liegen soll.
Für die Zeichnung: $q = \frac{1}{2}$; $\omega = 45°$
b) Berechne das Maß α des Winkels CAS sowie die Länge der Strecke $\overline{SA}$.
c) Berechne das Volumen der Pyramide ABCDS.
d) Punkte P_n auf der Kante $\overline{CS}$ legen mit den Punkten B und D gleichschenklige Dreiecke DBP_n fest. Die Winkel P_nMS haben das Maß φ.
Zeichne das Dreieck DBP_1 für $\varphi = 25°$ in das Schrägbild ein.
e) Berechne das Maß ε des Winkels MSC.
Zeige sodann, dass für die Streckenlängen $|\overline{MP_n}|$ in Abhängigkeit von φ gilt:
$|\overline{MP_n}|(\varphi) = \dfrac{5{,}14}{\sin(30{,}96° + \varphi)}$ cm
f) Berechne das Winkelmaß φ, sodass die Strecke $\overline{MP_2}$ die Länge 8 cm hat.
g) Bestimme den Flächeninhalt des flächenkleinsten Dreiecks DBP_0 und gib den zugehörigen Wert φ_0 von φ an.
h) Ermittle das Volumen V der Pyramiden $BCDP_n$ in Abhängigkeit von φ.
i) Berechne das Winkelmaß φ, sodass die zugehörige Pyramide $BCDP_3$ das Volumen 25 cm^3 besitzt.

352 Die Raute ABCD mit $|\overline{AC}| = 10$ cm und $|\overline{BD}| = 12$ cm ist die Grundfläche einer Pyramide ABCDS. Die Spitze S liegt senkrecht über dem Diagonalenschnittpunkt M der Grundfläche mit $|\overline{MS}| = 8$ cm.

a) Zeichne ein Schrägbild der Pyramide ABCDS. Dabei soll $\overline{AC}$ auf der Schrägbildachse liegen. Für die Zeichnung: $q = \frac{1}{2}$; $\omega = 45°$
b) Der Punkt N ist der Mittelpunkt der Strecke $\overline{MS}$. Die Parallele zu $\overline{BD}$ durch den Punkt N schneidet die Kante $\overline{BS}$ im Punkt P und die Kante $\overline{DS}$ im Punkt R. Die Punkte Q_n liegen auf der Seitenkante $\overline{CS}$. Die Winkel Q_nNS haben das Maß φ. Zeichne das Dreieck PQ_1R für $\varphi = 120°$ in das Schrägbild ein.
c) Ermittle den kleinst- und den größtmöglichen Wert von φ.
d) Berechne das Maß ε des Winkels MSC.
e) Stelle die Streckenlänge $|\overline{NQ_n}|(\varphi)$ in Abhängigkeit von φ dar.
f) Im Dreieck PQ_2R hat die Strecke $\overline{NQ_2}$ eine Länge von 2,5 cm. Berechne die zugehörigen Werte von φ.
g) Das Dreieck PRS ist die Grundfläche von Pyramiden $PRSQ_n$ mit den Spitzen Q_n. Stelle das Volumen $V(\varphi)$ der Pyramiden $PRSQ_n$ in Abhängigkeit von φ dar.

353 Die Form des Trinkbechers eines Wasserspenders entspricht einem doppelwandigen Kegel. Die Skizze zeigt den Axialschnitt des Wasserbechers mit MB als Symmetrieachse.

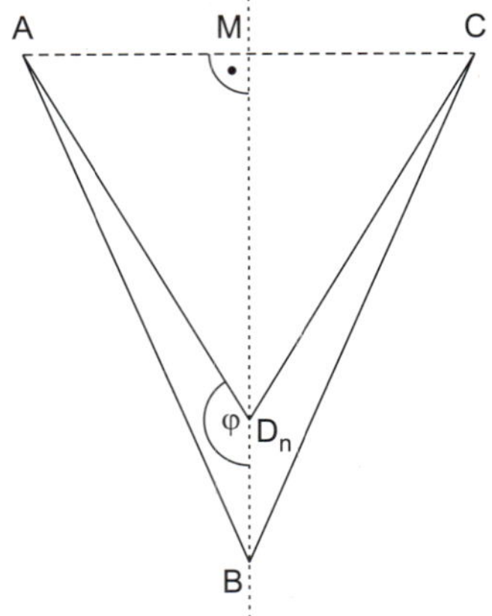

a) Zeige, dass für das Volumen der Kegel AD_nC in Abhängigkeit von φ gilt:

$$V(\varphi) = \frac{1}{3} \cdot |\overline{AD_n}|^2 \cdot \sin^2 \varphi \cdot \pi \cdot |\overline{D_nM}|$$

b) Bestimme für $|\overline{AD_1}| = 8$ cm und $|\overline{D_1M}| = 6$ cm das Maß φ, sodass der Becher bei vollständiger Befüllung 150 *ml* fasst ($\varphi > 90°$).

c) Ein weiterer Bechertyp mit einer Innenkegelhöhe von $|\overline{D_2M}| = 10$ cm fasst bei vollständiger Befüllung 200 *ml*. Berechne das Maß des Winkels φ ($\varphi > 90°$).

d) Stelle den Oberflächeninhalt des Bechers für $|\overline{AD_3}| = 8$ cm und $|\overline{BD_3}| = 1$ cm in Abhängigkeit von φ dar.

354 Das Quadrat ABCD ist die Grundfläche einer Pyramide ABCDS, deren Spitze S senkrecht über dem Mittelpunkt M der Strecke $\overline{DA}$ liegt. Der Mittelpunkt der Seite $\overline{BC}$ ist der Punkt N. Es gilt: $|\overline{AB}| = 10$ cm; $|\overline{SM}| = 12$ cm

a) Zeichne das Schrägbild der Pyramide ABCDS, wobei die Seite $\overline{AB}$ auf der Schrägbildachse liegen soll. Für die Zeichnung gilt: $q = \frac{1}{2}$; $\omega = 45°$

b) Berechne das Maß φ des Winkels SNM und die Länge der Strecke $\overline{NS}$.

c) Punkte R_n liegen auf der Strecke $\overline{NS}$. Die Punkte R_n sind die Mittelpunkte der Trapezseiten $\overline{P_nQ_n}$ von Trapezen AP_nQ_nD mit $P_n \in \overline{BS}$ und $Q_n \in \overline{CS}$. Die Winkel R_nMS haben das Maß δ mit $\delta \in \,]0°; 90°[$.
Zeichne das Trapez AP_1Q_1D für $\delta = 60°$ in das Schrägbild ein.

d) Zeige rechnerisch, dass für die Längen der Strecken $\overline{MR_n}$ in Abhängigkeit von δ gilt:

$$|\overline{MR_n}|(\delta) = \frac{7{,}68}{\sin(39{,}81° + \delta)} \text{ cm}$$

e) Im Trapez AP_2Q_2D hat die Strecke $\overline{R_2S}$ die Länge 4 cm.
Berechne das zugehörige Winkelmaß δ.

f) Unter den Höhen $\overline{MR_n}$ der Trapeze AP_nQ_nD hat die Höhe $\overline{MR_0}$ des Trapezes AP_0Q_0D minimale Länge. Berechne das zugehörige Winkelmaß δ_0 und ergänze das Trapez AP_0Q_0D in der Zeichnung.

g) Berechne den prozentualen Anteil des Volumens der Pyramide AP_0Q_0DS am Volumen der Pyramide ABCDS.

Aufgaben im Stil der Prüfung

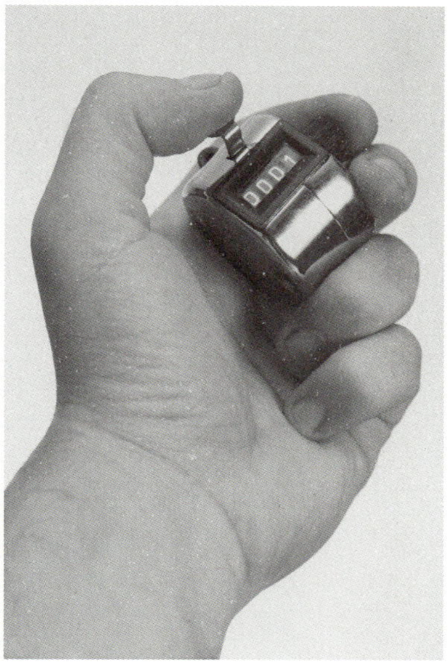

Hinweise des Bayerischen Staatsministeriums für Unterricht und Kultus

Die Beispielaufgaben für die Abschlussprüfung sowie die Muster-Abschlussprüfung sollen insbesondere Folgendes veranschaulichen:

- Mögliche Gestaltung der Abschlussprüfung ab dem Jahr 2023
- Integration eines Prüfungsteils A, der ohne Taschenrechner zu bearbeiten ist
- Neuerungen bei den Prüfungsinhalten, insbesondere auch aus dem Bereich Daten und Zufall (sowohl im Prüfungsteil A als auch im Prüfungsteil B)
- Lehrplanbedingte, formale Änderungen (z. B. neuer Zeichenkatalog)
- Integration neuer Aufgabenformate
- Bedeutung von Operatoren in Aufgabenstellungen
- Orientierung zu Korrektur und Bepunktung
- Bewahrung bewährter Aufgabenformate und Kontinuität im Hinblick auf die bisherige Abschlussprüfung:
  - weitgehende Übernahme von Prüfungsaufgaben aus vergangenen Jahren im Teil B
  - Aufgaben aus vergangenen Jahren als Grundlage einer gezielten Vorbereitung auch für die Abschlussprüfung ab 2023

Bitte beachten Sie, dass die Beispielaufgaben sowie die Muster-Abschlussprüfungen im Zusammenhang betrachtet werden sollten. So können etwa Aufgabenformate oder die Zusammensetzung bzw. der Aufbau von Prüfungen, wie sie etwa für Mathematik I aufgezeigt werden, grundsätzlich auch in Mathematik II vorkommen und umgekehrt.
Zudem dienen die Materialien in erster Linie der Orientierung bei der Vorbereitung auf die Prüfungen ab 2023 und haben somit exemplarischen Charakter.
Verbindliche Rückschlüsse auf Prüfungsaufgaben sind nicht möglich.

Beispielaufgaben
Bayern – Realschule – Mathematik I

Teil A – ohne Taschenrechner

Aufgabe A 1 Daten und Zufall

4 Punkte

A 1 In einer Urne befinden sich drei rote und zwei grüne Kugeln gleicher Art. Es werden zwei Kugeln zufällig ohne Zurücklegen entnommen.

Zeichnen Sie ein zugehöriges Baumdiagramm, in dem die Wahrscheinlichkeiten ersichtlich sind.

Bestimmen Sie sodann die Wahrscheinlichkeit, dass zwei gleichfarbige Kugeln gezogen werden.

Aufgabe A 2 Funktionen

1,5 Punkte

A 2 Die Funktion f hat die Gleichung $y = \log_3(x - 1{,}5)$ mit $x \in \mathbb{R}$ und $y \in \mathbb{R}$.

Bestimmen Sie die nach y aufgelöste Gleichung der Umkehrfunktion zu f.

Aufgabe A 3 Ebene Geometrie

1,5 Punkte

A 3 Die nebenstehende Skizze zeigt das Quadrat ABCD.

Es gilt: $|\overline{AC}| = 6$ cm.

Zeigen Sie rechnerisch, dass für die Länge der Strecke $\overline{AB}$ gilt:

$|\overline{AB}| = 3 \cdot \sqrt{2}$ cm.

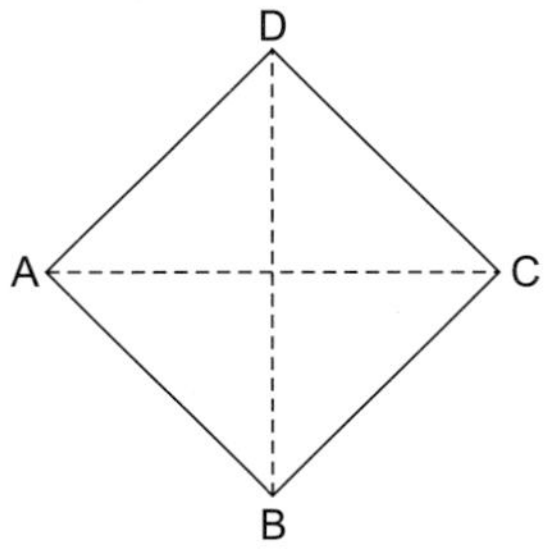

Aufgabe A 4 Raumgeometrie

A 4.0 Gegeben ist ein Schrägbild der Pyramide ABCDS mit der rechteckigen Grundfläche ABCD $\left(|\overline{AB}| = 8\text{ cm und } |\overline{BC}| = 6\text{ cm}\right)$ sowie der Höhe $|\overline{DS}| = 7$ cm. In der Zeichnung gilt: $q = 0{,}5$ und $\omega = 45°$. $\overline{AB}$ liegt auf der Schrägbildachse.

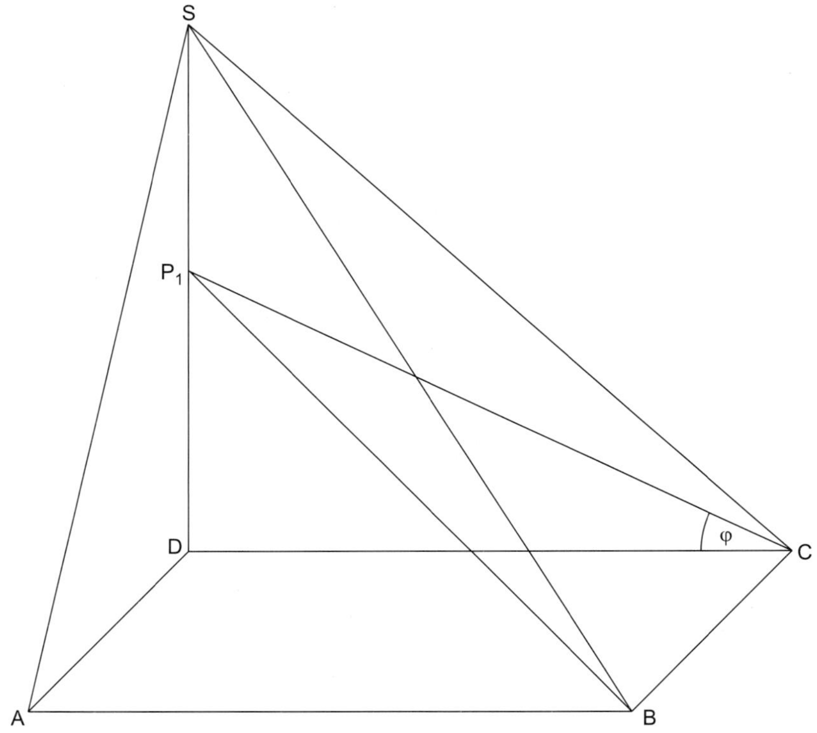

2 Punkte

A 4.1 Punkte P_n liegen auf der Strecke $\overline{DS}$ und legen mit den Punkten C und D Winkel P_nCD mit dem Maß φ fest ($\varphi \in [0°; 41{,}19°]$). In der Zeichnung zu A 4.0 ist das Dreieck BCP_1 für $\varphi = 25°$ eingezeichnet.

Berechnen Sie den Flächeninhalt A der Dreiecke BCP_n in Abhängigkeit von φ.

2 Punkte

A 4.2 Zeichnen Sie ein weiteres Schrägbild der Pyramide ABCDS, sodass die Strecke $\overline{CD}$ auf der Schrägbildachse und der Punkt C links von D liegt. Es soll gelten: $q = \frac{2}{3}$ und $\omega = 30°$.

Teil B – mit Taschenrechner

Aufgabe B 1 Daten und Zufall

B 1.0 Die Zuschauer bei einem Handballspiel werden danach unterschieden, ob sie Fans der Heimmannschaft („H“) oder nicht Fans der Heimmannschaft („nH“) sind. Der Anteil der erwachsenen („E“) Zuschauer beträgt p % ($p \in \mathbb{R}^+$). Davon sind 70 % Fans der Heimmannschaft. Von den minderjährigen („M“) Zuschauern sind 25 % ebenfalls Fans der Heimmannschaft.

2 Punkte B 1.1 Zeichnen Sie ein zugehöriges Baumdiagramm, in dem die Anteile ersichtlich sind.

2 Punkte B 1.2 Von allen Zuschauern sind 65 % Fans der Heimmannschaft.

Zeigen Sie, dass der Anteil p % der erwachsenen Zuschauer gerundet 89 % beträgt.

2 Punkte B 1.3 Ein zufällig ausgewählter Fan der Heimmannschaft wird von einem Reporter befragt.

Berechnen Sie, mit welcher Wahrscheinlichkeit dieser Fan erwachsen ist.

Aufgabe B 2 Raumgeometrie

B 2.0 Gegeben sind die Trapeze B_nCDE_n mit den parallelen Seiten $\overline{CD}$ und $\overline{B_nE_n}$. Die Winkel CB_nE_n haben das Maß φ mit $\varphi \in]0°; 90°[$.

Kreise k_n mit den Mittelpunkten E_n haben die Radien $r_n = |\overline{B_nE_n}|$ und schneiden die Halbgeraden $[DE_n$ in den Punkten A_n.

Die Figuren A_nB_nCD werden von den Kreisbögen $\overset{\frown}{A_nB_n}$ sowie den Strecken $\overline{B_nC}$, $\overline{CD}$ und $\overline{DA_n}$ begrenzt.

Es gilt:
$|\overline{CD}| = 2{,}5$ cm; $|\overline{B_nC}| = 4$ cm; $\sphericalangle E_nDC = 90°$.

Die nebenstehende Skizze zeigt die Figur A_1B_1CD für $\varphi = 25°$.

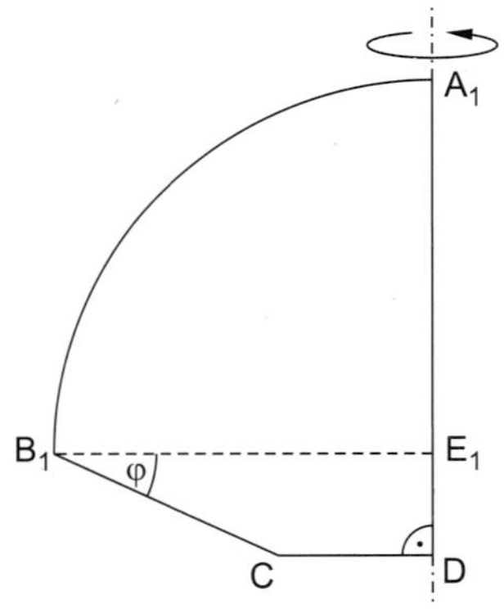

2 Punkte B 2.1 Zeigen Sie, dass für die Länge der Strecken $\overline{B_nE_n}$ in Abhängigkeit von φ gilt:
$|\overline{B_nE_n}|(\varphi) = (4 \cdot \cos\varphi + 2{,}5)$ cm.

3 Punkte B 2.2 Die Figuren A_nB_nCD rotieren um die Geraden A_nD. Bestandteile der entstehenden Rotationskörper sind Halbkugeln. Bei dem Körper, der durch Rotation der Figur A_2B_2CD entsteht, hat die Halbkugel ein Volumen von $135\ cm^3$.

Bestimmen Sie rechnerisch den Radius r^2 sowie das zugehörige Maß für φ.

Runden Sie auf zwei Stellen nach dem Komma.

Aufgabe B 3 Ebene Geometrie

B 3.0 Gegeben sind die Geraden g mit der Gleichung $y = 0{,}25x + 6$ und h mit der Gleichung $y = x - 1$ ($x, y \in \mathbb{R}$). Punkte $D_n(x\,|\,x-1)$ mit der Abszisse x liegen auf der Geraden h. Punkte A_n auf der Geraden g haben eine um 2 kleinere Abszisse als die Punkte D_n.

Die Punkte A_n und D_n bilden zusammen mit Punkten B_n und C_n Drachenvierecke $A_nB_nC_nD_n$ mit den Symmetrieachsen A_nC_n.

Es gilt: $\sphericalangle B_nA_nD_n = 90°$; $|\overline{A_nC_n}| = 1{,}5 \cdot |\overline{B_nD_n}|$.

Runden Sie im Folgenden auf zwei Stellen nach dem Komma.

4 Punkte B 3.1 Zeichnen Sie die Geraden g und h sowie die Drachenvierecke $A_1B_1C_1D_1$ für $x = 2$ und $A_2B_2C_2D_2$ für $x = 7$ in ein Koordinatensystem.

Für die Zeichnung: Längeneinheit 1 cm; $-6 \le x \le 8$; $-5 \le y \le 8$

4 Punkte B 3.2 Berechnen Sie die Koordinaten der Punkte A_n und B_n in Abhängigkeit von der Abszisse x der Punkte D_n.

[Ergebnis: $A_n(x-2\,|\,0{,}25x+5{,}5)$; $B_n(1{,}75x-8{,}5\,|\,0{,}25x+3{,}5)$]

3 Punkte B 3.3 Die Diagonale $\overline{B_3D_3}$ des Drachenvierecks $A_3B_3C_3D_3$ liegt parallel zur Geraden g.

Berechnen Sie die Abszisse x des Punktes D_3.

4 Punkte B 3.4 Zeigen Sie, dass für den Flächeninhalt A der Drachenvierecke $A_nB_nC_nD_n$ in Abhängigkeit von x gilt:
$A(x) = (0{,}84x^2 - 14{,}63x + 69{,}38)$ FE.

Aufgabe B 4 Funktionen

B 4.0 Gegeben sind die Funktionen f_1 mit der Gleichung $y = 0{,}12 \cdot 0{,}5^{x-3} - 3$ und f_2 mit der Gleichung $y = 0{,}6 \cdot 0{,}5^x + 2$ $(x, y \in \mathbb{R})$.

4 Punkte B 4.1 Geben Sie die Gleichung der Asymptote der Funktion f_1 an und zeichnen Sie die Graphen zu f_1 und f_2 für $x \in [-3; 6]$ in ein Koordinatensystem.

Für die Zeichnung: Längeneinheit 1 cm; $-3 \le x \le 7$; $-4 \le y \le 7$

2 Punkte B 4.2 Punkte $A_n(x\,|\,0{,}12 \cdot 0{,}5^{x-3} - 3)$ liegen auf dem Graphen zu f_1. Sie sind für $x > -3{,}01$ zusammen mit Punkten B_n, C_n und D_n Eckpunkte von Parallelogrammen $A_nB_nC_nD_n$. Die Punkte D_n liegen auf dem Graphen zu f_2 und ihre x-Koordinate ist stets um 1 größer als die Abszisse x der Punkte A_n.

Es gilt: $\overrightarrow{A_nB_n} = \begin{pmatrix} 3 \\ -1 \end{pmatrix}$.

Zeichnen Sie die Parallelogramme $A_1B_1C_1D_1$ für $x = -1$ und $A_2B_2C_2D_2$ für $x = 3$ in das Koordinatensystem zu B 4.1 ein.

3 Punkte B 4.3 Bestätigen Sie durch Rechnung, dass für die Pfeile $\overrightarrow{A_nD_n}$ in Abhängigkeit von der Abszisse x der Punkte A_n gilt:

$$\overrightarrow{A_nD_n}(x) = \begin{pmatrix} 1 \\ -0{,}66 \cdot 0{,}5^x + 5 \end{pmatrix}.$$

3 Punkte B 4.4 Zeigen Sie, dass für den Flächeninhalt A der Parallelogramme $A_nB_nC_nD_n$ in Abhängigkeit von der Abszisse x der Punkte A_n gilt:
$A(x) = (-1{,}98 \cdot 0{,}5^x + 16)$ FE.

Begründen Sie sodann, dass der Flächeninhalt der Parallelogramme $A_nB_nC_nD_n$ stets kleiner als 16 FE ist.

5 Punkte B 4.5 Unter den Parallelogrammen $A_nB_nC_nD_n$ gibt es das Rechteck $A_3B_3C_3D_3$.

Begründen Sie, dass es sich bei dem Rechteck $A_3B_3C_3D_3$ um ein Quadrat handelt.

Bestimmen Sie sodann durch Rechnung die x-Koordinate des Punktes A_3.

Musterprüfung
Bayern – Realschule – Mathematik I

Teil A – ohne Taschenrechner

Aufgabe A 1

A 1.0 Ein Glücksrad besteht aus drei kongruenten Sektoren, die mit den Zahlen von 1 bis 3 beschriftet sind. Es wird dreimal am Glücksrad gedreht.

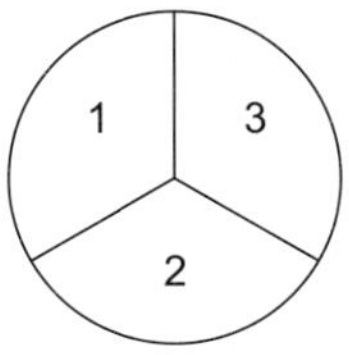

1 Punkt — A 1.1 Geben Sie die Wahrscheinlichkeit dafür an, dass genau dreimal die Zahl 1 gedreht wird.

2 Punkte — A 1.2 Ergänzen Sie das Baumdiagramm mit allen Pfaden, die sich von der Zahl 2 aus ergeben.

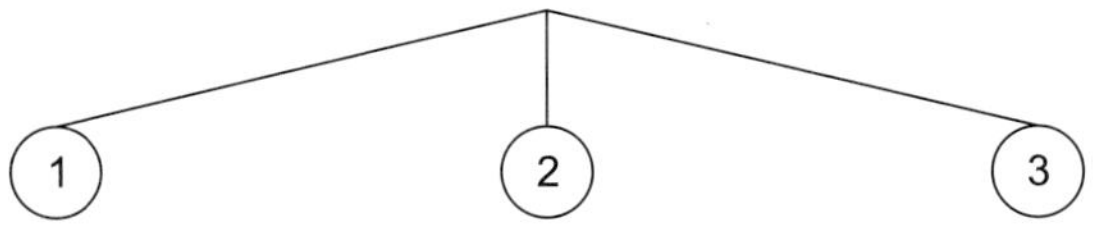

2 Punkte — A 1.3 Man erhält einen Gewinn, wenn man bei den drei Drehungen Zahlen erhält, deren Summenwert genau 8 ist.

Bestimmen Sie die Wahrscheinlichkeit dafür, dass man diesen Gewinn erhält.

Aufgabe A 2

A 2.0 Gegeben sind Fünfecke $A_nB_nSD_nE_n$ mit $\overline{A_nE_n} \parallel \overline{B_nS}$. Der Punkt C ist der Fußpunkt der Lote von den Punkten D_n auf die Strecken $\overline{B_nS}$.

Die Punkte E_n sind die Mittelpunkte der Strecken $\overline{CD_n}$.

Die Winkel D_nSC haben das Maß φ mit $\varphi \in \,]0°; 90°[$.

Es gilt:

$|\overline{CS}| = 3\text{ cm}$; $|\overline{CB_n}| = 2 \cdot |\overline{CD_n}|$; $\sphericalangle CB_nA_n = 90°$.

Die Zeichnung zeigt das Fünfeck $A_1B_1SD_1E_1$ für $\varphi = 34°$.

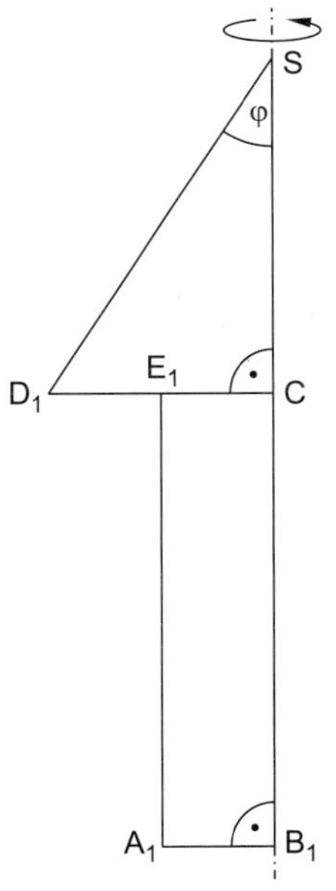

1 Punkt — A 2.1 Zeigen Sie, dass für die Länge der Strecken $\overline{CD_n}$ in Abhängigkeit von φ gilt:

$|\overline{CD_n}|(\varphi) = 3 \cdot \tan\varphi\text{ cm}$.

3 Punkte — A 2.2 Die Fünfecke $A_nB_nSD_nE_n$ rotieren um die Achse B_nS.

Berechnen Sie das Volumen V der entstehenden Rotationskörper in Abhängigkeit von φ.

Aufgabe A 3

2 Punkte

A 3.0 Die nebenstehende Skizze zeigt das rechtwinklige Dreieck WKR.

Es gilt:

$|\overline{KR}| = 134$ km;

$\sphericalangle WRK = 60°$;

$\sphericalangle RKW = 90°$.

Die Luftlinie Würzburg (W) – Rosenheim (R) wird durch die Strecke $\overline{WR}$ dargestellt.

Berechnen Sie deren Länge.

Teil B – mit Taschenrechner

Aufgabe B 1

B 1.0 Vitamin D kann im menschlichen Körper produziert werden, wenn Sonnenstrahlung unter bestimmten Bedingungen auf die Haut trifft. Im Winterhalbjahr nimmt daher die Konzentration von Vitamin D im Körper normalerweise ab. Bei Andreas wurde Ende September eine Anfangskonzentration von 55 Nanogramm Vitamin D pro Milliliter Blut ($55\,\frac{ng}{m\ell}$) gemessen. Der Zusammenhang zwischen der Anzahl x der Wochen und der verbleibenden Konzentration $y\,\frac{ng}{m\ell}$ an Vitamin D lässt sich bei Andreas näherungsweise durch die Funktion f_1 mit der Gleichung $y = 55 \cdot 0{,}93^x$ $(x \in \mathbb{R}_0^+, y \in \mathbb{R}^+)$ beschreiben.

1 Punkt B 1.1 Um wie viel Prozent reduziert sich folglich bei Andreas die Konzentration an Vitamin D in einer Woche? Ergänzen Sie.

Die Konzentration reduziert sich in einer Woche um [%].

1 Punkt B 1.2 Berechnen Sie mithilfe der Funktion f_1 die Konzentration an Vitamin D bei Andreas nach 21 Tagen.

Runden Sie auf zwei Nachkommastellen.

2 Punkte B 1.3 Berechnen Sie, in welcher Woche sich die Anfangskonzentration an Vitamin D bei Andreas entsprechend der Funktion f_1 halbiert.

1 Punkt B 1.4 Bei Stephan wurde gleichzeitig mit Andreas eine Messung begonnen. Bei Stephan lässt sich der Zusammenhang zwischen der Anzahl x der Wochen und der verbleibenden Konzentration $y\,\frac{ng}{m\ell}$ an Vitamin D annähernd durch die Funktion f_2 mit der Gleichung $y = 51 \cdot 0{,}91^x$ $(x \in \mathbb{R}_0^+, y \in \mathbb{R}^+)$ beschreiben.

Ist es unter diesen Voraussetzungen möglich, dass die Konzentrationen an Vitamin D zu einem Zeitpunkt bei Stephan und Andreas den gleichen Wert erreichen?

Begründen Sie Ihre Entscheidung ohne Rechnung.

Aufgabe B 2

B 2.0 Gegeben ist das Rechteck ABCD.

Punkte E_n auf der Seite $\overline{AB}$ und Punkte F_n auf der Seite $\overline{CD}$ legen zusammen mit dem Punkt D Dreiecke DE_nF_n fest.

Die Winkel ADE_n haben das Maß φ mit $\varphi \in [24{,}30°; 65{,}70°]$.

Es gilt: $|\overline{AB}| = 8$ cm; $|\overline{AD}| = 3$ cm; $\sphericalangle F_nE_nD = 90°$.

Die Skizze zeigt das Dreieck DE_1F_1 für $\varphi = 50°$.

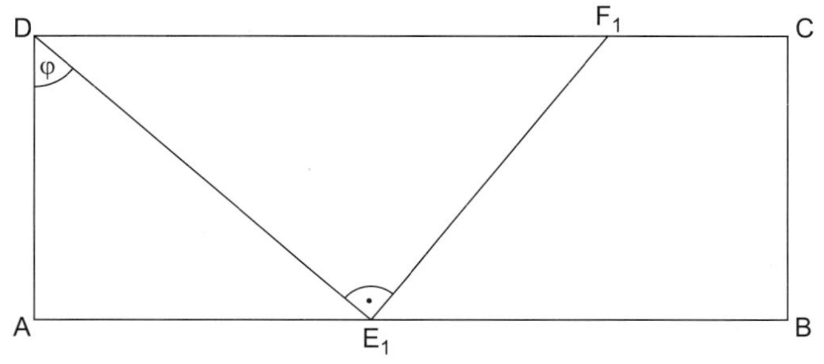

1 Punkt B 2.1 Begründen Sie, weshalb die Winkel DF_nE_n stets das Maß φ haben.

3 Punkte B 2.2 Zeigen Sie rechnerisch, dass für die Länge der Strecken $\overline{CF_n}$ in Abhängigkeit von φ gilt:

$$|\overline{CF_n}|(\varphi) = \left(8 - \frac{3}{\sin\varphi \cdot \cos\varphi}\right) \text{cm}.$$

1 Punkt B 2.3 Berechnen Sie die Länge der Strecke $\overline{CF_1}$.
Runden Sie auf zwei Nachkommastellen.

Aufgabe B 3

B 3.0 Gegeben ist die Funktion f_1 mit der Gleichung $y = 2 \cdot \log3(x+1) - 2$ $(x, y \in \mathbb{R})$.

3 Punkte B 3.1 Geben Sie die Definitionsmenge der Funktion f_1 sowie die Gleichung der Asymptote h an und zeichnen Sie den Graphen zu f_1 für $x \in [-0{,}5; 9]$ in ein Koordinatensystem.

Für die Zeichnung: Längeneinheit 1 cm; $-3 \leq x \leq 9$; $-4 \leq y \leq 7$

4 Punkte B 3.2 Der Graph der Funktion f_1 wird durch Parallelverschiebung mit dem Vektor $\vec{v} = \begin{pmatrix} a \\ 4 \end{pmatrix}$ mit $a \in \mathbb{R}$ auf den Graphen der Funktion f_2 abgebildet.

Der Punkt $P(0\,|\,4)$ liegt auf dem Graphen zu f_2.

Berechnen Sie den Wert von a und zeigen Sie rechnerisch, dass für die Gleichung der Funktion f_2 gilt: $y = 2 \cdot \log_3(x+3) + 2$.

Zeichnen Sie sodann den Graphen zu f_2 für $x \in [-2{,}5; 9]$ in das Koordinatensystem zu B 3.1 ein.

2 Punkte B 3.3 Punkte $A_n(x\,|\,2 \cdot \log_3(x+1) - 2)$ auf dem Graphen zu f_1 und Punkte $C_n(x\,|\,2 \cdot \log_3(x+3) + 2)$ auf dem Graphen zu f_2 haben dieselbe Abszisse x und sind für $x > -1$ zusammen mit den Punkten B_n und D_n die Eckpunkte von Rauten $A_nB_nC_nD_n$.

Es gilt: $|\overline{B_nD_n}| = 3$ LE.

Zeichnen Sie die Rauten $A_1B_1C_1D_1$ für $x = 0$ und $A_2B_2C_2D_2$ für $x = 5$ in das Koordinatensystem zu B 3.1 ein.

2 Punkte B 3.4 Zeigen Sie rechnerisch, dass für die Koordinaten der Diagonalenschnittpunkte M_n der Rauten $A_nB_nC_nD_n$ in Abhängigkeit von der Abszisse x der Punkte A_n und C_n gilt:
$M_n(x\,|\,\log_3(x^2 + 4x + 3))$.

4 Punkte B 3.5 Der Diagonalenschnittpunkt M_3 der Raute $A_3B_3C_3D_3$ liegt auf der x-Achse.

Berechnen Sie die Koordinaten der Punkte B_3 und C_3. Runden Sie auf zwei Stellen nach dem Komma.

Aufgabe B 4

B 4.0 Das gleichschenklige Dreieck ABC ist die Grundfläche des Prismas ABCDEF mit der Höhe $\overline{AD}$. Der Punkt M ist der Mittelpunkt der Basis $\overline{AC}$ und der Punkt N ist der Mittelpunkt der Strecke $\overline{DF}$.

Es gilt: $|\overline{AC}| = 12$ cm; $|\overline{MB}| = 8$ cm; $|\overline{AD}| = 5$ cm.

Runden Sie im Folgenden auf zwei Stellen nach dem Komma.

3 Punkte

B 4.1 Zeichnen Sie das Schrägbild des Prismas ABCDEF, wobei die Strecke $\overline{MB}$ auf der Schrägbildachse und der Punkt M links vom Punkt B liegen soll.

Für die Zeichnung gilt: $q = \frac{1}{2}$; $\omega = 45°$.

Zeichnen Sie sodann die Strecke $\overline{BN}$ ein und berechnen Sie das Maß des Winkels NBM.

2 Punkte

B 4.2 Punkte P_n liegen auf der Strecke $\overline{MB}$. Die Winkel P_nEB haben das Maß φ mit $\varphi \in \,]0°; 57{,}99]$. Die Strecken $\overline{BN}$ und $\overline{EP_n}$ schneiden sich in Punkten Q_n.

Zeichnen Sie für $\varphi = 45°$ die Strecke $\overline{EP_1}$ und den Punkt Q_1 in das Schrägbild zu B 4.1 ein.

Begründen Sie sodann rechnerisch die obere Intervallgrenze für φ.

4 Punkte

B 4.3 Zeigen Sie, dass für die Länge der Strecken $\overline{EQ_n}$ in Abhängigkeit von φ gilt:

$|\overline{EQ_n}|(\varphi) = \frac{4{,}24}{\sin(\varphi + 57{,}99°)}$ cm.

Unter den Strecken $\overline{EQ_n}$ hat die Strecke $\overline{EQ_0}$ die minimale Länge.

Berechnen Sie die Länge der Strecke $\overline{NQ_0}$.

3 Punkte

B 4.4 Der Punkt A ist die Spitze von Pyramiden Q_nBEA mit den Grundflächen Q_nBE.

Zeichnen Sie die Pyramide Q_1BEA in das Schrägbild zu B 4.1 ein und ermitteln Sie sodann rechnerisch das Volumen V der Pyramiden Q_nBEA in Abhängigkeit von φ.

$\left[\text{Ergebnis: } V(\varphi) = \frac{21{,}2 \cdot \sin\varphi}{\sin(\varphi + 57{,}99°)} \text{ cm}^3\right]$

4 Punkte

B 4.5 Das Volumen der Pyramide Q_2BEA ist um 95 % kleiner als das Volumen des Prismas ABCDEF.

Berechnen Sie das zugehörige Maß für φ.